Technik der Turboflugtriebwerke

Die Reihe Technik der Turboflugtriebwerke enthält
wissenschaftlich fundierte Gesamtdarstellungen des vorhandenen Fachwissens zur Berechnung, Konstruktion
und zum Bau von Turboflugtriebwerken.

**Fertigungsverfahren
von Turboflugtriebwerken**
von Peter Adam

**Steuerung und Regelung
von Turboflugtriebwerken**
von Klaus Bauerfeind

**Aerodynamische Berechnungsmethoden
für Turbomaschinen**
von Hans-Wilhelm Happel

Projektierung von Turboflugtriebwerken
von Hubert Grieb

Peter Adam

Fertigungsverfahren
von Turboflugtriebwerken

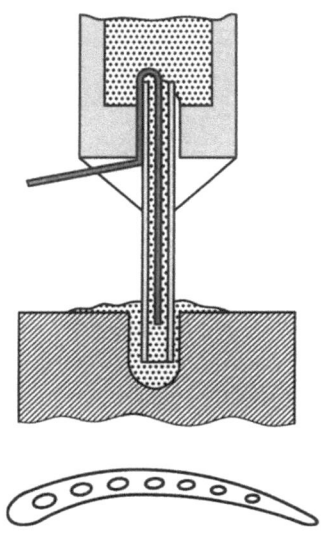

Springer Basel AG

Der Autor:

Prof. Dr.-Ing. habil. Peter Adam
Friedrich-Schiller-Universität Jena
Technisches Institut – Oberflächentechnologie
Löbdergraben 32
D-07743 Jena

Dieses Buch entstand mit freundlicher Unterstützung der MTU München.
Redaktionelle und herausgeberische Betreuung: Dipl.-Ing. Helmut Schubert

Die Deutsche Bibliothek – CIP-Einheitsaufnahme

Adam, Peter:
Fertigungsverfahren von Turboflugwerken / Peter Adam.
- Basel ; Boston ; Berlin : Birkhäuser, 1998
  (Technik der Turboflugtriebwerke)
  ISBN 978-3-0348-9766-2   ISBN 978-3-0348-8769-4 (eBook)
  DOI 10.1007/978-3-0348-8769-4

Dieses Werk ist urheberrechtlich geschützt. Die dadurch begründeten Rechte, insbesondere die der Übersetzung, des Nachdrucks, des Vortrags, der Entnahme von Abbildungen und Tabellen, der Funksendung, der Mikroverfilmung oder der Vervielfältigung auf anderen Wegen und der Speicherung in Datenverarbeitungsanlagen, bleiben, auch bei nur auszugsweiser Verwertung, vorbehalten. Eine Vervielfältigung dieses Werkes oder von Teilen dieses Werkes ist auch im Einzelfall nur in den Grenzen der gesetzlichen Bestimmungen des Urheberrechtsgesetzes in der jeweils geltenden Fassung zulässig. Sie ist grundsätzlich vergütungspflichtig. Zuwiderhandlungen unterliegen den Strafbestimmungen des Urheberrechts.

©1998 Springer Basel AG
Ursprünglich erschienen bei Birkhäuser Verlag 1998
Softcover reprint of the hardcover 1st edition 1998

ISBN 3-7643-5971-4

9 8 7 6 5 4 3 2 1

Vorwort

Für die Entwicklung und den Einsatz moderner ziviler und militärischer Turboflugtriebwerke sind grundlegende Kenntnisse über die Herstellung und Verarbeitungstechnologien metallischer und nichtmetallischer Werkstoffe notwendige Voraussetzungen. Aufgrund einer intensiven Weiterentwicklung im Flugtriebwerkbau ist eine Reihe neuartiger und modifizierter Fertigungsverfahren entstanden, die unterschiedlichste physikalische und chemische Prozesse nutzen. Beispiele dafür sind Linearreibschweißen und elektrochemische Fertigungsverfahren.

Das Buch bietet Studenten technischer Studiengänge eine kompakte Zusammenfassung aller wichtiger Informationen über die Fertigungstechnik im Flugtriebwerkbau. Als praxisnahes Buch mit vielen Bildern und Tabellen ist es auch als Nachschlagewerk geeignet und dient deshalb gleichermaßen auch den Praktikern im Betrieb. Das Buch will ihnen helfen, sich selbständig mit speziellen Fertigungstechniken vertraut zu machen, grundlegende Konzepte zu verstehen, geeignete Methoden anzuwenden und die richtigen Werkzeuge einzusetzen, um eine der Problemstellung angemessene Fertigungslösung zu erreichen.

Bedanken möchte ich mich bei der Geschäftsleitung der MTU München, durch deren aktive Unterstützung das Erscheinen dieses Buches nur möglich war. Mein Dank gilt auch den Kollegen, die bei der Fertigstellung des Buches mitgeholfen haben, insbesondere Dipl.-Ing. Hans Prechter für das Korrekturlesen und für Hinweise zur Darstellung.

Besonderer Dank gilt meiner Familie für ihre Geduld und ihr Verständnis in der Entstehungszeit des Buches.

Den Kolleginnen von der Textverarbeitung der MTU mit Brigitte Heller und Petra Augustin und den Mitarbeitern der Graphikabteilung mit Karl Welz, Heinz Hechtl, Johann Glas und Ali Jendoubi danke ich für die gewissenhafte Erstellung der Druckvorlage. Dem Birkhäuser Verlag mit seinen Mitarbeitern Doris Wörner und Dipl.-Ing. Edgar Klementz danke ich für die gelungene Gestaltung des Buches.

Jena, Februar 1998 *Peter Adam*

Inhalt

1	Zielsetzung	1
2	Einleitung	2
3	Werkstoffe	3
3.1	Metallische Konstruktionswerkstoffe	5
3.1.1	Stähle	5
3.1.2	Titanlegierungen	6
3.1.3	Nickellegierungen	7
3.2	Nichtmetallische Werkstoffe	8
3.2.1	Verbundwerkstoffe	8
3.2.2	Keramische Werkstoffe	10
4	Werkstofftechnik	11
4.1	Bruchmechanik	12
4.2	Korrosion und Oxidation	14
4.3	Reibung, Verschleiß, Fretting	15
4.4	Zerstörende Werkstoffprüfung	16
5	Schwingungsprobleme im Triebwerk	17
6	Die Dichtung zwischen Stator und Rotor	19
7	Kritische Zonen an Scheiben und Rotoren	23
8	Triebwerktechnik und Fertigungstechnik	24
9	Gießtechnik	26
9.1	Gießen von Rohteilen und Vormaterial	26
9.2	Feinguß	26
9.2.1	Polykristalle	27
9.2.2	Einkristalle	28
9.2.3	Metallkundliche Aspekte der Fertigungstechnik beim Schaufelfeinguß	29
9.2.4	Rohteilprüfung	31
9.2.5	Maßhaltigkeit	32
9.2.6	Neuere Entwicklungen	32
10	Umformtechnik	33
10.1	Titanlegierungen	34
10.1.1	Schmieden von Scheibenrohlingen	36

	10.1.2 Schmieden von Verdichterschaufeln	36
	10.1.3 Hohle Titanverdichterschaufeln	39
10.2	Nickellegierungen	39

11 Scheibenherstellung durch Pulvermetallurgie (PM-Technik) für Nickellegierungen 41

12 Wärmebehandlung 43

13 Zerspanungstechnik 46
- 13.1 Drehen 46
  - 13.1.1 Anforderungen 46
  - 13.1.2 Schneidwerkstoffe beim Drehen 47
  - 13.1.3 Zerspanungsparameter beim Drehen 49
  - 13.1.4 Prozeßüberwachung 49
  - 13.1.5 Drehen zum Ultraschallprüfen 51
- 13.2 Bohren mit definierter Schneide 51
- 13.3 Fräsen 52
  - 13.3.1 Fräsen von Verdichterschaufeln 52
- 13.4 Räumen von Schaufelfußnuten 54
- 13.5 Schleifen von Turbinenschaufeln 55
  - 13.5.1 Schleifverfahren 56
  - 13.5.2 Schleifscheiben und Abrichtrollen 59
  - 13.5.3 Hochgeschwindigkeitsschleifen 59
  - 13.5.4 Schaufelaufnahme beim Schleifen 59
  - 13.5.5 Schleifrisse 61
  - 13.5.6 BN-Schleifen 62
- 13.6 Kühlschmierstoffe (KSS) 62

14 Feinbearbeitung zum Glätten 63
- 14.1 Honen 63
- 14.2 Scheuern (Gleitschleifen) 63
- 14.3 Rotationsgleitschleifen und Vibropolieren 64
- 14.4 Bürsten 64
- 14.5 Pastenpolieren 64
- 14.6 Druckfließläppen (DFL), *Abrasive Flow Machining (AFM)* 65
- 14.7 Turbo-Abrasiv-Bearbeiten 68

15 Entgraten und Verrunden 68

16 Elektrochemical Machining (ECM) 69
- 16.1 ECM von Verdichterschaufeln 70
- 16.2 ECM-Herstellung von Blisks aus Titanlegierungen 73
- 16.3 ECM-Herstellung von Turbinenscheiben und anderen Strukturteilen 75
- 16.4 Entgiftung 76

17 Funkenerosion – *Electro-Discharge-Machining* (EDM) 76

18 Laserbearbeitung 79
   18.1 Laserbohren von Turbinenschaufeln 79
   18.2 Bildverarbeitung zur Fertigungskontrolle beim Laserbohren 82
   18.3 Laserbearbeitung mit CO_2-Lasern, *Continuous Wave Laser* (CW) 83
   18.4 Laserpulver-Auftragsschweißen 84
   18.5 Laseroberflächenbehandlung 84

19 Wasserstrahlbearbeitung und Ultraschallbearbeitung 86

20 Elektronenstrahlbohren (EB-Bohren) 87

21 Vergleich thermischer Bohrverfahren 88

22 Elektrochemisches Bohren (EC-Bohren) 88
   22.1 STEM-Bohren (*Shaped Tube Electrochemical Machining*) 91
   22.2 ESD-Bohren (*Electro-Stream-Drilling*) 93
   22.3 ECF-Bohren (Elektrochemisches Feinbohren) 94
   22.4 EJ-Bohren (*Electro-Jet*-Bohren) 96
   22.5 Herstellung von Glaskapillaren 97
   22.6 Elektrolytkreislauf, Entsorgung, Prozessüberwachung 97
   22.7 Herstellung von Formbohrungen auf NC-Maschinen 98

23 Abtragen und Oberflächenzustand 99
   23.1 Verformung und Eigenspannungen beim Drehen 101
   23.2 Drehen mit Hartmetallwerkzeugen (HM) 101
   23.3 Drehen mit HSS-Werkzeugen 101
   23.4 Drehen mit Keramik 102
   23.5 Drehen mit BN (kubisch kristallines Bornitrid) 103
   23.6 Fräsen 104
   23.7 Schleifen 104
   23.8 Schnittkraftüberwachung 104
   23.9 Beschriften 105

24 Verfestigungsstrahlen 105
   24.1 Die Wirkung des Strahlens 105
   24.2 Maschinen und Anlagen 107
   24.3 Strahlgut, Strahlmittelgemisch 108
   24.4 Das Verfahren 109
   24.5 Strahlen von Bohrungen und Nuten mit Reflektoren und Abdeckungen 110
   24.6 Beispiele für Anwendungen 111
   24.7 Kugelstrahlen und Fretting 112
   24.8 Kugelstrahlen als Verfahren zum Umformen 112

25	**Beschichtungstechnik**		112
25.1	Oxidation und Korrosion		113
25.2	Oxidationsschutzschichten (Alitierschichten)		113
	25.2.1	Pack-Alitierverfahren	115
	25.2.2	„Above" Packverfahren	117
	25.2.3	CVD-Verfahren (*Chemical Vapor Deposition*)	120
	25.2.4	MO-CVD-Verfahren (*Metall-Organisches Chemical-Vapor-Deposition*)	121
	25.2.5	Platin-Aluminiumschichten	121
	25.2.6	Thermisches Spritzen	125
	25.2.7	Niederdruckplasmaspritzen (NDPS)	125
	25.2.8	Galvanische Dispersionsverfahren	129
25.3	Inchromieren (Chromdiffusionsbeschichten)		130
25.4	Entfernen (Strippen) von Oxidationsschutzschichten		130
25.5	Wärmedämmschichten (WDS)		130
	25.5.1	Die Werkstoffe	131
	25.5.2	Aufdampfen mit Hilfe von Elektronenstrahlquellen (*Electron Beam Physical Vapor Deposition*, EB-PVD)	132
	25.5.3	Atmosphäre-Plasmaspritzen (APS)	134
	25.5.4	Die Schichtstruktur	135
	25.5.5	Versagensmechanismen und Lebensdauer von WDS	136
25.6	Verschleißschutzschichten (VSS)		137
	25.6.1	Schutzschichten gegen Fretting (Schwingreibverschleiß)	138
	25.6.2	Schichten für Dichtungen (Dichtungsbeläge)	140
	25.6.3	Erosionsschutzschichten	144
	25.6.4	Die Beschichtungsverfahren	144
25.7	Thermisches Spritzen		145
	25.7.1	Flammspritzen	147
	25.7.2	Hochgeschwindigkeitsflammspritzen (HGFS)	147
	25.7.3	Detonationskanonenverfahren (D-Gun-Spritzen)	148
	25.7.4	Plasmaspritzen	148
	25.7.5	Bedampfen (PVD) und Sputtern	148
26	**Reinigungstechnik**		149
27	**Fügetechnik**		151
27.1	Löten von Nickellegierungen		153
	27.1.1	Diffusionslöten	158
	27.1.2	Reparaturlöten	159
27.2	Löten von Titanlegierungen		159
27.3	Schweißen von Nickellegierungen		161
27.4	Mikrorißbildung an Nickellegierungen		163
27.5	Schweißen von Titanlegierungen		165
27.6	Wolfram-Inert-Gas-Schweißen (WIG)		166
27.7	Mikroplasmaschweißen und Wolframplasmaschweißen (WP-Schweißen)		168

27.8 Elektronenstrahlschweißen (EB-Schweißen) 169
27.9 Laserschweißen 178
27.10 Reibschweißen 178
27.11 Linearreibschweißen 186
27.12 Explosionsschweißen 188
27.13 Diffusionsschweißen 188
27.14 Auftragsschweißen von Stelliten 190
27.15 Reparaturschweißverfahren 190

28 Qualitätssicherung 192

29 Zerstörungsfreies Messen und Prüfen 193
29.1 Fehlerdetektierbarkeit 194
29.2 Eindringrißprüfung 196
29.3 Wirbelstromprüfung (WS-Prüfung) 197
29.4 Magnetpulverprüfung 198
29.5 Ultraschallprüfung (US-Prüfung) 198
29.6 Röntgendurchstrahlungsprüfung (Radiografie) 205
29.7 Röntgen-Computer-Tomografie (RCT) 206
29.8 Röntgenbeugung 209
29.9 Thermografie 209
29.10 Eigenspannungsermittlung 212
29.11 Optische Meßtechnik 217
    29.11.1 Streifenprojektion 218
    29.11.2 Schaufelkantenvermessung 218
    29.11.3 Shearografie, Holografie, interferometrische Methoden 218
29.12 Fertigungsmeßtechnik 221
29.13 Schallemissionsanalyse (SEA) 221

30 Fertigungstechnik und betrieblicher Umweltschutz 222

Anhang 223

Literaturverzeichnis 264

Sachwortverzeichnis 303

1 Zielsetzung

Das vorliegende Buch stellt eine Übersicht dar, die dem Studenten und dem Berufstätigen helfen soll, das Sachgebiet von der Seite der bestehenden Praxis kennenzulernen, ohne sich sofort in die Details einlesen zu müssen. Es wird versucht, aus der Erfahrung im Umgang mit Werkstoff- und Fertigungstechnik heraus, sofort auf übergeordnete Gesichtspunkte für wichtige Entscheidungen zu kommen, bevor Sachverhalte im einzelnen beschrieben werden.

Die Fertigungstechnik wird dargestellt aus der Sicht der optimalen Funktionalität und Sicherheit der Komponenten in der Fluggasturbine. Aus dieser Sicht erscheinen zahlreiche Möglichkeiten zu produzieren weniger bedeutungsvoll und sind daher nicht dargestellt zugunsten jener, die überwiegend benötigt werden.

Der Einstieg in die einzelnen Sachgebiete ist mit Hilfe der zitierten Literaturstellen möglich. Die Zitate sind bevorzugt diejenigen, die zu umfassenden Darstellungen gehören. Die vollständige Angabe der Literaturstellen ist an dieser Stelle zu umfangreich. Von den umfassenden Darstellungen führt der Weg zu den Einzelveröffentlichungen.

Das vorliegende Buch kann nur dem Anspruch genügen, überwiegend angewendete Fertigungsverfahren und ihre werkstofftechnischen Aspekte darzustellen, da sonst der Umfang zu groß wäre.

In einzelnen Fachgebieten, z.B. in Fragen der Beschichtungstechnik und des funktionellen Verhaltens der Schichten unter Einsatzbedingungen, besteht die Fachliteratur überwiegend aus Einzelveröffentlichungen. Diese Arbeiten stellen jeweils einzelne Zusammenhänge dar, die nicht immer erkennen lassen, ob und in welchem Umfang die betroffenen Schichten einsatztauglich sind. In der vorliegenden Darstellung wird versucht, möglichst allgemein gültige Aussagen zu treffen, ausgehend von den wesentlichen Eigenschaften der Schichten. Dabei wird der Einstieg in die Sachgebiete aus der Sicht des Fluggasturbinenherstellers dargestellt.

Sofern bestimmte Sachverhalte nicht speziell für die Anwendung in Fluggasturbinen wichtig sind, wurden sie in diesem Buch nicht behandelt. Hier muß generell ohne Zitate auf Standardliteratur der allgemeinen Fertigungstechnik verwiesen werden.

Besonderer Wert wurde auf die Darstellung der werkstofftechnischen, metallkundlichen und physikalischen Zusammenhänge gelegt, von denen sich die wesentlichen technischen Maßnahmen der Fertigung ableiten. Organisatorische und betriebswirtschaftliche Seiten der Fertigung werden nicht behandelt.

Die im Rahmen dieser Fachbuchreihe erscheinenden Bücher sollen dem Zweck dienen, daß möglichst übersichtlich und zusammenfassend dargestellt wird, was zu den wesentlichen Besonderheiten und Eigenschaften der Fluggasturbine zählt.

Was die Fertigungstechnik betrifft, so hat die Zeit des Wettrüstens zwischen Ost und West zu außerordentlichen Anstrengungen und Ergebnissen geführt, die die technische Perfektion der Flugtriebwerke vorangetrieben haben. Dabei war der Fortschritt mehr durch die technischen Fähigkeiten als durch Aufwandsbeschränkungen bestimmt.

Neben den direkten Vorteilen bei den militärischen Triebwerken ist der Fortschritt auch der zivilen Luftfahrt zugute gekommen.

Zweifellos ist auch bei der technischen Entwicklung der Fluggasturbinen eine erhebliche Verlangsamung eingetreten, mehr und mehr entscheiden die begrenzten Ressourcen über die Geschwindigkeit der Entwicklung. Daher ist es zweckmäßig, gerade jetzt zu einer Zusammenfassung des Standes der Technik zu kommen.

Für die Zukunft ist zu erwarten, daß sich die Aktivitäten mehr auf die Methoden und Änderungen konzentrieren, die zum „sicheren Prozeß" in zweierlei Hinsicht führen: Zur Qualitätsstabilität und zur Bauteil-Lebensdauer-Beherrschung. Auf diese Weise können besondere neue Entwicklungen gefördert werden, die aus der eingegrenzten Sicht einer kostenoptimalen Fertigung alleine nicht attraktiv genug sind. Die Investition in solche Entwicklungen, z.B. Festwalzen, integriertes Messen auf Bearbeitungsmaschinen, Präzisionsbearbeitung, zahlt sich langfristig sowohl beim Hersteller der so gefertigten Teile als auch beim Betreiber (Customer-Value) aus.

2 Einleitung

Die Fertigungstechnik der Fluggasturbine zeichnet sich durch mehrere besondere Merkmale aus:
- Sie bezieht sich hauptsächlich auf die Titan- und Nickelbasislegierungen und trägt deren Eigenschaften Rechnung.
- Sie hat sich aufgrund der Werkstoffe in klassischen Sachgebieten wie z.B. Zerspanungstechnik in besondere Richtungen entwickelt.
- Sie besitzt besondere Sachgebiete, die speziell nur für diese Legierungsgruppen und Maschinenteile entwickelt wurden.
- Sie stellt sowohl bei der Roh- als auch bei der Fertigteilherstellung nicht nur die Form her, sondern bestimmt die Festigkeitswerte in weitem Maße, sowohl die Werkstoff- als auch die Bauteilfestigkeit.
- Sie ist auf besondere Weise an qualitätssichernde und qualitätsprüfende Maßnahmen gebunden, um der Sicherheit im Betrieb und der sicheren Teilelebensdauer zu entsprechen.
- Sie bedarf besonderer Maßnahmen, um die engen Maßtoleranzen, die hohe Gestalttreue und die hohe Oberflächengüte zu erreichen, die die Leichtbauweise im Flugzeugbau erfordert.
- Sie stellt, von den Schaufeln abgesehen, eine Technik der kleinen Stückzahlen pro Zeiteinheit dar.
- Sie unterliegt einem hohen Dokumentationszwang und infolgedessen auch einer Änderungsstabilität bei Triebwerken, die bereits eine Flugzulassung haben.

Die in diesem Buch beschriebene Fertigungstechnik ist mehr als in anderen Fertigungsabläufen an die Funktion der produzierten Teile und die Qualitätsvorschriften gebunden. Sie ist vor allem bei allen Konstruktionswerkstoffen mitbestimmend für das Festigkeitsverhalten, nicht nur beim Verformen, sondern auch beim Bearbeiten, Trennen, Oberflächenbehandeln etc. In diesem Verständnis wurden kurzgefaßte Kapitel über Werkstoffe, Werkstofftechnik und Qualitätssicherung hinzugefügt. Das Werkstoffverhalten steht in besonderem Zusammenhang mit den Fertigungsverfahren, den Sonderbetriebsmitteln und Maschinen.

Titan- und Nickelbasislegierungen stellen mit ihren physikalisch/metallurgischen Eigenschaften schwer zu bearbeitende Werkstoffe dar, deren technische Eigenschaften bei weitem weniger breit systematisch untersucht wurden als die Stähle, was z.T. eine Frage der Zeit, weitaus mehr aber eine Frage des Anwendungsumfangs ist. Zahlreiche Untersuchungen stehen außerdem nicht öffentlich zur Verfügung, sondern sind unveröffentlichtes Material der Triebwerkfirmen.

Eine erhebliche Zahl von Berichten ist nicht zur Veröffentlichung freigegeben und unterliegt der Geheimhaltung wegen des militärischen Interesses bei der Anwendung für militärische Zwecke.

3 Werkstoffe

Es ist zweckmäßig, die Werkstoffe in vier Gruppen zu unterteilen:
– Konstruktions-,
– Zusatz-,
– Beschichtungswerkstoffe und
– Fertigungshilfs- und Betriebsstoffe.

In den Bildern 3-1 und 3-2 sind die hauptsächlich verwendeten Konstruktionswerkstoffe und die verwendbaren Werkstoffgruppen mit Zukunftspotential zusammengestellt.

Die Fertigungshilfs- und Betriebsstoffe (z.B. Kühlschmierstoffe, Reinigungschemikalien, Abdeckmittel) gewinnen durch die Verfeinerung der Verfahren und den Umweltschutz ständig an Bedeutung.

Die Beschichtungswerkstoffe haben bereits eine herausragende Bedeutung, sind jedoch aufgrund dessen, daß die Schichten nicht als selbständiges Bauelement berechnet und verwendet werden, in der Regel auch nicht anhand ihrer Eigenschaften standardisiert einsetzbar, berechnet und geprüft.

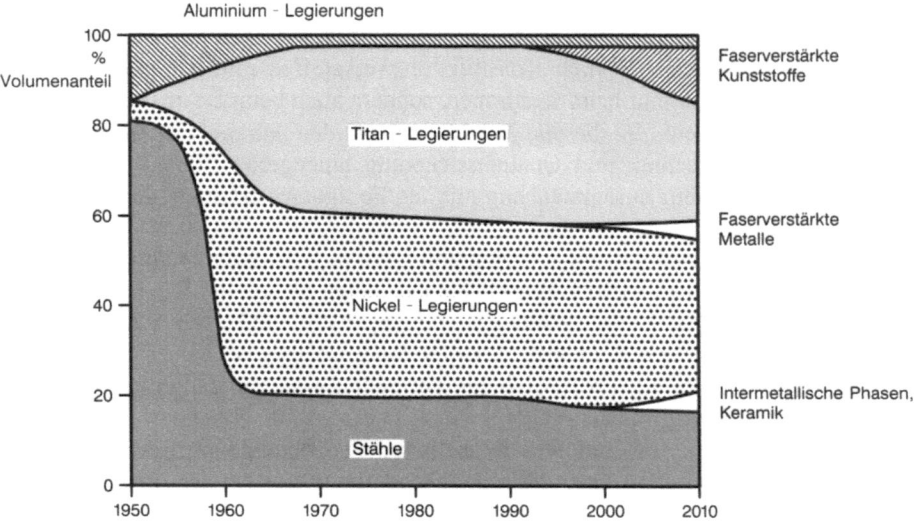

Bild 3-1: Volumenanteile der Werkstoffe im Kerntriebwerk

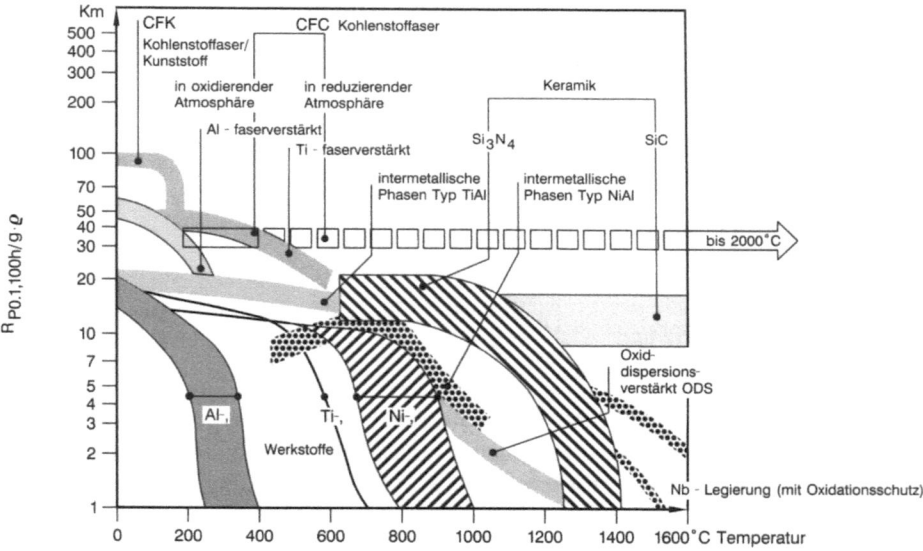

Bild 3-2: Zeitdehngrenze, bezogen auf das spezifische Gewicht verschiedener Werkstoffgruppen

Die Bezeichnung der Werkstoffe erfolgt üblicherweise mit Hilfe der Spezifikationsnomenklatur der Anwender, teilweise der der Hersteller. Die Normung nach DIN oder ISO findet kaum Verwendung, hauptsächlich aufgrund großer Lücken. Stellenweise werden die Spezifikationen nach AMS (*American Materials Specification*) oder nach MIL verwendet (*Military Standard*). Die vorliegende Darstellung bedient sich hauptsächlich der Sprechbezeichnungen der Anwender. Hinter diesen stehen die anwenderspezifischen Detailspezifikationen, u. a. die Werkstoffdatenblätter.

Zusatzwerkstoffe dienen zum Schweißen und Löten, ihre Eigenschaften sind ebenfalls nur lückenhaft verfügbar, da Schweißnähte und Lötungen zwangsläufig von der Bauteileigenschaft aus gesehen werden und über die Bauteilfestigkeit behandelt werden, wenn man von den metallkundlichen Kenntnissen absieht, die durch Gefügeuntersuchungen zur Verfügung stehen.

3.1 Metallische Konstruktionswerkstoffe

Die Luftfahrtwerkstoffe gehören aufgrund der Sicherheits- und der hohen Festigkeitsanforderungen zu den im Detail dafür am umfangreichsten untersuchten und analysierten Werkstoffen. Die Werkstoffdaten befinden sich jedoch nur teilweise in den öffentlich zugänglichen Quellen. Einen großen Umfang nehmen die Quellen der Anwenderfirmen ein, die die statischen und dynamischen Festigkeitswerte im Rahmen der Triebwerksentwicklungen laufend ergänzen und aktualisieren. Diese Quellen sind jedoch nicht öffentlich zugänglich.

Die Auswahl von Konstruktionswerkstoffen wird überwiegend vom Wert der spezifischen Festigkeit (Festigkeitsgewichtsverhältnis) bestimmt, wobei wiederum die jeweilige Baugruppe für die Eigenschaften entscheidend ist, deren Festigkeitswerte die Komponentenlebensdauer bestimmen. In letzter Zeit erfolgt die Auswahl nach dem Preis des Werkstoffs immer häufiger, u.U. mit Verzicht auf andere Vorteile. So konkurrieren Al- und Mg-Werkstoffe mit den Ti-Legierungen beim Einsatz für Strukturteile und Leitapparate im Verdichter.

In den folgenden Abschnitten werden nur die häufigsten Werkstoffeigenschaften dargestellt. Für Details muß auf die Fachliteratur verwiesen werden. Dazu zählen auch Verbundwerkstoffe, die entweder nur oder teilweise aus metallischen Komponenten bestehen. Die Anwendungsfälle solcher Werkstoffe sind so gering, daß sie hier nicht näher beschrieben werden.

Die in den Tabellen beispielhaft angegebenen Festigkeitswerte sind Anhaltswerte und keine für Berechnungen geeigneten Daten, da diese mit ihrem Streubereich bekannt sein müssen und die trotz gleicher Benennung des Werkstoffs durch die Einzelheiten seines Herstellungsweges deutlich modifiziert werden.

3.1.1 Stähle

Unverzichtbar sind ferritische und martensitische Stähle für jene Anwendungen, wo hohe Härte und Duktilität gleichzeitig, aber nicht gleichenorts gefordert werden. Die hohe Härte ist vor allem bei Verschleißbeanspruchung und hohen Oberflächenbelastungen erforderlich, wo primär abtragender Verschleiß ohne Schwingungen, also kein Schwingungsverschleiß (*fretting wear*) auftritt.

Für die Baugruppen Getriebeteile, Wälzlager und Hohlwellen sind weiterhin ausschließlich Stähle in Verwendung. In einzelnen Fällen kommen Verschweißungen dieser Stähle mit Nickelbasiswerkstoffen in Betracht.

Austenitische Stähle werden für eine Reihe von Blechen und Rohren mit beschränkter Festigkeit angewendet. Stähle aus der Gruppe der 12/13prozentigen Chromstähle dienen für Gehäuse und tragende Strukturteile. In einer Übersichtsdarstellung sind einige wichtige Stahlsorten zusammengestellt (Tabelle 1).

3.1.2 Titanlegierungen

Die hohe spezifische Festigkeit der Titanlegierungen wird im Verdichter ausgenützt und zwar für Leit- und Laufschaufeln, Scheiben, Gehäuse, Rohre und Abstandsringe zwischen den Rotorstufen. In Tabelle 2 sind die wichtigsten gebräuchlichsten Legierungen zusammengestellt.

Die angegebenen Festigkeitswerte sind stark vom Gefüge abhängig. Sie sind erreichbare Mittelwerte, die aber im Anwendungsfall von der Wärmebehandlung und den Materialquerschnitten bei der Wärmebehandlung abhängen. Die Querschnittsabhängigkeit ist eine Folge der schlechten Wärmeleitfähigkeit des Titans. Aufgrund dessen sind bei großen Schmiedestücken Gefügegradienten und damit Festigkeitsunterschiede im Werkstück vorhanden.

Die Unterschiede der Titanlegierungen sind insbesondere bei der Kriechfestigkeit zu finden. Die ältere Standardlegierung TiAl6V4 erreicht keine zufriedenstellenden Werte im Vergleich zu den anderen, für Turbinenscheiben entwickelten Legierungen.

Die mit der Herstellung von Titanlegierungen verbundenen besonderen Probleme beruhen auf der schlechten Kaltumformbarkeit seiner hexagonalen α-Phase und der extrem hohen Affinität zu aktiven Gasen (H_2, O_2, N_2, Cl_2, F_2), die sich in hohen Reaktionsenthalpien und hohen Löslichkeiten für diese Gase äußert, wobei ein gleitender Übergang zwischen Mischkristall und Oxid auftritt.

Kennzeichnend für Ti-Legierungen sind hohe Kerbempfindlichkeit und damit kurze Rißentstehungsphasen bei schlechter Oberfläche. Kennzeichnend ist auch das heute verwendete α/β-Mischgefüge, siehe Bild 3.1.2-1, das in Kombination von Gießen, Umformen und Wärmebehandlung hergestellt wird und sowohl gute statische als auch dynamische Festigkeit ermöglicht. Die intermetallische Phase TiAl wird in nennenswertem Umfang für Turbinenschaufeln erprobt, in Einzelfällen für Gehäuse und Scheiben, um Gewichtseinsparungen zu erzielen. Die Kerbzähigkeit wird erhöht durch duktilisierende Zulegierungen.

3.1 Metallische Konstruktionswerkstoffe

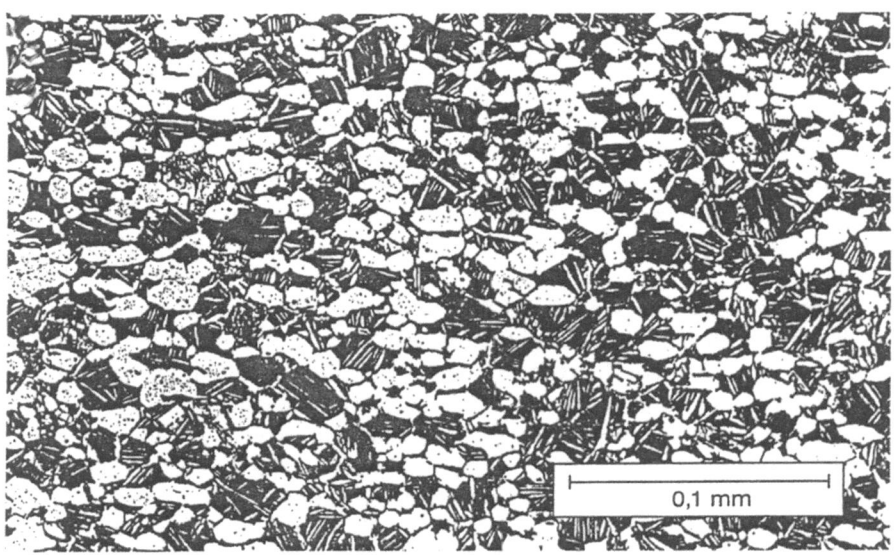

Bild 3.1.2-1: Hochdruckverdichter-Laufschaufel, Typisches α/β-Mischgefüge einer Titanlegierung (6-2-4-2), weiß: Primär-α-Phase, dunkel: β-Phase, weiße Nadeln: Sekundär-α-Phase

3.1.3 Nickellegierungen

Die Verwendung von hochlegierten Nickelbasislegierungen (im amerikanischen Sprachgebrauch auch Superlegierungen) beruht auf ihrer Warmfestigkeit aufgrund kohärenter Ausscheidungen vom Ni_3Al-Typ. Die Warmfestigkeit aufgrund der Behinderung der Versetzungsbeweglichkeit – teilweise auch durch Karbidausscheidungen unterstützt – ist gepaart mit hoher Mischkristallhärte und Korngrenzenverfestigung. Auf diese Weise besitzen Nickelbasislegierungen auch verhältnismäßig gute dynamische Festigkeitswerte.

Die Größe der Ausscheidungen (Bild 3.1.3-1) und ihre Volumenanteile sind maßgeblich für die Kriechfestigkeit sowie eine Reihe weiterer Eigenschaften, z.B. Schweißbarkeit, Zerspanbarkeit, Umformbarkeit.

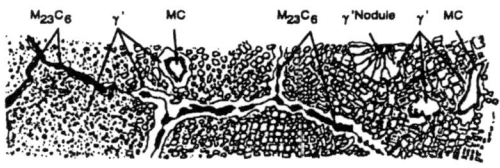

γ'-Bildner	2,5Ti, 1,3Al	2,9Ti, 2,9Al	3,5Ti, 4,3Al	4,7Ti, 5,5Al	1,5Ti, 5,5Al, 1,5Ta
Karbid-Bildner	20Cr, 2,5Ti	19Cr, 4Mo, 2,9Ti	15Cr, 5,2Mo, 3,5Ti	10Cr, 3Mo, 4,7Ti, 1V	9Cr, 2,5Mo, 10W, 1,5Ta
Beispiele	Nimonic 80A	U-500	N-115/U-700/R-77	IN-100/R-100	Mar-M246

Bild 3.1.3-1: Typische Gefügemerkmale einer gegossenen Nickelbasislegierung für Turbinenschaufeln (Karbide, kohärente γ'-Ausscheidungen, fein dispers, blockartig im Volumen und an Korngrenzen) [nach Sims und Hagel]

Bei ca. 6 Gewichtsprozent der Summe von Al- und Titankonzentration liegt die Grenze der Umformbarkeit und Schweißbarkeit ohne schwerwiegende Probleme. Liegt der Gehalt an Al- und Ti-Konzentration in Summe deutlich über 6%, so lassen sich derartige Legierungen nur noch durch das Feingußverfahren oder auf pulvermetallurgischem Wege über das Heißisostatpressen (HIP) formgebunden verarbeiten.

Die fertigungstechnisch relevanten Eigenschaften sind ebenso wie die Festigkeit nach geschmiedeten und gegossenen Nickellegierungen zu unterscheiden. Tabelle 3 zeigt eine Zusammenstellung von Beispielen für Schmiedelegierungen und Gußlegierungen auf Nickelbasis.

Für einige Anwendungen sind auch Kobaltbasislegierungen in Gebrauch, insbesondere für die thermisch hoch belasteten Leitschaufeln der 1. Turbinenstufe. Kobalt als Basis erhöht die Mischkristalllöslichkeit gegenüber Nickel und läßt daher höhere Al- und Cr-Gehalte zu, was die Oxidations- und Korrosionsbeständigkeit erhöht. Die mechanische Festigkeit nimmt aber wegen geringerer kohärenter Ausscheidungen ab.

Interessant, aber noch nicht in Anwendung, sind intermetallische Phasen selbst, z.B. NiAl, Ni_3Al, ohne Matrix, da sie noch höhere Festigkeit bei höheren Temperaturen besitzen. Ihr Einsatz erfordert jedoch aufgrund des Wegfalls der positiven Eigenschaften der Matrix (beschränkte Härte, Al- und Cr-Löslichkeit) auch spezielle eingeengte Belastungsprofile im Triebwerk, ohne die die intermetallischen Phasen nicht ausgenützt werden können, da es ihnen an der Summe mehrerer Gebrauchseigenschaften fehlt. Aus diesem Grunde werden sie wieder modifiziert. Am weitesten fortgeschritten ist die Anwendungserprobung der TiAl-Phase für Turbinenschaufeln und Gehäuse wegen der großen Gewichtsreduzierung. Kritisch ist die Kerbschlagfestigkeit dieser Phase.

3.2 Nichtmetallische Werkstoffe

3.2.1 Verbundwerkstoffe

Matrixwerkstoffe auf der Basis von Polymeren oder Kohlenstoff, verstärkt durch Fasern unterschiedlichen Typs (Kohlenstoff, Glas, Metallfasern) sind grundsätzlich wegen der erheblichen Gewichtsersparnis äußerst attraktiv, ihr Einsatz ist aber vorläufig begrenzt auf wenige Anwendungen, z.B. Laufschaufeln und Leitstufen im Fan bzw. den vorderen Verdichterbaugruppen (Bild 3.2.1-1).

Die Werkstoffeigenschaften und Bauteileigenschaften können maßgeschneidert werden, je nach der Art der Matrix, der Fasern, ihrer Länge und ihrer Anordnung. Was jedoch ein Vorteil sein kann, erweist sich praktisch oft als Nachteil bei Gasturbinenanwendungen. Das Maßschneidern der Eigenschaften erfordert dementsprechende Kenntnisse der Belastungen und ihres Zusammenwirkens. Anderenfalls sind kostspielige empirische Erprobungen unausweichlich. Zwei weitere Faktoren wirken sich dabei erschwerend aus: Die mehr oder weniger ausgeprägte Anisotropie der Eigenschaften und die verhältnismäßig großen Aufwendungen bei Änderungen, die sich im Verlaufe der Entwicklung bis zur Serienreife nicht wesentlich einschränken lassen, besonders wenn es sich um Schaufeln und Schaufelgitter handelt.

In Tabelle 4 sind Beispiele für faserverstärkte Werkstoffe zusammengestellt, die entweder im Zellenbau und Triebwerkbau bereits in Anwendung sind oder sich aufgrund ihrer bekannten Eigenschaften eignen.

3.2 Nichtmetallische Werkstoffe

Bild 3.2.1-1: CFK-Laufschaufeln mit Fußbeschlägen zur Halterung aus einer Titanlegierung und Verstellmechanismus (Stufe 2 eines geenläufigen Verdichters eines Prop-Fan-Experimentaltriebwerks CRISP), Außendurchmesser der Stufe: 1 m

Im Triebwerksbau zeichnet sich ab, daß Kohlefasern eingesetzt werden, die ebenso wie passende Harzsysteme in einer schnellen Entwicklung ständig verbessert werden können. Da auch die analytischen Methoden (Berechnung, Modalanalyse etc.) rapide fortschreiten, sind weitere Serienanwendungen in naher Zukunft zu erwarten.

Bei Schaufelanwendungen muß die Erosionsbeständigkeit der Kanten durch metallische Auflagen (Bleche, Galvanisierung) oder Einlagen (Pulver, Netze, Filze) erhöht werden.

Bei Anwendungen in den ersten Stufen ist besonders das Vogelschlag-Verhalten kritisch. Die Einsatztemperaturen dieser Werkstoffe sind bis ca. 150 °C limitiert, je nach Belastungshöhe.

Es besteht Aussicht darauf, daß Entwicklungsiterationen, -kosten und -zeit durch die Anwendung der Stereolithografie in Verbindung mit Rapid Prototyping verringert werden (siehe 9.2.6). Die Stereolithografie und Rapid Prototyping befinden sich in einer ausgedehnten Entwicklungsphase. Zur Vernetzungsfähigkeit des Monomers zu Polymeren durch Laserstrahlen ist man vorläufig auf einige wenige Harzsysteme beschränkt. Sie werden sowohl in reiner Form als vermischt mit Metallpulvern eingesetzt.

Die Herstellungstechnik von faserverstärkten Polymeren erfordert kostengünstige und sichere Prozesse für die Faseranordnung und für das Tränken der Faserstruktur mit dem Harz der Matrix.

Die Technik der Faseranordnung geht drei verschiedene Wege:
- Prepregs, bestehend aus harzgebundenen Fasermatten, die aufeinandergelegt und heiß verbunden werden,
- Legemaschinentechnik,
- Textiltechnik (Weben und Stricken).

Die Tränkung mit Harz für die beiden letztgenannten Wege erfordert erheblichen Aufwand, um einwandfreie Benetzung und Blasenfreiheit zu erzeugen. Zwei derartige Verfahren sind *Resin Transfer Moulding* (RTM) und *Resin Film Injection* (RFI), Kombinationen von Druckguß- und Vakuumtechnik.

3.2.2 Keramische Werkstoffe

Die Hoffnung auf neue Lösungen im Turbinenbereich mit Hilfe von Keramiken ohne Faserverstärkung auf Siliziumbasis (SiC, SiSiC, Si_3N_4) oder Aluminiumoxidbasis haben sich bisher nicht erfüllt trotz intensiver Entwicklungsarbeiten in den vergangenen 20 Jahren. Zwar hat sich die Kenntnis des Werkstoffverhaltens erheblich vergrößert, aber der Einsatz für Luftfahrtanwendungen scheitert hauptsächlich an der nicht ausreichenden Funktionssicherheitswahrscheinlichkeit. Die Streuung der erreichten Lebensdauer bei heute notwendigen Lastniveaus ist zu breit. Es stehen vorläufig keine Mittel zur zerstörungsfreien Prüfung mit ausreichender Fehlerauflösung zur Verfügung, um diejenigen Bauteile mit geringer Erlebenswahrscheinlichkeit herauszufinden. Die Gefüge- und Gitterstörungen, die für ein vorzeitiges Versagen ursächlich sein können, liegen in der Größenordnung von unter 10 µm und sind damit nicht oder nur mit sehr hohem Aufwand detektierbar, wobei auch die Differentiation zwischen zulässig und unzulässig (schadensrelevant) äußerst ungenau wird. Hinzu tritt die hohe Kerbempfindlichkeit der Teile an ihrer bearbeiteten Oberfläche.

Eine weitere Einschränkung ergibt sich aus der für Turbinentemperaturen und Sauerstoffatmosphäre zu hohen Reaktionsgeschwindigkeit der Si_3N_4- und SiC-Keramiken mit Sauerstoff zu SiO_2, so daß Schaufeln thermodynamisch nicht ausreichend stabil sind. Beschichtungen gegen Langzeitoxidation stehen nicht zur Verfügung.

Gewisse Aussichten werden daher den Oxidkeramiken in Form von CMC (*Ceramic-Matrix-Ceramics*), d.h. in Form von Mischkeramik, eingeräumt, z.B. Al_2O_3–SiO_2. Durch Gleitfähigkeit zwischen Fasern und Matrix reagiert der Werkstoff schadenstolerant ohne katastrophale Rißausbreitung. Die Spannungsdehnungskurve zeigt im oberen Bereich quasi metallisches Verhalten unter Inkaufnahme geringerer Streckgrenzen als bei monolithischer Keramik.

Die Verwendung von jeder Art von Kohlenstoff, der mit Heißgas in Kontakt kommt, schließt sich von selbst für die Turbinenanwendung (Langzeitanwendung) wegen der schnellen Reaktion zu CO aus.

Konstruktiv gesehen bereiten alle Übergänge zwischen metallischen und keramischen Teilen zusätzlich erhebliche Schwierigkeiten, wenn Kraftschluß und Dichtigkeit gefordert werden, was zur Entwicklung besonderer Übergangselemente geführt hat, z.B. Metallfilzstrukturen, beidseitig gelötet, oder Preßsitze mit Zwischenelementen zur temperaturunabhängigen Pressung.

4 Werkstofftechnik

Die Technik des Werkstoffeinsatzes für Fluggasturbinen ist von zahlreichen Zielkonflikten bestimmt, die sich meist nicht grundsätzlich lösen lassen. Die Lösungen sind abgestimmte Kompromisse, um diejenige Werkstoffeigenschaft, die weitestgehend die Bauteillebensdauer bestimmt, mit den besten Werkstoffkennwerten zu versehen, ohne dabei entscheidend an anderen Eigenschaften zu verlieren. Der häufigste, werkstoffspezifische Zielkonflikt ist die Abstimmung zwischen statischer Festigkeit (Streckgrenze, Bruchfestigkeit, Kriechfestigkeit) und dynamischer Festigkeit (Zeit- und Dauerfestigkeit), vereinfacht ausgedrückt zwischen Härte und Verformbarkeit (Duktilität).

Da auch hohe bis höchste Temperaturen auftreten (Ausnahme die vorderen Verdichterstufen und die Teile in axialer Nähe (Wellen, Lager), sind in der Regel die Temperaturabhängigkeiten der Festigkeitswerte und auch aller anderen Eigenschaften entsprechend mit zu berücksichtigen.

Einige Forderungen, z.B. nach höchstmöglicher Oxidations- und Korrosionsbeständigkeit, sind a priori im Konflikt mit höchster mechanischer Festigkeit.

Zu berücksichtigen ist bei hohen Temperturen außerdem die Zeit. Zeitlich veränderlich sind Entfestigung, Oxidationsverhalten, Dehnung, Rißausbildung, Verschleiß und teilweise das Werkstoffgefüge.

Um den höchsten Anforderungen weitestmöglich zu entsprechen, gibt es daher für jede Komponente eine Auslegungs-(Berechnungs-)strategie, die ein Schema darstellt, in dem die wichtigsten bekannten Werkstoffwerte verwendet werden, in dem die gegenläufigen Eigenschaften aufgerechnet werden und dementsprechend zur realen Absicherung Komponentenversuche durchgeführt werden.

Diese Strategie in Form eines real existierenden Schemas ist notwendig, um die Richtigkeit der Annahmen zu prüfen, um eine eindeutige, nachvollziehbare Dokumentation aufzubauen, um neue Erkenntnisse richtig zu verwenden und um schließlich die Flugzulassung zu erreichen.

Traditionsgemäß entspricht die klassische Behandlung des Werkstoffs und seines Verhaltens der Vorstellung vom fehlerfreien Kontinuum bzw. der Berücksichtigung vom Inhomogenitäten (Fehlern) im Kontinuum nur innerhalb von gemessenen Werkstoffkennwerten, ohne Berücksichtigung einzelner Fehler und ihres individuellen Verhaltens und Auftretens.

Zukunftsweisend ist jedoch die Hinzunahme des bruchmechanischen Verhaltens der Werkstoffe und die dazu teilweise notwendige Kenntnis der Werkstofffehler bzw. ihrer durch Ver- und Bearbeitung vorhandenen Äquivalenzfehler.

Besonders schwierig ist in diesem Zusammenhang die Beherrschung der Fügetechnik durch Schweißen und Löten sowie der Werkstoffverbunde bei Beschichtungen und Schichten.

Aufgrund der Eigenschaftsgradienten (-felder) in diesen Fällen ist die sichere Beherrschung immer noch auf umfangreiche experimentelle Erprobungen zur Eigenschaftsermittlung angewiesen.

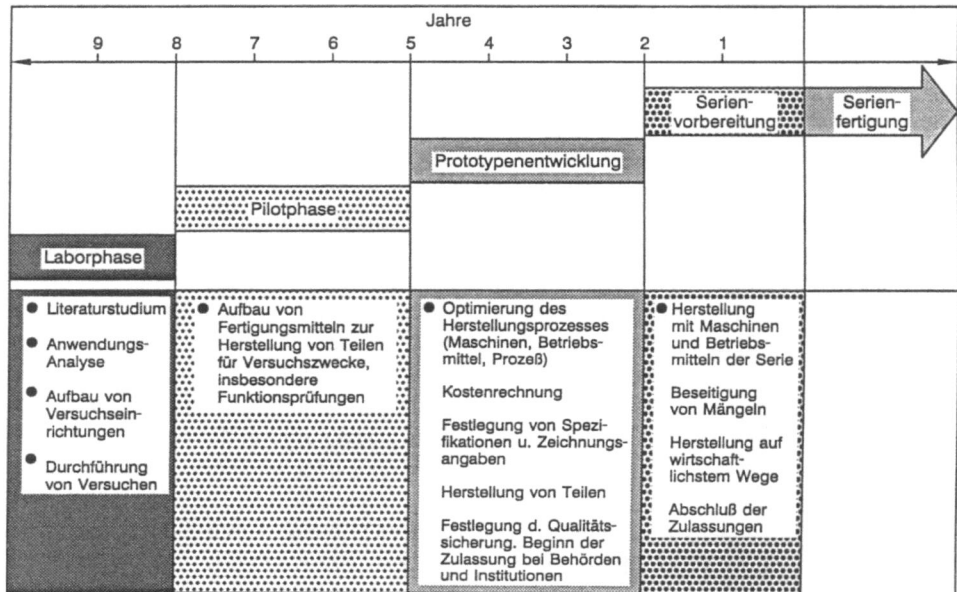

Bild 4-1: Phasen der Einführung neuer Verfahren oder neuer Werkstoffe in die Fertigung, der Zeitmaßstab stellt einen mittleren Erfahrungswert dar

Behindert wird die Situation auch dadurch, daß die verfügbaren Berechnungsverfahren mit Finite-Element-Methoden weiter fortgeschritten sind als die dafür erforderliche kostspielige Werkstoffdatenermittlung, insbesondere die bei dynamischer Belastung und hohen Temperaturen.

Kennzeichnend für den langwierigen Prozeß der Werkstoffbeherrschung ist die durchschnittliche vergehende Zeit bis zur Zulassung eines neuen Werkstoffs (siehe Bild 4-1).

4.1 Bruchmechanik

Da einige bestimmte bruchmechanische Parameter in wichtiger Beziehung zur Fertigungs- und Prüftechnik stehen, wird an dieser Stelle näher darauf eingegangen. Die folgenden Ausführungen beziehen sich auf periodische, nicht statische Belastung der Bauteile.

Bild 4.1-1 stellt das Verhalten eines Kollektivs im Zeitfestigkeitsgebiet dar, wobei Werkstoffprüfproben und geprüfte Bauteile in einem Kollektiv erscheinen können, sofern die Normierung der Belastung versuchstechnisch oder rechnerisch gelingt. Die Zahl der Zyklen N ist für das vorliegende Kollektiv die Zahl der Belastungszyklen von Null auf Betriebsdrehzahl inklusive Temperatursteigerung bei Belastung.

Diese Darstellung ist relevant für LCF-belastete Scheiben (*low cycle fatigue*, LCF). Es wird unterstellt, daß der Anriß an ein und derselben bekannten Stelle erfolgt.

4.1 Bruchmechanik

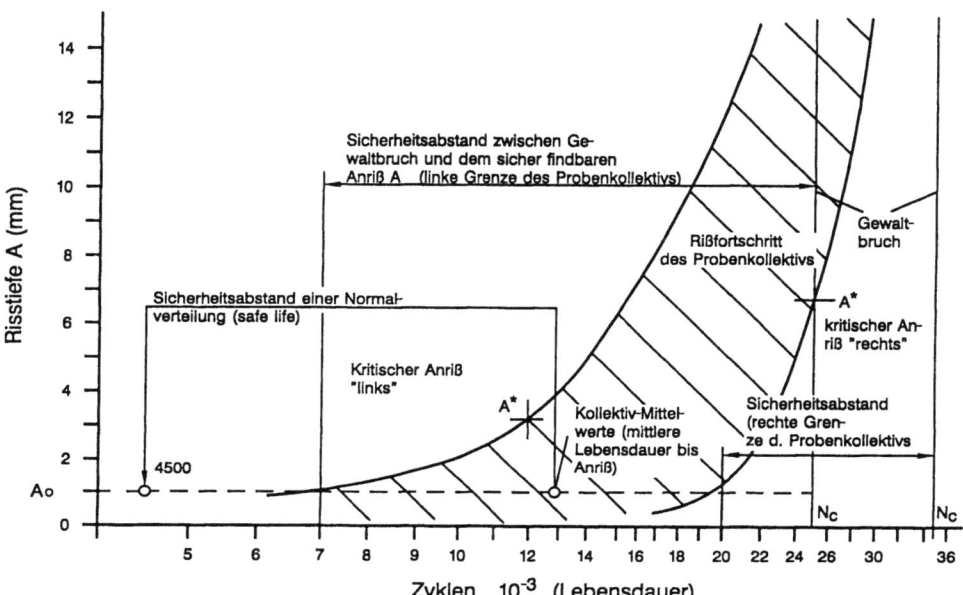

Bild 4.1-1: Zusammenhang zwischen Rißtiefe und LCF-Zyklenzahl für ein Probenkollektiv (schraffiert); Darstellung wichtiger Kenngrößen der bruchmechanischen Behandlung der sicheren Lebensdauerfreigabe: A_0 = sicher detektierbare Rißgröße (unterer Grenzwert), A^* = kritischer Anriß, definiert als minimaler Abstand zu N_c (Gewaltbruch)

Die erste Frage, die sich stellt, richtet sich nach den Einflüssen auf die Rißentstehung. Von ihnen hängt die Lebensdauer bis zum Anriß ab (Anrißlebensdauer).

Geht man vom ursprünglich fehlerfreien Werkstoff aus, so ist die Antwort zwar auf dem Wege der physikalischen Plastizitätstheorie zu suchen, dürfte aber vorläufig nicht quantitativ zu finden sein, da die theoretische Brücke zwischen dem Verständnis der Metallplastizität und der technischen Größe Riß nicht existiert.

Für die technische Anwendung muß man vom technisch ungünstigsten Fall ausgehen. Dieser existiert praktisch immer an der unteren Streubandgrenze in Form eines Fehlers im Sinne der Bruchmechanik, d.h. im Sinne einer Kerbe mit Spannungsüberhöhung bzw. Festigkeitsminderung an der Rißspitze.

Es ist häufig zweckmäßig, z.B. bei PM-Werkstoffen, die Anrißlebensdauer als unbedeutend klein zu betrachten, solange nicht die Fehlerfreiheit zu 100% gewährleistet ist (PM = pulvermetallurgisch hergestellt). Diese Aussage ist statistisch zu verstehen und nicht auf ein Einzelteil, das durchaus fehlerfrei sein kann und sollte. Eine wie auch immer erreichbare Reduzierung der Fehlerhäufigkeit hebt zwar die Lebensdauer von Einzelteilen an, nicht aber die unteren Grenzwerte des Kollektivs.

Für Fertigung und Prüfung kommt es in erster Linie darauf an, Fehler im Sinne des bruchmechanischen Versagens erstens nicht zu erzeugen und zweitens im Verlaufe der Rißfortschrittsphase (Rißfortschrittslebensdauer) sicher und letztendlich quantitativ zu detektieren. Die sicher detektierbare Rißgröße A_0 muß einen ausreichend großen Abstand vom Gewaltbruch haben, anderenfalls ist die Rißfortschrittslebensdauer von Komponenten nicht ausreichend zufriedenstellend verwendbar.

Für die Prüftechnik stellt sich die Aufgabe nach Verringerung der sicher auffindbaren Fehlergröße, für die Fertigung die Aufgabe nach Fehlerfreiheit im Volumen und an der Oberfläche sowie nach geeigneten Maßnahmen zur Verringerung der Rißfortschrittsgeschwindigkeit da/dN. Auf diese Punkte wird an anderer Stelle genauer eingegangen (siehe Zerspanungstechnik, Beschichtung, zerstörungsfreie Prüfung, Kugelstrahlen, kritische Zonen).

4.2 Korrosion und Oxidation

Der Sauerstoffüberschuß in den Verbrennungsgasen führt zur Oxidation der Turbinenschaufeln. Die Verunreinigungen des Kraftstoffs und Salzgehalte der Verbrennungsluft können zu Korrosionserscheinungen der berührten Teile führen. Außerdem ist der Einsatz von Titanlegierungen im Verdichter zunehmend von Oxidationserscheinungen eingeschränkt, wenn die Temperaturen über 500 °C steigen.

Während bisher keine legierungstechnischen Maßnahmen und keine Beschichtungen für Titanlegierungen zur Verfügung stehen, werden Chrom und Aluminium bei Superlegierungen bis zur Grenze einer festigkeitssenkenden Wirkung eingesetzt. Da beide Elemente auch an den verfestigenden Mechanismen beteiligt sind (Karbide, kohärente Ausscheidungen), ist eine fließende Obergrenze ihrer Konzentration vorhanden. Die Bilder 4.2-1 und 4.2-2 zeigen zusammenfassend die aus Oxidations- und Korrosionsprüfungen hervorgegangenen Schlußfolgerungen bezüglich der Wirkungen von Chrom und Aluminium. Weitere Zusammenhänge werden im Kapitel Schichten dargestellt.

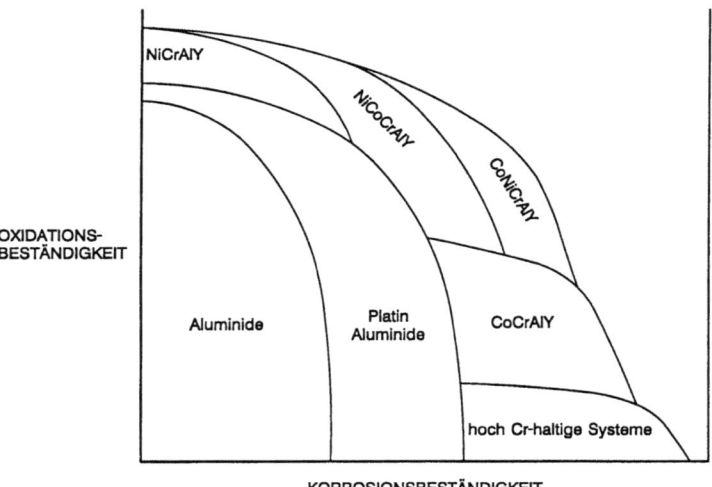

Bild 4.2-1: Schematische Darstellung von Oxidations- und Heißgaskorrosionsbeständigkeit [nach Mom]

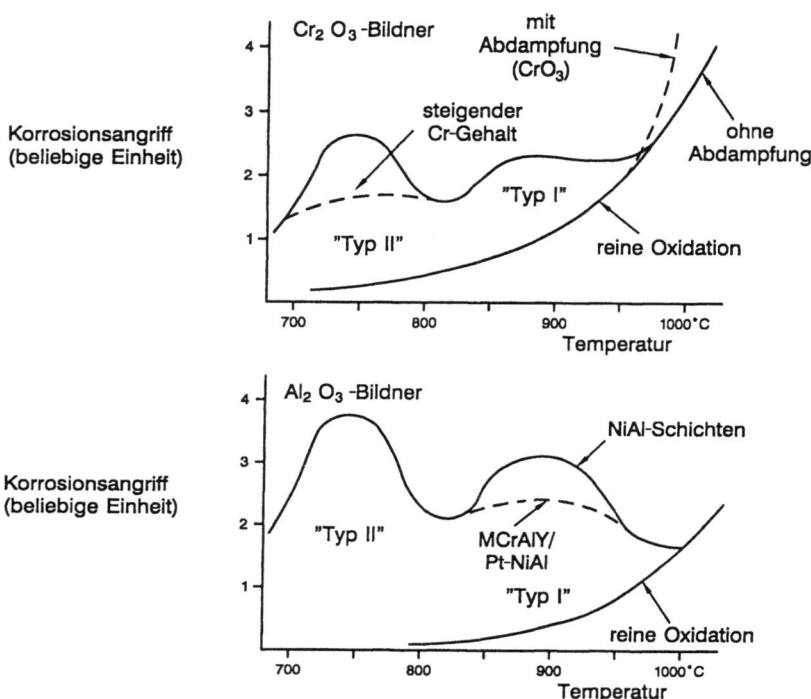

Bild 4.2-2: Temperaturabhängigkeit des relativen Korrosionsangriffs für die Fälle überwiegender Al$_2$O$_3$-Bildung und Cr$_2$O$_3$-Bildung [nach Bürgel]

4.3 Reibung, Verschleiß, Fretting

Aufgrund der hohen Temperaturen in Verdichter und Turbine sowie hoher Kraftflüsse und übertragener Leistungen an den Reibpaarungen gibt es zahlreiche Stellen, die nicht geschmiert werden können und infolgedessen einem erheblichen Verschleiß unterliegen können. Die Gegenmaßnahmen bestehen in Verfestigung der Oberfläche, Beschichtungen und Optimierung der Oberflächengestalt und -rauhigkeit. Darauf wird in den entsprechenden Kapiteln über Verfestigung und Beschichtung eingegangen.

Übergreifend ist es jedoch zweckmäßig, auf das Problem der Frettingerscheinungen einzugehen.

Die für Fretting charakteristische Belastungsart ist eine höherfrequente Horizontal-(Tangential-)Spannung in der Kontaktebene mit kleiner Amplitude (hoher Überdeckungsgrad), überlagert durch eine senkrecht auf die Kontaktebene wirkende (Normal-)Spannung, die etwa gleich hoch ist. Eine ältere Bezeichnung ist Passungsrost, eine Benennung, die nicht voll zutreffend ist, aber trotzdem ein Merkmal zusätzlich hervorhebt. Dieses Merkmal ist die große permanent überdeckte Fläche der Reibpartner, die verhindert, daß Verschleißpartikel in nennenswertem Umfang aus der Überdeckungsfläche heraus abgestoßen werden.

Es ist notwendig, zwischen reinem Verschleiß (*fretting wear*) und Werkstoffermüdung unter Frettingbedingungen (*fretting fatigue*) zu unterscheiden. Die Erfahrungen mit

Schaufel-/Scheibenverbindungen mit Tannenbaumverzahnungen belegen, daß kein direkter Zusammenhang besteht, Verschleiß-(Fretting-)marken bedeuten noch nicht, daß Ermüdungsanrisse zu erwarten sind und umgekehrt.

Zur Untersuchung der Festigkeit und der besten Werkstoffbeschichtungskombinationen im Hinblick auf fretting-fatigue hat sich die Reibklötzchenmethode entwickelt. Die Ergebnisse diverser Untersuchungen sind (siehe Abschnitt 25.6.1) jedoch im Sinne des Vorausgehenden zu bewerten.

Zur Untersuchung des Frettingverschleißes sind entsprechende Prüfstände geeignet (siehe Literatur).

Die Untersuchungsergebnisse, insbesondere an der Paarung Titan-Titan zeigen auch deutlich, daß die Frettingerscheinungen von der Belastungshöhe und vom Einlaufverhalten der Reibpartner abhängig sind. Beschichtungen haben sich bisher mit Ausnahme der gespritzten Cu-Ni-In-Schicht im Niederdruckverdichter nicht bewährt, da sie die tatsächliche Werkstoffbeanspruchung nicht herabsetzen. Nach wie vor ist das Verfestigungsstrahlen mit Stahlkugeln die wirksamste Gegenmaßnahme.

Es besteht jedoch die Aussicht, mit neuen Dünnschichten durch Sputtern zum Erfolg zu kommen (siehe Abschnitt 25.6.1).

4.4 Zerstörende Werkstoffprüfung

Die Standardprüfverfahren in der Werkstoffprüfung zur Werkstoffdatenermittlung sind Zug-, Warmzug-, Kriech-, Zeitstands-, HCF- und LCF-Prüfung (*high cycle fatigue*, HCF; *low cycle fatigue*, LCF). Hinzu tritt nahezu standardmäßig die CT-Probe für die Bestimmung der Rißzähigkeit.

Um problemlos prüfen zu können, sollten die Proben in einer erfahrenen besonderen Probenwerkstatt hergestellt werden, da sonst die Gefahr besteht, daß Einspannungen und Oberflächen nicht erwünschte negative Einflüsse ausüben, die zu einer erhöhten Ergebnisstreuung und zweifelhaften Ergebnissen führen können.

Insbesondere im Hinblick auf die gestiegenen Anforderungen an die Erreichung hoher Wechselfestigkeiten (LCF, HCF) sind die Gestalt der Oberfläche und die Randzoneneigenschaften nach Möglichkeit quantitativ zu erfassen. Die Forderungen nach Rundheit, Glätte und geringer Verformungstiefe reichen allein nicht aus, um LCF- und HCF-Werte zu optimieren. Bruchmechanische Ansätze sind unverzichtbar für diesen Zweck.

Der überwiegende Anteil der Ergebnisse von Festigkeitsprüfungen erfaßt den Fertigungseinfluß nicht zufriedenstellend, sondern stellt Werte dar, die den Fertigungseinfluß nur als Grund für eintretende Streuungen erfassen, ähnlich wie den Fehlereinfluß von Werkstoffehlern (siehe Bild 4.4-1).

5 Schwingungsprobleme im Triebwerk

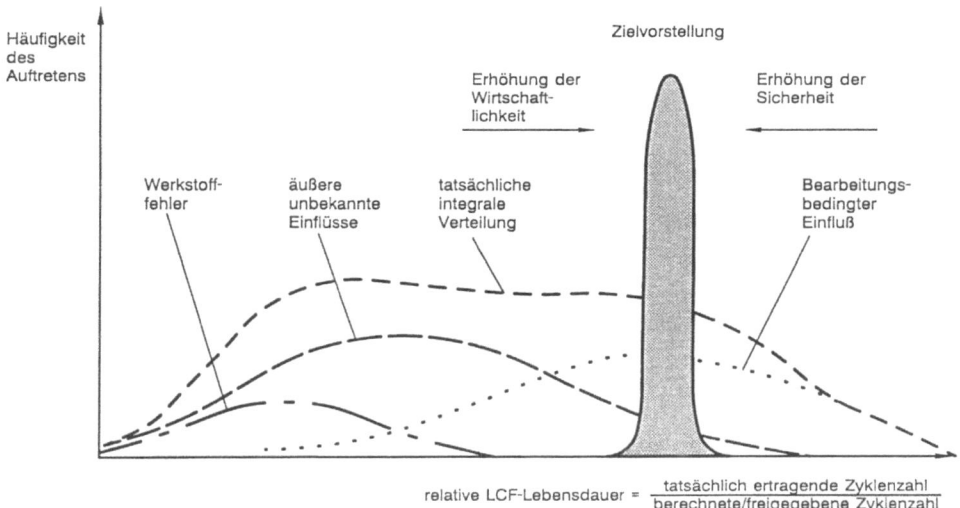

Bild 4.4-1: Prinzipdarstellung des Einflusses von Werkstoffehlern, Bearbeitung und anderen äußeren Einflüssen (Belastungsart, Beschädigungen etc.) auf die erreichbare LCF-Lebensdauer von Scheiben, die Position der angestrebten schmalen Häufigkeitsverteilung ist willkürlich gewählt

5 Schwingungsprobleme im Triebwerk

Die Schwingungserzeugung in den Strömungsmaschinen hat ihre Hauptursache in der periodischen Veränderung des Gasdruckes in Verdichtern und Turbine durch den Vorbeilauf der Laufschaufelgitter an den Leitschaufelgittern.

Die Zahl der Laufschaufeln relativ zu den Leitschaufeln der betreffenden Stufe ist wesentlich für die Dämpfung, da aufeinanderfolgende Laufschaufeln in Abhängigkeit von der Drehzahl sowohl gleich – als auch gegenphasig – anregen können bzw. angeregt werden.

In Bild 5-1 (Campbell-Diagramm) ist beispielhaft dargestellt, wie umfangreich Anregungsmöglichkeiten bestehen, wenn man den rechnerisch bekannten Anregungsfrequenzen in Abhängigkeit von der Drehzahl die Anregungs-(Eigen-)frequenzen von Verdichterschaufeln gegenüberstellt. In Bild 5-1 sind die Eigenschwingungsfrequenzen einer Leitschaufel (Biegung, Torsion, Plattenschwingungen) und ausgewählte Erregungsfrequenzen der entsprechenden Stufe dargestellt. Sowohl Grundfrequenzen als auch alle ihre Harmonischen kommen theoretisch als Erregerfrequenzen infrage.

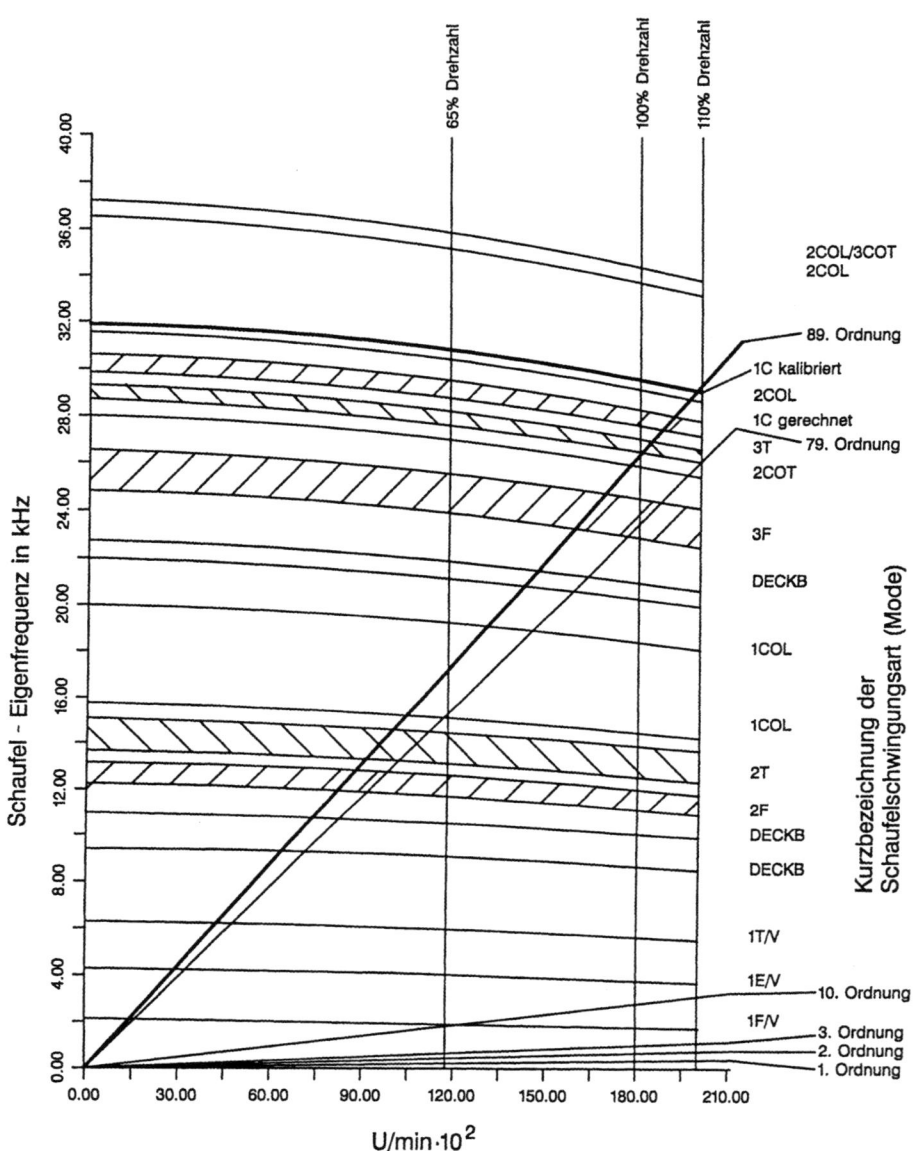

Bild 5-1: Campbell-Diagramm für eine Verdichterleitschaufel

Ausgewählt wurden nur diejenigen, die zu kritischen Resonanzen (Schnittstellen) führen. Diese Frequenzen liegen erfahrungsgemäß im hohen Drehzahlbereich wegen der hohen Anregungsleistung

Da die Dämpfung einzelner Moden nicht ausreichend berechnet oder eingestellt werden kann, unterliegen alle Verdichterschaufeln mehr oder weniger der Forderung nach höchster Formgenauigkeit, dynamischer Festigkeit und Oberflächengüte, um nicht in unerwünschte Resonanzbereiche zu geraten und um schnelle Anrißbildung zu unterbinden. Die Verdichterschaufeln müssen dauerfest ausgelegt sein. Die Oberflächengüte (geringe Rauhigkeit) wird gleichzeitig wegen der aerodynamischen Qualität (reibungsarme Umströmung) und Festigkeit gefordert.

Mit besonderen Maßnahmen werden resonanzähnliche Schwingungen während der Verdichterentwicklung aufgesucht und anschließend umgangen. Eine dieser Maßnahmen ist die „Verstimmung" durch die Änderung der Schaufelzahlen in den Gittern, eine weitere die akustische Frequenzanalyse durch geschlitzte Gitterringe, die die Laufstufen umschließen. Bei der Dämpfung von Schaufelschwingungen, besonders in einem Grundmode, z.B. der ersten Biegeschwingung, spielt die Schaufelaufnahme mit Tannenbaumprofilen eine wesentliche Rolle. Sie trägt zur Dämpfung und einer gewissen Verstimmung der Schaufeln eines Laufrades untereinander wesentlich bei und entfällt bei integralen Laufrädern (*blade* und *disk*, Blisk). Die Schaufelfußaufnahme unterliegt aus diesen Gründen in der Regel dem Fretting-Verschleiß und der Fretting-Ermüdung (siehe Kap. 4.3 und Kap. 25 Beschichtungstechnik).

Ähnlich der Schaufel-Scheibe-Steckverbindung werden andere Anlagepunkte und -flächen im Triebwerk erheblich durch dynamische Kräfte beaufschlagt, die zu Fretting-Verschleiß und Fretting-Ermüdung führen: Anlageflächen zur gegenseitigen Abstützung von Schaufeln (z.B. Nocken an Fanschaufeln, Z-Profile an Deckbändern von Turbinenlaufschaufeln), Lager- und Verzahnungsflächen. Bei der Auswahl von Schutzschichten gegen Verschleiß ist meistens die schlagende (stoßende) Belastung ausschlaggebend für die Festlegung der Härte und Restduktilität der Schicht.

6 Dichtung zwischen Stator und Rotor

Grundsätzlich führt jeder Spalt zwischen Beschaufelung einerseits, Gehäuse und Rotorringen andererseits zu einem Leistungsverlust durch Leckage. Die Minimalisierung der Betriebsspalte stellt ein vielfältiges schwieriges Problem dar, das erheblichen konstruktiven, werkstofftechnischen und verfahrenstechnischen Aufwand zur Lösung erfordert (Bild 6-1).

Die Ursachen sind im unterschiedlichen dynamischen Verhalten der Rotor- und Statordurchmesser zu finden. Beide müssen in ihrem zeitlichen Verlauf bestmöglich aufeinander abgestimmt werden, um den Spalt nahe an Null heranzubringen.

Während die Rotoren aufgrund der Fliehkräfte (elastische Dehnung und Spielausgleich an den Schaufelfußenden) und der thermischen Dehnung „wachsen", „wachsen" die Gehäuse nur aufgrund thermischer Dehnungen. Der zeitliche Ablauf ist bei Rotor und Stator verschieden. Hinzukommen unsymmetrische Auslenkungen des Rotors, z.B. durch Kurvenflug, sowie die axialen Bewegungen der Rotoren.

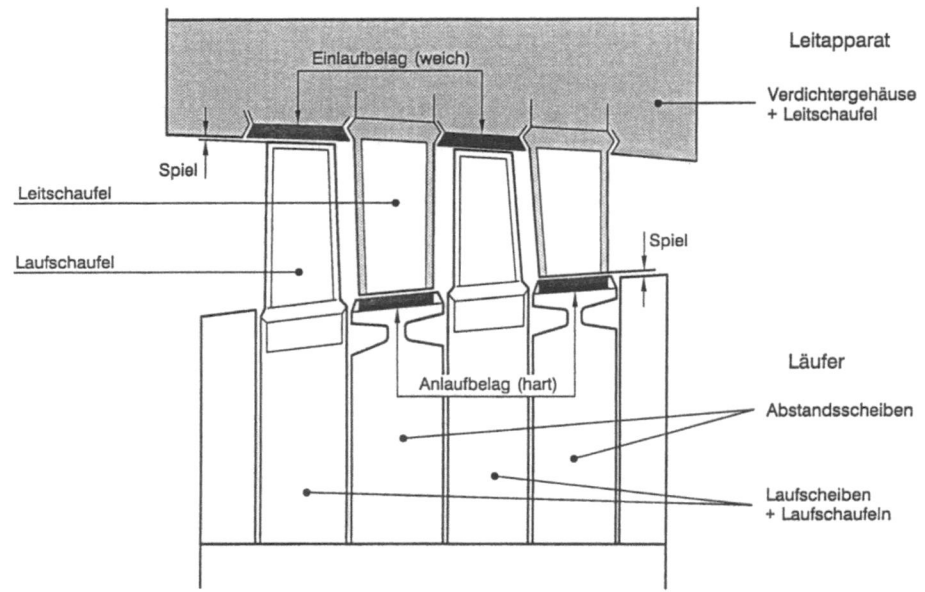

Bild 6-1: Anordnung von abreibbaren Einlaufbelägen und verschleißbeständigen Anlaufbelägen gegenüber den Schaufelspitzen

Alle Ursachen zusammen bedingen bei der Forderung nach Spalten im Verdichter im Zehntelmillimeterbereich (0,1 mm Rundumspalt im Verdichter bedeutet einen Verlust von ca. 1% Verdichter-Wirkungsgrad), daß die Gehäuse gegenüber den Laufschaufeln durch Einlaufbeläge beschichtet werden und die Rotoren gegenüber den Leitschaufeln durch Anlaufbeläge. Bild 6-2 zeigt beispielhaft den Verdichterspaltverlauf in verschiedenen Phasen (Messungen an einem Hochdruckverdichter). Bild 6-3 zeigt die Wirkung einer radialen Rotorauslenkung auf das Spaltdefizit. Es ist zu erkennen, daß man wegen derartiger Rotorbewegungen die Schichten auf der Statorseite relativ weich (abreibbar, *abradable*) und auf der Rotor-Seite relativ hart (nicht abreibbar, *abrasive*) macht (siehe Kap. 25).

Eine weitere konstruktive Maßnahme zur Reduzierung von Leckluftmengen ist die Verwendung von Labyrinth- und Bürstendichtungen im Öl-Luft-System. Auch dort sind größtenteils Verschleißschutzschichten erforderlich. Bürstendichtungen bestehen aus einem Büschel von Metalldrähten oder Keramikfasern, das ringförmig die Welle umschließt. Im Betrieb können die Drahtspitzen an der Welle schleifen, je nach eingestelltem Spalt zwischen Welle und Bürste, der die Leckrate bestimmt. Ein Vorteil dieser Dichtungsart ist die große Flexibilität gegenüber axialen und radialen Wellenauslenkungen ohne Gefahr der Beschädigung der Teile. Die Herstellung dieser Bürsten erfolgt durch Wickeln der Fasern über zwei ringförmige Kerne (Draht). Nach dem Wickeln werden die Fasern zwischen kleinerem und größerem Ring im Kreis abgeschnitten und durch ein ringförmiges Klemmgehäuse auf den äußeren Ringkern gepreßt.

6 Dichtung zwischen Stator und Rotor   21

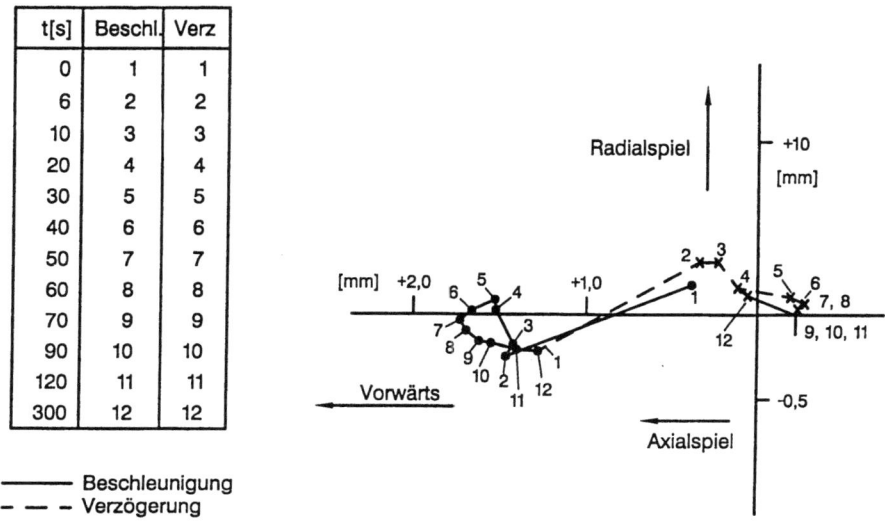

Bild 6-2: Gemessener Verlauf des Spaltes zwischen Laufschaufeln und Gehäuse an einem Hochdruckverdichter (militärisches Triebwerk) mit gleichzeitiger axialer Rotorbewegung

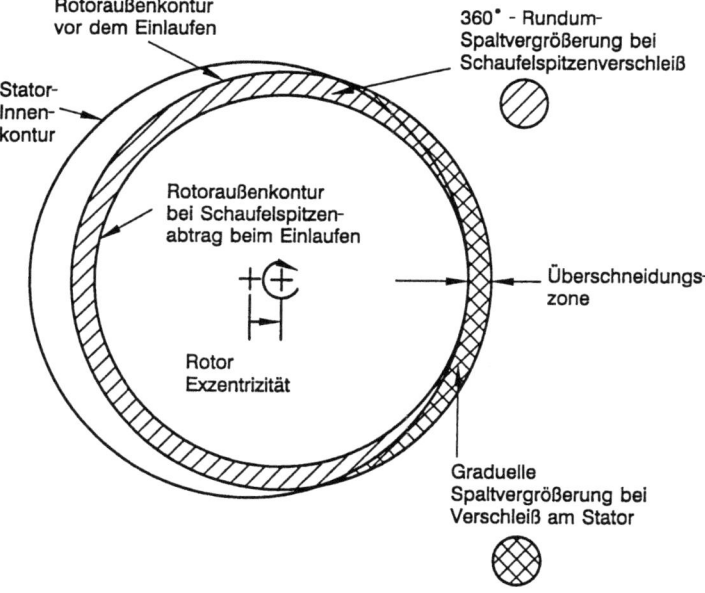

Bild 6-3: Spaltvergrößerung und Einlauf bei radialer Rotor-Auslenkung mit und ohne Einlaufbeläge

Bild 6-4: Kühlluft-Rohrsystem (ACC, *active clearance control*) an einem Niederdruckturbinen-Modul, Durchmesser: 1000 mm

In einer älteren Version wurden die Faserbüschel im Gehäuse mit diesem verschweißt, was zu Faserverlusten im Betrieb durch schlechte Übergänge im Draht zwischen den Zuständen verschweißt und unverschweißt führt.

Die Spalthaltung in den Niederdruckturbinen, gelegentlich auch Hochdruckturbinen, wird heute bereits mit aktiven Kühlsystemen (sogenannten ACC's, *active clearance control*) bewerkstelligt, Rohrsystemen zur Gehäuseanblasung mit Verdichterluft. Die Rohrsysteme (Bild 6-4) stellen fertigungstechnisch zusammen mit dem Luftverteilerkasten eine besondere Aufgabe. Bei Verwendung von austenitischem Werkstoff werden die beiden Hälften des Luftverteilerkastens durch Tiefziehen und Prägen hergestellt, anschließend werden sie durch WIG-Schweißnähte verbunden.

Die Rohre des ACC werden am kostengünstigsten aus demselben Werkstoff hergestellt wie der Luftverteilerkasten, um Übergangsstücke zu vermeiden. Die Herstellung der Austrittslöcher für die Luft in den Rohren kann durch einfaches Stanzen erfolgen, wenn die gestanzten Blechstreifen anschließend zu Rohren gebogen und längsgeschweißt werden.

Bei Verwendung von Titanwerkstoffen ist ein Verfahren der superplastischen Umformung erforderlich, da die maximal erreichbare Grenzformänderung an einigen Stellen überschritten werden würde. Infrage kommt bevorzugt die Methode des superplastischen isostatischen Pressens der Platinen in ein Werkzeug (Gesenk).

Im Hochdruckturbinenbereich dienen oxidationsbeständige Schichten auf metallischer Basis (NiCoCrAlY) und keramischer Basis (ZrO2) zum Einlaufen der Schaufeln, gelegentlich auch Honigwabenauskleidungen, sofern ein ACC-System nicht infrage kommt. Die Schaufelspitzenpanzerungen im heißen Bereich sind ebenfalls auf Ni/CoCrAlY-Basis oder ZrO2-Basis aufgebaut. Daneben werden CBN-Partikel verwendet, die in eine oxidationsbeständige Matrix eingebettet sind, z.B. in NDPS-CoCrAlY, siehe Abschnitt 25.2.7.

7 Kritische Zonen an Scheiben und Rotoren

Anrißgefährdete Teile, die bei Versagen eine unmittelbare Gefahr für das Flugzeug sind, werden in der höchsten Qualitätsklasse eingestuft. Sie erfordern besondere Maßnahmen der Absicherung gegen Bruch. Es sind dies in erster Linie Scheiben und Rotoren, die aufgrund der heute erforderlichen Schaufelspitzengeschwindigkeiten alle nur zeitfest ausgelegt sind. Die kritischen Zonen an Scheiben sind durch die thermo-mechanischen Zyklen beim Hochlauf und Zurücklauf der Umdrehungszahl kritisch. Jeder Zyklus stellt im Sinne der Werkstofftechnik einen LCF-(*low cycle fatigue*-)Zyklus dar. Sowohl im Wöhler-Diagramm als auch in einer Darstellung der Rißgröße lassen sich die Zyklen direkt als Werkstoffbelastungszyklen darstellen, wobei allerdings nicht vergessen werden darf, daß die thermo-mechanischen Betriebszyklen einer Rotorstufe für diese spezifisch sind und daher nicht ohne Normierung auf den Werkstoff als Ganzes übertragen werden dürfen. Die kritischen Zonen einer Scheibe sind die innere Bohrung, der äußere Umfang, Bohrungen und Übergänge an Tragflächen (Bild 7-1).

Die Bearbeitung der kritischen Zonen erfolgte bisher in der herkömmlichen Weise durch Einhaltung der Zeichnungsforderungen Form, Rauhigkeit und Rißfreiheit. Im Sinne der Anrißverzögerung, der Verringerung der Rißfortschrittsgeschwindigkeit und der Einengung der Streuung (siehe Bild 4.4-1) ist dies nicht notwendigerweise das Optimum alleine, da die Verformungstiefe und ihr metallurgischer Zustand undefiniert bleiben können, selbst dann, wenn die Zerspanungsparameter festgeschrieben sind.

Bild 7-1: Turbinenscheibe aus Inconel 718 (Triebwerkfamilie CF6); die kritischen Zonen sind Bohrungen, Nabe und äußerer Umfang, die Nocken für Bohrungen sind in einem Arbeitsgang mit ECM hergestellt; Außendurchmesser: 620 mm.

Eine Erfassung des Oberflächenzustandes und die Kenntnis des Zusammenhangs zwischen diesem und der Anriß/Rißfortschrittslebensdauer führt zu einer optimalen Lebensdauer. Die Optimierung ist weitgehend durch die Bestimmung der Eigenspannungsverteilung nach der jeweiligen Bearbeitung möglich (siehe zerstörungsfreie Prüfung). Bei quantitativer Erfassung des Zusammenhangs ist allerdings die Relaxation (Erholung) des Zustandes durch Belastung und Wärme im Betrieb zu berücksichtigen.

8 Triebwerktechnik und Fertigungstechnik

Das Bild 8-1 zeigt die wesentlichen Baugruppen eines Flugtriebwerks. Dazu sind im Bild 8-2 Druck und Temperatur dargestellt. Fertigungstechnisch betrachtet ergibt sich folgende Gliederung:
– Gehäuse,
– Hohlwellen,
– Verdichterschaufeln,
– Turbinenschaufeln,
– Scheiben und Ringe,
– Lager,
– Brennkammern,
– Anbaugeräte,
– Nachbrenner- und Schubumkehrerteile.

Eine weitere Differenzierung ist für die Fertigung ausschlaggebend und zwar nach Steifigkeit, Wanddicke und Warmfestigkeit. Danach entscheidet sich, ob man es mit Blech-, Guß- oder Schmiedeteilen zu tun hat, wobei noch eine Differenzierung nach Werkstoffen notwendig ist, da Urformen, Umformen, Abtragen, Schweißen etc. je nach Werkstoff unterschiedlich sind. Die Temperatur und die mechanische Belastung bestimmen zusammen den Werkstoff. Der Leichtbau bestimmt zusammen mit der Funktion des Teils die Gestalt, während die geforderte Betriebssicherheit die Ausführungsgüte (Qualität) bestimmt. Die hohe spezifische Belastung der Bauteile ist ein Grund für hohe geometrische Genauigkeit und Oberflächengüte, ebenso wie aerodynamische Zwecke, Passungen und Dichtungen. Besonders hervorzuheben sind jedoch die Schwingungsbelastungen der meisten Teile, so daß Schwingungsfestigkeiten des Werkstoffs, der Gestalt und der Oberfläche von ausschlaggebender Bedeutung sind. Entsprechend der Bauteilart und -größe werden Maschinen, Vorrichtungen und Prozeßvarianten ausgewählt. Mit Ausnahme der Schaufeln handelt es sich um kleine Stückzahlen, aber um sehr wertvolle Teile. Einzelne Turbinenscheiben können einige 10^5 DM kosten.

8 Triebwerktechnik und Fertigungstechnik

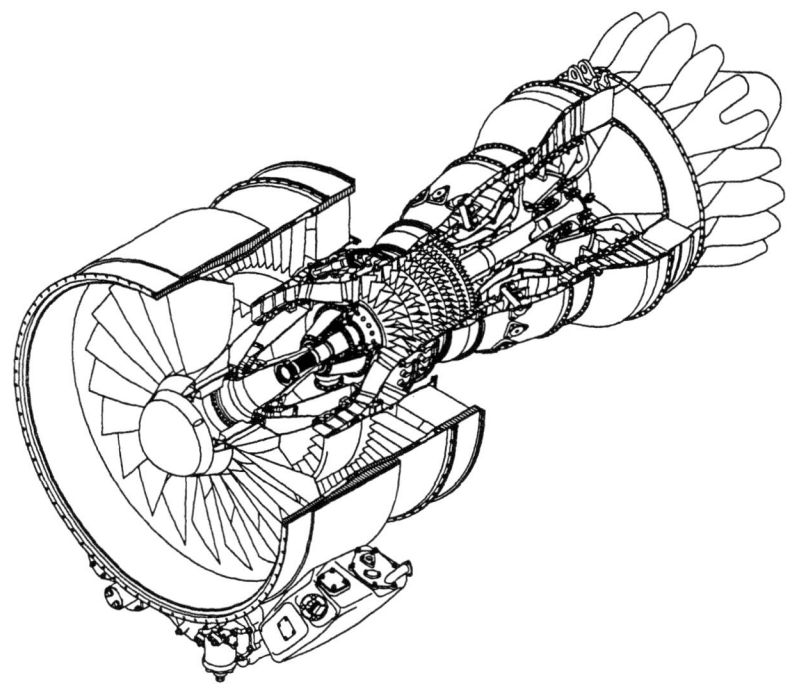

Bild 8-1: Baugruppen eines Triebwerks

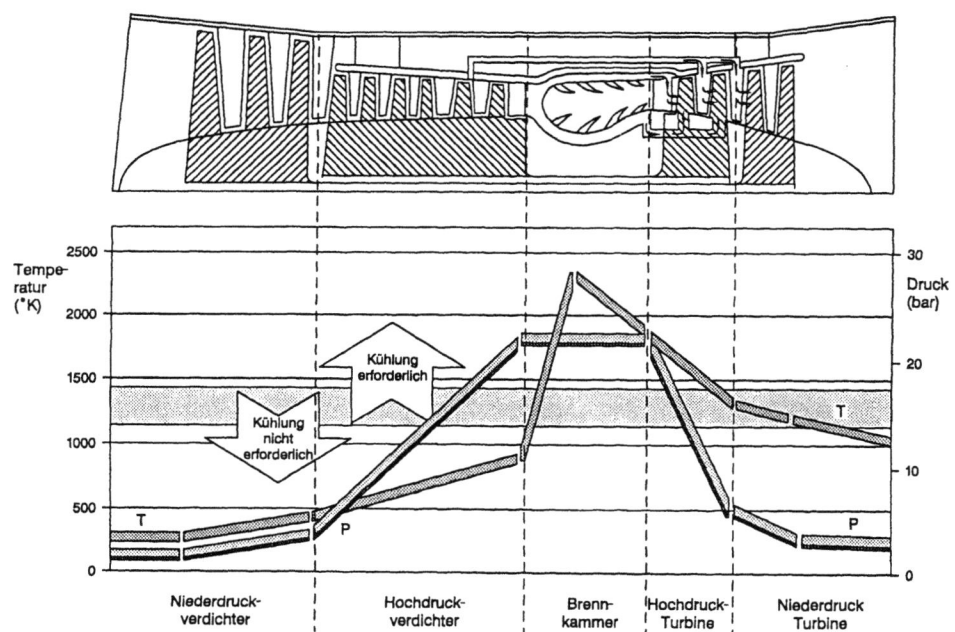

Bild 8-2: Druck- und Temperaturverlauf in einem Triebwerk

9 Gießtechnik

9.1 Gießen von Rohteilen und Vormaterial

Sowohl Titan- als auch Nickellegierungen werden unter Vakuum erschmolzen. Vakuum-Lichtbogen-Erschmelzung (*vacuum arc melting* (VAM) und *vacuum arc remelting* (VAR)) und Vakuum-Induktionsschmelzen (vacuum induction melting (VIM)) sind die üblichen Verfahren. Aufgrund der zahlreichen Legierungskomponenten können Dichte- und Konzentrationsseigerungen leicht auftreten. Infolgedessen wird mehrfach umgeschmolzen und zwischendurch werden Bereiche großer Abweichungen entfernt, z.B. Blockköpfe und Außenbereiche von Stangen. Die Kokillenbeheizung wird häufig genau angepaßt, um isotherme Verhältnisse bzw. kontrollierte Abkühlung zu erreichen.

Die Erschmelzung von Titanlegierungen ist im Bezug auf oxidähnliche Einschlüsse kritisch (*α-cases*), die zerstörungsfrei nicht detektierbar sind, die jedoch schon Anlaß von Scheibenversagen gewesen sind.

Die vakuumerschmolzenen Legierungen enthalten minimale Gasgehalte und sind deshalb vom Standpunkt der Gasporenbildung aus betrachtet sehr gut schweißbar.

9.2 Feinguß

Die folgende Darstellung konzentriert sich auf den Feinguß für Turbinenschaufeln, da diese nicht anders hergestellt werden können.

Allerdings hat sich die Feingußtechnik im Wachsausschmelzverfahren auf das Gießen von Gehäusen und Leitschaufelkränzen ausgedehnt, da sich dadurch häufig erhebliche Kostenvorteile erzielen lassen. Hier ist außer dem Gießen von Gehäusen und Schaufelleitgittern aus Nickellegierungen besonders das Gießen von Titangehäusen hervorzuheben, die bei der alternativen Herstellung durch Zerspanung sowie Zerspanung und Schweißen hohe Kosten durch 60–80% Zerspanungsanteil verursachen. Die erzielten Fortschritte bei der Feingußtechnik der großen Triebwerksteile liegen in der Beherrschung der Temperaturverteilung, des Materialflusses und der Wärmebehandlung nach dem Abguß zur Erzielung ähnlicher Eigenschaften wie bei geschmiedeten Teilen, ohne die Gefahr von gußtechnisch bedingten Fehlern wie Poren und anderen Abweichungen.

Bild 9.2-1 läßt erkennen, daß die heute üblichen verdichterluftgekühlten Turbinenschaufeln der Hochdruckstufen eine äußerst komplizierte Form aufweisen. Dies trifft teilweise auch auf die äußere Form der ungekühlten Schaufeln der hinteren Stufen zu.

Hinzu treten die Forderungen nach höchster Kriechfestigkeit (Laufschaufeln) und höchster Thermo-Ermüdungsfestigkeit. Da hierzu nur gegossene (grobkörnige/einkristalline) hochwarmfeste Nickellegierungen in Frage kommen, stellt die Feingußtechnik im Wachsausschmelzverfahren die einzige Herstellungsmöglichkeit dar.

9.2 Feinguß

50mm

Bild 9.2-1: Hochdruckturbinen-Laufschaufel aus Feinguß im Wachsausschmelz-Verfahren; gegossene Struktur im Inneren, Filmkühlungsbohrungen nach außen durch Laser- und elektrochemisches Bohren hergestellt

Da eine auf Vollständigkeit abzielende Darstellung der Feingußtechnik im Wachsausschmelzverfahren den Rahmen dieser Darstellung sprengen würde, werden nur neuere Entwicklungen dargestellt und auf bereits vorliegende Buchveröffentlichungen verwiesen.

9.2.1 Polykristalle

Die wichtigsten Verfahrensschritte sind:
1. Übertragung von Geometriesolldaten der Schaufel auf eine Maschine zur Herstellung einer Spritzform für Schaufelwachsmodelle, Einarbeitung der Korrekturen für die Schalen- und Gußschwindung,
2. Herstellung der Wachsmodellspritzform (Negativ),
3. Übertragung der Solldaten und Schwindungskorrekturen auf eine Einrichtung (Form) zur Herstellung von Gießkernen,
4. Herstellung der Gießkerne,
5. Einlegen und Verankern der Kerne in der Wachsmodellspritzform,
6. Spritzen des Wachsmodells mit Kernen (Positiv),
7. Zusammenfügen von Wachsmodellen zu Trauben,
8. Tauchen der Trauben in aushärtbarem keramischen Schlicker und Besanden mit Gußschalenkeramik (mehrere Zyklen abwechselnd),
9. Trocknen der vollständig besandeten Traube,

10. Wachsausschmelzen im Dampfautoklaven,
11. Brennen der Trauben zum Aushärten der Keramikgießschalen,
12. Herstellung der Schmelze aus Vormaterial geeigneter Zusammensetzung,
13. Abgießen in Vakuumöfen mit isothermer Temperaturverteilung und Erstarren durch isotrope Wärmeableitung durch die Gußschale,
14. Ausformen durch Zerstörung der Gießschalen,
15. Kernauslaugen,
16. Verputzen (Beseitigung von Schalenresten, Abtrennen der Angüsse, Beseitigung von Kernstützen),
17. Richten nach Bedarf.

9.2.2 Einkristalle

Beim einkristallinen Guß bzw. der gerichteten Erstarrung für unidirektionales Kristallwachstum mehrerer Körner in einer Richtung ändern sich mehrere Verfahrensschritte erheblich.

Schritt 4: erfordert meistens neue Werkstoffe aufgrund von ca. 10fachen Erstarrungszeiten. Quarzkerne können sich auflösen und werden durch Al_2O_3-Keramik ersetzt.

Schritt 5: wird komplizierter, da die Keramikgießschalen oben oder unten senkrecht zur Schaufelachse (Erstarrungsrichtung) geöffnet bleiben müssen.

Schritt 7: entfällt.

Schritt 13: Die Erstarrung muß einsinnig (anisotrop) erfolgen, wofür sich Zonenöfen eignen.

Danach werden die Wachspositive einzeln besandet und beschlickert, bevor das Wachs ausgeschmolzen und die Form gebrannt wird.

Da die anisotrope Erstarrung der Schmelze nur möglich ist, wenn ein bestimmter Temperaturgradient senkrecht zur Erstarrungsfront aufrecht erhalten wird, muß die Gußschale dementsprechend gestaltet sein. Hinzu tritt die notwendige Selektion eines wachstumfähigen Keimes mit bestimmter Kristallorientierung senkrecht zum Temperaturgradienten.

Es gibt mehrere Ausführungsmöglichkeiten, um dies zu erreichen. Am häufigsten ist die Lösung mit wassergekühlten Gußschalengrundplatten und einem Kristallselektor als Bestandteil der Gußschale (Bild 9.2.2-1). Die Art der Selektion durch eine Spirale oder durch einen treppenförmigen Kanal bestimmt in Verbindung mit der geometrischen Dimensionierung des Selektors, ob eine zuverlässige, wiederholbare Kristallorientierung entsteht, die sich ohne Neukeimbildung durch die gesamte Erstarrung der Schmelze fortsetzt. Bei Superlegierungen ist es die 001-Richtung (Würfelrichtung der Elementarzelle des kfz-Gitters).

Eine weitere Lösung besteht in der Ankeimung der Schmelze an einen bestehenden Impfkristall, was jedoch in der Regel kostenerhöhend wirkt.

Besonders kostengünstig bei Serienfertigung ist der Verzicht auf gekühlte Teile der Formschale und ihr Ersatz durch besonders zusammengestellte Hüllstoffe, die die Gießschale so umgeben, daß ebenfalls ein überwiegend einachsiger Wärmestrom zur Wärmeableitung entsteht.

9.2 Feinguß

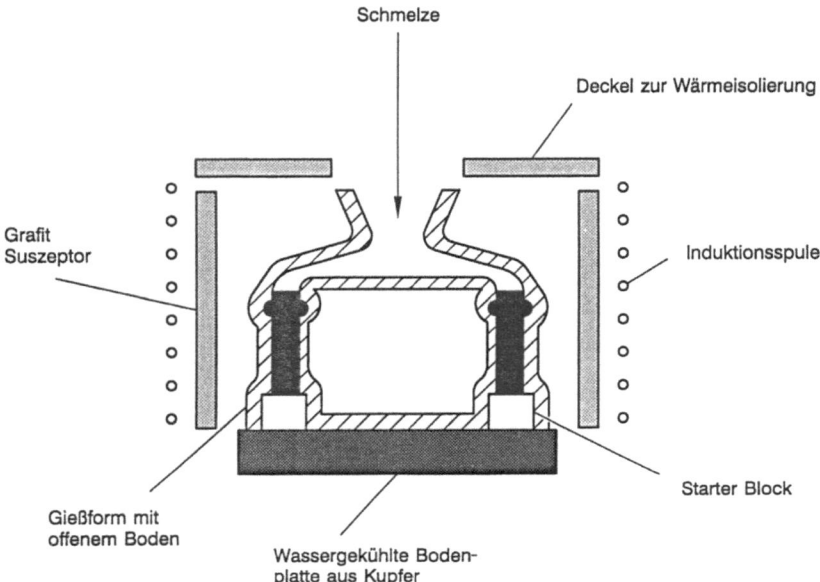

Bild 9.2.2-1: Prinzip einer Gußschalen-Ausführung für die Verwendung im Zonenofen oder Induktionsofen zur einkristallinen Erstarrung, der einkristalline Starter-Block kann durch Selektor-Spiralen o.ä. ersetzt werden

Diese Vorgehensweise besitzt prinzipiell den Vorteil, auf einen Wärmezonenofen verzichten zu können, was kostenmäßig in der Serienproduktion günstiger ist. Allerdings bedeutet der Verzicht auf die zwangsweise Einstellung des Temperaturfeldes durch einen Zonenofen, daß man das Temperaturfeld in umfangreichen Versuchen durch Auswahl und Formgebung der umgebenden wärmeableitenden Stoffe empirisch einstellen muß, um schließlich mit der nötigen Fertigungssicherheit ungestörte Einkristalle zu erhalten.

Die Zonenofentechnik mit kontinuierlicher Absenkung der Gießschale hat sich weitgehend durchgesetzt. Sie ist flexibler in bezug auf unterschiedliche Schaufelgrößen (Massen) und Schaufelformen.

9.2.3 Metallkundliche Aspekte der Fertigungstechnik beim Schaufelfeinguß

Superlegierungen auf Nickel- und Kobalt-Basis besitzen aufgrund ihrer unterschiedlichen Bestandteile einen breiten Erstarrungsbereich.

Die einzelnen Bestandteile bilden in ihren binären Kombinationen alle Formen der Erstarrung: Mischkristallbildung, Eutektika, Peritektika, Eutektoide und Ausscheidungen einzelner Phasen, insbesondere der erwünschten kohärenten Phasen vom Ni_3Al-Typ, meistens als γ'-Phase bezeichnet. Der breite Erstarrungsbereich führt infolgedessen grundsätzlich zu dendritischer Erstarrung mit Primär-, Sekundär- und Tertiärdendriten (Bild 9.2.3-1). Außerdem besteht die Gefahr der Porenbildung bei Erstarrung eingeschlossener Restschmelze. Auch einkristalline Schaufeln weisen mikroskopisch kleine Erstarrungsporen auf.

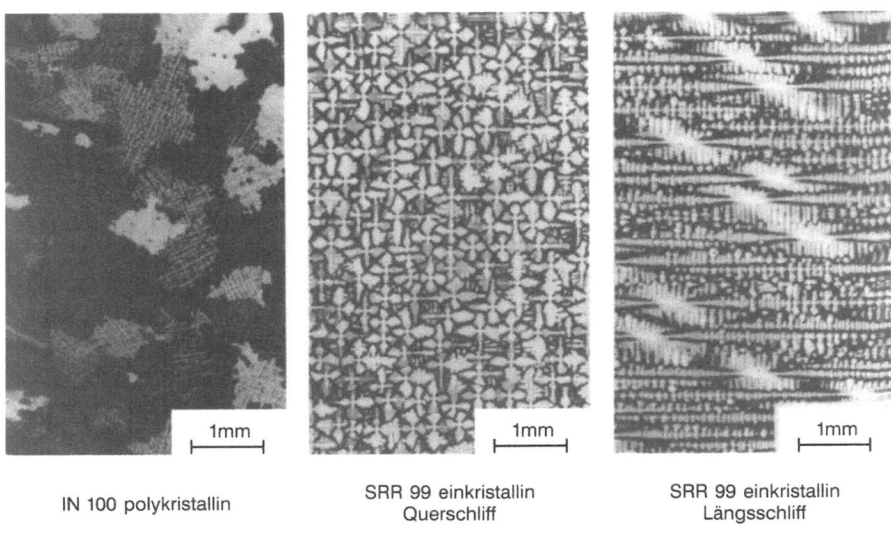

| IN 100 polykristallin | SRR 99 einkristallin Querschliff | SRR 99 einkristallin Längsschliff |

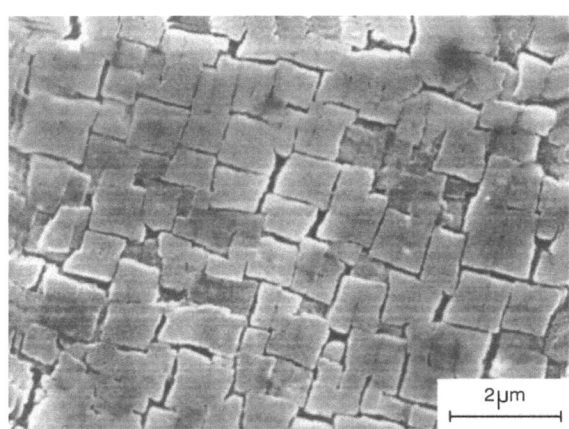

REM - Aufnahme der blockartigen γ'- Phase in einem einkristallenen Guß aus CMSX - 3

Bild 9.2.3-1: Gefügebilder von Gußlegierungen für Turbinenschaufeln

Die Keimbildung wird beim polykristallinen Guß wesentlich durch die innere Oberfläche der Gußschale bestimmt. Deren Zusammensetzung und Rauhigkeit ist wesentlich mitbestimmend für Zahl, Orientierung und Größe der Keime. Diese wiederum bestimmen die mittlere Korngröße im Fertigzustand an der Oberfläche und damit wiederum das Anrißverhalten bei Wechselbelastungen. Die innere Struktur der Gußschale ist vor allem bestimmend für die spätere Schaufelblattoberfläche, die in der Regel nicht mehr bearbeitet wird und die für alle Schleifoperationen zur Herstellung des Deckbandes und der Schaufelfüße als Referenzfläche dient.

Die Verteilung der Matrix, der intermetallischen Phasen und der Karbide nach dem Gießen entspricht häufig nicht der optimalen erreichbaren Kriechfestigkeit, so daß eine Wärmenachbehandlung durchgeführt wird, um so zu einer maximalen Festigkeit zu kommen. Diese zielt insbesondere auf die Stabilisierung der Korngrenzen ab, die in bezug auf Kriechen bei Laufschaufeln und Thermoermüdung bei Lauf- und Leitschaufeln Schwachstellen sind (Bild 3.1.3-1). Bei einkristallinen Schaufeln treten Kleinwinkelkorngrenzen auf. Sie sind typisch für technische Einkristalle und stellen keine gleichartige Änderung der atomaren Nachbarschaftsverhältnisse dar wie die Korngrenzen eines Polykristalls, die einzelne Kristallite durch einen hohen Grad von Unordnung über mehrere Atomabstände hinweg trennen. Infolgedessen ist die technische Qualität (Abnahmegrenzen) gegenüber den Kleinwinkelkorngrenzen (Subkorngrenzen) innerhalb größerer Bereiche (0–20°) verhältnismäßig tolerant.

Abschließend bleibt festzustellen, daß der Schaufelfeinguß nach wie vor eine besondere Kunst geblieben ist, da sich die komplexen Vorgänge der Erstarrung nicht quantitativ voraussagen lassen. Es ist vor allem die Kunst der geringen Ausschußrate, was in besonderem Maße von der organisatorischen und technischen Qualität des Fertigungsablaufs abhängt.

9.2.4 Rohteilprüfung

In jedem Falle erfolgt eine Standard-Röntgen-Durchstrahlungs- und Maßprüfung der Rohteile. Da die Rohteile außerhalb des Schaufelblattes Aufmaß haben, wird nur das Blatt punktweise auf Maßhaltigkeit kontrolliert.

Die Röntgenprüfung ist zur Detektion von Poren und anderen inneren Werkstückfehlern unersetzlich. Sie besteht in einer Standardprüfung mit Film oder Direktbetrachtung, sofern diese dieselbe Fehlerauflösung hat.

Zur Verfügung stehen weitere Prüfmöglichkeiten, zum Teil erst neuerdings:
– Streifen- und Musterprojektion zur Gestaltsprüfung,
– Thermografie zur Wanddickenprüfung,
– Thermografie zur Durchflußprüfung,
– Ultraschallwanddickenprüfung durch Laufzeitmessung,
– Röntgen-Computer-Tomografie (RCT).

Im Kapitel Prüfung wird auf die einzelnen Methoden ausführlich eingegangen. Sie werden vorläufig nur bedarfsweise eingesetzt. Ein besonderes, weitgehend ungelöstes Problem sind Kernrückstände (Quarz, Al_2O_3), da sie zuwenig Röntgenstrahlungsabsorption haben. Sie führen zu Fertigungsproblemen beim Bohren von Kühlungslöchern und zu funktionellen Beeinträchtigungen.

Bei Einkristallen tritt die Notwendigkeit der Prüfung auf richtige Kristallorientierung und auf Nichtvorhandensein von Zweitkristallen bzw. Korngrenzen hinzu. Letztgenannte Prüfungen werfen die Frage nach der Art zulässiger Korngrenzen auf.

Man beschränkt sich meistens auf Anätzen und anschließende Sichtprüfung, da die unterschiedlich orientierten Bereiche deutliche Reflexionsunterschiede aufweisen.

Bisher zeigt die Erfahrung, daß die mit Kleinwinkelkorngrenzen ($\Delta\alpha \leq 20°$) verbundenen Orientierungsunterschiede keine technisch signifikante Veränderung der Anisotropie der Kristallfestigkeit hervorrufen.

9.2.5 Maßhaltigkeit

Ein wesentlicher Aspekt für die Turbinenleistung und Zuverlässigkeit ist neben der Vermeidung jedweder Werkstoffehler die erreichbare Toleranz der Maße und hier wiederum die Toleranz der Wanddicke. Wanddickenunterschreitungen können zum vorzeitigen Schaufelausfall im Betrieb führen. In Bild 9.2.5-1 sind die Größenordnungen der erreichbaren Toleranzen zusammengestellt.

Die Wanddickenunterschreitungen sind häufig durch nicht ausreichende Kernstabilität hervorgerufen. Oft ist eine Wanddickenunterschreitung wegen symmetrischer Röntgenabsorption (Kernausweichung in Durchstrahlungsrichtung) in der Standard-Röntgenprüfung grundsätzlich nicht detektierbar.

Da die geforderten Wanddicken an einzelnen Stellen der Schaufelvorderkante und anderen kritischen Bereichen nur noch 0,4–0,5 mm betragen können, darf die Minustoleranz 0,05 mm nicht übersteigen. Derartige Forderungen an die Wanddicke der Schaufeln sind nur noch mit Thermografie oder RCT zu erfüllen.

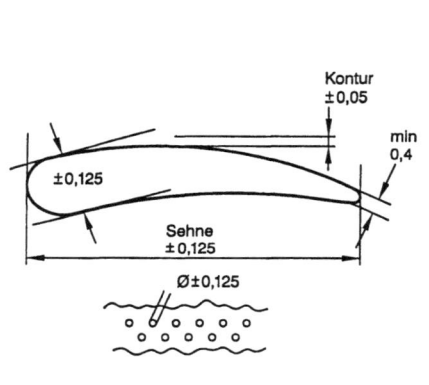

mm Kern - länge	Minimum der Wanddicke	Wanddicken- toleranz
bis 50	0,625	0,25
50 - 75	0,75	0,25
75 - 125	1,0	0,25
125 - 200	1,25	0.375
>200	1,5	0,5

mm Schaufel Länge	Minimum der Kerndicke an der Austritts- kante	Mindest - Blatt- Dicke pro Seite an der Austritts- kante
bis 50	0,4	0,5
50 - 100	0,625	0,65
100 - 150	0,75	0,8
>150	1,25	1,25

Bild 9.2.5-1: Zusammenstellung von durchschnittlichen Guß-Toleranz-Bereichen beim polykristallinen Schaufelfeinguß; im Detail sind alle Toleranzen von individuellen Schaufelmaßen und von der Gestaltung der Schaufel abhängig

9.2.6 Neuere Entwicklungen

Die konventionelle Feingußtechnik stellt aufgrund ihrer zahlreichen verfahrensbedingten Einzelschritte eine langsame Technik dar, die schnelle Umstellungen auf neue oder geänderte Schaufelvarianten behindert. Den wünschenswerten 2–3 Wochen zur Bereitstellung von Schaufeln für neue Triebwerkaufbauten stehen mehrere Monate Lieferzeit gegenüber.

Aus diesem Grunde werden die Stereolithografie sowie verwandte Techniken an Bedeutung gewinnen, die die direkte Darstellung eines Positiv- oder Negativmodells aus CAD-Daten mit einer CAD-/NC-Kopplung ermöglichen.

Eine der ersten Entwicklungen dieser Art ist die Herstellung der Gießschalen auf direktem Wege: In einer Maschineneinheit werden die Silikate des Schalenmaterials mit photoempfindlichem Binder gemischt, dieses Gemisch schichtweise aufgelegt, mit UV-Lasern in der Querschnittsgestalt der gewünschten Schalen vernetzt und die übereinanderliegenden Schichten miteinander verbunden. Damit entsteht durch die Verarbeitung von CAD-Daten direkt mit Hilfe von Bildschirmentwürfen die auszuhärtende Gußschale ohne Wachsmodell und ohne Wachsausschmelzen.

Eine weitere Entwicklung ist das „*reverse engineering*", mit dem die Geometriedaten eines Prüflings in das CAD-System der Konstruktion zurückgeführt und diese dort geändert werden können. Ein erster Schritt in diese Richtung ist die optische Geometriedaten-Ermittlung mit Streifenprojektion und Photogrammetrie, siehe Abschnitt 29.11.

10 Umformtechnik

Ähnlich wie bei der Gießtechnik stellt die Umformtechnik ein so großes und klassisches Gebiet der Fertigungstechnik dar, daß an dieser Stelle nur auf bestimmte Charakteristika und Sonderverfahren eingegangen wird, die für die Komponenten der Gasturbine wichtig sind und dies wiederum beschränkt auf Titan- und Nickellegierungen.

Grundsätzlich wird das Umformverhalten vom Kristallgittertyp und der Temperatur bestimmt. Sieht man von elastischen Verformungen ab, die allerdings vom praktischen Standpunkt (Rückfederung) aus sehr große Schwierigkeiten mit sich bringen können, so bestimmt die Plastomechanik das Umformverhalten. Neben Gittertyp und Temperatur sind die Parameter Fließspannung, Fließgeschwindigkeit, Kornorientierungstextur und Rekristallisationsverhalten von übergeordneter Bedeutung.

In den meisten Fällen wird über die Massivumformung der Rohteile auch die optimierte Festigkeit des Werkstoffs eingestellt, so daß sich die Umformung nicht alleine als Formgebungs-, sondern auch als Verfahren der Festigkeitsbestimmung darstellt. Dadurch spielt die Art der begleitenden Wärmebehandlung eine entscheidende Rolle (Temperaturen, Haltezeiten, Aufheiz- und Abkühlgeschwindigkeiten).

Für die festigkeitskritischen Bauteile wurden infolgedessen die Verfahrenspläne der Rohteilherstellung zum Bestandteil der Flugzulassungsprozeduren und sind damit festgeschrieben, um die Reproduzierbarkeit bei begrenztem Prüfaufwand sicherzustellen.

Die hohen Material-, Zerspanungs- und letztlich auch Umformkosten bei Titan- und Nickellegierungen, die unmittelbar auf die sehr hohe Warmfestigkeit der Legierungen zurückzuführen sind, bedingen die Tendenz zur Herstellung von Rohlingen mit wenig

Aufmaß zum Fertigteil (*near net shape forming*). Die Sonderverfahren zur umformtechnischen Herstellung der Endkontur haben sich allerdings nicht durchsetzen können. Im wesentlichen deshalb, weil die Gestalt der Teile in den letzten beiden Jahrzehnten wesentlich komplizierter geworden ist, berechenbar durch FEM-Netze, herstellbar durch NC-Maschinentechnik bei der Zerspanung. Diese Entwicklung ist mit Umformwerkzeugen, außer bei Schaufeln für Verdichter nicht nachvollziehbar. Es hat allerdings in der Umformtechnik erhebliche Fortschritte bei der Prozeßsimulation gegeben, die es gestattet, empirische Iterationsschritte mit Probeteilen, Probeschmiedungen und mehreren Werkzeugiterationen einzusparen.

Nach wie vor beruht die Festigkeitsauslegung der Teile auf homogenen Werkstoffeigenschaften im gesamten Werkstückvolumen. Die Prüfung der Werkstoffeigenschaften erfolgt über prozeßbegleitende Prüfung von Werkstoffproben. Eigenschaftsgradienten werden weder akzeptiert noch gezielt verwendet. Daraus resultiert eine der schwierigsten Anforderungen an die Umformtechnik, nämlich die Forderung nach Homogenität des Werkstoffgefüges. Zur Umgehung diesbezüglicher grundsätzlicher Schwierigkeiten und gleichzeitiger Festigkeitssteigerung hat sich daher die PM-Technik (PM = Pulvermetallurgie) für Scheiben aus Nickellegierungen entwickelt.

10.1 Titanlegierungen

In Tabelle 2 sind die wichtigsten Legierungen zusammengestellt. Bezüglich der Grundlagen wird auf die Quellen verwiesen. Die PM-Technik der Titanlegierungen läßt bisher keine Anwendungen erkennen, da die Vorteile die hohen Kosten der PM-Herstellung nicht aufwiegen. Die Massivkaltumformung kommt praktisch nicht in Frage wegen des hohen Umformwiderstandes, der starken Anrißbildung und der Anisotropie des Fließverhaltens.

Maßgeblich für die Praxis sind neben dem schlechten Umformverhalten der hexagonalen α-Phase bei Temperaturen unter 600 °C die steile Abnahme des Umformwiderstandes oberhalb 600 °C, die allotrope Umwandlung α/β (hdp-krz) zwischen 910 °C und 1050 °C (legierungsabhängig), die schlechte Wärmeleitfähigkeit, Kerbempfindlichkeit sowie die hohe Sauerstoffaffinität (stark ansteigende Oxidation und Sauerstoffaufnahme bei Temperaturen oberhalb 580 °C). Einige Titanlegierungen zeigen Superplastizität (SP) (z.B. Ti6Al4V), jedoch nicht alle, was mit dem Ausmaß der Zweiphasigkeit des Gefüges zusammenhängt.

Das SP-Umformen von Ti-Legierungen ist im Prinzip sehr attraktiv, insbesondere, um Fertigteile herzustellen, jedoch hat es sich kaum durchsetzen können, da die optimale Gefügeeinstellung zur Erlangung maximaler Festigkeit Schwierigkeiten bereitet (Optimierung der α/β-Anteile), die Prozeßzeiten lang sind und Vakuumtechnik zur Verhütung der Sauerstoffaufnahme erforderlich ist.

In Kombination mit dem Diffusionsschweißen von Titanlegierungen und in Kombination mit der Fertigteilherstellung aus Titanblechen wird bei einigen Anwendungen superplastisch umgeformt. In Kombination mit dem Diffusionsverbinden wird die Bezeichnung SPF-DB, *superplastic forming-diffusion bonding*, verwendet. Die Blechumformung nimmt einen festen Platz bei der Herstellung von dünnwandigen Gehäusen und Teilen für Schubumkehrer ein (siehe Bild 10.1-1).

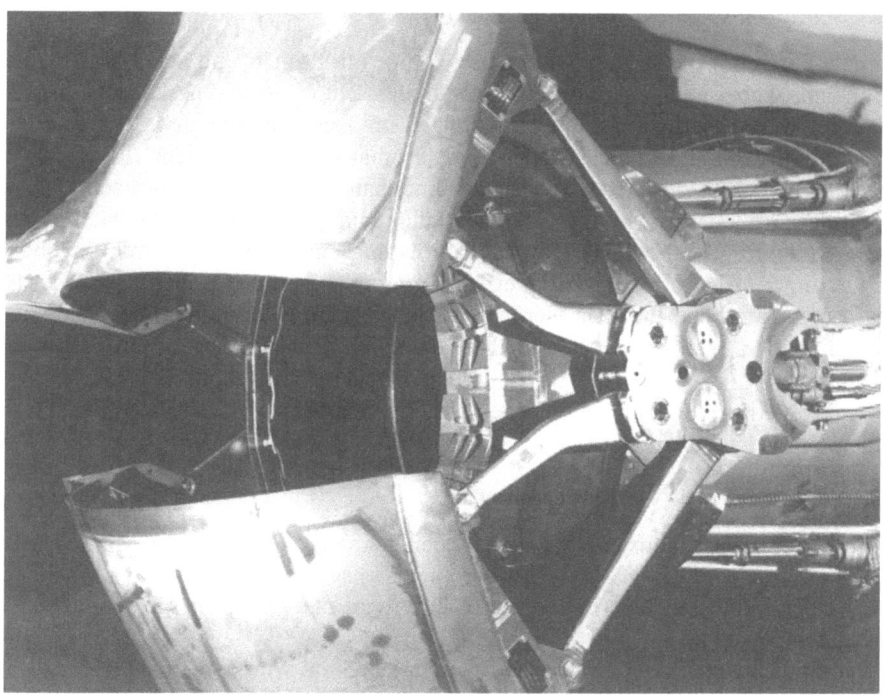

Bild 10.1-1: Ansicht eines doppelschaligen Schubumkehrers mit je zwei Stell- und Tragarmen pro Seite, Befestigungsgehäuse und Betätigungszylinder; Gehäuse und Hebel aus Titanlegierungen, teilweise ebenso wie die Schalen (Klappen) eine geschweißte Blechkonstruktion [Photo: RR]

Die Rückfederung bei Kaltumformung muß kompensiert werden über eine empirische Erprobung. Die Einhaltung von Maßtoleranzen wird erschwert durch die Walztexturen der Bleche und relativ große Dickentoleranzen. Die Reduzierung beider ist verhältnismäßig kostenintensiv. Die Rißfreiheit ist nur bei Unterschreitung eines kritischen Biegeradius gewährleistet. Zur Ermittlung des kritischen Radius dienen Grenzformänderungsschaubilder. Einen großen Einfluß auf die Rißbildung übt der Zustand der Oberfläche aus. In der Nähe der Grenzbedingungen sind die Gleitbahnen nicht ohne Schmiermittel verwendbar, was u.U. wiederum eine Nachbearbeitung erfordert, so daß oft keine Annäherung an die Grenzbedingungen zweckmäßig ist. Gleiches gilt für die Blechumformung bei erhöhter Temperatur für Vorwärmung der Bleche bzw. Warmgesenke.

In manchen Fällen bietet die spezielle Kombination von SP-Umformen und Warmgesenken Vorteile, indem die Bleche durch Gasdruck (isostatisch) oder Vakuum im superplastischen Zustand in die Gesenkform gedrückt werden, Beispiel die Herstellung von Fan-Hohlschaufeln.

10.1.1 Schmieden von Scheibenrohlingen

Optimale Festigkeit ist nur durch α/β-Mischgefüge mit Primär- und Sekundär-α-Anteilen zu erzielen, wobei auch die Größen- und Ortsverteilung der β-Phasen von Bedeutung sind. Infolgedessen erfolgen die Schmiedungen im Temperaturbereich der partiellen β–Phasenbildung sowie partieller Bildung von Primär-α-Anteilen (siehe Tabelle 5). Das zentrale Problem ist die Herstellung der Homogenität des Gefüges und seiner Anteile, das mit der Größe der Schmiedestücke deutlich zunimmt, teils durch die nach innen hin zunehmend geringere Abkühlgeschwindigkeit beim Schmieden, teils durch die ebenfalls durch geringere Abkühlgeschwindigkeit hervorgerufene Kornvergröberung bei der Blockerstarrung. Sämtliche Rohteile werden an Luft geschmiedet und wärmebehandelt, mit dem nötigen Aufmaß versehen, um die Zonen mit Sauerstoffaufnahme entfernen zu können.

Die Rohteilqualität nach dem Gießen (2fach/3fach Umschmelzen) ist mitbestimmend für die Schmiedeteilqualität.

10.1.2 Schmieden von Verdichterschaufeln

Aufgrund der aerodynamischen Anforderungen werden V-Schaufeln ECM-endbearbeitet (ECM, *electrochemical machining*) oder präzisionsgeschmiedet. Der kalt ablaufende Vorgang des Fließstreckens (Drückwalzen etc.) wird nur selten für sehr einfache Stahlschaufeln angewendet.

Das Fließstrecken von Verdichterschaufeln aus Stahl wurde auch als Kelsey-Hayes-Prozeß oder mit dem Namen *pinch rolling* bekannt. Für Titan- und Nickellegierungen mit ihrer geringen Kaltformfähigkeit kommt es nicht in Betracht.
Das Standardverfahren besteht aus den Schritten (Bild 10.1.2-1)
– Anstauchen (Fuß und gegebenenfalls weitere Verdickungen) eines Stabes,
– Vorschmieden,
– Fertigschmieden,
– Kalibrieren im warmen Zustand, anschließend
– Nachbearbeitung (ohne Fuß) kalt.

In Bild 10.1.2-2 sind die erreichbaren Toleranzbereiche beim Präzisionsschmieden von V-Schaufeln zusammengestellt. In Bild 10.1.2-3 sind erreichbare Toleranzen für das Isothermschmieden von Verdichterschaufeln dargestellt. Bild 10.1.2-4 zeigt die vom zeitlich zunehmenden Werkzeugverschleiß abhängigen Blattoleranzen.

Unbefriedigend bleiben die erreichbaren groben Toleranzen der Vorder- und Hinterkanten kleiner Schaufeln, so daß mechanisch nachbearbeitet werden muß.

Sämtliche Arbeitsschritte erfolgen an Luft unter Inkaufnahme einer Verzunderung, die am Schluß mit einem Beizprozeß wieder entfernt werden muß. Der Beizprozeß erfolgt in mehreren Schritten, wovon der letzte Schritt ein Maßbeizen ist.

10.1 Titanlegierungen

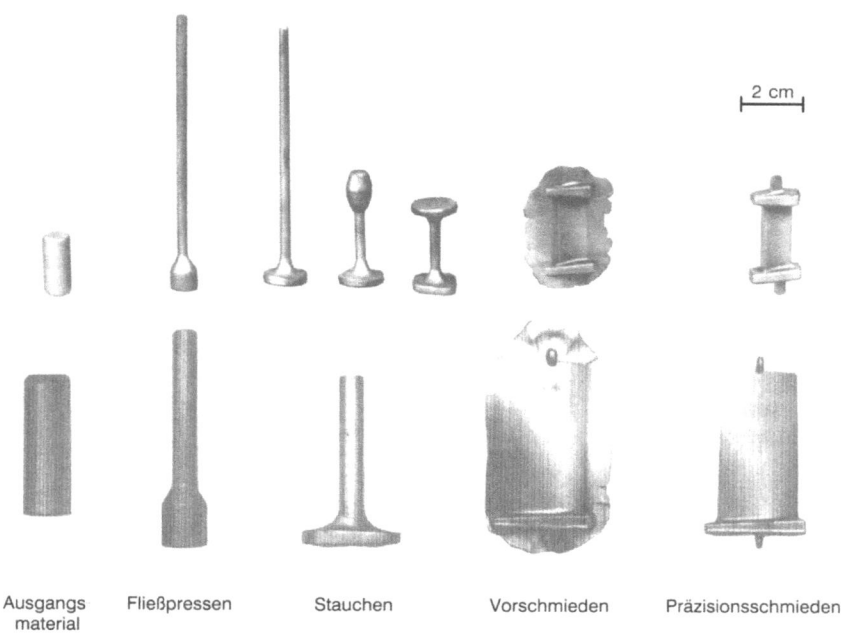

Ausgangsmaterial — Fließpressen — Stauchen — Vorschmieden — Präzisionsschmieden

Bild 10.1.2-1: Umformstufen bei der Herstellung einer Verdichterschaufel

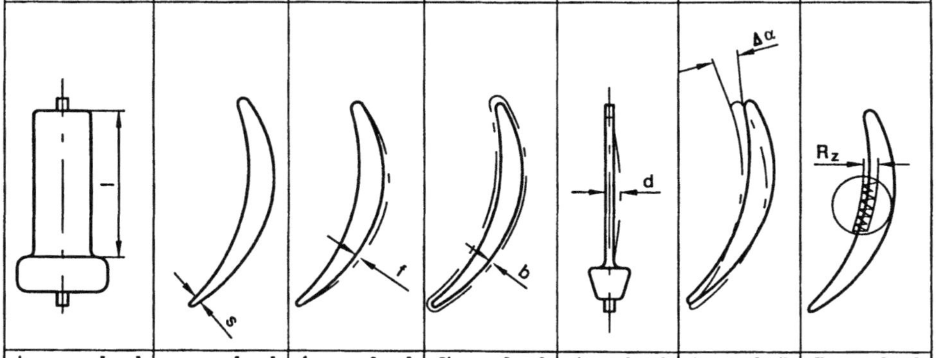

Blattlänge	Mindest-Profildicke der Austrittskante	Profilformtoleranz	Profildickentoleranz	Durchbiegung am mittleren Profilschnitt	Gesamtabweichung der Blattverwindung	Oberflächenrauheit
l [mm]	s [mm]	f [mm]	2b [mm]	d [mm]	Δα [←']	R_z [µm]
16 - 40	0,10	0,04 - 0,05	0,08 - 0,10	0,07	± 20	1,6 - 2,5
40 - 63	0,15	0,05 - 0,08	0,10 - 0,16	0,12	± 20	2,5
63 - 100	0,20	0,08 - 0,10	0,16 - 0,20	0,20	± 20	2,5
100 - 160	0,30	0,10 - 0,12	0,20 - 0,25	0,20	± 20	2,5
160 - 250	0,40	0,12 - 0,20	0,25 - 0,40	0,20	± 20	4,0
250 - 400	0,60	0,20 - 0,25	0,40 - 0,63	0,25	± 20	4,0 - 6,3
400 - 800	0,90	0,40	0,40 - 0,80	0,80	± 30	6,3

Bild 10.1.2-2: Toleranzen von präzisionsgeschmiedeten Verdichterschaufeln (nach Thyssen)

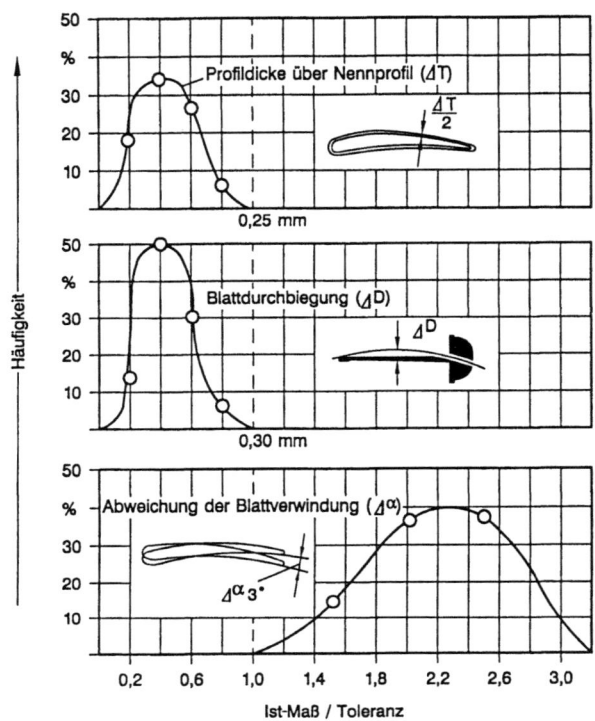

Bild 10.1.2-3: Maßhaltigkeit von isotherm geschmiedeten Titan-Verdichterschaufeln (nach Thyssen)

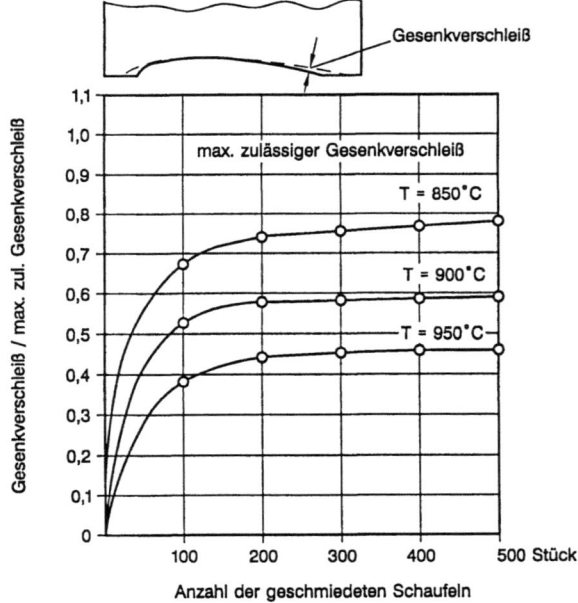

Bild 10.1.2-4: Gesenkverschleiß beim Isotherm-Schmieden von Titan-Verdichterschaufeln (nach Thyssen)

10.1.3 Hohle Titanverdichterschaufeln

Eine besondere Technik stellt die Herstellung hohler Verdichterschaufeln dar. Die heute verwendeten Drehzahlen ziviler Großtriebwerke der oberen Schubklassen erfordern bei hohen Nebenstromverhältnissen sehr lange Fan-Schaufeln, deren Spitzengeschwindigkeit keine massive Metallbauweise mehr zuläßt oder eine Schaufel auf Polymer- oder Kohlefaserbasis erfordert.

Aufgrund der hohen Verwindung der Schaufeln ist die Hohlbauweise besonders aufwendig. Eine Aushöhlung der fertigen Schaufel durch Bohren scheitert meistens am Verhältnis von großer Bohrtiefe zu Bohrdurchmesser und der begrenzten entfernbaren Masse wegen Verwindung.

Eine Herstellungsvariante ist Halbschalenfräsen mit anschließendem Diffusionsschweißen, Prüfung mit hochauflösendem Ultraschall. Diese Variante erfordert entweder den Austritt der Fügefläche aus dem Blattbereich oder eine Trennlinie quer zur Hauptbelastungsrichtung, sofern nicht auch der Schaufelfuß aus zwei Hälften gefügt wird, was jedoch aufgrund der großen Unterschiede der Fließkräfte zwischen dünnem Querschnitt (Blatt) und dickem Bereich (Fuß) selten zum Erfolg führt.

Eine erfolgreiche Variante ist das Diffusionsschweißen von zwei ebenen Schaufelhälften mit anschließendem Verwinden im superplastischen Bereich im Gesenk, wobei die Fußbearbeitung zum Schluß folgt.

Eine dritte erfolgreiche Variante bei mäßiger Verwindung ist das Löten von zwei Schaufelhälften, unter Umständen unter Einbeziehung von eingelöteten Honigwaben zur Versteifung.

Alle derartig hergestellten Hohlschaufelvarianten sind kostspielig in der Herstellung, Qualitätssicherung und Qualitätsprüfung. Ihre Vorteile gegenüber den nichtmetallischen Varianten mit geringem Werkstoffgewicht liegen in der größeren Schadenstoleranz und Schwingungsabsorption bei FOD (FOD, *foreign object damage*).

10.2 Nickellegierungen

Maßgeblich für die Schmiedetechnik der Nickellegierungen ist die Notwendigkeit, oberhalb der Lösungstemperatur der Ausscheidungsphasen vom Ni_3Al-Typ (γ'-Phasen) zu bleiben, um die Fließspannungen ausreichend niedrig zu halten, siehe Tabelle 6.

Bei einigen Legierungen, z.B. Waspaloy, liegt man bei ausreichendem Abstand von der Lösungsglühtemperatur bereits sehr nahe oder im Gebiet der Rekristallisationstemperatur, so daß, zumindest lokal, ein teilrekristallisiertes Gefüge entstehen kann (Feinkornanteil im sogenannten Duplexgefüge). Die Korngrößen- und Karbidverteilung, insbesondere deren Verteilung an Korngrenzen, ist entscheidend für die Festigkeits- und Schweißeigenschaften. Da die Schmiedeteile nur in Ausnahmefällen auf höchste Kriechfestigkeit des Werkstoffs optimiert werden müssen, wo Grobkorn notwendig ist, sind die Schmiedeteile so spezifiziert, daß das bestmögliche Feinkorngefüge entsteht. Während sich ASTM-Korngrößen bei 0 bis 1 bereits meßbar ungünstig auswirken, stellen 8 und feiner die Grenze des sicher technisch Erreichbaren dar.

Um Homogenität zu erreichen, muß entweder das Schmiedegesenk so gestaltet sein, daß der notwendige Umformgrad überall erreicht wird oder es muß mehrhitzig mit unterschiedlichen Durchgängen und Positionen des Rohlings gearbeitet werden.

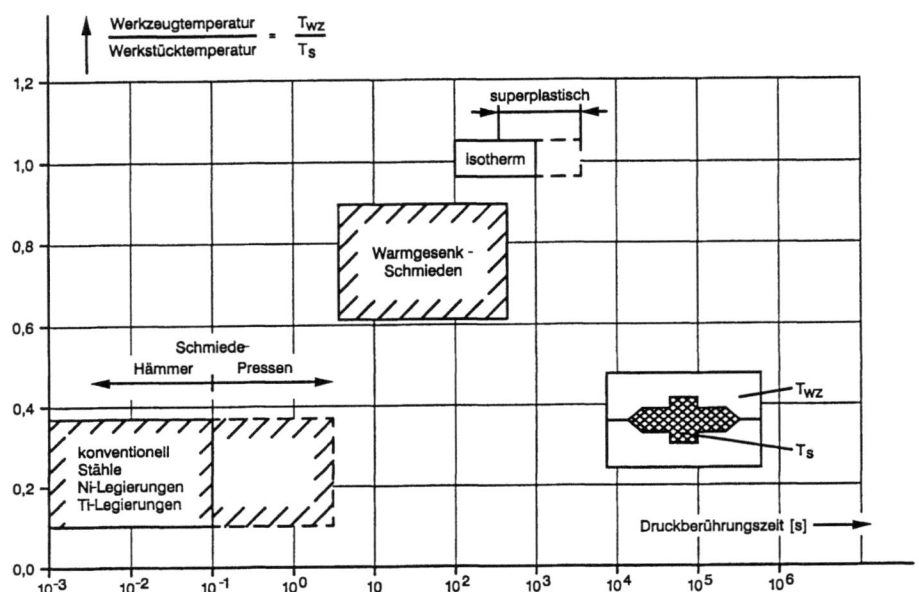

Bild 10.2-1: Verfahrensbereiche beim Massiv-Umformen, eingeteilt nach Temperaturbereichen und Druckberührzeiten, die ein reziprokes Maß für die erforderlichen Umformkräfte darstellen

Um die Unterschiede zwischen Kern- und Randzonengefüge gering zu halten, ist die Verwendung von Warmgesenken naheliegend, aufgrund hoher Kosten jedoch selten. Isothermes Schmieden und superplastisches Schmieden der Nickellegierungen scheiden aufgrund zu hoher Kosten des Prozesses und der Werkzeuge ebenfalls aus, obwohl die Umformkräfte geringer werden, siehe Bild 10.2-1 und Tabelle 7.

Vorteilhaft für die Gefügehomogenität ist die Verwendung von Schmiedepressen anstelle von Schmiedehämmern mit höheren Druckberührzeiten und Umformzeiten (Bild 10.2-1 und Tabelle 7).

Ein besonderes Problem beim Hochtemperaturschmieden der Nickellegierungen ist das Fließen der Werkzeuge. Höchste Temperaturen erfordern TZM (Titan-Zirkon-Molybdän), was jedoch Vakuum oder Schutzgas erfordert, da Molybdän an Luft ebenso wie Wolfram mit hoher Geschwindigkeit oxidiert. Die TZM-Werkzeuge müssen ihrerseits auf pulvermetallurgischem Wege hergestellt, im Bedarfsfall unter Vakuum umgeschmolzen werden.

Es gibt einige Sonderverfahren der Umformtechnik für Massivteile aus Nickellegierungen, die jedoch sehr selten angewendet werden.

Dies sind z.B. Ringwalzen und Fließdrücken (Drückwalzen). Während das Ringwalzen, z.T. sogar als Profilringwalzen, warm ausgeführt wird und für Rohteile und für die endkonturnahen Teile Verwendung findet, wird Fließdrücken kalt ausgeführt. Fließdrücken dient der kostengünstigen Herstellung von Rohren (Hohlwellen) auf Nahe-Endkontur. Bei diesem Verfahren fließt der Werkstoff unter dem Druck von Walzen in axialer Richtung in die gewünschte Streckrichtung des Teils (Gleichlauf-, Gegenlauf- und Projezierfließdrücken).

11 Scheibenherstellung durch Pulvermetallurgie (PM-Technik) für Nickellegierungen

Grundsätzlich, vom Standpunkt der erwünschten Isotropie der Werkstoffeigenschaften aus, bietet die PM-Technik Vorteile. Sie ermöglicht, alle Arten der Seigerungen bei der Erstarrung sowie Konzentrations- und Gefügegradienten eines großen Schmiedestücks zu vermeiden. Sie werden auf die Größe der Pulverpartikelgröße beschränkt und damit technisch unbedeutend.

Zusätzlich besteht die Möglichkeit, die Festigkeit der PM-Legierungen dadurch zu steigern, daß hochfeste, nicht schmiedbare, in der Regel hoch γ'-haltige Legierungen (Gußlegierungen) pulverisiert und kompaktiert werden. Der Preis für diese Vorteile liegt darin, daß eine komplett andere Fertigungstechnik eingesetzt werden muß, die zudem Einschränkungen bei der Prozeßsicherheit mit sich bringen kann. Bild 11-1 stellt schematisch die Fertigungsschritte dar.

Die rein schmiedetechnischen Prozesse zur Kompaktierung des Pulvers haben sich nur in Einzelfällen durchsetzen können. In der Mehrzahl der Fälle ist das Heißisostatpressen (HIP) der erste Schritt.

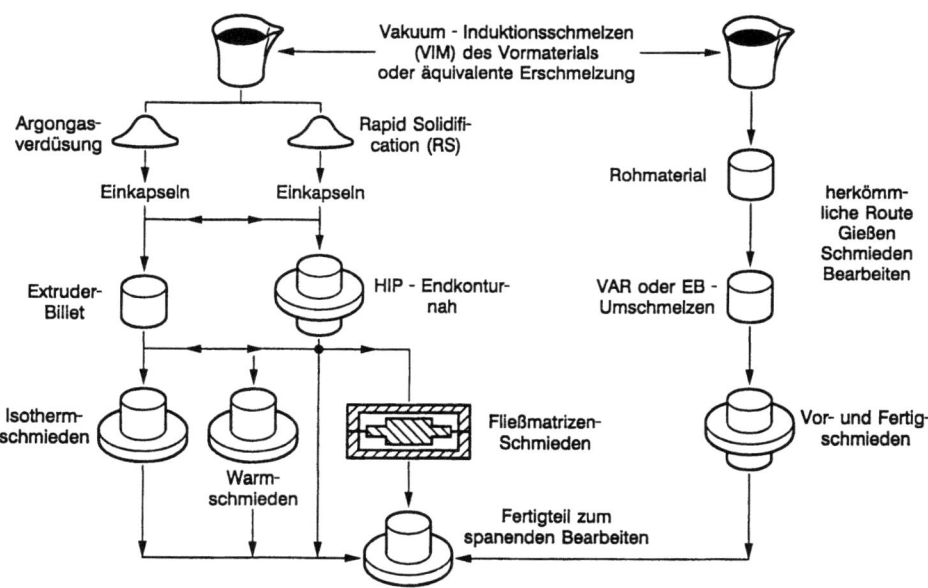

Bild 11-1: Alternativen zur Rohteilherstellung von Scheiben durch Pulvermetallurgie

Unter dem Nahmen „*gatorizing*" wurde ein Prozeß bekannt, bei dem das isotherme Schmieden des Pulvers in Gestalt eines Kriechumformprozesses erfolgt, der TZM-(Titan-Zirkon-Molybdän-)Werkzeuge und Vakuum erfordert. Ähnliche Prozesse ohne Kriechumformen werden teilweise auch als „*gatorizing*" bezeichnet, da mehrmals umgeformt und wärmebehandelt wird, was zum Teil dem ursprünglichen Prozeß ähnlich ist, ohne daß jedoch mit Pulver begonnen wird.

Die Entwicklung der PM-Technik schließt auch Legierungsentwicklungen ein, die insbesondere von International Nickel betrieben wurden (z.B. Inco 954). Dies geschah, neuerdings verstärkt auch in Europa, mit dem speziellen Ziel, die Warmfestigkeit über die der Schmiedelegierungen hinweg zu steigern. PM-Legierungen sind heute für Scheiben ziviler Triebwerke (GE René M88, PW1100) als auch militärischer Triebwerke (René 95, U720, AF 115) in Gebrauch. Allerdings haben sich die Bemühungen nicht durchsetzen können, die PM-Legierungen im Zustand nach dem Heißisostatpressen (HIP) einzusetzen. Alle PM-Legierungen werden nachträglich zum HIP geschmiedet, um die Wahrscheinlichkeit eines größeren Fremdeinschlusses oder einer verbliebenen Inhomogenität zu verringern. Diese Vorgehensweise wurde durch die fertigungstechnischen Mängel in der Anfangsphase dieser Entwicklungen nahegelegt und später aus Sicherheitsgründen beibehalten.

Die Pulverherstellung stellt ein besonderes Kapitel dar und hat besondere Bedeutung für die Festigkeit der Scheiben. Zwei Routen haben sich herausgebildet. Die Gasverdüsung sowie die schnelle Erstarrung eines feinen Flüssigkeitsstrahles auf gekühlten bewegten Substraten (*rapid solidification*). Das jeweilige Verfahren bestimmt die Partikelgrößenverteilung, die Homogenität im Partikelgefüge und Belegung der Oberflächen der Partikel mit inerten Schichten, die beim Heißisostatpressen Probleme bereiten können. Eine besondere Entwicklung stellt der OSPREY-Prozeß dar. Grundlage des Verfahrens ist eine variable Düse bei der Zerstäubung der Schmelze, um die Pulverkornverteilung einstellen zu können. Zu diesem Verfahren gehört auch die Variante, daß die Flüssigkeitspartikel nach ihrer Entstehung in der Anlage unmittelbar in einer Form zusammenkommen und das Rohteil aufbauen (*metal spray forming*).

Eine Siebung der Rohpulver nach Spezifikation ist unverzichtbar. Das Befüllen und Verschweißen der Kapseln aus Tiefziehblech erfolgt unter Vakuum, um das Differenzvolumen (ca. 65% Schüttdichte) gasfrei zu halten. Das Heißisostatpressen der Kapseln muß in vakuumdichten Kapseln erfolgen, da sonst unter 1100–1250 °C und 1000–2000 bar Gas im Werkstück gelöst werden kann bzw. Poren hervorruft.

Die durch das Heißisostatpressen (HIP) erzeugten Rohlinge müssen in jedem Fall vom Kapselwerkstoff befreit werden, so daß die durch HIP erzeugte Rohteilkontur nicht gleich der Fertigkontur sein kann.

Ein zentrales Problem der PM-Technik besteht darin, daß keinerlei Fremdbestandteile in das Pulver vor dem HIP gelangen dürfen, da sich selbst solche von Pulverpartikelgröße im Sinne der Bruchmechanik als Anfangsriß auswirken können. Um Einschlüsse jedweder Art zu vermeiden, wurden erhebliche Anstrengungen unternommen, darunter auch solche, um diese Einschlüsse zerstörungsfrei durch Ultraschall aufzufinden.

Die zerstörungsfreie Prüfung der PM-Legierungen zur Detektion kleiner Einschlüsse durch Ultraschall erfordert eine deutliche Erhöhung der Nachweisgrenze gegenüber herkömmlichen US-Prüfeinrichtungen. Die erforderliche Erhöhung von ca. 10:1 (500 µm auf 50 µm) oder wenigstens 5:1 hat erheblichen Aufwand in der Anlage und Verlängerung der Prüfzeiten zur Folge (siehe Abschnitt 29.5). Nach wie vor werden jedoch, um das Risiko der Folgen eines Pulverfremdbestandteils oder eines prozeßbedingten Einschlusses zu verringern, alle PM-Rohteile nachgeschmiedet.

Es wurde auch daran gearbeitet, die grundsätzlich feinkörnige Gefügestruktur der HIP-Legierungen (Korngröße = Pulverpartikelgröße) in eine grobkörnige umzuwandeln, um die Kriechgeschwindigkeit durch Herabsetzung des Korngrenzenkriechens zu vermindern. Ebenfalls vorteilhaft wirkt sich die Heraufsetzung der Korngröße auf die Thermoermüdungsfestigkeit für Leitschaufeln aus. Die Gefügestabilität ist jedoch so groß, daß die dafür erforderlichen Maßnahmen, hohe Temperaturen, Gradientenglühungen und lange Glühzeiten, nicht zum gewünschten Erfolg geführt haben.

Besonderes Interesse gilt den oxiddispersionsverfestigten Legierungen (ODS) mit einem fein dispersiven Anteil von einigen (1 bis 3) Gewichtsprozenten Al_2O_3 oder Y_2O_3, 30 bis 100 nm Partikelgröße, 100 bis 200 nm Abstand, die besonders hohe Warmfestigkeit in dem Temperaturbereich aufweisen, wo bereits ein Festigkeitsabfall der ausscheidungshärtenden Gußlegierungen einsetzt. Legierungen dieses Typs (z.B. MA6000, MA6000E) müssen mechanisch legiert werden, so daß ihre Herstellung überproportionalen Aufwand erfordert. Kornvergrößerung ist nur durch das spezielle Verfahren des Zonenglühens im Temperaturgradienten parallel zur Vorschubrichtung möglich.

Durch die Festigkeitssteigerung und dem meistens hohen (γ'-Anteil im Gefüge der PM-Legierungen sind sie in der Regel nicht rißfrei schmelzschweißbar. Nur besondere schweißgeeignete Konstruktionen machen Ausnahmen.

Nur das Schwungradreibschweißen stellt fertigungstechnisch eine Alternative zum rißfreien Schweißen dar, die in Frage kommt, ohne daß besondere zerstörungsfreie Prüfverfahren notwendig werden, wie es beim Diffusionsschweißen der Fall ist.

Das Heißisostatpressen wird inzwischen häufig zum Nachverdichten von porösen Teilen eingesetzt. Jede Art von geschlossener Porosität läßt sich auf diese Weise beseitigen. Teilweise angewendet wird HIP auch bei Reparaturen und der Beseitigung von Kriechporen.

12 Wärmebehandlung

Die Wärmebehandlung stellt ein komplexes Kapitel der Fertigungstechnik dar. Während sich die Werkstofftechnik mit der Wirkung von Temperatur, Haltezeiten, Aufheiz- und Abkühlraten auf die Gefüge und Festigkeitswerte beschäftigt, stellt die Fertigungstechnik der Wärmebehandlung einen Kompromiß zwischen Kosten, Zeiten, Genauigkeiten der Einstell- und Istwerte, Prozeßsicherheit, Reproduzierbarkeit, Maßhaltigkeit von Fertigteilen, Ofenatmosphäre und deren Einfluß auf die Teile dar.

Die größte Komplexität der richtigen Wärmebehandlung entsteht dann, wenn es sich um die optimale Gefügeeinstellung an verzugsempfindlichen Fertigteilen (Gehäuse, Scheiben) handelt, die u.U. auch Schweißnähte enthalten.

Im Normalfall werden die notwendigen Wärmebehandlungen bereits am Rohteil durchgeführt. Dies bringt jedoch Nachteile mit sich in Form höherer Zerspanungskosten und in der Begrenzung auf Materialquerschnitte, die ausreichende Abkühlungsgeschwindigkeiten erlauben, d.h. daß unerwünschte nicht-kohärente Ausscheidungen nur in geringen, nicht festigkeitsmindernden Mengen ausgeschieden werden.

Manche Legierungen weisen zudem eine Schrumpfung durch Ausscheidungshärtung auf, was bei engen Maßtoleranzen die volle Warmbehandlung des Fertigteils unmöglich macht. Inconel 718 zeigt eine lineare Schrumpfung von ca. 1%.

Öfen mit Gasatmosphäre werden nur noch wenig eingesetzt. Größtenteils werden die Wärmebehandlungen in Vakuum durchgeführt, um negative Einflüsse (Oxidation, Gasaufnahme) zu vermeiden.

Vakuumöfen haben jedoch die Eigenschaft, daß die Teile die Wärme nur über Strahlung aufnehmen und abgeben können, so daß sich zahlreiche anisotherme Zustände am Bauteil ergeben. Selbst bei Haltetemperaturen sind Temperaturgradienten nicht gänzlich zu vermeiden, da die Öfen mit Charge Wärmesenken enthalten, z.B. über die Chargierböden und Chargiergestelle.

Die wahre Temperaturverteilung an einem Teil ist ofen-, chargen- und positionsabhängig. Für eine Erprobung sind demzufolge Thermoelemente an den Bauteilen notwendig. Später reicht, sofern an den sonstigen Bedingungen nichts geändert wird, anstelle der Bauteilthermoelemente die Prozeßüberwachung und das Festschreiben des gesamten Vorgangs im Arbeitsplan. Nur in besonderen Fällen werden an allen Teilen, auch in der Serienfertigung, Bauteilthermoelemente (Ni-NiCr) verwendet. Ein solches Beispiel ist ein reibgeschweißter Titanrotor, siehe Bild 27.10-9, wo aufgrund der Reibschweißung der zwei Rohteilhälften besondere Sorgfalt auf die Einhaltung der vorgeschriebenen $T = T(t)$-Verläufe bei der Entspannungsglühung nach dem Schweißen gelegt werden muß, siehe Bild 12-1.

Erschwerend wirkt, daß für viele der in Frage kommenden Ti- und Nickellegierungen keine ZTU-Schaubilder vorliegen, aus denen hervorgeht, welche T-Felder nicht erreicht werden dürfen (ZTU = Zeit-Temperatur-Umwandlung). Relativ umfangreiches Material liegt für die Scheibenlegierung Inconel 718 vor.

Tabelle 8 zeigt die wesentlichen Spezifikationsmerkmale eines modernen Vakuumglühofens mit Gasschnellkühlung, der auch für große Triebwerksteile verwendet wird, wobei die Haltetemperaturen nicht über ca. 1050 °C steigen sollten, so lange Ni-NiCr-Heizwicklungen verwendet werden. Bei noch höheren Temperaturen zum Löten und Glühen von Gußlegierungen sind Pt-PtRh-Thermoelemente erforderlich, u.U. lassen sich auch Pyrometer verwenden. Die Temperaturmessung mit Strahlungspyrometern ist jedoch problematisch wegen der allmählichen Bedampfung von Schaugläsern und wegen der notwendigen Kalibrierung gegen die Temperatur eines schwarzen Körpers (Hohlraumstrahlers). In der Werkstattpraxis werden Thermoelemente bevorzugt.

12 Wärmebehandlung

Bild 12-1: Vakuum-Wärmebehandlungsofen (Bodenlader) mit Chargiergestell und Charge (3 reibgeschweißte Titanrotoren als Rohteile)

13 Zerspanungstechnik

Die spanende Formgebung umfaßt 70–80% aller Fertigungsstunden in der Produktion von Triebwerken. Andere Formgebungsverfahren (ECM, Blechkonstruktionen, Gießen, Fertigschmieden) haben nicht den Erwartungen entsprechend substituieren können, was die Zerspanungstechnik zu leisten vermag. Einen erheblichen, wenn nicht entscheidenden Beitrag dazu hat die CAD/CAM/NC/CNC-Entwicklung in der Zerspanungstechnik beigetragen.

Die flexible Programmierung von Zerspanungsmaschinen ersetzt integrale Formgebungswerkzeuge und erlaubt kostengünstige und schnelle Änderungen. In Verbindung mit der wachsenden Zahl von CAD-Zeichnungen und der direkten Datenübertragung auf die Werkzeugmaschinen gewinnt die Zerspanungstechnik weiter an Stellenwert in punkto Flexibilität, Durchlaufzeit, Prozeßsicherheit und Qualitätsmerkmalen. Hinzugekommen ist die erfolgreiche laufende Entwicklung neuer Schneidstoffe, was zu einer laufenden Steigerung der Zeitspanvolumina führt. Eine weitere Entwicklung mit hohen Rationalisierungspotentialen stellt das auf Werkzeugmaschinen integrierte Messen dar, das die Zwischen-, Endkontrolle und Dokumentation der Daten einschließlich einer Maschinendatenkorrektur ermöglicht. Weiterhin besteht zunehmend die Möglichkeit, Zerspanungsdaten von Datenbanken einzuspielen und damit Erprobungen in der Werkstatt einzuschränken.

Ein besonderer Abschnitt ist dem Zusammenhang von Oberflächenintegrität und Zerspanungsparametern gewidmet, da zunehmend vom Zerspanungsprozeß nicht nur die Einhaltung von Maßen und Oberflächenrauhigkeiten, sondern auch derjenige optimale und reproduzierbare Zustand der Oberfläche verlangt wird, der eine sichere und hohe Lebensdauer von Scheiben bis zum feststellbaren LCF-Anriß garantiert.

Titan- und Nickellegierungen sind als schwer zerspanbar einzustufen und sind nicht mit den Schnittwerten von Eisenmetallen zu bearbeiten. Beide Legierungen sind schlecht wärmeleitend, hochwarmfest und zähhart.

13.1 Drehen

In den Tabellen 1 bis 3 sind die wichtigsten Werkstücklegierungen zusammengestellt. Für Details wird auf diesbezügliche Quellen verwiesen.

13.1.1 Anforderungen

Bei der Beschreibung des Drehens ist zwischen Vor- und Fertigdrehen zu unterscheiden, des weiteren zwischen kritischen Teilen oder Bereichen, deren Anriß zu einer unmittelbaren Gefahr für Triebwerk und Flugzeug werden kann und solchen, bei denen dies nicht der Fall wäre.

Beim Vordrehen spielt das erreichbare Zeitspanvolumen die entscheidende Rolle, wobei im wesentlichen die Schnittgeschwindigkeit v_c zu betrachten ist. Die Spantiefe und der Vorschub richten sich im wesentlich nach den ertragbaren Schnittkräften, denen Werkzeug und Maschine problemlos standhalten können.

Beim Fertigschnitt jedoch sind die Zeichnungsforderungen einzuhalten und die Oberfläche so zu gestalten, daß Kerbfreiheit, Rißfreiheit und u.U. bei kritischen Zonen auch eine bestimmte Randzonenstruktur gewährleistet sind. Darüber hinaus ist zu berücksichtigen, daß dünnwandige Teile oder Teileabschnitte Verzüge aufweisen, sei es durch Freisetzung von Eigenspannungen, durch Zerspankräfte in Kombination mit Spannkräften oder durch beides.

Die Zeichnungsforderungen von Scheiben der Turbine an die Toleranz der Abmessungen, an Rundheit, Konzentrizität, Planparallelität, an Radien und Radienübergänge liegen heute in einem Bereich, der an der Grenze dessen liegt, was fertigungstechnisch realisierbar ist. Die Ursache dafür liegt in dem Umstand, daß erstens Turbinenscheiben nur zeitfest ausgelegt sind und zweitens der höchsten Sicherheitsstufe unterliegen, da sie bei Bruch zu einem Verlust des Flugzeugs führen können.

Zusätzlich zu den Zeichnungsforderungen sind bei kritischen Zonen bestimmte Gefügemerkmale einzuhalten, die an metallographischen Schliffen nachzuweisen sind und die Bestandteile derjenigen Dreherprobung zu sein haben, die für die Teile eingesetzt worden ist, die der Flugzulassung zugrundeliegen.

13.1.2 Schneidwerkstoffe beim Drehen

Zur Verfügung stehen Schnellarbeitsstähle (HSS), Hartmetalle (auf Basis WC/Co, TiC/Co etc.), isotrope Keramiken (Al_2O_3, Si_3N_4, Sialone etc.), whiskerfaserverstärkte Keramik, kubisch kristallines Bornitrid in polykristalliner Form (PCBN) und diamantbesetzte Werkzeuge. Hinzu kommen noch Beschichtungen vom Typ TiN, TiCN, die die Verschleißfestigkeit erhöhen und den Wärmeübergang in metallische Werkstoffe verringern. Sie unterscheiden sich wesentlich in Härte, Duktilität, Bruchverhalten, Verschleißverhalten und Wärmeleitfähigkeit.

Während HSS durch metallisches, alle Hartstoffe durch keramisches und Hartmetalle durch ein gemischtes Verhalten beim Drehen charakterisiert sind und demzufolge auch ihr technisches Ergebnis (Rauigkeit, Standweg, Verschleiß, Verformung), ist das wirtschaftliche Ergebnis (Kosten pro Einzelschnitt) sehr weitgehend variabel von der jeweiligen Arbeitsfolge abhängig. So ist z.B. Bornitrid als teurer Schneidstoff einzustufen, aber aufgrund hoher erreichbarer Standmengen durch geringen Verschleiß kann die Wirtschaftlichkeit hoch werden. In Bild 13.1.2-1 ist eine Kostenrechnung für den Fall des Einsatzes einer BN-Schleifscheibe beim Schleifen von Turbinenschaufelfüßen dargestellt, zusammen mit der Bearbeitungsaufgabe. Die Weiterentwicklung der BN-Drehwerkzeuge und BN-Scheiben hat eine deutliche Veränderung zugunsten der BN-Werkzeuge mit sich gebracht.

Nach wie vor werden hauptsächlich Hartmetallwerkzeuge verwendet. Der Trend geht jedoch hin zu den hochwertigen Keramiken und BN-Qualitäten, deren Schneidverhalten durch verbesserte PM-Herstellung ständig besser wird. Ein entscheidender Vorteil für die Zukunft wird auch das verbesserte Nachschleifvermögen sein, z.B. wie bei BN-Einsatzleisten. Beschichtete Werkzeuge stellen im Hinblick auf das Vorausgehende nicht unbedingt eine Verbesserung dar, da die Nachschleifbarkeit nicht vorliegt. Der Vorteil einer Beschichtung ist in der verlängerten Einsatzzeit bei einmaligem Einsatz zu suchen, wobei u.U. auch v_c angehoben werden kann, da die Schichten einen größeren Wärmeübergang in Span und Werkstück zur Folge haben.

Bearbeitungsaufgabe Schaufelfußschleifen

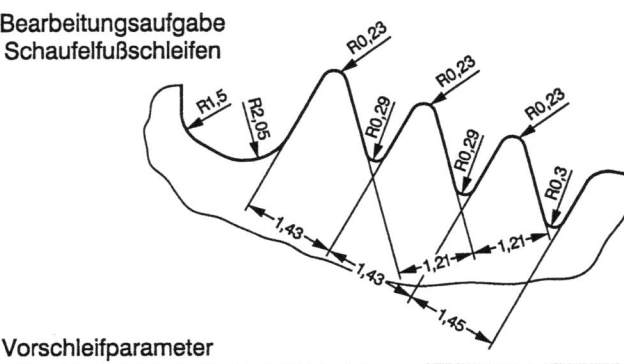

Vorschleifparameter

Schleifscheibe	400 - 30 - 5 B126 B-MC V180	
Maschine	Magerle FPA 10	
Crushierrolle	Hartmetall	
Kühlmittel	Ultralin NU, 1:30	

Einstellbedingungen:
- Umfangsgeschwindigkeit beim Einrollen : v_r = 0,39 m/s
- Gesamtzustellung beim Nachrollen : 0,04 mm
- Schnittgeschwindigkeit : v_s = 32 m/s
- Vorschubgeschwindigkeit
  - Vorlauf : u_{tv} = 92 mm/min
  - Rücklauf : u_{tR} = 500 mm/min
- Zustellung : e = 4 - 5 mm
- max. Zeitspanvolumen : Z_{max} = 7,7 mm³/mm s

4 Werkstücke in einer Aufspannung

Ergebnisse:
- Scheibenstandmenge zwischen 2 Abrichtungen : 150 Werkstücke
- Abweichung im Profilgrund : 0,06 mm
- Standlänge : L_l ≈ 4500 mm
- keine Risse
- Oberflächengüte : R_a = 0,6 µm
- Maß- und Formtoleranz für das Vorschleifen i.O.

Kostenvergleich BN - Korund

	EK konventionelle Schleifscheibe	BN B-MC-Schleifscheibe
1. Scheibenkosten:		
Ausnutzbarer Scheibenanteil ΔR	50 mm	5 mm
max. Verlust durch Erstprofilierung Umrüstung o.ä.		2 mm
Gesamtzustellung beim Nachprofilieren		0,04 mm
Anzahl möglicher Nachprofilierungen		75
Werkstückzahl / Scheibe	~ 65	11250
Scheibenpreis	~ 75,-DM	17000,- DM
Scheibenkosten / Werkstück	1,15 DM	1,51 DM
2. Rollenkosten / Werkstück:	vernachlässigt	~ 0,3 DM
3. Zeitkosten:		
Maschinen- und Lohnkostensatz	35,- DM/h	35,- DM/h
Ausführungszeit nach Zeitaufnahme Werkstück (einschließlich Profilierzeit Verteilzeit und Kontrollzeit)	11,3 min	5,1 min
Maschinen- und Lohnkosten / Werkstück	6,59 DM	2,98 DM
4. Schleifkosten / Werkstück:	7,74 DM	4,79 DM

Einsparung durch B-MC: 38,1%

Bild 13.1.2-1: Kostenrechnung und Bearbeitungsaufgabe zum Einsatz von BN-Schleifscheiben beim Schaufelfußschleifen

13.1.3 Zerspanungsparameter beim Drehen

Die Komplexität der Drehzerspanung erlaubt es bisher nicht, den Prozeß umfassend so zu beschreiben, daß daraus einfach abzuleiten wäre, welche Parameter im einzelnen zu wählen sind. Zu den Parametern gehören: Schneidstoff, Schneidwerkzeuggeometrie, Kühlschmierstoff (KSS), Schnittwerte, Werkzeughalter, Maschine. Aufgrund dieser Sachlage ist man auf Erfahrungswerte und Werkstatterprobungen angewiesen. Diese wiederum zeigen, daß es auf einige Schnittparameter besonders ankommt, während die anderen keine Optimierung durch ausgedehnte Erprobungen erfordern. Während zu letzteren die Werkzeuggeometriedaten, die Kühlschmierstoffklasse und die Maschinengruppe gehören, stehen Schnittgeschwindigkeit, Spantiefe und Vorschub in dieser Reihenfolge an erster Stelle der Wichtigkeit. Unterstellt man, daß andere Parameter hinlänglich (durchschnittlich) sorgfältig ausgewählt wurden (spezifisch für die Schnittfolge), so kommt es, was die Wirtschaftlichkeit und technische Qualität betrifft, vor allem auf Schnittgeschwindigkeit, Schnittiefe und Vorschub deshalb an, weil durch sie die umgesetzte Leistung bestimmt wird. Sie bestimmen die Wärmeverteilung auf Werkzeug, Werkstück und Span sowie das Zeitspanvolumen überwiegend. In den Tabellen 9 und 10 sind zugelassene, ausgewählte Drehparameter zusammengestellt. Weiterhin sei auf ältere Zusammenstellungen und Dateien verwiesen.

Die Werte in den Tabellen repräsentieren im wesentlichen den Stand der Technik. Demgegenüber zu stellen ist die laufende zerspanungstechnische Entwicklung in Richtung auf hohe Schnittgeschwindigkeiten bis 400 m/min, u.U. bis 600 m/min. Anlaß zu dieser Entwicklung ist mehrfach vorhanden: Schneidstoffe wie CBN erlangen laufend bessere Herstellqualität (Gefüge, Schleifbarkeit, Standfestigkeit); die zunehmenden Erfahrungen mit großen v_c beweisen mit sehr guten Resultaten die Möglichkeit, daß die Wärme ausreichend über KSS und Span abgeführt werden kann; die Maschinen (Rahmen, Spindeln, Antriebe, Steuerungen) eignen sich mehr und mehr für Hochgeschwindigkeitsbearbeitung.

Insbesondere bei kritischen Flächen ist es wichtig, daß die aufgenommene Wärme im Werkstück den Gefüge- und Ausscheidungszustand nicht ändert, was aufgrund der gleichbleibenden Schärfe neuester Keramikschneidstoffe auch nicht der Fall ist, wenn die Schnittgeschwindigkeit steigt, während gleichzeitig die Schnittkräfte nicht ansteigen bzw. sinken. In diesem Zusammenhang ist auch die grundsätzliche Wechselwirkung zwischen Werkzeug und Werkstück von Interesse. Auch hier zeigt sich, daß bei steigender Schnittgeschwindigkeit mit einem Minimum des Werkzeugverschleißes gerechnet werden kann. Es geht darauf zurück, daß mit steigender Zerspanleistung bei wachsendem v_c Adhäsion und Abrasion zunächst sinken, bevor Diffusion und Oxidation des Werkzeugs überwiegen. Die Effekte sind umso ausgeprägter, desto weniger Kühlung vorliegt, d.h. vor allem beim Trockenschnitt, der jedoch in der Praxis beim Zerspanen für Triebwerkteile nicht eingesetzt werden kann.

13.1.4 Prozeßüberwachung

Im Hinblick auf den sicheren Prozeß (konstante Qualität, geringe Ausschuß- und Nacharbeitsmehrkosten) gewinnen die Möglichkeiten der Meß- und Prüftechnik für die Werkzeug- und Maschinenkontrolle an Interesse. Maßgeblich ist im Triebwerksbau die Oberflächenintegrität, nicht jedoch die Vermeidung von Maschinenstillstandszeiten bei Werkzeugbruch o.ä.

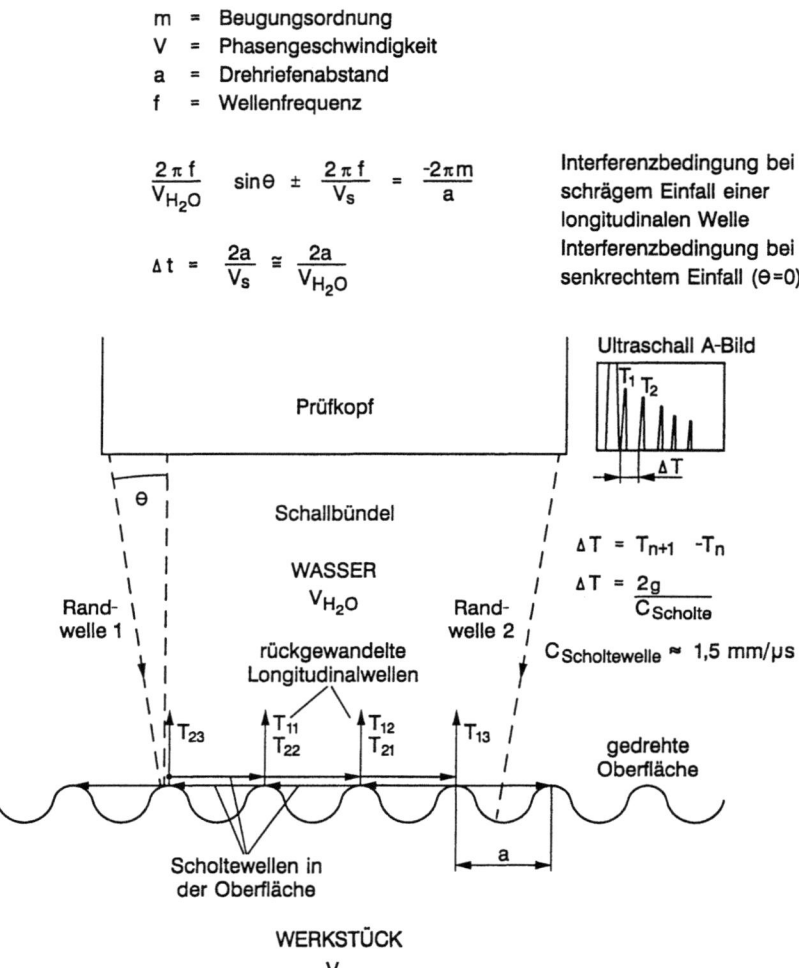

Bild 13.1.5-1: Periodische Ultraschallreflexionen an der Oberfläche gedrehter Scheiben aufgrund von Oberflächenwellen und Drehrillen

Da die Oberflächenintegrität nur begrenzt (Maße, Rauhigkeit) meßbar ist, wird die Prozeßsicherheit wichtiger für die Bauteilfunktion als für die Einsparung von Produktionsausfällen, sie ist auch nicht mit denselben Sensoren und Meßalgorithmen erreichbar. Die Schneidplatten werden bereits lange vor ihrem sonst üblichen Gebrauchsende aus dem Schnitt genommen. Die Detektion von groben Abweichungen (Werkzeugbruch, hohe Verschleißmarkenbreite, große Aufbauschneide, Leistungsanstieg, Trockenschnitt etc.) ist ebenso wichtig wie die Detektion von kleineren Veränderungen, z.B. dem Anstieg von Schnittkräften.

Schall-Emissions-Analysen (SEA) und piezoelektrische Schnittkraftmessungen unmittelbar am Werkzeughalter haben sich bisher nicht durchsetzen können trotz ihres hohen meßtechnischen Potentials, da die Auswertealgorithmen zu unsichere Aussagen machen. Beim Drehen von Nickel- und Titanlegierungen sind die Streubreiten der Meßsignale kleiner, aber auch zu einem wesentlichen Teil durch die Streuung des Werkstoffzustandes hervorgerufen (insbesondere durch Härteunterschiede nach dem Auslagern).

Der Anstieg der Schnittkräfte während der Einsatzzeit des Werkzeugs enthält keine sicher auswertbaren Merkmale, die erkennen lassen, ob eine Besonderheit vorliegt, z.B. ein lokaler Schneidenausbruch.

13.1.5 Drehen zum Ultraschallprüfen

Scheibenrohteile werden vor der Fertigbearbeitung mit Ultraschall geprüft (siehe auch Abschnitt 29.5), um Werkstoffehler im Volumen feststellen zu können. Das Rundumaufmaß beträgt mindestens 2 mm Dicke, um auch die Randzone der Scheibe (nach der später folgenden Fertigbearbeitung) zu prüfen.

Es kann vorkommen, daß beim US-Prüfen eines gedrehten Werkstücks besondere periodische Reflexionen auftreten, siehe Bild 13.1.5-1. Die Ursache dafür liegt in einer bestimmten Beziehung zwischen Wellenlänge und Vorschub (Rillenabstand), der zur selbstverstärkenden Reflexion von Scholte-Oberflächenwellen führt. Der Effekt, der die Fehlerauffindung erschwert, läßt sich durch „Verstimmung" von Wellenlänge und Vorschub erreichen, in guter Näherung durch Halbierung oder Verdoppelung von einer der beiden Einflußgrößen.

13.2 Bohren mit definierter Schneide

Beim Bohren spielt die Werkzeugform und deren Anschliff eine größere Rolle als beim Drehen. Hinzu kommen besondere Anforderungen durch die Tiefe der Bohrung, die Lochlage, den Durchmesser, die Lochlaibungsoberfläche und an die Verrundung von Ein- und Austritt. Zur Herstellung einer Bohrung sind mehrere verschiedene Werkzeuge erforderlich. Die zugehörigen Arbeitsschritte sind: Vorbohren, Fertigbohren, Reiben, Verrunden, Entgraten und Polieren je nach Anforderung.

Zur Erhöhung der Formgenauigkeit werden zahlreiche Bohrungen in Scheiben in klimatisierten Räumen hergestellt und vermessen. Ursachen für die hohen Anforderungen sind kritische Festigkeit bei Scheiben (Anriß-, Rißfortschrittslebensdauer) und funktionelle Gründe (Fluchten, Passung, Fretting). In den Tabellen 11 und 12 sind einige Schnittwerte zusammengestellt.

Von besonderem Interesse ist der Oberflächenzustand im Hinblick auf LCF-Anrisse. In kritischen Fällen wird Läppen und/oder Honen eingesetzt, teilweise in Kombination mit Kugelstrahlen. Um über die Kriterien Genauigkeit und Oberflächenrauhigkeit hinaus beurteilen zu können, welcher Zustand optimal ist, dienen Untersuchungen über den Eigenspannungstiefenverlauf. In Tabelle 18 sind Beispiele zusammengestellt.

Die Sicherstellung einer ausreichenden Anrißlebensdauer kritischer Bohrungen, hauptsächlich an Scheiben, erfordert die dementsprechende sachgerechte Erprobung sämtlicher Einzelschritte und deren Festlegung und Überwachung. Tabelle 19 zeigt eine Zusammenstellung von überwachungs-(CMT-)pflichtigen typischen Bohrfolgen (CMT, *controlled manufacturing technique*).

13.3 Fräsen

Fräsen ist für die Fertigung von Gehäusen, Gehäuseringen und Verdichterschaufeln unverzichtbar. Der Einsatz von NC-Maschinen hat die Flexibilität des Verfahrens bezüglich der herstellbaren Formen ständig verbessert sowie die Reproduzierbarkeit sichergestellt. Allerdings hat die Technik beim Feinguß von Nickel- und Titanlegierungen auch erhebliche Fortschritte gemacht und hat bei Gehäusen und Leitschaufelkränzen das Fräsen partiell substituiert.

In der Regel (Ausnahme Senkfräser) handelt es sich um unterbrochene Schnitte mit kurzem Span. Das Werkzeug erleidet permanente Lastwechsel pro Umdrehung und Schneide und enthält die „Spankammern" dazwischen. Von Ausnahmen abgesehen (Hartmetall-Schneiden aufgelötet) handelt es sich um HSS-Werkzeuge mit angepaßtem Schliff, da keramische Schneidwerkzeuge zu schnell ermüden. Die Tabellen 13 und 14 zeigen einige Schnittdaten.

13.3.1 Fräsen von Verdichterschaufeln

In der serienmäßigen Schaufelfertigung dient das Fräsen zum Herstellen der Kantenvorform und der Schaufelspitzen, in der Reparatur zur Wiederherstellung der Schaufelkontur und Schaufellänge nach dem Reparaturschweißen.

Zunehmende Bedeutung besitzt die NC-Frästechnik zur Herstellung von einzelnen Schaufelsätzen für Versuche und für die Versuchs- und Serienfertigung von integralen Rotorstufen (Blisk, *blade* und *disk*; IBR, *integrally bladed rotor*).

Die Wirtschaftlichkeit des Fräsens von Blisks hängt in erster Linie von der Komplexität der Schaufelgestalt ab. Bild 13.3.1-1 zeigt einen Blisk mit wirtschaftlicher Fräsbearbeitung bei Serienfertigung. In Bild 13.3.1-2 ist dargestellt, wie im Falle der Blisks in den Bildern 13.3.1-1 und 16.3-1 die Vor- und Nachteile im Verhältnis zu sehen sind, die sich bei unterschiedlicher Herstellungsweise ergeben.

Entscheidend für die Wirtschaftlichkeit ist die Frässtrategie. Bild 13.3.1-3 zeigt verschiedene mögliche Frässtrategien, anwendbar auf Blisks unterschiedlicher Gestaltung, verknüpft mit der Frage der wirtschaftlichsten Herstellung in Konkurrenz zu ECM. Die Frässtrategie verfolgt in erster Linie das Ziel, jedwede Hinterfütterung und Einbettungen zu vermeiden, die wegen zu hoher Schnittkräfte die Schaufelverformung verhindern müssen. Mit zunehmender Schaufelgröße, Verwindung, Biegung und Rauhigkeitsforderung sinkt die Wirtschaftlichkeit beim Fräsen zugunsten ECM- oder Schweißtechnik.

In der Regel müssen gefräste Blisks durch Gleitschleifen oder Druckfließläppen nachgeglättet werden. Zur Fertigbearbeitung von Blisks, deren Schaufeln durch Linearreibschweißen angesetzt wurden (Neuteile und Reparatur) oder wo Teile der Schaufelblätter angeschweißt wurden, ist adaptives Fräsen erforderlich. In bestimmten Meßschnitten nimmt ein Meßtaster, der taktil eingesetzt wird, die Maße auf, die in der Maschine zu einem gesamten Meßschnitt interpoliert werden. Einem Algorithmus entsprechend wird die folgende Schnittlinienreihenfolge abgearbeitet.

Das adaptive Fräsen wird teilweise auch zur Reparatur von Verdichtereinzelschaufeln eingesetzt.

13.3 Fräsen

Bild 13.3.1-1: Integrale Rotorstufe (Blisk) mit gefrästen Schaufeln, Durchmesser: 464 mm

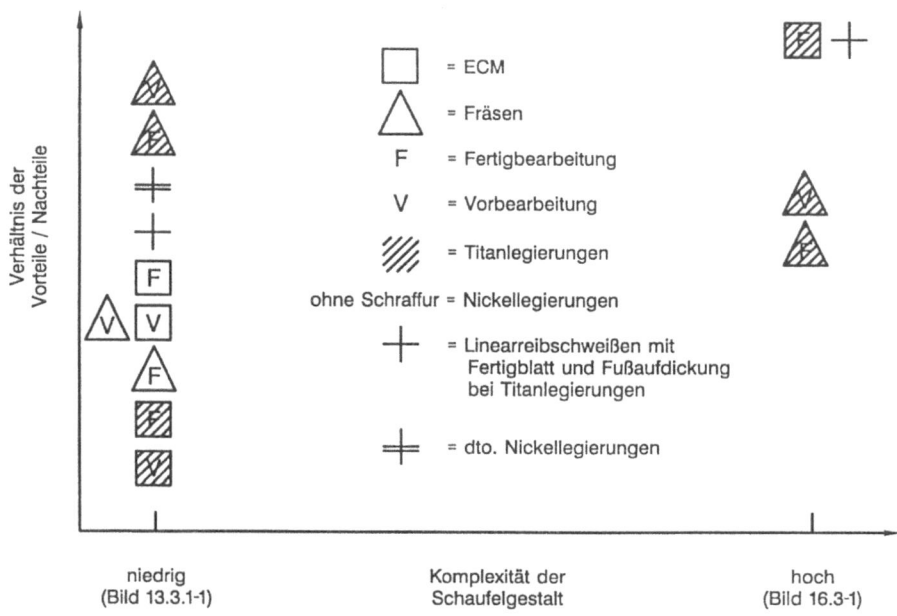

Bild 13.3.1-2: Qualitative Bewertung der Kostenerwartung verschiedener Bearbeitungsverfahren zur Bliskherstellung als Funktion der Schaufelgestalt

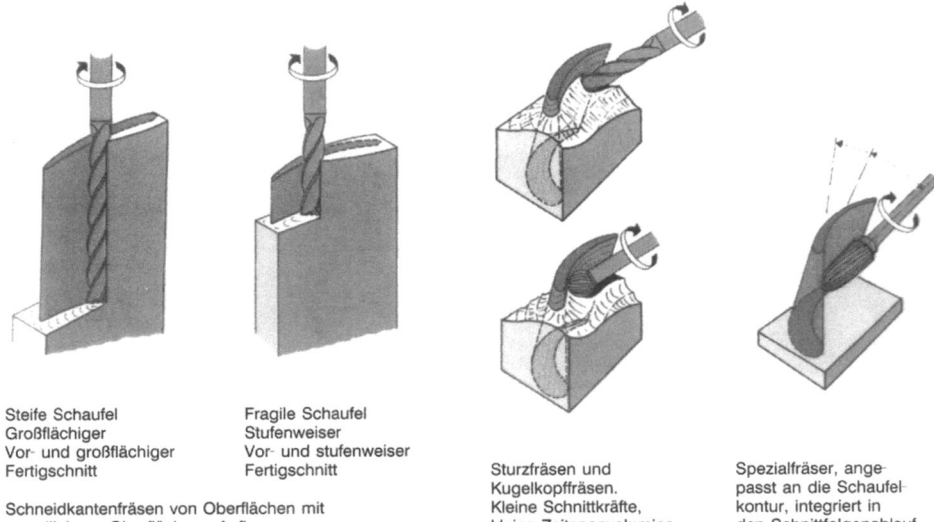

Steife Schaufel	Fragile Schaufel		
Großflächiger	Stufenweiser		
Vor- und großflächiger	Vor- und stufenweiser	Sturzfräsen und	Spezialfräser, ange-
Fertigschnitt	Fertigschnitt	Kugelkopffräsen.	passt an die Schaufel-
Schneidkantenfräsen von Oberflächen mit		Kleine Schnittkräfte,	kontur, integriert in
geradlinigem Oberflächen - Aufbau.		kleine Zeitspanvolumina.	den Schnittfolgenablauf.

Bild 13.3.1-3: Beispiele für Frässtrategien zur kostenoptimalen Herstellung von Blisk-Schaufeln

13.4 Räumen von Schaufelfußnuten

Das Bild 13.4-1 stellt den Räumvorgang dar. Räumen ist unverzichtbar zur Herstellung der Scheibennuten. Das Drahterodieren von Schaufelfußnuten hat sich wegen der negativen Oberflächenbeeinflussung nicht durchsetzen können.

Vor- und Fertigräumen erfolgen in einem Schnitt hintereinander mit einem Zug. Die Werkzeuge sind HSS-Stähle, die Räumnadelsätze sind aus integralen 20–50 cm langen Stücken gefertigt, die ihrerseits auf dem Maschinenschlitten hintereinander gespannt werden (bis 10 m Länge). Die Schnittgeschwindigkeiten gehen aus den Tabellen 15 und 16 hervor. Um die Formabweichungen der Nuteninnengestalt gering zu halten, werden die Werkstücke steif gehalten durch Kulissenscheiben davor und dahinter. Die Schnittkräfte sind so hoch, daß durch die elastische Verformung beim Räumen und anschließende Rückfederung eine Verengung der Nut zum Werkzeugaustritt hin zurückbleibt.

Der Entwurf, die Herstellung und Erprobung der Räumwerkzeugsätze sind zeitraubend und kostspielig. Wünschenswert sind neue Werkzeuge mit Hartmetall-Schneiden, die eingesetzt und ausgewechselt werden können, u.U. mit Bildschirmsimulation der Schnittaufteilung und des Räumvorgangs. Gegenwärtig sind derartige Werkzeuge und Simulationen in der Erprobung.

Als Kühlschmierstoffe werden Öle verwendet, da es bei hohen Schnittkräften und kleinem v_c mehr auf die Verminderung der Reibung als auf die Wärmeabführung ankommt.

13.5 Schleifen von Turbinenschaufeln

Verdichterscheibe Titan Schwalbenschwanz	Scheibendicke (mm)	Profiltiefe (mm)	Räumnadellänge (m)	Werkzeug-Werkstoff	Span	Freiwinkel	v m/min	mm Steigungs Zahlen
	17	8,5	2,6	M42	0-5°	2°	7	0,09
Turbinenscheibe Waspaloy	38	20	8	T15	6%	2-3°	2,5	0,09

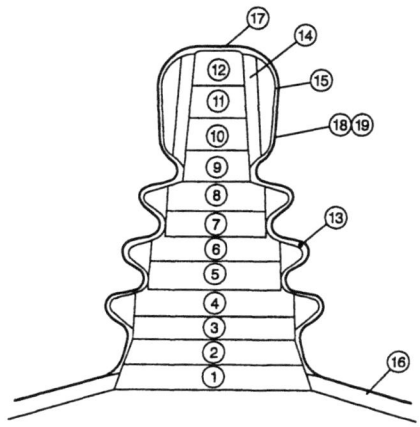

Bild 13.4-1: Prinzip des schrittweisen Abtragens beim Räumen von Nuten in Turbinenscheiben

13.5 Schleifen von Turbinenschaufeln

Der Umfang von Schleifbearbeitungen im Triebwerkbau hat ständig zugenommen. Die Hauptursache ist in der zunehmenden Verwendung von Feinguß zu suchen, was auch für Titanlegierungen gilt. Der Feinguß von Teilen aus Nickellegierungen ist, von wenigen Fällen abgesehen, wo Legierungen mit geringen γ'-Anteilen gegossen werden, nicht mehr mit definierter Schneide bearbeitbar, weder technisch noch wirtschaftlich.

Infolgedessen besteht die Schleifbearbeitung aus Vor- und Fertigschleifen, sie stellt eine formgebende Bearbeitung dar, die auch höchste Anforderungen an die Oberflächengüte und an die Formgenauigkeit erfüllen kann.
Turbinenschaufeln erfordern:
- Flachschleifen,
- Außen- und Innenrundschleifen (konvex und konkav),
- Einstichschleifen (Nutenschleifen),
- Profilschleifen,
- Vor- und Fertigschleifen beim Auftragsschweißen von Verschleißschutzschichten (Stellite).

Je nach Schaufeltyp kommen bis zu 20 verschiedene Operationen pro Schaufel vor, um allseitig Füße, Plattformen, Profile und Deckbänder herzustellen. In Tabelle 17 sind einige gebräuchliche Schleifparameter zusammengestellt.

13.5.1 Schleifverfahren

Man unterscheidet beim Einsatz des Pendelschleifens zwischen Gleichlauf und Gegenlauf. Dabei werden in vielen Durchgängen (Hüben) jeweils kleine Dicken abgetragen (Bereich unter 0,1 mm). Bei tieferen Schnitten (in der Regel im mm-Bereich) ist vom Tiefgangschleifen die Rede, $v_c \ll v_{c\,max}$.

In beiden Fällen erleidet eine Korundscheibe einen zeitabhängigen Verlust an Schärfe und Formtreue. Schärfen und Reprofilieren erfolgen getaktet nach einer festgelegten Zahl von Hüben mit Hilfe der Abricht-(Crushier-)Rollen in der Maschine, an die die Schleifscheiben herangeführt werden. Oberflächenqualität und Formtreue steigen mit der Häufigkeit des Abrichtens, die die Wirtschaftlichkeit beeinflußt.

Einen erheblichen Fortschritt stellt das CD-Schleifen dar (CD, *continuous dressing*), siehe Bild 13.5.1-1. Die dazu notwendige NC-Steuerung sorgt für das Nachfahren der Abrichtrollen in Abhängigkeit vom kontinuierlich sinkenden Scheibendurchmesser. Scheibe und Abrichtrolle befinden sich ständig im Eingriff. Der Abtrag einer Korundscheibe pro Umdrehung beträgt ca. 0,1 µm. Das Zeitspanvolumen ist aufgrund der permanent aufrecht erhaltenen Scheibenschärfe um ca. den Faktor 10 erhöht, dementsprechend sinkt die Hauptzeit der Schleifbearbeitung. Die Wirtschaftlichkeit steigt ebenfalls, kann aber den vollen Vorteil der Steigerung des Zeitspanvolumens nicht erreichen, da der Scheibenverbrauch steigt, die NC-Steuerung höhere Investsummen erfordert und die KSS-Filteranlage erheblich vergrößert werden muß.

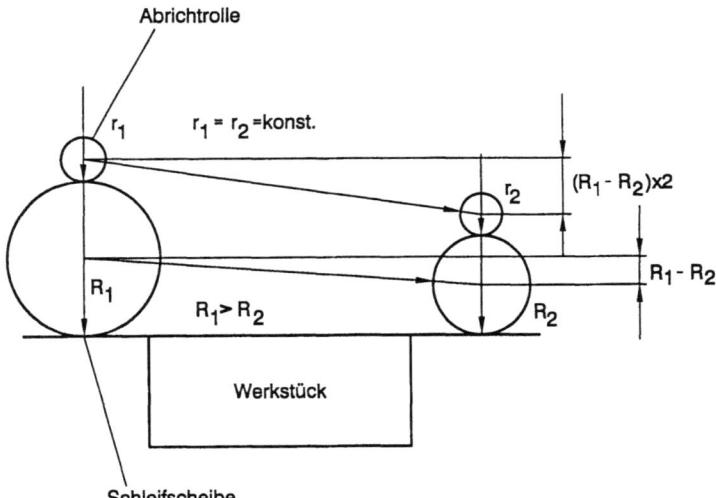

Bild 13.5.1-1: Prinzip der kontinuierlichen Abrichtung der Schleifscheibe (Kinematik) beim CD-Schleifen (Zustellung pro Umdrehung im µm-Bereich)

13.5 Schleifen von Turbinenschaufeln

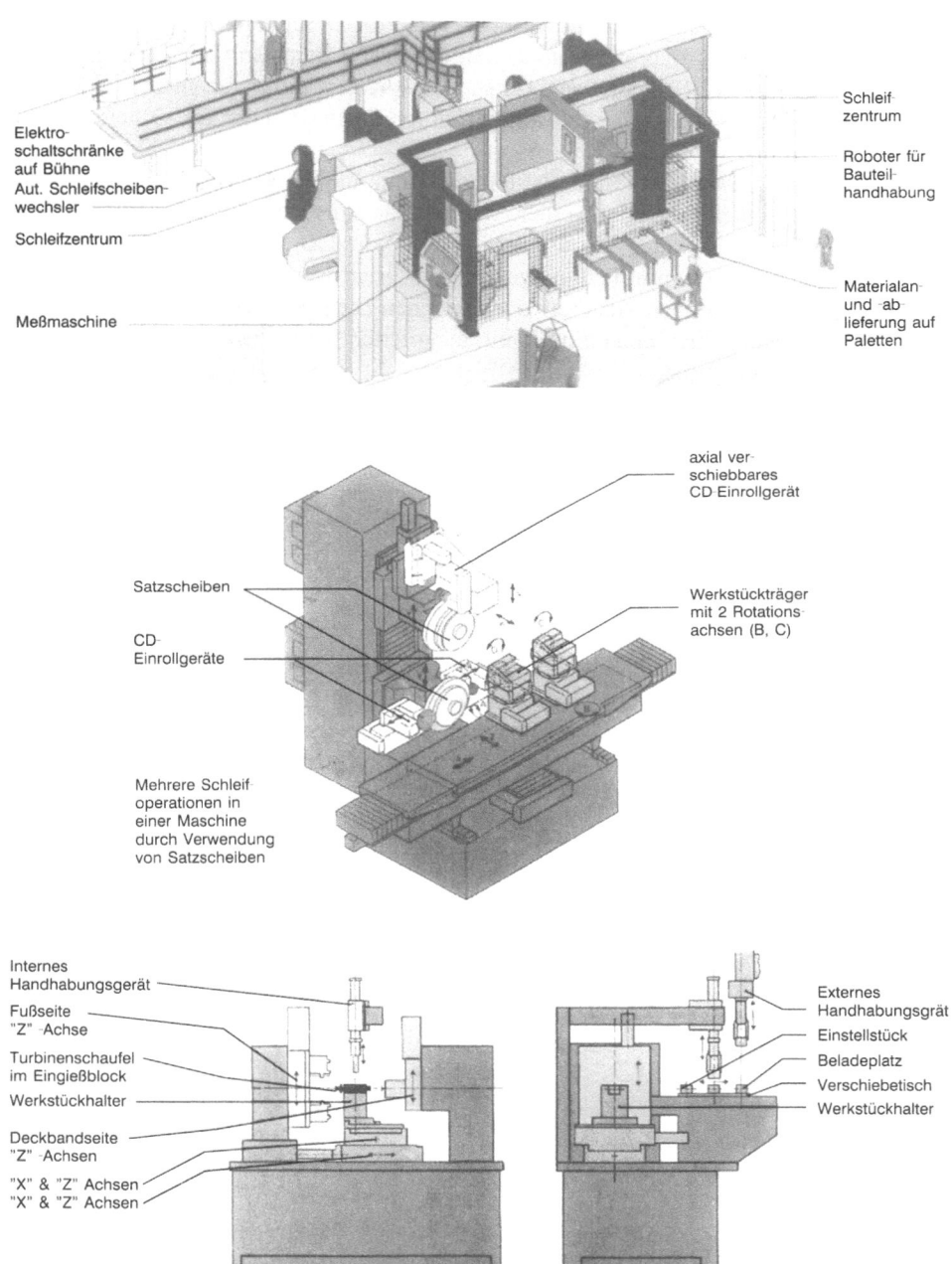

Bild 13.5.1-2: Beispiel für eine Schleifzelle mit integrierter CD-Schleifmaschine (Mitte) und Meßmaschine (unten)

Exakte Berechnungen der Wirtschaftlichkeit beim CD-Schleifen lassen sich nur am Einzelteil anstellen. Je größer die Komplexität des Profils beim Profilschleifen ist, desto günstiger wirkt sich CD-Schleifen aus, erstens weil die Profilkonstanz an den Werkstükken besser ist und zweitens eine Substitution durch Diamant- oder BN-Scheiben kostspieliger würde.

Infolge hoher Schnittiefe und Zustellung kann die notwendige Drehzahl bzw. Schnittgeschwindigkeit gesteigert werden, während die Vorschubgeschwindigkeit sinkt.

Die neueste Entwicklung ist die Integration von CD-Schleifmaschinen in sog. Schleifzellen, die wiederum in Fertigungsinseln integriert werden, wobei die Produktivität durch vollautomatisches Abarbeiten zahlreicher Einzelschritte weiter steigt (Bild 13.5.1-2). Innerhalb einer Schleifinsel mit integrierter Schleifzelle erfolgen folgende Arbeitsschritte automatisch:
- Rohteil im Eingußblock einlegen,
- Rohteil im Eingußblock spannen,
- Schleifen aller Einzelschritte,
- Ausspannen,
- Vermessen,
- Transportieren,
- Scheibensätze wechseln.

Die Durchlaufzeit einer durchschnittlichen Turbinenschaufel mit Deckband in einer Schleifzelle beträgt einige Minuten (Boden-Boden-Zeit), typischerweise 3 min, wobei der zeitbestimmende Faktor (langsamster Schritt) in der Regel der Beladeroboter ist. Bild 13.5.1-3 zeigt zusammenfassend die Entwicklung der eingesetzten Verfahren.

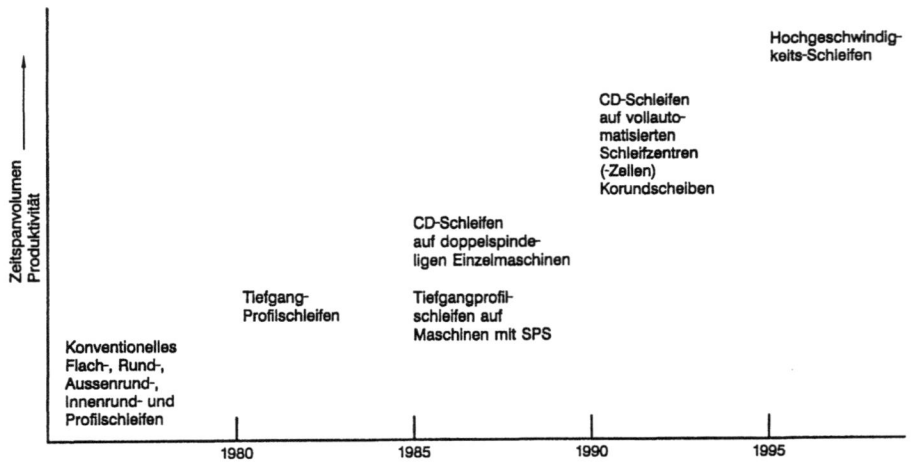

Bild 13.5.1-3: Entwicklung des Schleifmaschineneinsatzes und -typs in der Turbinenschaufelfertigung

13.5 Schleifen von Turbinenschaufeln

13.5.2 Schleifscheiben und Abrichtrollen

Zur Verfügung stehen Hartstoffe (Al_2O_3 = Korund, BN = kubisch kristallisiertes Bornitrid, SiC, Diamant) als Schleifmittel sowie Binder (Silikate (Wasserglas), Kunststoffe, Metalle).

Aufgrund des zähharten Abtragverhaltens von Nickellegierungen werden Scheiben benötigt, die eine mittlere Härte (Mittelwert aus Bindung und Korn), eine mittlere Porosität (zur KSS-Aufnahme und zur Spanabfuhr bzw. Aufnahme), eine mittlere Bindungsfestigkeit (Selbstschärfung durch Kornausbrechen) und gute Reproduzierbarkeit ihrer Eigenschaften aufweisen.

Für alle Einsätze haben sich Korundscheiben bewährt. Sie lassen sich in jedem Fall verwenden. BN-Scheiben sind aufgrund ihres höheren Preises erst dann von Interesse, wenn entweder besonders hohe kritische Ecken- und Kantengenauigkeiten gefordert werden, z.B. bei Nutentiefschnitten, da BN-Scheiben weniger verschleißen und daher formtreuer sind oder aufgrund größerer Wirtschaftlichkeit, siehe Bild 13.1.2-1. Hierbei sind in erster Linie Scheibenpreis und Standmenge zu ermitteln und einander gegenüberzustellen.

Verbesserungswürdig sind die Toleranzbreiten der Scheibeneigenschaften, insbesondere im Hinblick auf das vollautomatische CD-Schleifen. Schwankungen der Bindung und des Korns wirken sich kostentreibend aus.

Diamantscheiben dienen hauptsächlich als Abrichtrollen, ihre besondere Herstellung und eingeschränkte, nicht standardmäßige Profilierbarkeit schränken ihren Einsatz auf Spezialfälle ein (Sonderanfertigungen).

13.5.3 Hochgeschwindigkeitsschleifen

Die Schnellzerspanung ($v_c \geq 100$ m/s) von Turbinenschaufeln, analog der HG-Zerspanung von Stählen, stellt eine mögliche weitere Steigerung der Produktivität dar, da sich voraussagen läßt, daß sich, ähnlich wie beim HG-Drehen, eine Verringerung der Schnittkräfte und ein verbessertes Abtragsverhalten einstellen. Erprobungen mit BN- und Diamantscheiben sind im Gange. Es ist jedoch nicht zu erwarten, daß sich das Verfahren schnell durchsetzen kann, da erstens zahlreiche Änderungen erforderlich werden, die das ganze System betreffen (Scheiben, Kühlung, Anordnung, Maschine, Maschinenspindel) und zweitens die heutigen Hauptzeiten (Schleifzeiten) beim CD-Schleifen auf Schleifzellen bereits sehr klein geworden sind gegenüber den Nebenzeiten.

13.5.4 Schaufelaufnahme beim Schleifen

Zur Verfügung stehen Hartspannen (Einlegen und Fixieren in Vorrichtungen), Eingießen in Weichmetalle (Cerrotru, Cerrobend) sowie Eingießen in Kunststoffe, z.B. Polystyrol.

Abzuwägen sind gegeneinander Kosten, Reproduzierbarkeit und erreichbare Genauigkeit. Das zentrale Problem der Schaufeln ist die große Streubreite der Bezugsmaße am gegossenen Schaufelblatt des Rohteils im Verhältnis zu den Genauigkeitsforderungen an die Fertigteilmaße.

Verfügbar als Bezugsmaße sind am Rohteil bestimmte Punkte am Schaufelblatt, in der Regel ein Punktetripel.

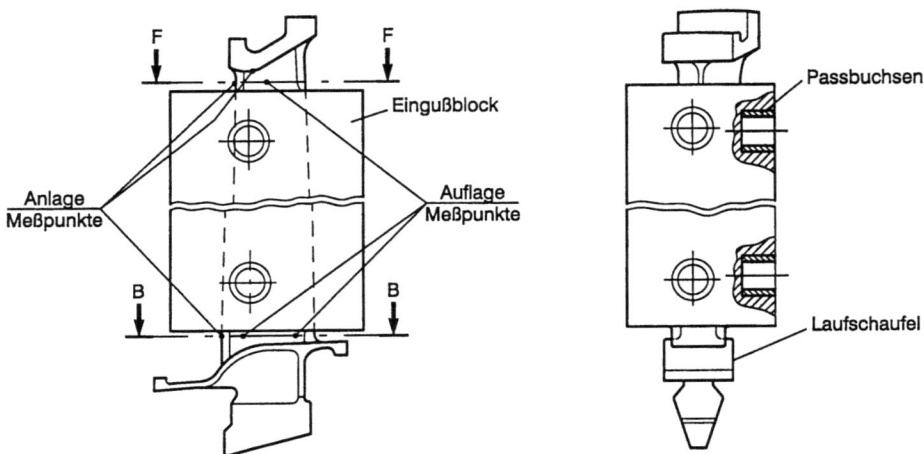

Bild 13.5.4-1: Eingußblock mit Turbinenschaufel

Am meisten verbreitet ist das Eingießen in Cerrotru, zusammen mit Paßhülsen, um den ganzen Block (Bild 13.5.4-1) für möglichst viele Schleifoperationen gleichzeitig zu verwenden. Das Eingießen dieser Weichlegierung erfolgt bei 140 °C (oder entsprechenden Schmelztemperaturen bei ähnlichen Legierungen) in Einlegevorrichtungen, in denen teilweise bereits vorkorrigiert wird, wenn Schaufeln in ihren Bezugsmaßen abweichen. Das Ausbetten erfolgt mechanisch durch Aufbrechen, die Weichlegierung wird im Kreislauf verwendet. Ein nachteiliger Faktor (Kosten, Zeit) ist durch die Notwendigkeit bedingt, sicherzustellen, daß keine Cerrotru-Rückstände auf der Schaufel verblieben sind. Niedrigschmelzende Metalle in Cerrotru (Sn, Pb, Zn, Bi) würden auch in kleinen Mengen im Betrieb zu Schaufelschäden führen. Nach dem Aufbrechen der Einbettung wurden Rückstände durch Ölbäder (≥ 138 °C) oder Reinigungsflüssigkeiten anderer Art entfernt, die sich über das Abwasser entsorgen lassen. Der sichere Nachweis von kleinen Rückstandsmengen wird über die naßchemische Analyse von Wismut (Bi) geführt. Die Nachweisgrenze liegt bei $2 \cdot 10^{-5}$ g/l, entsprechend 20 ppb (0,02 ppm).

Das Einbetten in Polystyrol hat sich bisher bei der Reparatur von Verdichterschaufeln bewährt, die zum Auftragsschweißen der Schaufelspitzen und zum Nacharbeiten der Blattspitzenoberfläche genau positioniert werden müssen. Die Verwendung von Polystyrol beim Schleifen von T-Schaufeln ist für einen Fertigungsneuanlauf denkbar, weniger jedoch als Substitution, da Vor- und Nachteile ausgewogen sind. Je größer die Schleifkräfte gewählt werden, desto nachteiliger kann sich die Verformbarkeit des Polystyrols auf die erreichbaren Toleranzen auswirken.

Das Hartspannen hat sich bisher nicht generell durchgesetzt, wenn es sich um kleine Schaufeln handelt, besitzt jedoch Bedeutung für die flexible Fertigung von Schaufeln für stationäre Turbinen.

Praktisch alle Turbinenschaufeln werden mit einer Oxidationsschutzschicht versehen, die Mehrzahl mit einer Diffusionsschutzschicht. Die das Blatt bedeckende Schicht ist aufgrund ihrer intermetallischen Phasen des NiAl-Systems spröde und wird meistens nach dem Schleifen von Fuß, Fußplattform und Deckbändern aufgebracht, was aufwendige Abdeckvorrichtungen und Abdeckpulver erfordert, um den Zutritt der gasförmigen

13.5 Schleifen von Turbinenschaufeln

Al-Halogenide zu verhindern. Das Schleifen ist rißkritisch und erfordert zur Verhinderung von Schichtrissen geringe Schleifkräfte und große Vorsicht beim Ein- und Ausbetten. In diesem Zusammenhang sind das Hartspannen und das Schleifen im Eingußblock einer beschichteten Schaufel kritisch.

13.5.5 Schleifrisse

Die Ursachen von Rissen nach dem Schleifen sind hinlänglich bekannt, siehe Bild 13.5.5-1. Eine Zusammenfassung der Zusammenhänge in sehr eindrucksvoller Form wurde von Brinksmeier vorgenommen. Die Rißbildungswahrscheinlichkeit kann unmittelbar der Höhe der Zugeigenspannungen zugeordnet werden. Es steht außer Frage, daß die Zunahme der Schnittgeschwindigkeit und des Zeitspanvolumens gleichzeitig eine schärfere Scheibe und/oder eine wirkungsvollere Kühlung und Schmierung erfordern, um die Erwärmung der Oberfläche nicht so zu steigern, daß man sich dem rißkritischen Gebiet nähert, gekennzeichnet durch nennenswerte Zugspannungen in der Oberfläche nach dem Schleifen, hervorgerufen durch die Erwärmung und der Relaxation durch Spanabtrag nachfolgende Abkühlung der Oberfläche.

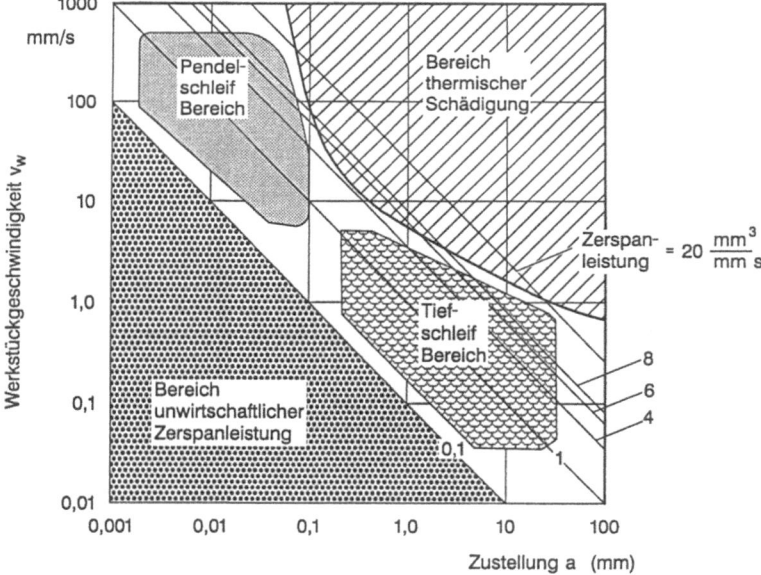

Bild 13.5.5-1: Zusammenhang zwischen Zeitspanvolumen Z, Rißbildung, Wirtschaftlichkeit, Verfahren und den beiden wichtigsten Zerspanparametern v und a für den Fall der gebräuchlichsten Scheiben aus Al_2O_3 [nach Saljé]

Rißunkritische Parameter beim Schleifen, gekennzeichnet durch Druckeigenspannungen in der Oberfläche, sind nicht immer anwendbar oder stehen mit der Wirtschaftlichkeit im Konflikt.

Entscheidend ist auch die sichere und ausreichende KSS-Zuführung an Scheibe und Werkstück. Zur Sicherstellung der Kühlung und Schmierung sind vor allem KSS-Zwangszuführungen geeignet, darunter sogenannte Kammerdüsen, die die Scheibe teilweise umschließen. Kammerdüsen sind jedoch nur geeignet für BN-Scheiben mit galvanisch oder keramisch gebundenen BN auf einem Stahlkörper, die keinen Durchmesserverlust erleiden.

Scheibeninnenkühlungen erfordern höheren KSS-Vordruck an der Maschine und sind aufwendig bei der Scheibenherstellung.

13.5.6 BN-Schleifen

Der wirtschaftliche Einsatz von BN-Scheiben, der auf hoher Standmenge einer Scheibe beruht, ist stark von der Herstellungsqualität der Scheibe abhängig. Deren Rundheit und deren Verteilung der BN-Kristalle sowie deren Größe, Höhe und Bindung sind mitentscheidend für den erfolgreichen Einsatz.

Es kommen beim Schaufelschleifen mit BN-Scheiben sowohl Öl als auch wassermischbare KSS zum Einsatz. Letztere bieten Vorteile im Recyclingprozeß. Ein Beispiel für die Wirtschaftlichkeit des BN-Profilschleifens zeigt Bild 13.1.2-1.

13.6 Kühlschmierstoffe (KSS)

Beim Zerspanen der Titan- und Nickellegierungen sind schmierende und kühlende Bestandteile der Schneidflüssigkeit nötig. Mit steigenden Kräften und sinkenden Schnittgeschwindigkeiten steigt die Notwendigkeit zur Schmierung durch Öle, umgekehrt steigt der Bedarf an Wärmeabfuhr durch Wasser (große spezifische Wärme). Zur Vermeidung von Folgen bei Schmierfilmabriß enthalten KSS auch Hochdruckadditive, die Reaktionen mit den Metalloberflächen eingehen. Für Titanlegierungen sind deshalb die Chlorgehalte der KSS auf 0,01% maximal begrenzt.

Die genaue chemische Zusammensetzung der KSS ist dem Anwender nicht immer bekannt und erfordert häufig eigene Analysen.

Diese Analysen sind erforderlich, um gegebenenfalls allergische Reaktionen von Kontaktpersonen, Bakterienbefall (Geruch) und die Bildung von Nitroverbindungen beurteilen zu können. Nitrosamine entstehen durch Reaktionen mit nitrathaltigem Wasser und sind als krebserregend eingestuft.

14 Feinbearbeitung zum Glätten

In Fällen, wo die Oberfläche nach dem spanenden Bearbeiten nicht glatt genug ist, werden Feinbearbeitungsverfahren angewendet. Die Auswahl des Verfahrens richtet sich nach der Größe und der Form der zu bearbeitenden Oberfläche. Das trockene Scheuern mit Scheuersteinen überwiegt bei konvexen und nicht zu stark gekrümmten konkaven Schaufeloberflächen, während das Druckfließläppen bevorzugt an inneren Oberflächen (Bohrungen und Kanälen) sowie lokal an großen Triebwerksteilen (Scheiben, Blisks) angewendet wird.

Die Bezeichnungen von Verfahrensvarianten sind vielfältig: *Superfinish* (vibrierender Form-Schleifstein), *Sutton-Finish* (rotierendes Bauteil in einer Schleifmittelsuspension, Rotationswinkel kleiner 90°), *Roto-Finish* (rotierendes Bauteil mit wechselnder Drehrichtung nach mehreren Umdrehungen), *Centrifugal Disk Machining, Turbo-Abrasive Machining, Centrifugal Barrel Finishing* etc. Zahlreiche Varianten dienen gleichzeitig als Entgratungsverfahren.

14.1 Honen

Honen ist charakterisiert durch feste, steife und in den Maßen nachstellbare Feinbearbeitungswerkzeuge. Sie erlauben sowohl die Glättung der Oberfläche zum Zweck optimaler Gleitverhältnisse (z.B. Gleitbuchsen) als auch die Einstellung sehr enger Maßtoleranzen im µm-Bereich.

Die Werkzeuge werden rotatorisch und/oder linear bewegt. Das Abrasivmittel (Hartstoffe Diamant, BN, Al_2O_3 etc.) ist an der Oberfläche gebunden oder stellt wie bei Schleifscheiben in einer Bindungsmasse das ganze Werkzeug dar.

14.2 Scheuern (Gleitschleifen)

Das herkömmliche Verfahren besteht darin, daß sogenannte Scheuersteine in großen Vibrationstrommeln bewegt werden, in denen sich gleichzeitig die Teile befinden.

Die Verwendung von konventionellen Scheuersteinen in Vibrationstrommeln führt in vielen Fällen zum Ziel, wenn die Größe der Teile vergleichbar mit der Größe der Scheuersteine ist und wenn der Abtrag nicht ungleichmäßig stattfindet. Ungleicher Abtrag erfolgt durch ungleichen Scheuerimpuls (Berührungskraft x Berührungszeit), z.B. an Kanten von Schaufeln. Die Isotropie des Abtrags kann durch Erprobung verschiedener Scheuersteine verbessert werden. Die Abtragsgeschwindigkeit kann erhöht werden durch den Zusatz von Pasten, die nicht fest gebundenes Abrasivmittel enthalten, ohne daß ein chemischer Abtrag erfolgt.

Hinzu kommt die Möglichkeit zum Scheuern mit chemischer Unterstützung, was die Scheuerzeit abkürzt, u.U. aber bei Titanlegierungen zu Korngrenzenangriff führt, je nach Wahl des Abtragmittels, der Verdünnung und der Scheuerzeit. Beim chemisch unterstützten Scheuern werden die Reagenzien als Flüssigkeit zugemischt oder sind in den Poren der Scheuersteine enthalten.

14.3 Rotationsgleitschleifen und Vibropolieren

Bei diesen Verfahren werden große Triebwerkteile, z.B. Scheiben, in einer Suspension von Schleifmitteln (Granulat) bewegt. Die Anlagen zum derartigen Abtragen haben unterschiedliche Ausführungsformen und tragen, ebenso wie die verschiedenen Verfahrensvarianten, zum Teil die Namen der Anlagenhersteller, z.B. Sutton-Finish, Roto-Finish oder entsprechen in der Benennung weitgehend dem Abtragsprozeß, z.B. Rotationsgleitschleifen.

Die Werkstücke, insbesondere große Teile wie Turbinenscheiben, werden auf der Achse einer Maschinenspindel aufgeschraubt und in Bewegung gesetzt. Die Bewegung erfolgt entweder schnell oszillierend mit kleinen Winkelbereichen oder rotatorisch mit wechselnder Drehrichtung nach jeweils mehreren Umdrehungen. Dabei befinden sich die Teile in einer wässrigen Suspension von Korundgranulat, das durch die Teile- und Wasserbewegung selbst in Bewegung gerät und auf diese Weise zum Abtrag führt. Der Abtrag an ebenen Flächen bewegt sich im Bereich von maximal 0,02 mm. Er erfolgt verfahrensspezifisch hauptsächlich da, wo die Wasser-/Granulat-Strömung die Oberfläche entlang erfolgen kann. In bestimmten Bereichen (Bohrungen, Nuten) ist der Abtrag gering. Einige der Anlagen sind so aufgebaut, daß zusätzlich zur Bewegung des Werkstücks auch der Behälter mit Granulat in Bewegung versetzt wird.

Bei einigen Verfahrensvarianten wird das Granulat in der Suspension zusätzlich in Vibration versetzt. Verfahren dieses Typs sind gut geeignet zur Entgratung und definierten Verrundung von Räumnuten an großen Turbinenscheiben. Allerdings ist dabei, wie bei allen maschinellen Entgrat- und Verrundungsverfahren, ein weitgehend definierter Ausgangszustand erforderlich, um einen gleichmäßigen Endzustand zu erzielen. Ein Vorentgraten ist meistens die einzige Lösung.

14.4 Bürsten

Unter Bürsten wird die maschinelle Bewegung von Bürstwerkzeugen und die meistens gleichzeitige Bewegung der Werkstücke verstanden. Der Abtrag der Grate und Oberflächenspitzen erfolgt durch die Verwendung von Pasten, die das Abrasivmittel enthalten. Die Bürstwerkzeuge sind in großer Breite von Ausführungsformen verfügbar. Die Fasern der Bürstwerkzeuge sind natürliche und synthetische Textilfasern, keramische und metallische Fasern, z.T. in Kombination beider. Die jeweilige Eignung hängt vom erwünschten Abtrag ab. Für die Turbinenkomponenten sind einige Typen nicht geeignet, da sie Furchungen der Oberfläche hervorrufen.

14.5 Pastenpolieren

Ähnlich dem Bürsten wird eine Paste mit meist feinem Abrasivmittel in rotierende Tuchscheiben eingebracht, die sich über die Werkstückoberfläche bewegen. Im Unterschied zum Bürsten ist der Abtrag geringer und schonender. Eine besondere Form ist das Butterfly-Verfahren, gekennzeichnet durch eine besondere Form der Polierscheiben.

14.6 Druckfließläppen (DFL), *Abrasive Flow Machining* (AFM)

Das Verfahrensprinzip ist verhältnismäßig einfach (Bild 14.6-1). Der Abtrag erfolgt durch die Schleifwirkung der Körner in einer viskosen Paste, die unter isostatischem Druck steht. Die Abtragsleistung ist an den Stellen am größten, wo der Pastenfluß senkrecht auf die Oberfläche gerichtet ist, so daß sich eine Anisotropie der Abtragsleistung einstellt, die wiederum durch geeignet gestaltete Vorrichtungen gesteuert werden kann (Beispiel im Bild 14.6-2). DFL hat sich auch beim Entgraten bewährt, wenn bestimmte Verrundungsradien eingestellt werden müssen. Serienmäßige Anwendung findet es auch beim Glätten von Blisks (Impeller und Axialverdichterstufen).

In der Regel besteht die Wirkung nur in einer Verrundung der Spitzen und Täler einer rauhen Oberfläche. Der weitergehende Einsatz des Verfahrens zum Abtragen ganzer Schichten der Oberfläche ist nicht zu empfehlen, da der Pastenverbrauch hoch, die Bearbeitungszeiten lang und das Verfahren begrenzt stabil ist. Letzteres wird durch Pastenerwärmung hervorgerufen, die auch bei Einsatz von Vorwärmöfen nicht problemlos stationär gehalten werden kann.

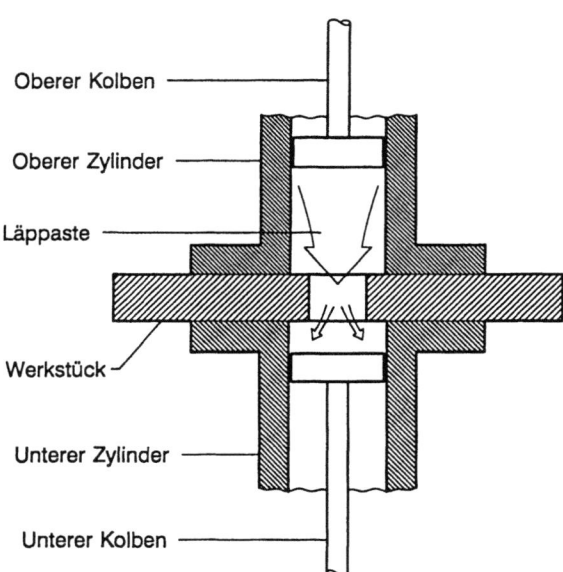

Bild 14.6-1: Prinzip des Druckfließläppens

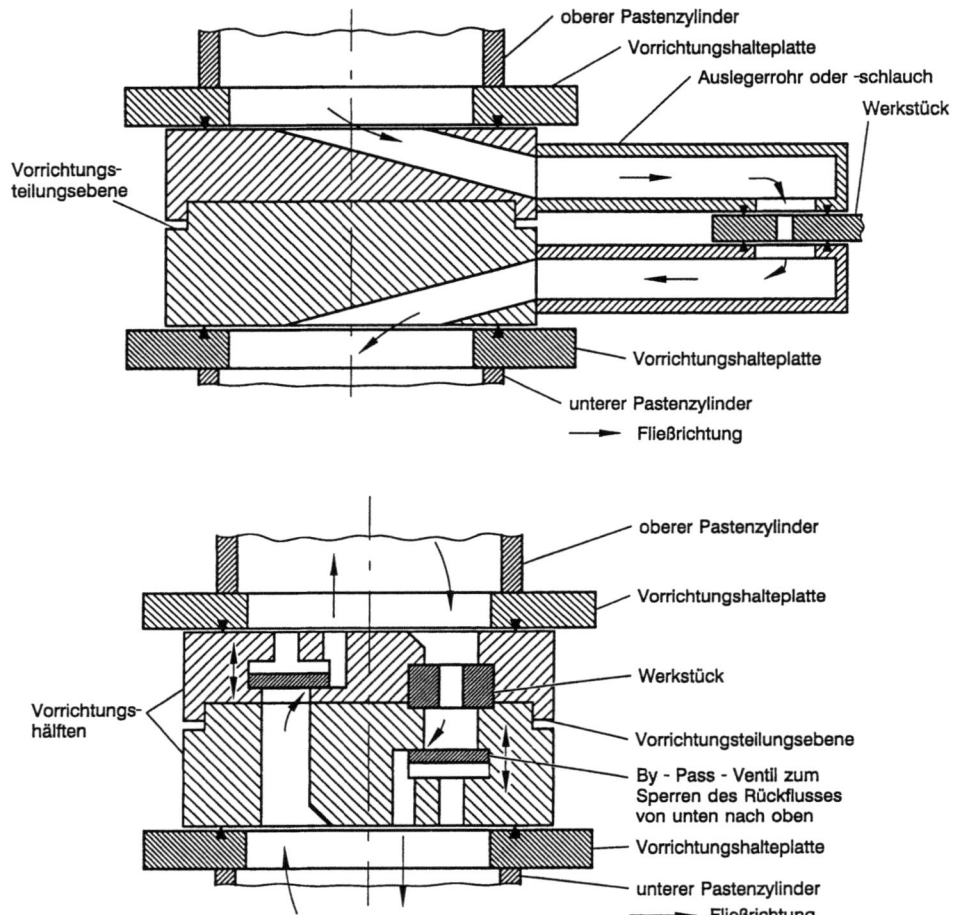

Bild 14.6-2: Beispiele für Vorrichtungen zum Druckfließläppen

Generell hat sich gezeigt, daß ein positiver Einfluß von DFL-Bearbeitung auf die HCF- und LCF-Festigkeit vorliegt, da Kerbwirkungen verringert werden. Beispiele zeigt das Bild 14.6.-3.

Nach den beiden Herstellern, die sich hauptsächlich durch die Zusammensetzung der Pasten und ihre Viskosität unterscheiden, wird auch vom Dynaflow- und vom Extrude-Hone-Verfahren gesprochen.

Der Pastenfluß kann mit Vorrichtungen sehr variabel gestaltet werden. Für viele Fälle hat es sich bewährt, über Schläuche die Paste außerhalb der vertikalen Achse der Maschine durchzupumpen. Dieses Verfahren lohnt sich, wenn große Teile nur kleine Bearbeitungszonen aufweisen, da man kleinere Maschinen anwenden kann.

14.6 Druckfließläppen (DFL), Abrasive Flow Machining (AFM)

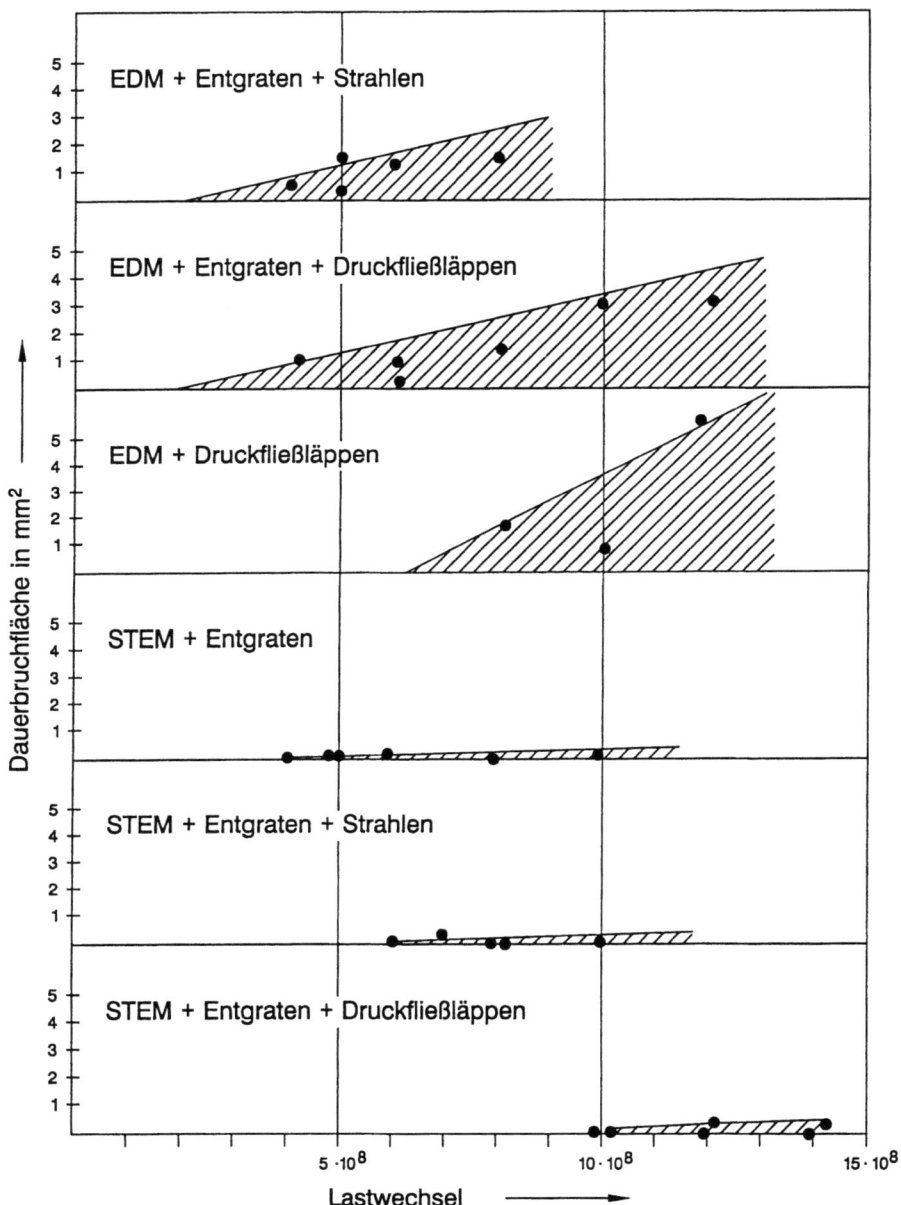

Bild 14.6-3: Einfluß der Bohrungsart und ihrer Nachbearbeitung an Schaufelbohrungen in IN 100 Guß auf die Dauerbruchfläche im Schwingtest (axf-Test)

14.7 Turbo-Abrasiv-Bearbeiten

Diese Methode verwendet einen Luftstrom, dem das Abrasivmittel beigemischt wird, ähnlich dem Trockenstrahlen mit Al_2O_3 für Reinigungszwecke.

15 Entgraten und Verrunden

Die möglichen Entgratverfahren lassen sich systematisch wie folgt zuordnen:
− Gezieltes Spanen,
    Fräsen,
    Schleifen,
    Bürsten,
− Ungezieltes Spanen,
    Gleitschleifen,
    Tauchschleifen,
    Strahlen mit oder ohne feste Körper/Flüssigkeiten,
− Elektrochemisches Abtragen,
    EC-Entgraten,
    Elektropolieren,
    Ätzen,
− Chemisch-thermisches Abtragen,
    TEM (Thermische Entgratmethode).

Teilegestalt, Werkstoffe und die Forderung nach definierten Verrundungsradien mit glatter Oberfläche erfordern zahlreiche Sonderverfahren (siehe Druckfließläppen, Scheuern etc.) und sind die Ursache für umfangreiche Handarbeit. Ein Ersatz der Handarbeit durch roboter-unterstütztes Entgraten ist nur als Sonderfall anzusehen. Hauptursache für das Fortbestehen der Handarbeit ist die meist unlösbare Aufgabe, ein Werkzeug mit definierter Schneide so zu gestalten und so zu führen (Ortskoordinaten, Geschwindigkeitskoordinaten und Kräfte), daß Verrundungsradius, ein glatter Übergangsbereich und Oberflächengüte gleichzeitig wirtschaftlich erreicht werden können.

Zu den Alternativen gehört das Entgraten und Verrunden in Einem durch ECM (siehe Kap. 16). Diesbezügliche Erprobungen mit Formwerkzeugen endeten in der Regel ohne Erfolg in der Serienanwendung. Obwohl technisch möglich, ist die Reproduzierbarkeit schlecht, da der Ausgangszustand bei Vorliegen eines Grates nicht reproduzierbar ist. Dadurch wird das Bearbeitungsergebnis bei festgelegter Stromflußzeit und Stromstärke unterschiedlich. Die Einführung variabler Einstellwerte mit Zwischenkontrolle ist nicht wirtschaftlich.

Ähnliche Verfahren sind elektrochemisches Formentgraten mit Elektropolieren und eine kommerzielle Variate davon, *burlytic deburring*.

Handelt es sich darum, nur zu verrunden, ohne daß ein Grat entfernt werden muß, so wird häufig Strahlen mit Al_2O_3 (Korund), mit Keramik oder mit Kunststoffpellets eingesetzt.

Die thermische Entgratmethode läßt sich bei Titanbauteilen wegen der Brandgefahr und Sauerstoffaufnahme, bei Nickellegierungen wegen der Oxidationsbeständigkeit nicht anwenden.

Eine definierte Verrundung von Ein- und Austrittsbereichen von Räumnuten im Bereich 0,2 – 0,8 mm Verrundungsradius an großen Teilen wird mit Erfolg mit dem Rotationsgleitschleifen durchgeführt.

16 Electrochemical Machining (ECM)

ECM wird häufig unter die Prozesse der „nicht traditionellen" Verfahren eingeordnet. Dazu gehören auch die rein chemischen Abtragsprozesse *„chemical machining"* ohne Feldunterstützung. Obwohl diese teilweise in Serie angewendet werden (Titanformteile, Schaufeln, Gehäuse), sind sie unbedeutend im Hinblick auf die Anwendungshäufigkeit und das Entwicklungspotential, da sie langsam sind und Umweltprobleme mit der Chemikalienentsorgung und Wasserreinhaltung verursachen. Letzteres gilt auch für ECM-Bearbeitung von Nickellegierungen wegen der Chromgehalte.

Das Verfahren ECM (Bild 16-1) eignet sich als abbildendes Verfahren grundsätzlich dann, wenn komplizierte Formen hergestellt werden müssen. Die Auflösung des Werkstoffs auf elektrochemischem Wege erfolgt kräftefrei, so daß keine Eigenspannungen und Verformungen in die Oberfläche eingebracht werden.

Der Abtrag des Werkstücks erfolgt durch anodische Auflösung und sofortige Fällung der Metallionen als Hydroxid.

Die lineare Maßgenauigkeit, die erreichbar ist, liegt im Stirnspalt, der normalerweise ausschließlich verwendet wird, bei ± 0,01 mm. Im Seitenspalt ist sie schlechter, ca. ± 0,1 mm.

Die Abbildungsgenauigkeit ist sehr gut. Diesbezüglich hängt sehr viel von der Kathodengestalt und ihrem Aufbau ab. Die Verteilung der Stromdichte in Abhängigkeit vom Aufbau der leitenden und nichtleitenden Bestandteile des Kathodenwerkzeugs ist maßgeblich für die Abbildungsgenauigkeit im Werkstück.

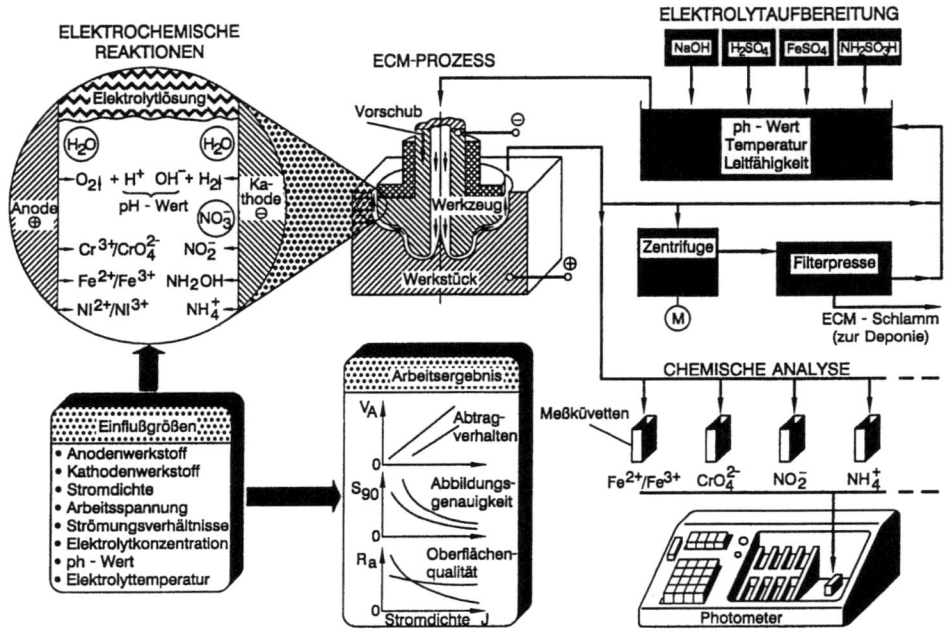

Bild 16-1: Prinzipdarstellung des ECM-Prozesses [nach WZL-Aachen]

Ungünstig können sich Änderungen der Leitfähigkeit auswirken, hervorgerufen durch Belegung der Werkzeugoberflächen durch Kathodenschlamm und durch Zunahme der Kathionenkonzentration aus dem Werkstück. Kurzschlüsse Werkzeug/Werkstück sind durch schnelle Kurzschlußschaltungen vermeidbar.

Ein stationärer Abtragsprozeß stellt sich erst nach einer Anfangssenkphase ein, die ca. 2 mm Mindestaufmaß entspricht. Die Aufmaßforderung führt dazu, daß kein partieller Abtrag an Übergängen möglich ist, wie er z.B. bei einer Schweißreparatur gelaufener Teile notwendig ist.

Im Wettbewerb mit Gießen, Schmieden und NC-Zerspanungstechnik hat ECM zwei entscheidende Nachteile, die an Bedeutung eher zu- als abgenommen haben: Entsorgung und Entgiftung der Elektrolyte sowie zeitaufwendige Erprobung der Kathodengestalt und der Bearbeitungsparameter. Bisher gibt es kein Simulationsverfahren, das es gestattet, Kathoden, Arbeitsspalt, Strömung des Elektrolyten und Bearbeitungsparameter theoretisch geschlossen und als Arbeitshilfe vorab ohne experimentelle Erprobung darzustellen. Tabelle 20 zeigt typische Bearbeitungsparameter.

16.1 ECM von Verdichterschaufeln

Ein typischer Anwendungsfall ist das ECM-Senken von Verdichterschaufeln. Das Senken von Einzelschaufeln erfolgt entweder auf Maschinen mit drei Linearachsen, die beidseitig die Blattoberfläche mit Ausnahme der Kanten und den Übergang zum Schaufelfuß senken, Bild 16.1-1, oder als Rundumbearbeitung 360° einschließlich der Schau-

16.1 ECM von Verdichterschaufeln

felkanten, Bild 16.1-2. Die Fußbearbeitung der Schaufeln erfolgt in beiden Fällen mechanisch durch Schleifen oder Räumen, die Kantenbearbeitung erfolgt durch Fräsen und anschließendes Verrunden durch Feinbearbeitung, das Abtrennen auf Länge erfolgt durch Trennschleifen, Abtragsschleifen oder EDM. Um Prozeßstabilität zu erreichen, ist es erforderlich, den Elektrolyten aufwendig zu zentrifugieren oder zu filtern (Ausscheidung der Oxide und Hydroxide) und seine Temperatur zu regeln. Außerdem muß die Leitfähigkeit in engen Grenzen eingestellt werden.

Die Kathodenreaktion ist Wasserstoffabscheidung, die Anodenreaktion besteht im Lösen der Legierungsbestandteile als Kationen, die mit den freien OH-Gruppen Hydroxide bilden, die sich als Schlamm abscheiden lassen. Eine wesentliche Ausnahme bildet Titan, das sich aus dem ECM-Schlamm als TiO_2 absetzt.

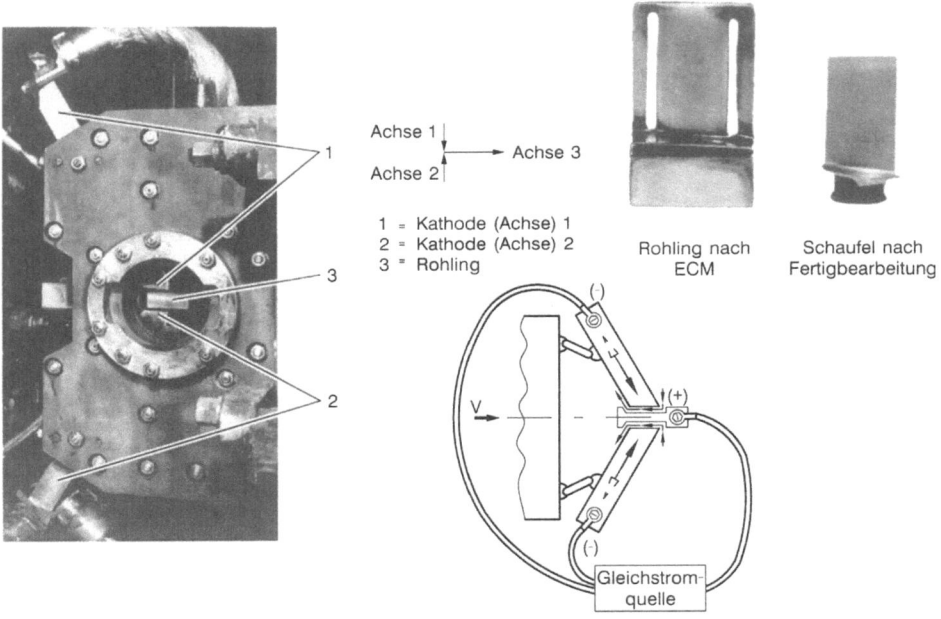

Bild 16.1-1: 3-Achsen-ECM für Verdichterschaufeln ohne Kantenbearbeitung

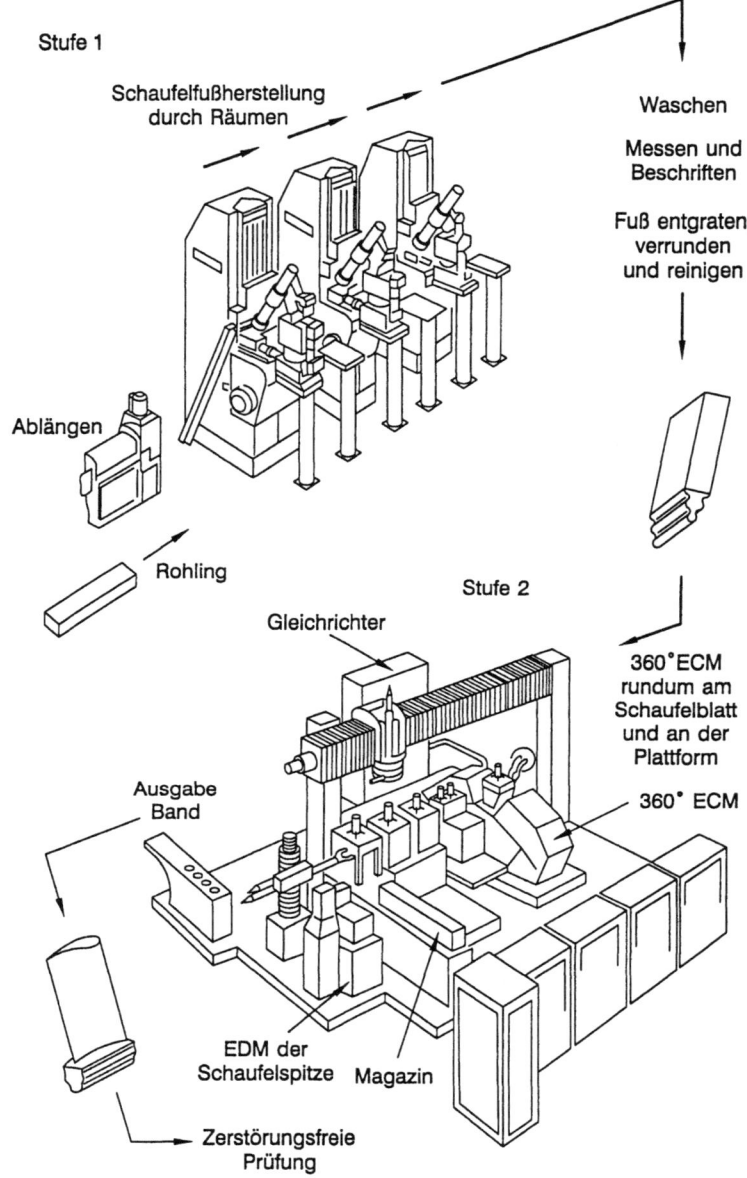

Bild 16.1-2: Prinzip einer Fertigungslinie zur Verdichterschaufelherstellung mit 360° ECM-Rundumbearbeitung des Blattes mit Übergang zum Fuß [Darstellung RR]

16.2 ECM-Herstellung von Blisks aus Titanlegierungen

Bild 16.3-1 zeigt einen ECM-gefertigten Blisk aus Ti 6/2/4/2. Die integralen Rotorstufen lassen sich nicht mehr auf Maschinen mit drei Linearachsen herstellen, sofern die Schaufeln Twist, Bow und Verjüngung (Eiffelturm-Effekt) aufweisen.

Zwei bis drei Abtragsschritte mit verschiedenen Kathodenwerkzeugen sind erforderlich, um die Fertigkontur einschließlich Schaufelkanten zu senken.

Im 1. Schritt muß ein Zwischenraum zwischen den Schaufeln entstehen (Vorbearbeitung). ECM ließe sich dafür anwenden. Die verhältnismäßig niedrige Abtragsgeschwindigkeit bewirkt jedoch, daß Fräsen auf mehrspindeligen Maschinen meistens kostengünstiger ist.

In die vorgearbeiteten Lücken wird anschließend ein Kathodenpaar eingefädelt (Linear- und Drehbewegung), bevor die beiden Kathodenhälften auf die Oberflächen einer Schaufel hinbewegt werden. Diese Fertigbearbeitung erfolgt je nach Schaufeltyp mit ein bis zwei Kathodenpaaren. Für das Einfädeln und Senken sind drei Linearachsen und eine Rotationsachse erforderlich. Zum Takten von Schaufel zu Schaufel dient ein Rundtisch, so daß 5-achsige ECM-Maschinen mit NC-Steuerung erforderlich sind, siehe Bild 16.2-1. Bei einer erforderlichen Stromdichte von ca. 1 A/mm^2 ist die Herstellbarkeit durch ECM mit wachsender Schaufeloberfläche im Verhältnis zum Volumen der Zwischenräume nicht unproblematisch, oberhalb eines bestimmten Verhältnisses gar nicht mehr möglich, da der erforderliche Gesamtstrom nicht mehr ohne eine instationäre Erwärmung über die Kathoden nach außen abgeführt werden kann. Die Grenze bewegt sich zwischen Blattflächen (einseitig) von 100–200 cm^2 bei einem Schaufelabstand von 5–8 cm.

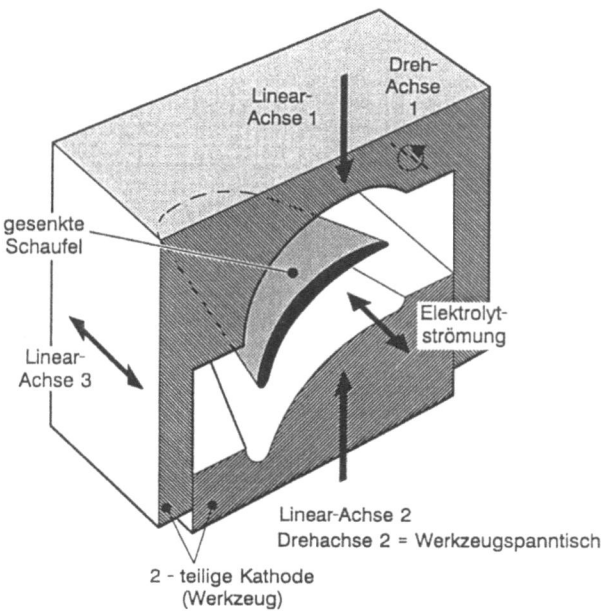

Bild 16.2-1: Prinzip des 5-achsigen ECM für Blisk-Schaufeln

Das 360°-Fertigsenken der Einzelschaufeln einschließlich Kanten kann mit Quer- oder Längsströmung erfolgen. Beim Querströmen des Elektrolyten können die Kathoden in Endposition nicht vollständig geschlossen werden, um die Strömung nicht völlig zu beenden. Daher ist die Gestaltung der Kathoden im Kantenbereich besonders kritisch und langwierig, das Erreichen der Toleranzgrenzen für die Kantengestalt langwierig. Dieser Nachteil wird beim Längsströmen beseitigt. Dafür ist in diesem Fall beim Anströmen der Schaufelspitze die Schwingungserregung der Schaufeln während des Senkens ein Problem, was sich nur durch Abstützen der Schaufelspitzen lösen läßt.

Besonders kritisch beim Senken von Titanwerkstücken sind vagabundierende Ströme (Streuströme), die sich als Anätzungen oder Ätzgrübchen bemerkbar machen (*pits*). Ihre Beseitigung gelingt nur mit einem zusätzlichen Kathodensystem mit einer negativen Spannung gegenüber dem Werkstück und mit ausreichender Leitfähigkeit (Aluminium- oder Platin-Hilfskathoden). Die Anordnung und Form der Hilfskathoden auf der Senkkathode sowie im Arbeitsraum zum Schutz der fertiggesenkten Schaufeln bedarf einer Werkstatterprobung. Ihre Leistungsversorgung bedingt einen besonderen Generator, dessen Leistung von der Größe der Werkstücke abhängt.

Der Arbeitsraum beim Blisk-Senken erfordert eine gut kontrollierte Elektrolytströmung in Verbindung mit der Kontrolle der Streuströme, wofür sich Arbeitskästen bewährt haben. Sie sind modular der Größe der Blisks angepaßt und werden auf dem Maschinentisch installiert. Sie enthalten die Zuführungen für den Elektrolyten und die Streuströme. Die Kathoden werden über eine abgedichtete Durchführung in den Elektrolytkasten hineinbewegt.

Die gesenkten Oberflächen weisen häufig eine Struktur auf, die nicht der üblichen, vom Senken von Stählen und Nickellegierungen her bekannten Oberflächengüte entspricht, so daß noch Druckfließläppen oder eine Abrasivstrahloperation abschließend erforderlich wird.

Bild 16.3-1: Blisk nach ECM (Vor- und Fertigbearbeitung), Durchmesser: 650 mm

16.3 ECM von Turbinenscheiben und anderen Strukturteilen

In den Bildern 7-1 und 16.3-1 sind Beispiele für ECM-bearbeitete Teile dargestellt. Die bearbeiteten Oberflächen zeichnen sich durch komplizierte Gestalt und geringe Rauhigkeit aus. Alle wurden auf Maschinen mit einachsigem Vorschub gesenkt. Die Werkzeuge bestehen aus einem geformten Messingteil auf einer Kunstharzunterlage (Green-Glas), wenn der Abtrag im Seitenspalt weitgehend unterdrückt werden muß und wenn hohe Genauigkeitsforderungen bestehen, Beispiel Turbinenscheibe. Bei rißkritischen Teilen kommt ein abschnittsweises Senken mit Übergängen selten in Frage, es sei denn, daß diese anschließend noch mechanisch nachgearbeitet werden.

Bild 16.3-2 zeigt ein ECM-Kathoden-Werkzeug zum Fertigsenken eines Schaufelprofilstumpfes (Bild 16.3-3).

Bild 16.3-2: Senkwerkzeug für einen Schaufelprofil-Stumpf, Werkzeugbreite: 200 mm

Bild 16.3-3: Profil zum Anschweißen von Blechhohlschaufeln an einem Lagergehäuse nach zweimaligem Senken durch ECM, Werkstückhöhe: 210 mm, Werkstoff Inconel 718

16.4 Entgiftung

Beim ECM-Senken von Nickellegierungen bilden sich Chrom-VI-Verbindungen, die die Reduktion des Chrom-VI zu Chrom-III-Verbindungen erfordern, was über Zusatz von Eisen-2-Sulfatlösung erfolgt. Die Reduktion erfolgt über die Reaktion mit Eisensulfat. Die chemischen Reaktionen bei der Entgiftung sind in Tabelle 21 dargestellt.

17 Funkenerosion – *Electro-Discharge-Machining* (EDM)

EDM wird für die Herstellung von Löchern, Schlitzen und anderen Formen an Schaufeln als Senkerodierverfahren eingesetzt. Des weiteren dient das Drahterodieren zur Herstellung zahlreicher Erprobungsteile, Rohteile und Proben. In Bild 17-1 ist das Verfahrensprinzip dargestellt. Die bei der Bearbeitung von Nickel- und Titanlegierungen angewendeten Werkzeuge und deren Werkstoffe, die Maschinen und Bearbeitungsparameter stellen keine Ausnahme dar, sondern entsprechen dem allgemeinen Stand der Technik.

17 Funkenerosion – Electro-Discharge-Machining (EDM)

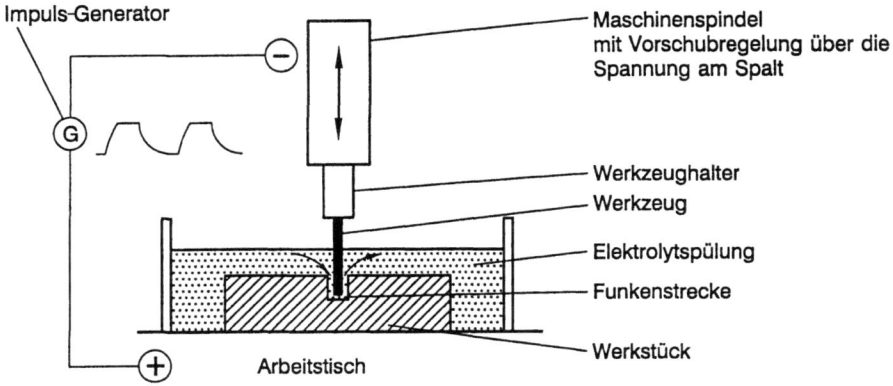

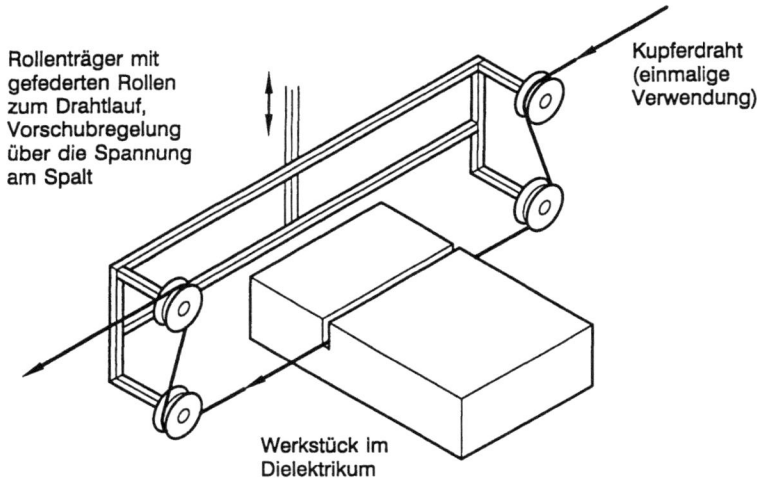

Bild 17-1: Verfahrensprinzip beim Senk- und Drahterodieren

Das Verfahrensprinzip, nämlich das thermische Abtragen kleiner Volumina durch die hohe Leistungsdichte eines lokal im flüssigen Dielektrikum durchbrechenden Lichtbogens auf der Anode (Werkstück), bedingt ein Aufschmelzen des Werkstoffs in mikroskopischen Dimensionen. Daraus resultiert die sogenannte Recast-Layer, eine wiedererstarrte Schicht auf der erodierten Oberfläche, und die Gefahr des Anschmelzens und des Aufreißens von Korngrenzen an Nickellegierungen (Bilder 17-2 und 18.1-1). Wie auch bei anderen thermisch wirkenden Abtragsverfahren ist deshalb die Anwendung eingeschränkt auf solche Fälle, bei denen die Oberflächen als nicht rißkritisch eingestuft sind in bezug auf die Bauteillebensdauer. Andernfalls ist man gezwungen, die Funkenstärke (Leistung) soweit herabzusetzen, daß die wiedererstarrte Schicht praktisch unbedeutend wird. Die dafür erforderlichen Feinschnitte setzen jedoch zwangsläufig die Bearbeitungszeiten deutlich hinauf und senken somit die Wirtschaftlichkeit im Vergleich mit konkurrierenden Verfahren.

Prinzipiell ist die Abarbeitung der Recast-Layer z.B. in Löchern von Gußschaufeln durchführbar (z.B. durch Druckfließläppen), in den meisten Fällen ist es jedoch nicht einwandfrei nachweisbar, daß sie vollständig entfernt wurde.

Um den Verschleiß der Kathoden, ihre Abnützung und ihre Formveränderung so gering wie möglich zu halten, werden sie aus Kupferlegierungen hergestellt, die Strom und Wärme besser ableiten als andere Kathodenwerkstoffe. Zum Drahterodieren dienen ebenfalls Kupferdrähte. Zur Festigkeitssteigerung werden u.a. Wolfram legierte Kupferelektroden verwendet. Für sehr kleine Dimensionen, z.B. Löcher kleiner 0,5 mm Durchmesser, reicht die Eigensteifigkeit von Kupferdrähten nicht mehr aus, es kommen u.a. Wolframdrähte zur Anwendung.

Das quasi-kontinuierliche Abtragen durch die diskontinuierlichen Lichtbogen-Entladungen erfolgt durch einen elektrischen Regelkreis. Solange die Generator-Leerlaufspannung am Arbeitsspalt anliegt, bewegt die Maschine die Kathode vorwärts. Sobald Entladungen stattfinden, wird der Vorschub gestoppt. Liegen Kurzschluß-Impulse vor, dann bewegt die Maschine die Kathode rückwärts. Das Dielektrikum, schwer entflammbare Kohlenwasserstoffe oder stark leitfähiges Wasser, sorgt für schnelle Löschung des Funkens.

Die abgetragenen Feststoffpartikel werden in einem Ölkreislauf ausgefiltert, dem in der Regel mehrere Maschinen angeschlossen sind. Die Dämpfe, hauptsächlich Crack-Produkte des Dielektrikums, werden über Absaugungen gefiltert.

Bei großen Schachtverhältnissen kleiner Löcher, z.B. Durchmesser 0,5 mm und Tiefen größer 10 mm, beginnt die Erodierzeit stark anzusteigen, da durch unzureichende Ausspülung der Erosionspartikel Kurzschlußimpulse entstehen, die den Regelkreis der Maschine veranlassen, die Elektrode zurückzuziehen. Dieser Prozeß kann sich bis zum völligen Stillstand (Nullabtrag) wiederholen.

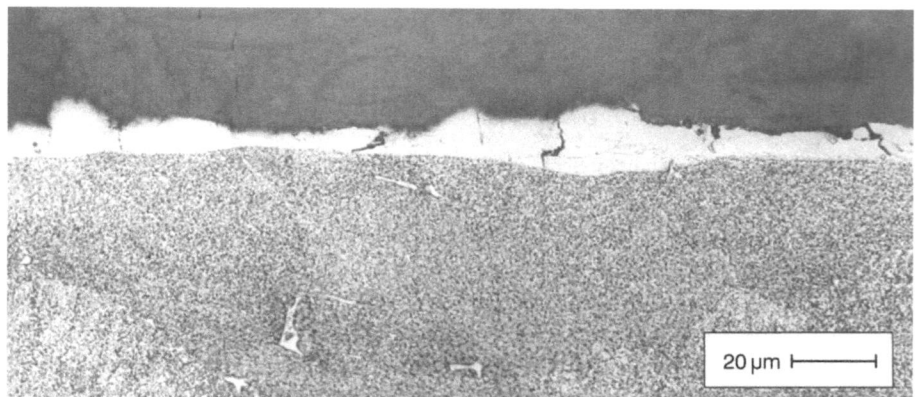

Bild 17-2: Wiedererstarrte Zone in der Oberfläche einer EDM-Bohrung mit Rissen (Werkstoff René 80 Guß)

18 Laserbearbeitung

Jede Art des Laserbearbeitens ist eine maschinelle Bearbeitung, deren Wirtschaftlichkeit erst möglich wird mit einer großen Wiederholfrequenz (Stückzahl), bei der es insbesondere auf Zeitersparnis ankommt. In seltenen Fällen ist allerdings das Werkzeug, der Laserstrahl, unersetzlich wegen der hohen Leistungsdichte und geringen Ausdehnung, zum Beispiel zum Schneiden von sehr feinen Ausschnitten mit relativ großer Materialdicke und sauberen Schnittoberflächen. Technisch gesehen bietet eine Elektronenstrahlanlage dieselben Eigenschaften. Wirtschaftlich jedoch ist eine Laseranlage meistens attraktiver, da kein Vakuum notwendig ist, das hohe Investitionskosten und einen Chargierbetrieb erfordert.

Trotz der günstigen Voraussetzungen gibt es lange Erprobungs- und Entwicklungsphasen, da eine Regelung des Prozesses (adaptive Regelung) praktisch nicht existiert, so daß, etwa beim Laserpulver-Auftragsschweißen, für Neuteile und Instandsetzung mit konventionellen Mitteln auch wie bei anderen Verfahren für die Prozeßsicherheit gesorgt werden muß (Konstanz bei der Wärmeabfuhr, dem Einlauf, Auslauf und der Materialzufuhr).

18.1 Laserbohren von Turbinenschaufeln

Das thermische Abtragen mit gepulsten Festkörperlasern hat an Umfang ständig zugenommen. Sofern eine beschränkte Mikrorissigkeit der abgetragenen Oberflächen, besonders an Korngrenzen, in Kauf genommen werden kann (siehe Bild 18.1-1), wird die hohe Produktivität des Laserbohrens genützt, nachdem auch die Lochgestalt ständig mit der Strahlqualität der Laser verbessert werden konnte, siehe Beispiel einer lasergebohrten Turbinenlaufschaufel (Bilder 9.2-1, 18.1-3).

Die üblichen Laser sind blitzlampengepumpte Neodym-YAG-Stab-Laser (YAG: Yttrium-Aluminium-Granat). Ihre Strahlqualität ist vergleichsweise gering, sie ist abhängig von dem Laserresonator, der Modenstruktur und der Fokussieroptik. Der Pumpwirkungsgrad ist ebenso wie der gesamte Wirkungsgrad gering. So ist z.B. bei einem Nd-YAG-Laser gegenwärtiger Bauart die abgegebene Leistung 112 Watt bei 4,2 kW aufgenommener Leistung (2,6%) bei 2 kV Blitzlampenspannung. Die Wellenlänge des Nd-YAG-Lasers beträgt 1024 nm. Die Pulslängen liegen im Bereich von 0,2–20 Millisekunden, die Pulsenergie liegt bei 6–50 Joule beim Bohren von Turbinenschaufeln. Die Blitz-(Puls-)frequenz beträgt 1–10 Hz. Die Blitzlampenlebensdauer beträgt einige 10^6 Stunden. Die Nutzimpulse werden durch die Abbildungsoptik fokussiert und durch Öffnen und Schließen von Klappen (*shuttern*) auf die Schaufeloberfläche geleitet (siehe Bild 18.1-2).

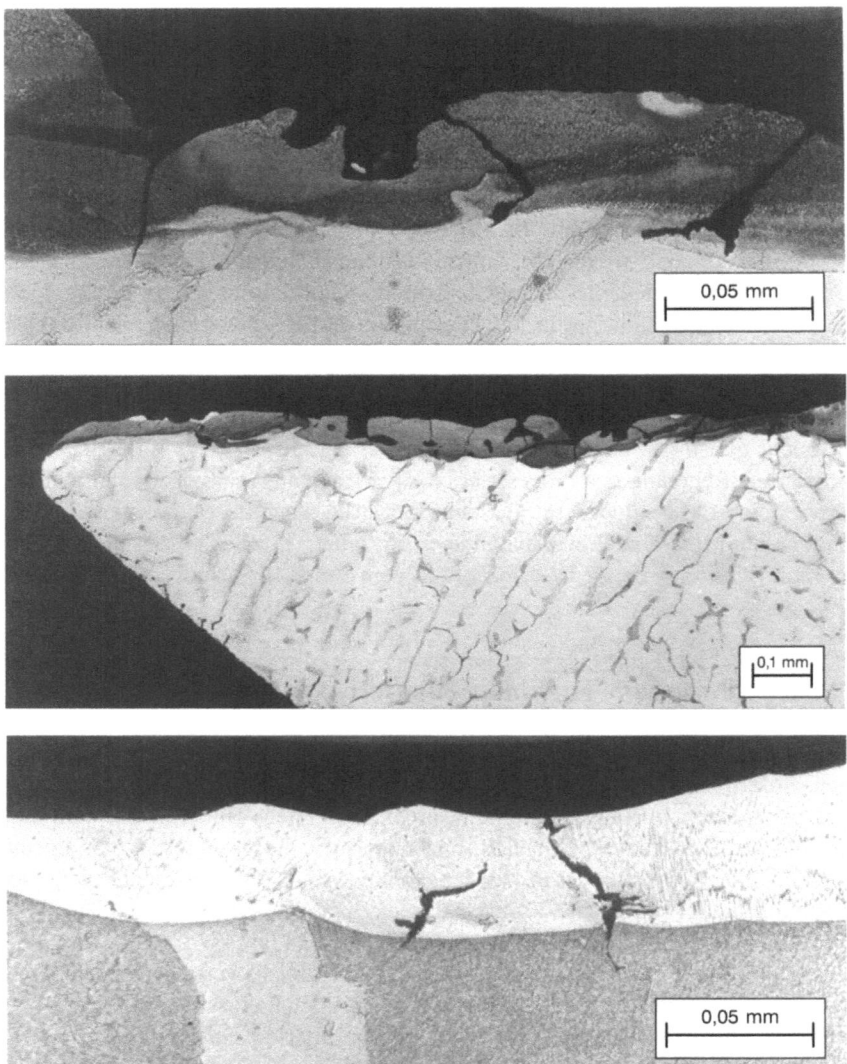

18.1-1: Wiedererstarrte Aufschmelzzone an Oberflächen von Laserbohrungen (Recast-Layer) mit Anrissen; oben: René 80 polykristallin, mitte: René 80 polykristallin, unten: René 142 einkristallin

Gebohrt wird im Perkussions-Mode, indem pro Impuls die gesamte Querschnittsfläche des Loches erfaßt und schichtweise abgetragen wird. Die Leistungseinstellung erfolgt über die Einstellung der Spannung für die Blitzlampenleistung. Der Maschinenteil stellt eine Standard-NC-Maschine zum Aufspannen und mehrachsigen Bewegen der Schaufel dar. Zusätzlich ist der Arbeitsraum mit einer Absaugung mit Trockenfilteranlage ausgestattet, um die Dämpfe mit Restgehalten an Metallen abzuscheiden. Der Arbeitsraum muß in entsprechend regelmäßigen Abständen vom Metallstaubniederschlag gereinigt werden.

18.1 Laserbohren von Turbinenschaufeln

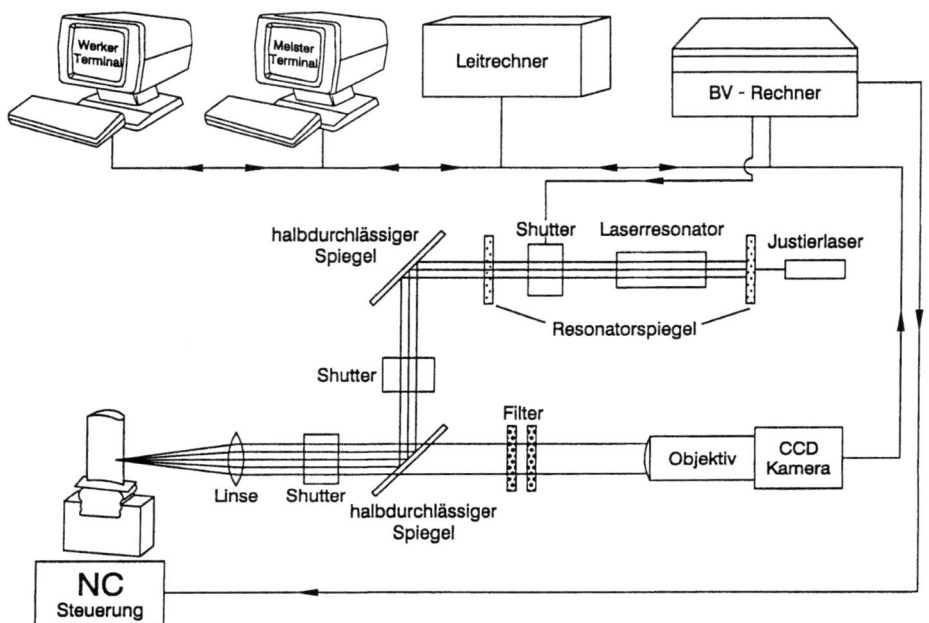

Bild 18.1-2: Prinzip des Laserbohrens mit Nd-YAG-Perkussions-Lasern in Kombination mit einem Bildverarbeitungssystem zur Lochkontrolle und Laseransteuerung über Shutter

Bild 18.1-3 zeigt das Bohrbild einer lasergebohrten Laufschaufel mit insgesamt 70 Laserlöchern, teilweise mit schrägem Bohrungseintritt. Die Abtragstiefe beträgt ca. 0,4 mm/Impuls, variabel von 0,1–1 mm. Die gießtechnisch bedingte Toleranz der Schaufelwanddicken und die Positionsungenauigkeit der Schaufeln nach dem Einspannen führen dazu, daß die Impulsanzahl pro Loch nicht immer dieselbe ist, um ein Loch vollständig zu bohren. Der Effekt ist um so größer, desto kleiner der Anbohrwinkel ist.

Im Standardverfahren wird daher mit Wachsfüllung der Schaufeln gearbeitet, um zu erreichen, daß die Überschußleistung der letzten Impulse bei Löchern mit weniger erforderlicher Bohrleistung im Wachs verbraucht wird. Das Wachs schmilzt dabei auf und verhindert das Anbohren der Gegenseite. Nach dem Bohren wird das Wachs ausgeschmolzen. Es verbleiben gelegentlich fest haftende Reste im Innern der Schaufel, die ein Gemenge aus metallischen Bohrspritzern und Wachs darstellen und die sich schwer entfernen lassen. Bei komplizierter Formgebung der Schaufelinnenräume muß das Wachs durch Evakuieren der Schaufeln eingebracht werden, um Hohlräume auszuschließen.

Das Wachsausschmelzen ist aus ähnlichem Grunde aufwendig. Wegen der komplizierten inneren Gestalt der Schaufeln kann das flüssige Wachs nicht geradlinig auslaufen. Im Normalfall wird jedoch Wachs im Luftofen zwischen 200 °C und 300 °C ausgeschmolzen ohne Anwendung von Vakuum. Nach dem Wachsausschmelzen ist eine Reinigung der Schaufeln in Perchlorethylen erforderlich.

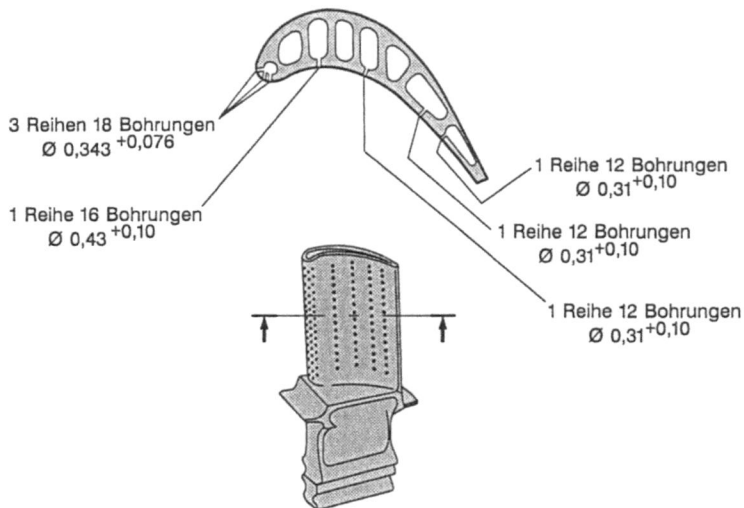

Bild 18.1-3: Beispiel zum Laserbohren einer Laufschaufel (Triebwerk CF6)

Erhebliche Verbesserungen des Verfahrens sind denkbar und wünschenswert. Die Lösung besteht darin, daß das Pumpen durch Blitzlampen mit ihrem breiten Emissionsspektrum und breit schwankender Leistung ersetzt wird durch ein Pumpmodul, das direkt gekühlte Laserdioden-Arrays enthält, die nur auf ihrer Resonanzfrequenz angeregt werden. Ein derartiges Pumpmodul ermöglicht eine erhebliche Erhöhung des Wirkungsgrades, die Steigerung der Strahlqualität auf weniger als 1 mm/m rad und höherfrequentes Pulsen bis in den kHz-Bereich, so daß die Lochgestalt und die Oberfläche der Lochlaibung wesentlich verbessert werden können, auch durch Trepannierbohren anstelle des Perkussionsbohrens. Eine derart verbesserte Lasertechnik eröffnet auch die Möglichkeit, den Grataufwurf an der Eintrittsseite soweit zu reduzieren, daß eine nachträgliche Entfernung überflüssig wird.

18.2 Bildverarbeitung zur Fertigungskontrolle beim Laserbohren

Eine mit Vorsatzlinsen speziell korrigierte Optik bildet das beim Bohren emittierte sichtbare Licht auf eine Videokamera ab. Das Video-Bild (Bild 18.2-1) wird digitalisiert in eine Pixel-Matrix nach Videonorm, in der Regel 512^2, und jedes Pixel der Bildpunkt-Matrix in Grauwerte zerlegt. Die Grauwerte werden bewertet und je einem schwarzen und einem weißen Feld zugeordnet. Schwarz bedeutet kein Loch, weiß bedeutet Loch. Daraus läßt sich unmittelbar der Lochdurchmesser angeben, vorausgesetzt, daß die Zuordnung der Grauwertstufen zu den Bereichen Loch/Nichtloch empirisch kalibriert worden ist.

Das emittierte Licht aus einem Sackloch unterscheidet sich vom Licht beim Anbohren des Wachses. Über einen Algorithmus, der diesen Unterschied bewertet, kann das Bildverarbeitungssystem erkennen, ob der Shutter geöffnet bleiben kann, oder geschlossen werden muß, bis das Loch vollständig gebohrt ist.

18.3 Laserbearbeitung mit CO2-Lasern, Continuous Wave-Laser (CW) 83

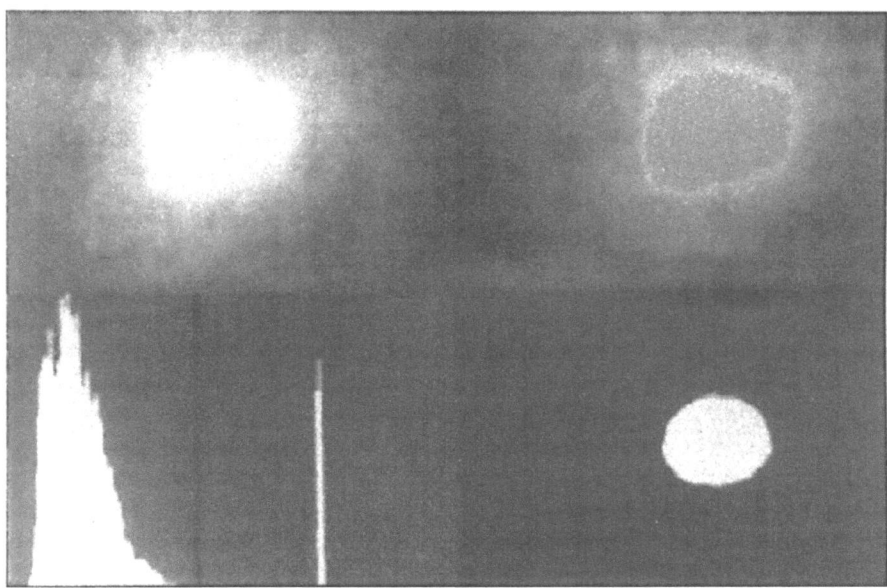

Bild 18.2-1: Videobildverarbeitung und Lichtemission beim Laserbohren; oben links: Emission eines Pulses in Metall, oben rechts: Emission eines Pulses in Wachs, unten links: Grauwerthistogramm, unten rechts: binarisiertes Bild

Das Bildverarbeitungssystem verfügt außerdem über alle Daten pro Loch und Werkstück, die es ermöglichen, automatisch Protokolle auszudrucken und die Trenderkennung zu bewerkstelligen (Bestandteil der SPC , *statistical process control*).

18.3 Laserbearbeitung mit CO_2-Lasern, *Continuous Wave-Laser* (CW)

Das Bild 18.3-1 zeigt eine 2,5 kW-Anlage zum Schneiden und Schweißen von Materialdicken bis zu 5 mm in einem Arbeitsraum, der mit 30 m³ auch für große Gehäuse geeignet ist. In Verbindung mit einer einfachen Steuerungsprogrammierung und Systemsteuerung über PC eignet sich ein derartiger Laser mit 6 Achsen auch für kleine Stückzahlen aufgrund seiner Flexibilität, des Entfalls von größeren Vorrichtungen, der schmalen Wärmeeinflußzone, der präzisen Lage der Schnitte und der sehr hohen Oberflächenqualität der Schnittflächen.

Die Leistungsdichte an der Wirkstelle hängt von der Fokussierung ab. Bei Annahme von einer Wirkfläche von $(0,1 \text{ mm})^2$ beträgt sie maximal $2,5 \cdot 10^5$ W/mm². Bild 18.3-2 zeigt ein typisches Beispiel beim Schneiden von Profildurchbrüchen zum Einlöten von Schaufelprofilen in Leitkranzringe.

Bild 18.3-1: Links: Ansicht einer CO_2-CW-2,2 kW-Laseranlage (rechts: gefalteter Resonator über der Gasprimärkühlung und Versorgungsaggregaten, links: geschlossene Arbeitskammer mit Bedienpult), rechts: Ansicht des Laserkopfes mit Blechwerkstück

Die Oxidation der Oberflächen beim Schneiden wird durch die Anwendung von Schneidgasen vermieden (Hochdruckschneiden). Zur Beschleunigung des Abtrags können auch aktive Gase wie z.B. Sauerstoff verwendet werden. Nicht verzunderte Oberflächen von Nickellegierungen eignen sich direkt zum Hochtemperaturlöten. Die Wärmeeinbringung ist verhältnismäßig gering, so daß verzugsempfindliche Teile bevorzugt mit dem Laser geschnitten werden.

18.4 Laserpulver-Auftragsschweißen

Bei Schaufeln mit sehr kleinen Querschnitten des Werkstücks mit Verzugs- und Abbrandproblemen eignet sich der Laser zum Auftragen von Material, da die Pulverpartikel schon im Laserstrahl und vorgeformte Teile aufgeschmolzen werden können, ohne das Werkstück in größeren Bereichen aufzuschmelzen. Daher wird das Verfahren eingesetzt für Neuteile und zur Instandsetzung, um Verschleißschutzschichten aufzuschweißen und um die Stege der Labyrinthdichtungen und Verdichterschaufelspitzen zu reparieren. Der Wärmeeintrag und der Materialüberschuß sind wesentlich kleiner als bei anderen Verfahren.

18.5 Laseroberflächenbehandlung

Laserbeschichten und Laserwärmebehandlung sind an Titan- und Nickellegierungen versuchsweise durchgeführt worden. Funktionelle Vorteile der auf diese Weise entstandenen Oberflächen sind nicht zu erkennen. Der Laser stellt eine alternative Wärmequelle dar, deren hohe Leistungsdichte im Einzelfall vorteilhaft sein kann, z.B. beim Laserpulverauftragsschweißen.

18.5 Laseroberflächenbehandlung

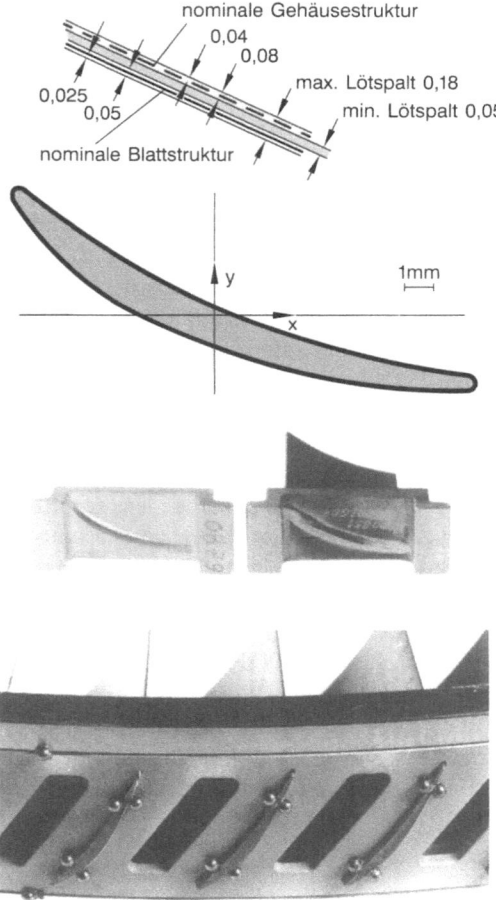

Bild 18.3-2: Lasergeschnittene Profildurchbrüche zum Einlöten von Schaufelblättern; oben: Profilschnitt mit Toleranzangaben, mitte: Einzelschaufeln zum Löten, unten: Punktgeheftete Leitschaufeln vor dem Löten, dazwischen: lasergeschnittene Profilausschnitte

Damit lassen sich prinzipiell fertigungstechnische Vorteile erzielen, die u.U. auch wirtschaftlich sind, je nach Einzelfall, was jedoch in erheblichem Maße von der Prozeßsicherheit abhängig ist, die bei den älteren Lasergenerationen nicht ausreicht. Dadurch werden auch die zukünftigen Chancen bestimmt, lokale Oberflächenwärmebehandlungen durchzuführen. Vorteile durch Martensit-(Abschreck-)Härte sind bei den Titan- und Nickellegierungen nicht vorhanden.

19 Wasserstrahlbearbeitung und Ultraschallbearbeitung

Das Hochdruckwasserstrahlbearbeiten (siehe Bild 19-1) gehört zu den noch entwicklungsfähigen Verfahren, ist jedoch nicht in serienmäßiger Anwendung. Schwerzerspanbare Werkstoffe erfordern den Zusatz von Abrasivstoffen, um ausreichende Abtragsgeschwindigkeit zu erreichen. Diese müssen ebenso wie der Materialabtrag ausgefiltert und voneinander getrennt werden. Ein weiterer Nachteil ist die erforderliche Lärmdämpfung. Abrasivzusatzstoffe verschleißen die Maschinenteile, insbesondere die Austrittsdüsen.

Als Anwendungen kommen Trennen (Vorbearbeitung), Bohren, Entgraten und Entschichten in Betracht. Fertigbearbeitungen kommen wegen der Ablenkung des Wasserstrahls beim Vorschub bei den üblicherweise geforderten Toleranzen nicht in Betracht. Das Entschichten beschränkt sich auf spröde Schichten, z.B. Al_2O_3 oder ZrO_2.

In jedem Fall ist die Wasserstrahlbearbeitung einem scharfen Wettbewerb mit den konventionellen Verfahren um die erreichbaren Fertigungskosten ausgesetzt. Deutliche technische Vorteile sind weder in der erzielbaren Formgenauigkeit, der Abtragsgeschwindigkeit noch Oberflächengüte zu erreichen.

Im Einzelfall sind technische Vorteile vorhanden, rechtfertigen jedoch keinen zusätzlichen Prozeß ohne entsprechende Stückzahlen (Auslastung).

Verwandt mit dem Bearbeiten durch einen Hochdruckwasserstrahl mit Abrasivmittel ist die US-Bearbeitung. Hierbei besteht das Werkzeug, die Sonode, aus einem Hohlkörper, der an einen US-Wandler angekoppelt ist, siehe Bild 19-2.

Das Werkzeug beschleunigt aufgrund seiner linearen hochfrequenten Bewegung das Abrasivmittel mit dem Arbeitsmedium Wasser im Arbeitsspalt in Richtung auf das Werkstück, wodurch der Abtrag des Werkstücks erfolgt. Das Verfahren hat sich in einzelnen Sonderfällen zur Bearbeitung harter Phasen und von Keramik bewährt, z.B. von gespritzten Wärmedämmschichten und Keramik-Turbinenbauteilen für Versuchszwecke.

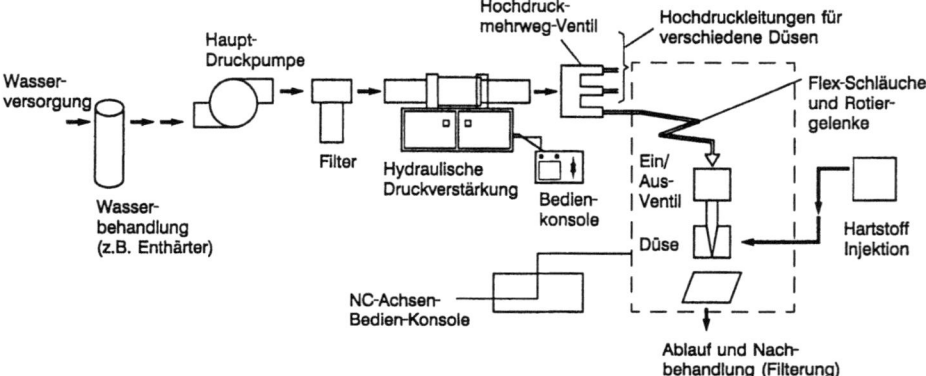

Bild 19-1: Prinzip einer Wasserstrahlbearbeitungsanlage

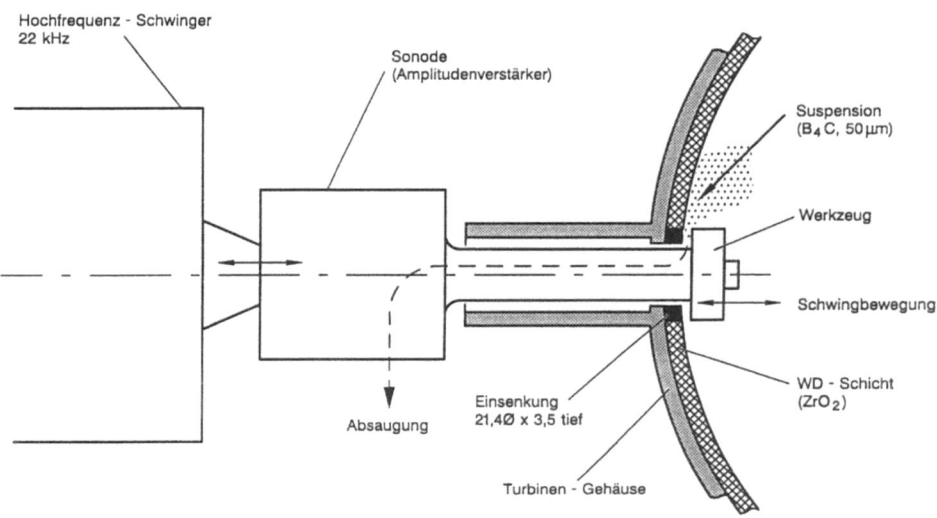

Bild 19-2: Prinzipdarstellung der US-Bearbeitung am Beispiel Bohren einer innenliegenden Wärmedämmschicht

20 Elektronenstrahlbohren (EB-Bohren)

Die hochentwickelte Technik des EB-Bohrens (EB, *electron beam*) hat sich nicht durchsetzen können, da die Lasertechnik bei weitgehend gleichen Eigenschaften der gebohrten Löcher wesentlich preiswerter ist. Die Kosten vergleichbarer Laserbohr- und EB-Bohrmaschinen liegen etwa im Verhältnis 1:5 bis 1:10, je nach Größe der Anlage.

EB-Bohren wurde zeitweise zum Bohren von Ringbrennkammern eingesetzt, die mehrere 10^3 Löcher aufweisen, so daß Rüst- und Abpumpzeiten der EB-Anlage nicht so stark zu den Kosten beitragen wie beim Bohren von Turbinenschaufeln mit einigen 10^2 Löchern.

Ein Hauptkostenfaktor ist das erforderliche Hochvakuum im Arbeitsraum und dessen Aufrechterhaltung in der Strahlquelle während des Öffnens und Chargierens der Kammer. Bisweilen tritt auch die Schwierigkeit hinzu, daß der Elektronenstrahl von Magnetfeldern im Werkstück oder durch Aufnahmevorrichtungen abgelenkt wird. Bei Titanlegierungen entsteht bezüglich des Werkstoffs kein Problem wie bei den ferromagnetischen Werkstoffen. Die Nickellegierungen des Triebwerkbaus sind nicht ferromagnetisch.

21 Vergleich thermischer Bohrverfahren

In Tabelle 22 sind zum Vergleich die Verfahren anhand wesentlicher physikalischer und anwendungsbezogener Merkmale zusammengestellt.

22 Elektrochemisches Bohren (EC-Bohren)

Die Notwendigkeit, rißfreie Oberflächen in zähharten, gegossenen Nickellegierungen zu erzeugen, hat dazu geführt, daß im Triebwerkbau die Technik des EC-Bohrens durch Auflösung des Werkstoffs im Bohrloch als Anode in einem Elektrolyten entwickelt worden ist.

Nickellegierungen werden in 20–25%iger Schwefelsäure oder Salpetersäure, Titanlegierungen in einer Lösung aus NaCl und HCl bei pH = 1 gebohrt. Die überwiegende Anwendung ist das Bohren von Turbinenschaufeln in rißkritischen Bereichen. EC-Bohrtechniken haben folgende Vorteile:
– glatte, rißfreie Oberflächen,
– Eintrittswinkel bis 10° gegen die Tangente ohne Verzerrung des Bohrungseintritts,
– Lagetoleranz auch tiefer Löcher konstant ± 0,01 mm,
– Formtoleranz auch tiefer Löcher konstant ± 0,01 mm; Voraussetzung ist ein isotroper Werkstoff; bei Anisotropie, z.B. Einkristallen, können periodische größere Formabweichungen auftreten,
– Herstellbarkeit großer Tiefen/Durchmesserverhältnisse (Schachtverhältnisse),
– Herstellbarkeit von Formbohrungen aller Art (Langlöcher, Konus, Trichter etc.),
– kräftefreies Bohren.

Titan- und Nickellegierungen eignen sich zum EC-Bohren besonders. Ihre hohe Korrosionsbeständigkeit verhindert einen stromlosen Ätzangriff außerhalb des elektrischen Feldes der Bohrkathoden. Bei Stählen ist dagegen stets außerhalb des Feldes eine Abdeckung erforderlich.

Das EC-Bohren ist keine marktübliche Bohrtechnik. Maschinen, Werkzeuge und Verfahren sind Entwicklungen der Triebwerkhersteller selbst. Besonders die Werkzeuge, angepaßt an die jeweilige Bohraufgabe, sind nicht auf dem Markt erhältlich, sondern Eigenanfertigungen.

22 Elektrochemisches Bohren (EC-Bohren)

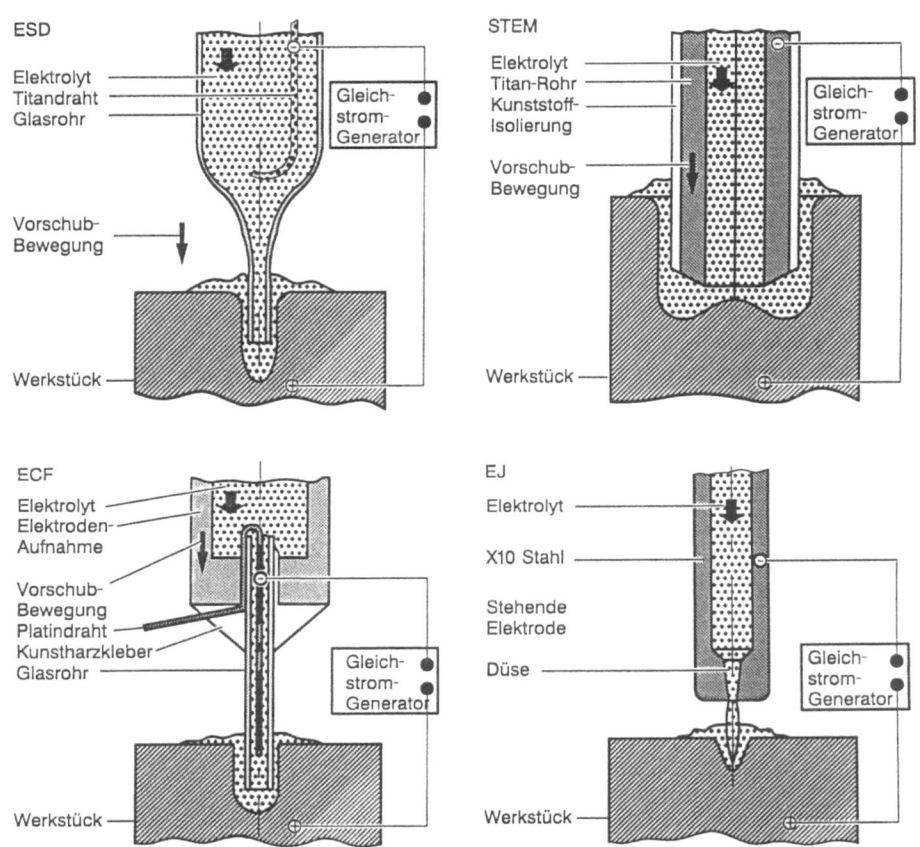

Bild 22-1: Prinzipdarstellung der Elektrodenwerkzeuge beim EC-Bohren mit verschiedenen Verfahren

In Tabelle 23 sind die Verfahren im Vergleich dargestellt. Bild 22-1 zeigt die Einzelkathoden im Vergleich. Ihre Auswahl richtet sich im wesentlichen nach dem geforderten Durchmesser und der Bohrungstiefe.

Die Bohrgeschwindigkeit ist weitgehend durch die Obergrenze der Stromdichte bestimmt, die noch ohne Blasenbildung (Wasserstoff-Ausscheidung an der Kathode) im Elektrolyten möglich ist. Jedwede Blasenbildung (Kochen) verzerrt die Lochgestalt und führt zu einem instabilen Prozeß.

Die anodische Auflösung des Werkstoffs gelingt nicht mit allen Legierungsbestandteilen. Wolfram, Tantal und Molybdän bilden Oxidkomplexe, die sich als Überzüge an Vorrichtungen und im gesamten Elektrolytsystem abscheiden können. Diese Erscheinung läßt sich durch Zusätze von Metallkomplexbildnern im Elektrolyten verhindern oder man ist auf eine Feinfilterung des Elektrolyten angewiesen, was jedoch den Durchsatz des Elektrolyten vermindert bzw. höheren Pumpdruck erfordert.

Die Abscheidung von Metall-Ionen an der Kathode ist grundsätzlich nicht zu verhindern, die Abscheidungsrate ist jedoch in der Regel zu vernachlässigen und kann im Bedarfsfall durch kurzzeitiges Umpolen weiter gesenkt werden.

Die EC-Bohrmaschinen der neuesten Generation sind mit NC-Steuerung ausgerüstet, um die Maschinenfunktionen, die X-, Y-, Z-Bewegungen sowie ein bis zwei Rotationen nach Programm ablaufen zu lassen.

Der Arbeitsraum und die Spannvorrichtungen sind vollständig aus säurebeständigen Werkstoffen aufgebaut (Titanlegierungen, Chrom-Nickel-Stähle, Kunststoffe). Der Vorschub ist ungeregelt, da keine zufriedenstellende Regelgröße zur Verfügung steht. Bei Mehrfachwerkzeugen liegt eine einfache Parallelschaltung vor, so daß nicht beliebig viele Kathoden von einer Quelle versorgt werden können, ohne daß sich Unregelmäßigkeiten beim Bohren in einzelnen Löchern auf den gesamten Bohrvorgang mit Parallelkathoden auswirken.

Bei anisotropen Werkstoffen, z.B. Einkristallen, kann es zu Formabweichungen kommen, wenn die Auflösungsgeschwindigkeit der Gefügebestandteile stark unterschiedlich wird. Bild 22-2 zeigt als Beispiel ein Bohrbild im Einkristallwerkstoff René 142 mit großen Bereichen mit harter γ'-Phase.

Bei faserverstärkten Legierungen werden die nichtlösbaren Fasern vom Werkzeug abgebrochen und ausgespült. Durch periodische Änderung der Vorschubgeschwindigkeit lassen sich periodische Durchmesserveränderungen herstellen.

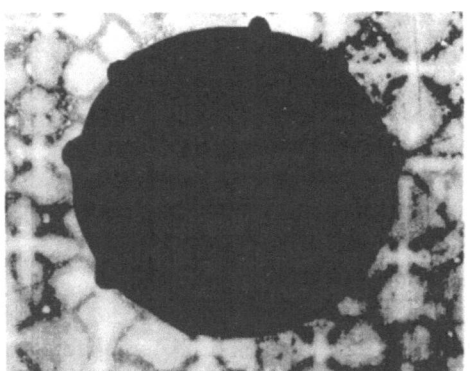 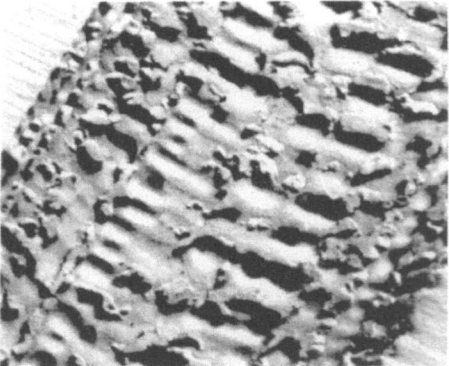

Bild 22-2: STEM-Bohrung in dem Einkristallwerkstoff René 142 (Laufschaufeln), unterschiedliche Auflösungsgeschwindigkeiten bedingen Oberflächenstrukturen

22.1 STEM-Bohren (*Shaped Tube Electrochemical Machining*)

Die Titankathoden werden aus Präzisionsrohren mit einer Isolationsschicht aus Keramik oder Epoxidhard gefertigt. Am Ausgang erhalten sie einen Anschliff, der einen leichten Winkel zur Achse aufweist. Für Formen, die keine Zylinder sind (Ellipsen, Langlöcher, Rechtecke), werden die beschichteten Kathodenröhrchen in die entsprechende Form gedrückt.

Sofern die Umformung der Beschichtung nicht rißfrei möglich ist, erfolgt die Beschichtung anschließend. Bild 22.1-1 zeigt ein Beispiel zum STEM-Bohren von 7 Radiallöchern in Laufschaufeln auf 6 Stationen. Die gegeneinander verwundene Lage der Bohrungen erfordert die Führung der Titanröhrchen über Kulissenscheiben aus Graphit.

Die Bilder 22.1-2 und 22.1-3 zeigen ein Beispiel zum Bohren mit Mehrfachwerkzeugen, bestehend aus elliptischen Kathoden (kleine Achse 1,46 mm, große Achse 6,12 mm), wobei eine metallische Hinterfütterung erforderlich ist, um die geforderte Lochgestalt am Austritt einzuhalten.

Bild 22.1-4 zeigt als Beispiel STEM-gebohrte Langlöcher in Turbinenscheiben mit DFL-geglätteter Oberfläche zur Optimierung der HCF-Festigkeit. Bild 14.6-3 zeigt, daß sich mit einer zusätzlichen Glättung der Oberfläche durch DFL maximale Lastwechselzahlen bis zum Anriß erreichen lassen.

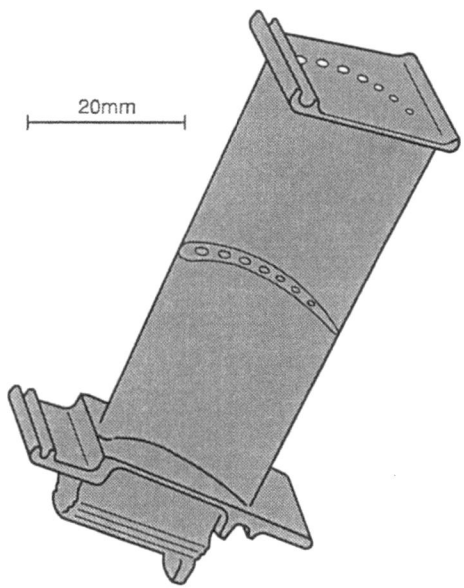

Bild 22.1-1: Beispiel zum STEM-Bohren von Radiallöchern in Laufschaufeln zur Konvektionskühlung, Bohrungsaustritt am Schaufelfuß

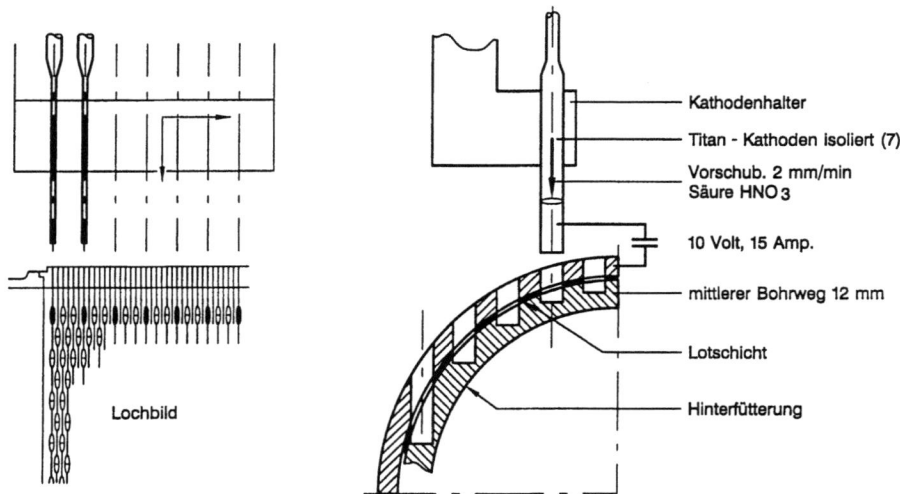

Bild 22.1-2: EC-Bohren von Lochreihen mit elliptischen Titanwerkzeugen (Kathoden) in Rohre mit aufgespritzter Lotschicht

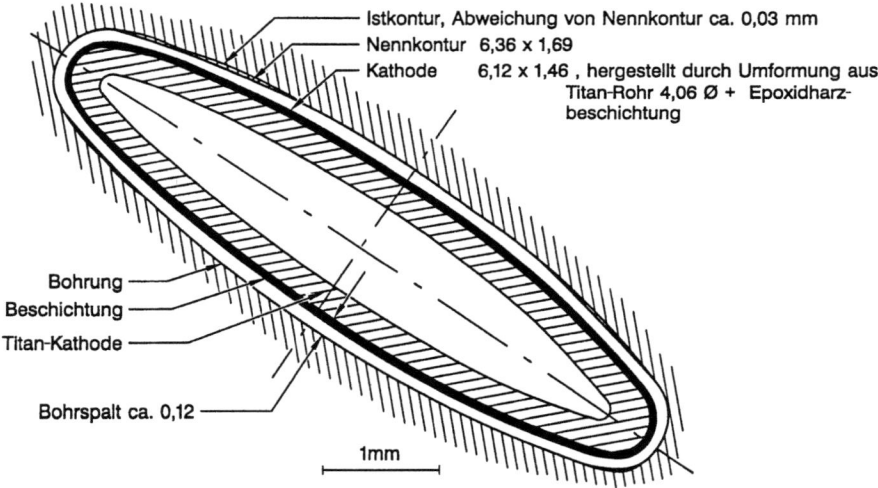

Bild 22.1-3: Querschnitt durch eine elliptische Titankathode mit Bohrungsmaßen (siehe auch Bild 22.1-2)

22.2 ESD-Bohren (Electro-Stream-Drilling)

Bild 22.1-4: STEM-Langlöcher in Turbinenscheiben, Glätten der Laibung durch Druckfließläppen (Ausschnitt)

22.2 ESD-Bohren (*Electro-Stream-Drilling*)

Kleinste Bohrungen (sinnvolle Untergrenze 0,2 mm Durchmesser für Schaufeln wegen der Gefahr der Verstopfung während des Betriebs durch Partikel und Oxidation) erfordern Bohrwerkzeuge bis zu 0,05 mm Außendurchmesser und einen inneren Durchmesser mit noch ausreichendem Elektrolytdurchfluß, was sich auf einfachstem Wege nur mit Glasröhrchen aus einem Präzisionsglasrohr aus Hartglas (z.B. Duran 50) erreichen läßt, die an ihrer Spitze dünn ausgezogen werden (Bild 22-1). Die verbleibende Konizität der ausgezogenen Spitze ist tolerierbar bei Bohrungstiefen unterhalb 20 mm. Der für den Elektrolytfluß verbleibende Restquerschnitt ist in den ESD-Kapillaren zu klein, um noch einen Draht als Kathode einziehen zu können. Die Kathodendrähte enden daher oberhalb der Bohrkapillare (Spitze) im tragenden Teil des Werkzeugs mit größerem Durchmesser. Unvermeidliche Folge ist daher ein großer Abstand zwischen Kathode und Werkstück und eine höhere Arbeitsspannung des Generators (Tabelle 23), um das erforderliche elektrische Feld für eine maximale Bohrgeschwindigkeit zu erzeugen.

Die ESD-Kathodenwerkzeuge (Glaskapillare und Draht) werden einzeln über Plastikschläuche mit eingezogenem Draht mit der Elektrolytversorgung und dem Generator verbunden.

Nachteilig wirken sich beim ESD-Verfahren die größeren Durchmesser der Werkzeuge (ca. 5 mm) im Einspannbereich auf die Produktivität bei Lochreihen aus, da sie einen Bohrungsabstand von mindestens 5 mm erfordern.

Beim Bohren von Lochreihen mit kleinen Lochabständen sind mehrere Arbeitstakte mit versetzter Position der Werkzeuge erforderlich. Bild 22.2-1 zeigt ein Beispiel für das ESD-Bohren von Schaufelhinterkanten.

Bild 22.2-1: ESD von Leitschaufeln an Hinterkanten auf vier Stationen mit je 6 Glasrohren, einzeln angeschlossen an Strom- und Elektrolytversorgung

22.3 ECF-Bohren (Elektrochemisches Feinbohren)

Liegt der geforderte Lochdurchmesser über 0,2 mm und die geforderte Bohrungstiefe größer 20 mm, so ist es zweckmäßiger, zylindrische Glaskapillaren einzusetzen, die selbsttragend über eine große Länge stabil sind. Je länger jedoch die Kapillaren werden, desto mehr müssen sie zur Zentrierung durch Leisten (Kulissen) abgestützt werden.

Besonders vorteilhaft ist die Möglichkeit, beim ECF-Bohren mit Mehrfachwerkzeugen zu arbeiten, da der notwendige Abstand der Kapillaren etwa dem Abstand der Löcher entspricht, wodurch bis zu 60 Löcher in einer Reihe in einem Takt in Schaufelhinterkanten gebohrt werden.

22.3 ECF-Bohren (Elektrochemisches Feinbohren)

Bild 22.3-1: ECF-Kammwerkzeug (61 Kapillaren mit Kathodendraht) zum Bohren von Lochreihen an Schaufelhinterkanten: Ansicht mit Schaufel und Elektrolyt-Versorgungsbehälter oberhalb des Werkzeugs

Die Werkzeuge, Beispiel Bild 22.3-1, werden in besonderen Vorrichtungen hergestellt. Die grob abgelängten Glaskapillaren werden positioniert eingelegt und im oberen Bereich in die Trägerplatte mit säurefestem Mehrkomponentenkleber eingeklebt. Im unteren Bereich werden sie auf gleichen Abstand geschnitten (Anritzen mit Diamant und Brechen). Die Kathodendrähte werden eingezogen, dann in der Vorrichtung am Austritt auf gleichen Abstand geschnitten und anschließend nach oben gleichzeitig zurückgezogen (Abstand Kathodenspitze zu Kapillarende ca. 2 mm). Der elektrische Anschluß erfolgt durch Klemmleisten oberhalb des Austritts aus den Kapillaren am oberen Ende.

Die Werkzeuge werden zum Transport in Schutzkästen aufgehoben und zum Gebrauch in der Maschine in die Druckausgleichstöpfe eingesetzt, an die die Elektrolytversorgung und Stromversorgung angeschlossen sind.

Bei sachgemäßem Umgang mit den Werkzeugen erleiden sie praktisch keinen Verschleiß. Abgebrochene Kathoden können zwar ersetzt werden, in der Regel wird dies jedoch nicht gemacht.

Die zylindrischen Glaskapillaren eignen sich auch für die Anwendung in vielen Spezialfällen, zum Beispiel im Fall von langen Instrumentierungsbohrungen.

22.4 EJ-Bohren (Electro-Jet-Bohren)

Das Bohren mit freiem Elektrolytstrahl wird selten und nur für spezielle Fälle angewendet, z.B. für Verbindungsbohrungen in Schaufeln, siehe Bild 22.4-1. Im Falle der Verbindungsbohrungen mit einer mittleren Bohrtiefe von 1,5 mm wird das Einzelwerkzeug im Radialloch durch Anliegen an der Bohrungswand geführt und getaktet vorwärts geschoben.

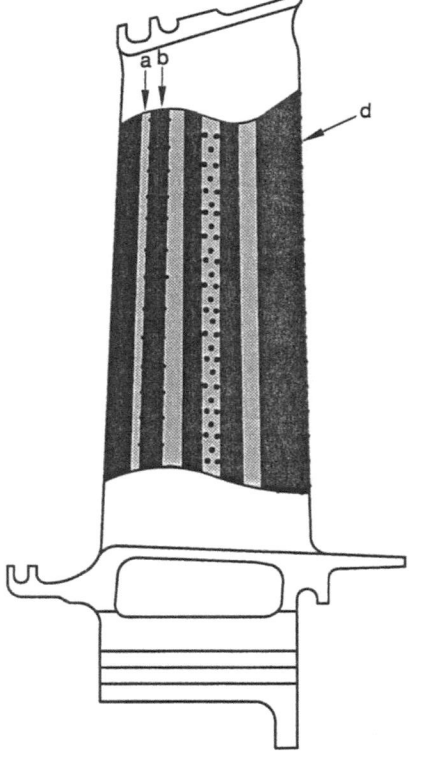
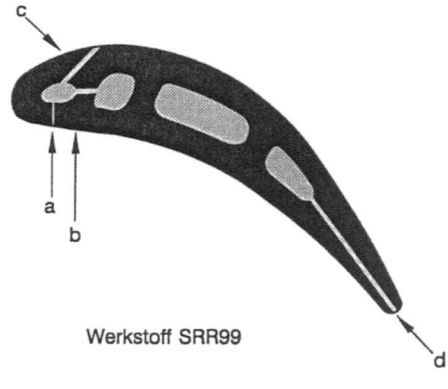

Werkstoff SRR99

a, STEM-Bohren 1. Kühlkanal
(Formbohrung ca. 1.2 Ø)

b, Elektrolytstrahlbohren
Verbindungsbohren zum 2. Kühlkanal
(23 x 0.35 Ø) mit abgewinkelter Glasdüse

c, ECF-Bohren Kühlbohrungen an Eintrittskante
(50x0.25 Ø) mit "Bohrkamm"

d, ECF-Bohren Austrittskantenkühlbohrungen
(33 x 0.25 Ø) mit "Bohrkamm" Werkzeug bei
senkrechtem Bohrungsaustritt

Bild 22.4-1: Beispiel zum EC-Bohren einer Einkristall-Turbinenlaufschaufel, inklusive des Elektrolytstrahlbohrens von Verbindungsbohrungen

Die relativ große Streuung der Wanddicke nach dem Gießen erfordert eine Maßnahme zur Erkennung des Durchbruches bei Verbindungsbohrungen, um nicht die dahinterliegende Schaufeloberfläche anzubohren. Diese Erkennung kann am Säureaustritt aus dem Zielloch erfolgen. Das EJ-Bohren erfordert teurere säurefeste Leitungen, Ventile und Pumpen als bei STEM, ESD und ECF wegen des höheren Drucks. Beim Bohren freiliegender Bohrungen zerstäubt der Elektrolyt und kann zu elektrischen Entladungen im Elektrolyt-Nebel sowie von dort aus zu Teilen des Arbeitsraumes führen. Sorgfältige Erdungen und zusätzliche Hilfsleiter sorgen für Abhilfe. EJ-Bohren führt zu leicht konischen Bohrungen.

22.5 Herstellung von Glaskapillaren

ESD-, ECF- und EJ-Glaskapillaren werden in besonderen Glasziehmaschinen hergestellt, die die Anwender selbst entwickelt haben, um die notwendige Genauigkeit in den Maßen zu erreichen und um den jeweiligen Bedarf an Spezialröhrchen für Versuche und neue Serien unmittelbar decken zu können. Die Konstanz des Durchmessers und der Wanddicke, eine Voraussetzung für einen sicheren Prozeß mit Mehrfachwerkzeugen, wird durch eine genaue Temperaturregelung (± 2 °C Ofenregelung), durch völlige Ruhe der Umgebungsluft, eine konstante, geregelte Zugkraft und durch entsprechend genau spezifiziertes Vormaterial (Durchmesser, Viskosität) erreicht.

22.6 Elektrolytkreislauf, Entsorgung, Prozessüberwachung

Einen wesentlichen Teil der Ausrüstung stellt die Säurever- und entsorgung dar. Basische Elektrolyten werden ähnlich behandelt, was den Kreislauf betrifft.

Die angelieferte Frischsäure gelangt nach Probenentnahme von einem Sammeltank für Frischsäure in die Einzeltanks der EC-Bohrmaschinen. Nach dem Durchlaufen der Kathoden und des Werkstücks gelangt die mit Ionen angereicherte Säure in sogenannte Retardationstanks, wo die Metallionengehalte mit Ionentauschern wieder reduziert werden. Bei Wolfram- und Tantalgehalten in den Schaufellegierungen lassen sich auf diese Weise keine Senkungen ihrer Metallionengehalte herbeiführen, da die Oxidkomplexe die Ionentauscher vergiften. Im Rücklauf wird die zulässige Obergrenze der Ionenkonzentration gemessen (2–2,5 mg/Liter). Bei Erreichen der Obergrenze wird die Säure über einen Sammelbehälter einer Neutralisationsanlage zugeführt und entsorgt. Zur Prozeßstabilisierung befinden sich in den Maschinentanks Kühlschlangen mit Wasserdurchfluß.

Die Prozeßüberwachung der Säurekonzentration erfolgt von Hand mit naßchemischer Badanalyse, desgleichen die Bedienung der anderen Anlagenkomponenten. Die Prozeßstabilität ist ausreichend ohne Parameterregelungen.

22.7 Herstellung von Formbohrungen auf NC-Maschinen

Kann die spezielle Lochgeometrie weder über das Werkzeug (Bild 22-1), noch durch eine periodische Änderung der Vorschubgeschwindigkeit zur Erzeugung von Durchmesservariationen in Vorschubrichtung eingestellt werden, so ist eine Programmsteuerung zur Bewegung der Werkzeuge in der Ebene senkrecht zur Vorschubrichtung geeignet, um zum Ziel zu kommen.

Im Fall von Trichterbohrungen, auch bei einer Anordnung von derartigen Löchern in Reihen, wird nach einem mäanderförmigen Weg verfahren, Bild 22.7-1. Rein verfahrenstechnisch lassen sich viele der Lochformen auch über EDM herstellen. Die EC-Bohrtechnik bietet dagegen den Vorteil der rißfreien Oberfläche ohne Recast-Schicht.

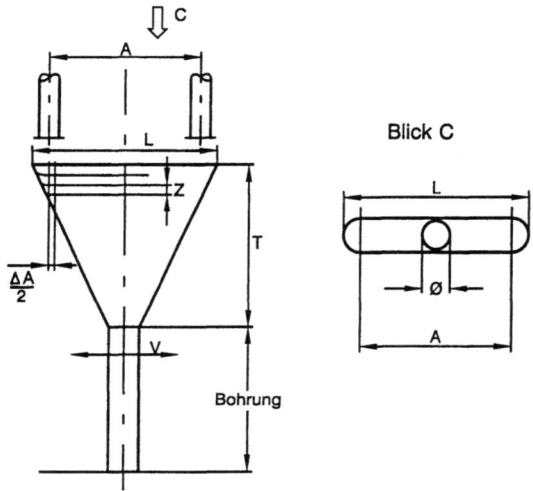

Verfahren:
- Werkstück oszilliert bei feststehender Düse (oder umgekehrt)
- Pendelweg A nimmt mit Bohrtiefe T ab
- pro Pendelbewegung wird Düse um Betrag z nachgesetzt

Technische Daten:
- Quervorschubgeschwindigkeit v ca. 5 mm/min
- Zustellung z pro Hub ca. 0,1 mm
- Pendelweg A ca. 0,75 mm bei Trichterlänge l = 1,1 mm (Anfang)
- Verkürzung Pendelweg A pro Hub: 0,044 mm
- Trichtertiefe T ca. 1,6 mm (Trichtergeometrie ist Funktion von Pendelweg A, Verkürzung Pendelweg und Zustellbetrag z)
- Bohrzeit für Trichter ca. 1,5 min
  Bohrzeit für Bohrung 2,0 tief ca. 1,0 min
  Gesamtzeit ca. 2,5 min
  (Bohrzeit einer Vergleichsbohrung ohne Trichter ca. 2 min)

Bild 22.7-1: EC-Bohren zur Herstellung von flachen Trichterbohrungen auf NC-Maschinen

23 Abtragen und Oberflächenzustand

Betriebssicherheit und Lebensdauer von den meisten Triebwerkskomponenten, insbesondere Klasse A-Bauteile (höchste Gefährdung des Luftfahrtgeräts) stellen besondere Anforderungen an die Oberfläche der betroffenen Teile. Die herkömmliche Strategie der Vorgehensweise ist, daß die Teile nach Zeichnung so hergestellt werden, daß die Bedingungen der Fertigung erfüllt werden können (Kostenminimum, Verfügbarkeit von Maschinen, Vorrichtungen, Personal, Prüfbarkeit etc.) und die so hergestellten Teile die Schritte der Validierung für die Flugzulassung durchlaufen. Auf diese Weise kann sichergestellt werden, daß Mindestanforderungen erfüllt werden können, so wie sie in den Erprobungsläufen von Komponenten und Triebwerken festgelegt worden sind.

Bei dieser Vorgehensweise sind die Oberflächenzustände nur durch die Zeichnungsangaben (Maße, Rauhigkeit, Rißfreiheit) und zusätzliche Maßnahmen der Qualitätssicherung (Metallographische Untersuchungen, Überwachung und Festschreibung der Arbeitspläne, Musterzulassung für Rohteile) festgelegt. Die Maßnahmen der Qualitätssicherung sorgen für die Vermeidung von Abweichungen vom Zustand der Flugzulassung, die Zeichnungsforderungen stehen im Zusammenhang mit den Ergebnissen von Schleuder-(Bauteilfestigkeits-)Untersuchungen, HCF-, LCF-Untersuchungen an Werkstoff-Prüfproben, Festigkeitsberechnungen und bruchmechanischen Untersuchungen und Berechnungen.

In diesem System gibt es keine quantitative Basis für die Festlegung der notwendigen Oberflächenstruktur für die Vermeidung von frühzeitigen Anrissen, insbesondere von Anrissen aufgrund von Eigenschaftsstreuungen vom Werkstoff oder Verfahren und keine Basis für die Berechnung maximaler Lebensdauer der Teile unter HCF/LCF-Belastungen. Stattdessen hat sich die aus der Erfahrung stammende Strategie durchgesetzt, daß die Oberfläche glatt und gering verformt sein muß. Daß dies nicht generell richtig ist, zeigt die in den meisten Fällen positive Wirkung des Verfestigungsstrahlens und die weniger dauerfeste, nicht verformte EC- oder ECM-bearbeitete Oberfläche im Vergleich mit verformten Oberflächen.

Die Forderung nach einer glatten Oberfläche beruht auf dem Detailsachverhalt, daß weniger Kerben und geringere Spannungskonzentration vorliegen. Dabei bleibt unberücksichtigt, daß eine kritische Ankerbung stets vorhanden sein kann, z.B. bei der Nikkellegierung Waspaloy, die Schwachstellen in Form von Zwillingskorngrenzen aufweist. Des weiteren bleibt unberücksichtigt, daß bei der Zerspanung stets Karbide oder andere Hartstoffphasen geschnitten werden, die dadurch Anrisse aufweisen.

Die Forderung nach einer glatten Oberfläche senkt daher einzig und allein die Wahrscheinlichkeit des Auftretens einer Kerbwirkung im mikromorphologischen Bereich der Oberfläche, aber nicht deren Existenz im Einzelfall. Damit ist, rein bruchmechanisch betrachtet, die untere kritische Grenze des Streubandes der Wöhler-Linie nicht angehoben, sondern nur der Mittelwert, da die Rißentstehungsphase im Einzelfall nicht zur Lebensdauer beiträgt.

Die Forderung nach geringer Verformung und geringer Verformungstiefe beruht auf der Annahme, daß dadurch weniger Anrisse während der Bearbeitung und anschließend im Betrieb entstehen können.

Dies läßt unberücksichtigt, daß bereits vorhandene Kerben jedweder Art bei Vorhandensein einer Druckspannungszone langsamer oder gar nicht wachsen, daß die Rißfortschrittsgeschwindigkeit deutlich sinkt, wenn die Oberfläche entsprechend verformt wurde, wie es vom Verfestigungsstrahlen und vom Festwalzen her bekannt ist.

Es stellt sich daher die Frage, wie in einem individuellen Fall abgetragen werden sollte, um die untere Grenze des Streubandes anzuheben und/oder um die Lebensdauer des ganzen Kollektivs zu maximieren.

Da diesbezüglich kein quantitativer direkter Weg der Berechnung zur Verfügung steht, ist von Strategien auszugehen, die keinen Widerspruch zu Untersuchungsergebnissen aufweisen. Dies betrifft die Auswahl des Verfahrens, seiner Verfahrensparameter und der Werkzeuge. Um so größere Bedeutung erlangen quantitative Aussagen über den Zustand der Oberfläche. Dies ist in erster Linie die Verteilung der Eigenspannungen und deren Veränderungen durch Wärmeeinbringung (Erholung und Relaxation) und durch Betriebsbelastung.

Es steht außerfrage, daß eine hohe und tiefreichende Druckspannungszone bei sonst unveränderten Gefügeeigenschaften gegenüber dem Grundwerkstoff den Rißfortschritt reduziert und die Lebensdauer erhöht, solange sich die Spannungskonzentration an der Rißspitze völlig im Druckspannungsgebiet befindet.

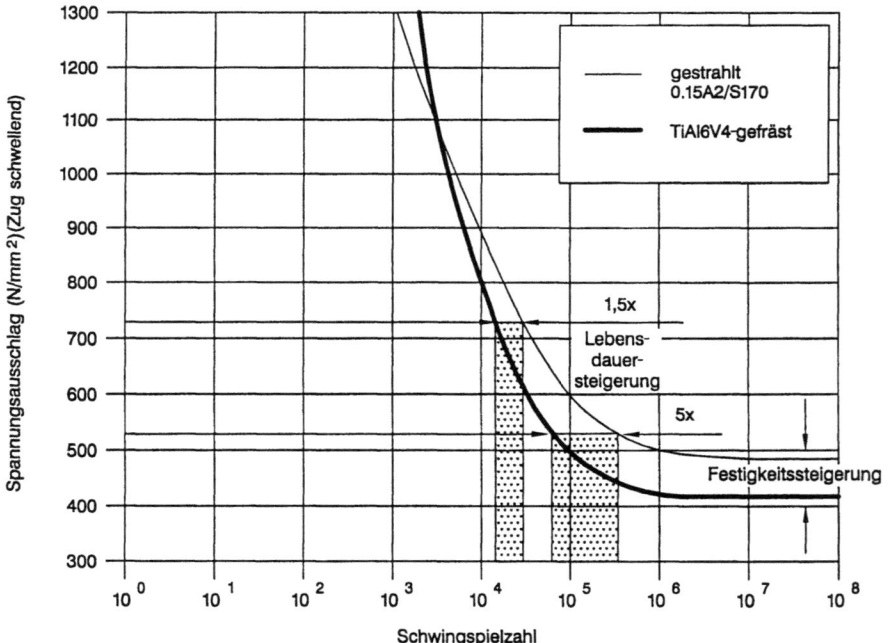

Bild 23-1: Beispiel für die Wirkung des Verfestigungsstrahlens auf gefrästen Proben aus TiAl6V4 [nach Franz]

Letzteres ist eine Frage des Verhältnisses von Rißtiefe und Tiefe der Druckeigenspannungszone sowie des Belastungsniveaus. So kann es eintreten, daß bei Überschreitung eines bestimmten Belastungsniveaus (in Richtung auf kleine Lastspielzahlen der Wöhlerlinie) die Wirkung der Oberflächenverfestigung durch Kugelstrahlen nicht ausreicht oder sogar bei vorverfestigter Oberfläche negativ ist (siehe Bild 23-1).

23.1 Verformung und Eigenspannungen beim Drehen

Maßgeblich für den Zustand der Oberfläche sind die Kräfte (Vorschub-, Abdräng- und Schnittkraft), die Wärmeverteilung (Wärmeableitung in Werkzeug, Kühlmittel, Span und Werkstück), die geometrischen Maße des Werkstücks und das Kühlschneidmittel.

Die genannten Parameter sind nicht unabhängig voneinander und erfordern Teilmodelle ihres theoretischen und realen Zusammenhangs.

Besonders wichtig für optimale Parameter ist zusätzlich die Einhaltung der Konstanz der Werte, was durch den unvermeidlichen Schneidenverschleiß keine einfache Aufgabe ist. Was Oberflächeneigenspannungen betrifft, wird auf Abschnitt 29.10 verwiesen.

23.2 Drehen mit Hartmetallwerkzeugen (HM)

Bei der Zerspanung mit Hartmetallwerkzeugen, mit Schnittkräften und Parametern nach Tabelle 9 und 10, treten typische Eigenspannungs-(ES-)Verteilungen auf, siehe Bild 23.2-1. Kennzeichnend ist ein Druckspannungsmaximum um die 100 MPa und ein Abfall auf unbedeutende Druckspannungen bei 0,2 mm. Ebenso charakteristisch ist eine Zugspannung von einigen Hundert MPa in der äußersten Oberfläche in einer Tiefe von einigen µm.

Die Angaben beziehen sich auf das Drehen von Turbinenscheiben in ununterbrochenem Schnitt. Die Verhältnisse modifizieren sich bei anderen Eingriffsverhältnissen wie Radien, Einstichen, Hinterschnitten etc. sinngemäß.

Die Druckeigenspannungen gehen auf die wirksamen Druckkräfte oberhalb der Streckgrenze zurück, während der Zug von der Relaxation der obersten Schicht stammt, nachdem die Spanabnahme unter Druck erfolgt ist.

Es ist zu beobachten, daß bei zunehmendem Druck des Werkzeugs (größerer Schneidenradius, höhere Zustell- und Abdrängkräfte, Verschleiß) auch das Integral über die Druckeigenspannungen steigt, während die Zugspannungsspitze in der äußersten Oberfläche im wesentlichen von der Schnittgeschwindigkeit v_c und von der Kühlung abhängig ist. Im Verlauf des Werkzeugverschleißes ändern sich die Verteilungen wenig.

23.3 Drehen mit HSS-Werkzeugen

HSS-Werkzeuge werden nur selten eingesetzt. Sie werden dort benötigt, wo nur sehr kleine Schnittkräfte auftreten dürfen. Beispielsweise sind es Blechbearbeitungen mit kleinen Wanddicken, ebenso Gewindebohrer bei großen Bohrtiefen. HSS-Werkzeuge lassen sich ausgezeichnet scharf schleifen und führen bei dem ihnen entsprechenden kleinen Abtragsvolumina zu kleinen Schnittkräften.

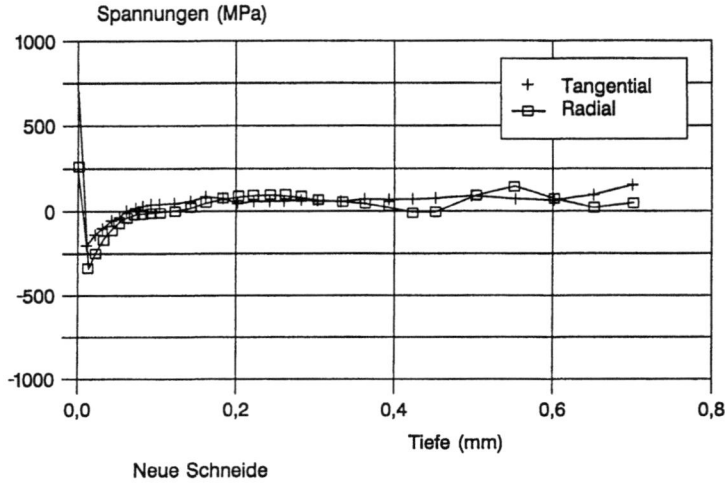

Neue Schneide

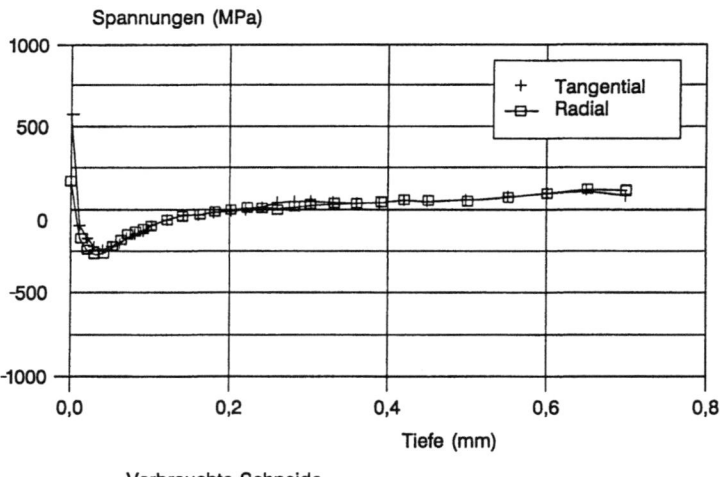

Verbrauchte Schneide

Bild 23.2-1: ES-Verteilung in Inconel 718 nach dem Drehen mit Hartmetall-Werkzeugen, neue und gebrauchte Schneide; der Oberflächenwert wurde röntgenografisch, die anderen Werte mit der Bohrlochmethode ermittelt

23.4 Drehen mit Keramik

Keramikwerkzeuge unterscheiden sich deutlich von Hartmetall- und HSS-Werkzeugen durch anderes Verschleißverhalten, geringere Wärmeleitfähigkeit und geringere Duktilität bei höherem E-Modul. Das Bild 23.4-1 zeigt die ES-Verteilung beim Drehen mit Werkzeugen vom Typ WG300, einer whiskerfaserverstärkten Keramikschneidplatte. Es wird deutlich, daß derartige Werkzeuge eine sehr vorteilhafte Druckeigenspannungsverteilung erzeugen können, verbunden mit einer großen Verformungszone.

23.5 Drehen mit BN (kubisch kristallines Bornitrid)

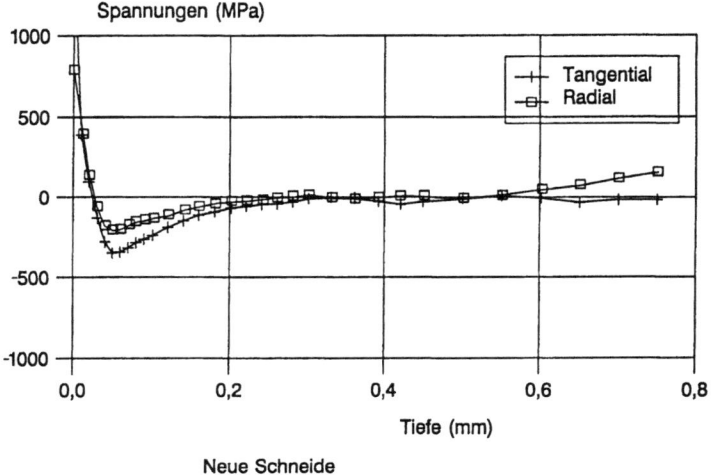

Neue Schneide

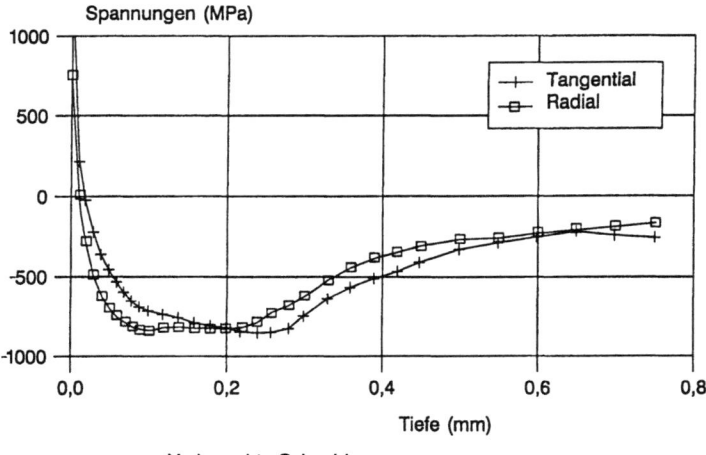

Verbrauchte Schneide

Bild 23.4-1: ES-Verteilung in Inconel 718 nach dem Drehen mit faserverstärkten Keramikwerkzeugen, neue und gebrauchte Schneide, Meßverfahren wie bei Bild 23.2-1

ES-Verteilungen wie in Bild 23.4-1 sind vergleichbar mit festgewalzten Oberflächen. Die derart bearbeiteten Scheiben lassen erwarten, daß Zeit- und Dauerfestigkeit deutlich angehoben sind.

23.5 Drehen mit BN (kubisch kristallines Bornitrid)

Wie gemessene ES-Verteilungen zeigen, lassen sich mit BN ebenfalls sehr günstige ES-Verteilungen herstellen, in Abhängigkeit von der Schärfe der Schneiden. Vorteilhaft beim Drehen mit BN ist die hohe Beständigkeit der Schneiden, so daß die Konstanz des

Oberflächenzustandes über den Drehweg weitgehend erhalten bleibt. Die Rauhigkeiten liegen unter den Werten beim HSS- und Hartmetall-Drehen. Dadurch lassen sich die Kosten trotz höherer Werkzeugkosten für BN weiter senken. Die BN-Qualitäten haben sich ebenfalls ständig verbessert.

23.6 Fräsen

Je nach Werkzeugtyp, Schneidenvorschub und Schnittgeschwindigkeit können sehr unterschiedliche Bedingungen vorliegen, was die Verteilung von Zug- und Druckeigenspannungsbereichen in der Oberfläche betrifft. Grundsätzlich lassen sich zahlreiche Zustände einstellen, der Einzelfall bedarf der näheren Untersuchung, um gegebenenfalls optimale HCF- und LCF-Eigenschaften zu erzeugen. Die HSS-Fräser werden dem Bedarfsfall angepaßt.

23.7 Schleifen

Im Zusammenhang mit dem Auftreten von Schleifrissen und deren Vermeidung sind bereits häufig Untersuchungen gemacht worden, siehe z.B. Bild 13.5.5-1. Sie zeigen, daß alle Zustände anzutreffen sind, von hohen Zug- bis zu hohen Druckspannungen, verursacht durch sehr unterschiedliche Schleifbedingungen, sowohl das Vor- als auch das Fertigschleifen betreffend. Die deduktive Bestimmung des Oberflächenzustandes aus den Schleifbedingungen ist nur ungefähr qualitativ abschätzbar, sofern die genauen Bedingungen überhaupt bekannt sind. Kritisch sind vor allem die Kühlung und Schmierung der Scheibe (siehe auch Abschnitt 13.5.5). Der Ausgangszustand der Scheiben als auch ihre Konstitution an der Schnittfläche sind darüber hinaus Schwankungen unterworfen, die besonders bei Verwendung von Parametern an der Grenze des Verträglichen für den Werkstoffzustand zur Wirkung gelangen.

Die optimale Kühlung und Schmierung nimmt mit der Schleifgeschwindigkeit an Bedeutung zu. Kammerdüsen und Scheibeninnenkühlung werden beim Hochgeschwindigkeitsschleifen teilweise erforderlich (siehe Abschnitt 13.5.5).

23.8 Schnittkraftüberwachung

Mit dem Fortschritt in der Sensorik, insbesondere bei den Piezo-Kristall-Sensoren, erscheint der Einsatz von Schnittkraft-Meßsystemen zweckmäßig. Die bisherigen Versuche zu ihrem Einsatz im Triebwerkbau waren jedoch nicht sehr erfolgreich, da es sich nicht, wie etwa in der Großserienfertigung von Kolbenmotoren, darum handelt, vor allem den Schneidenbruch zu erkennen und damit Maschinenstillstandzeiten zu verhindern, sondern darum, kleine Schneidenausbrüche zu detektieren, die die Oberfläche in undefinierter Weise beeinträchtigen können. Die relevanten gesuchten Ereignisse bilden sich derartig undeutlich im Amplitudenspektrum ab, daß sie nicht von den nichtrelevanten Ereignissen sicher genug unterschieden werden können.

Ein besonders deutliches Beispiel ist der Versuch, Härteunterschiede beim Drehen von thermisch gespritzten Einlauf- und Anlaufschichten über Schnittkraftmessungen festzustellen. Die Korrelation zwischen Schnittkraftwerten und Schichthärte läßt sich im Einzelfall eines Bauteils nicht verwenden.

23.9 Beschriften

Die Kennzeichnung von Bauteilen mit Seriennummern stellt häufig ein erheblichen Aufwand dar. Dies trifft besonders dann zu, wenn das Fertigteil keinen Oberflächenbereich mehr aufweist, der unbearbeitet bleibt und es die Nummer aus dem Rohteilzustand nicht weitertragen kann. Dann werden mehrfache Umbeschriftungen notwendig, die fehlerhaft sein können. Besonders kritisch sind Fälle, wo die Signatur in einem Oberflächenbereich des Fertigteils angebracht werden muß, der kritisch dynamisch belastet sein kann. In diesen Fällen ist die maximale Beeinflussung der Oberfläche zu untersuchen und zu quantifizieren. In Frage kommen Farbstifte, mechanische Gravur (Vibrogravieren), chemische Gravur, elektrochemische Gravur, Laserbeschriften.

In allen Fällen tritt eine Beeinflussung des Oberflächenzustandes auf, die unterkritisch bleiben muß, was über eine Verfahrensvorschrift sichergestellt werden kann.

Technisch ungelöst ist das fehlerfreie automatische Seriennummernlesen aufgrund von nicht standardisierten Schriftzeichen und Problemen mit reflexionsbehafteter Beleuchtung des Beschriftungsfeldes. Ansätze zur Lösung bestehen bei der Verwendung von Lichtquellen mit Lichtpunkt-Arrays, deren Reflexionen sich gegenseitig nicht beeinträchtigen.

24 Verfestigungsstrahlen

Die Verfestigung der Oberflächen durch Strahlen wird sowohl bei Titan- als auch bei Nickellegierungen sehr umfangreich angewendet. Das häufigste Verfahren ist Stahlkugel- oder Drahtkornstrahlen. Bei Verdichterschaufelblättern ist aufgrund der hohen Rauhigkeitsforderungen an umströmten Profilen auch Glasperlenstrahlen in Anwendung.

24.1 Die Wirkung des Strahlens

Die erwünschte, wesentliche Wirkung ist eine Kaltverfestigung der Oberfläche mit erheblichen Eigenspannungen im Druckbereich. Unerwünschter Begleiteffekt ist die zurückbleibende Rauigkeit durch die Bedeckung der Oberfläche mit überlappenden Materialaufwürfen von Kugeleinschlägen. Die Bilder 24.1-1 und 24.1-2 zeigen typische ES-Verteilungen für Titan- und Nickellegierungen nach dem Strahlen.

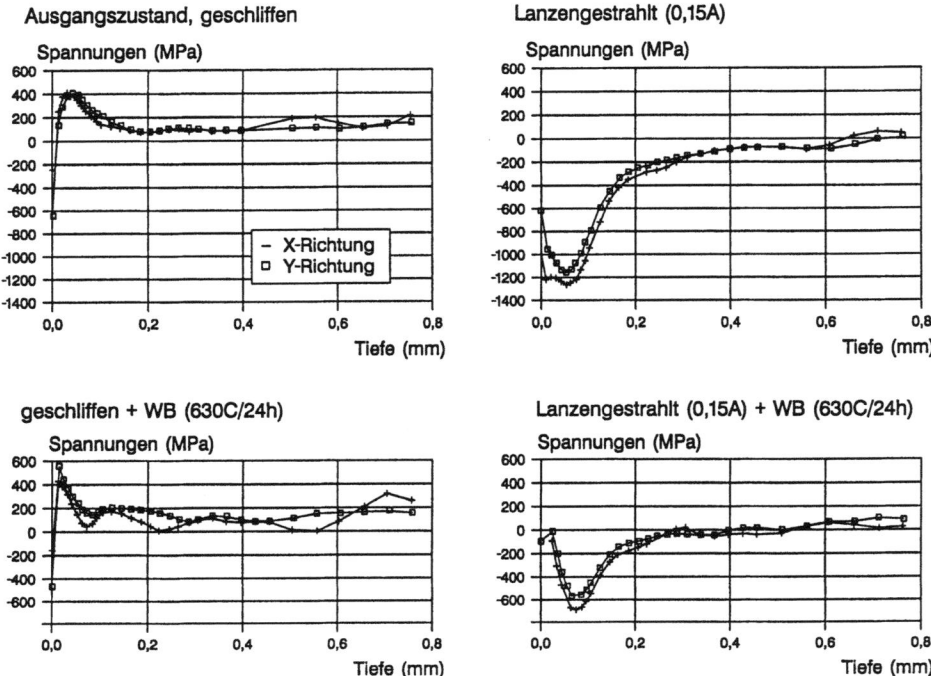

Bild 24.1-1: Optimierung des Oberflächenzustandes durch Strahlen für eine geschmiedete Nickellegierung, Beispiel U700, vor und nach einer Wärmebehandlung, Messungen mit der Bohrlochmethode, Oberflächenwert röntgenografisch gemessen

Die erwünschte Wirkung kann dreifach sein: Eine Zugspannung durch Bearbeitung in der äußersten Oberfläche (siehe Bilder 23.2-1, 23.4-1) wird durch Strahlen beseitigt; die Streuung des Oberflächenzustandes wird reduziert auf einen einheitlichen Zustand; die LCF- und HCF-Eigenschaften werden verbessert. Während die beiden ersten Effekte immer eintreten, ist der dritte eine Funktion mehrerer Vorbedingungen:
- Restkerben oder entstandene Kerben müssen mit ihrer Rißspitze deutlich innerhalb der Druckspannungszone bleiben (< 0,1 mm Tiefe).
- Der Gradient der äußeren Zugspannungen muß steil abfallen, um nicht eine Überlagerung von Zugspannungen unterhalb der Oberfläche herbeizuführen, wodurch u.U. eine Rißentstehung verursacht wird.
- Das Belastungsniveau muß berücksichtigt werden. Aufgrund des erstgenannten Punktes kann sich das Vorzeichen der Wirkung umkehren, siehe Bild 23-1.
- Übergänge zwischen gestrahlter und ungestrahlter Oberfläche am Bauteil sollten nicht in rißkritischen Bereichen liegen.
- Die Strahlbedingungen müssen sorgfältig ausgewählt, optimiert und konstant gehalten werden.
- Nach Relaxation von Eigenspannungen durch Belastung und Erwärmung muß die Wirkung ausreichend bleiben.

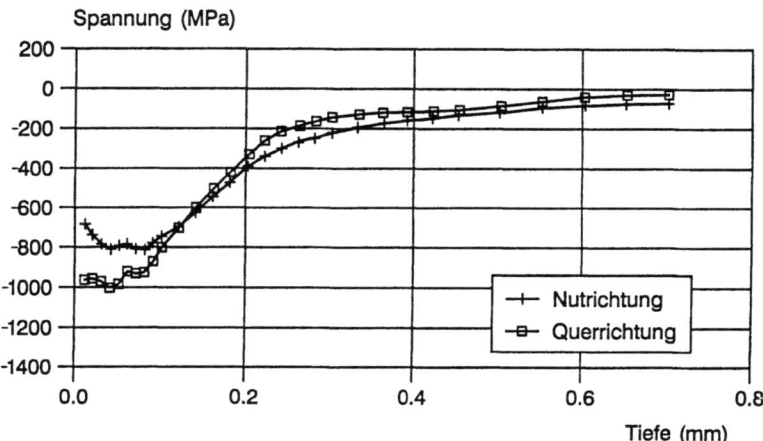

Bild 24.1-2: Siehe Bild 24.1-1 für eine Titanlegierung, Beispiel Ti 6242, gestrahlte Tragflanken in Schaufelaufnahmenuten in Scheiben

Aufgrund der genannten Bedingungen ist die Vorausbestimmung des LCF-/HCF-Bauteilverhaltens durch Prüfproben im einachsigen Belastungszustand problematisch. Die Korrelation der Versuchsergebnisse an Werkstoffprüfproben mit dem Bauteilverhalten ist oft zweifelhaft und selbst das Vorzeichen kann in Frage gestellt sein. Letztendlich kann nur das Bauteilverhalten unter realen Betriebsbedingungen zeigen, ob das Verfestigungstrahlen wirksam ist. Die Erfahrung zeigt, daß vor allem bei Titanlegierungen eine positive Wirkung eintritt.

24.2 Maschinen und Anlagen

Im Verlauf der umfangreichen Anwendungsentwicklung wurde das Kugelstrahlen eine selbständige Technik, unabhängig vom Strahlen für Reinigungszwecke.

Die am meisten eingesetzten Strahlanlagen arbeiten nach dem Druckstrahlprinzip. Das Strahlgut wird hierbei mit Hilfe eines Luftstroms unter Druck auf das Werkstück beschleunigt. Schleuderradanlagen sind für die präzise einzuhaltenden Bedingungen in kleinen Bereichen nicht in Gebrauch.

Gelegentlich werden Gravitationsanlagen verwendet, bei denen die Kugeln nur durch Herabfallen beschleunigt werden. Dieses Verfahren ist nur für geringe Verformungen geeignet bzw. für leicht verformbare Materialien.

In Standardausführungen des Verfahrens werden die Düsen fest positioniert und das Werkstück mit dem Aufnahmedrehtisch an ihnen vorbeigeführt. In komplizierteren Fällen bedarf es einer NC-Steuerung, um die Strahldüsen in bestimmten Strahlmustern zu führen, z.B. beim Strahlen von Schaufelfußnuten.

Flexibel einzusetzende Anlagen bedürfen einer Sieb- und Sortieranlage für verschiedene Kugelgrößen. In jedem Fall ist eine Siebung und Sortierung des Strahlgutes erforderlich, was anlagenseitig aufwendig ist, sei es durch Siebe, Luftdruckanlagen oder Bandsortierer.

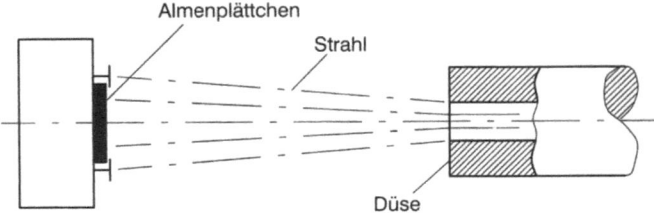

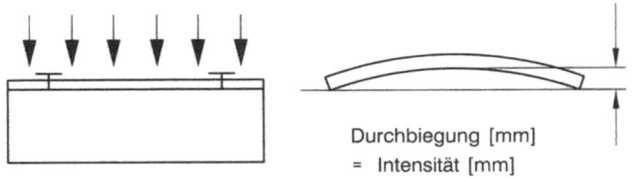

Bild 24.4-1: Messung der Strahlintensität nach Almen

24.3 Strahlgut, Strahlmittelgemisch

Verwendet werden Stahlkugeln der Größen S 110 (mittlerer Durchmesser der Kugeln 0,35 mm) und S 230 (Durchmesser 0,6 mm). Alternativ steht Stahldrahtkorn zur Verfügung, das einfacher herstellbar ist. In beiden Fällen muß das Material arrondiert (eingeschossen) werden, um die Härte zu stabilisieren (Verfestigung), um Bruch und schlechte Kugeln auszuscheiden und um das Drahtkorn zu verrunden.

Die Härte des arrondierten Strahlguts muß dem Werkstoff des Werkstücks angepaßt werden, d.h. um einige Härtegrade höher liegen ($\Delta H \geq 3$ HRC). Die Kugelhärte des Betriebsgemisches für Nickellegierungen sollte über 50 HRC liegen.

24.4 Das Verfahren

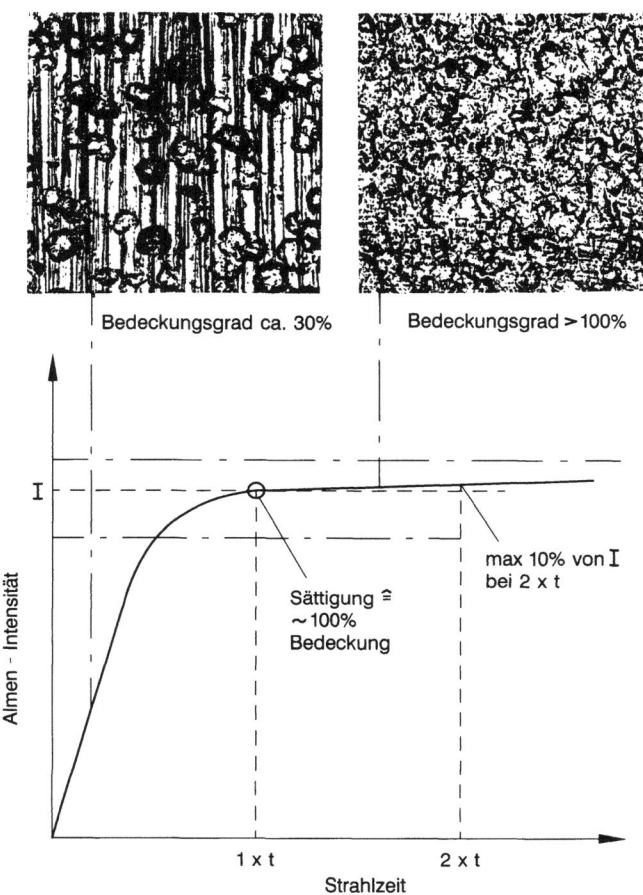

Bild 24.4-2: Zusammenhang von Strahl-(Almen-)Intensität, Strahlzeit und Bedeckungsgrad

Bei Verwendung von gegossenen Kugeln schwankt die Härte stark zwischen 47–54 HRC, da die Erstarrung der Kugeln zu unterschiedlichen bainitischen Zwischenstufengefügen führt. Eine mittlere Mindesthärte von 47 HRC entspricht der Vickershärte des ausgelagerten Scheibenwerkstoffs. Während der Verwendung wird für die Aussonderung der nicht mehr einwandfreien Kugeln und des Strahlstaubs gesorgt, der im wesentlichen ein Abtrag des Werkstückes ist. Im Sinne der Kerbproblematik des Verfahrens ist es riskant, keramische Strahlmittel zu verwenden (SiC, Si_3N_4, BN), die zu Sprödbruch und scharfen Kanten neigen, die eine Kerbwirkung in der Oberfläche hervorrufen können.

24.4 Das Verfahren

Kennzeichnend für das Verfahren sind Strahlgutspezifikation, Strahlintensität und Bedeckungsgrad. Die Strahlintensität stellt ein Maß für die eintretende Wirkung dar und wird in Almen gemessen (siehe Bild 24.4-1). Tabelle 24 gibt Erfahrungswerte für erforderliche Almenintensitäten wieder. Der Bedeckungsgrad muß über 100% liegen, eingestellt wird jedoch die Strahlzeit nach Überschreitung der Sättigung, siehe Bild 24.4-2. Überstrahlen (Bedeckungsgrade > 200%) ist bei Neuteilen unbedenklich, bei wiederholtem Strahlen (Instandsetzung, Überlappungen von Strahlbereichen) in kritischen Zonen nicht ohne weiteres.

Die Kontrolle der Strahlintensität durch Almenplättchen an schwer zugänglichen Stellen (Nuten, Bohrungen, Innenradien) bedarf einer besonderen Erprobung mit metallographischen Untersuchungen und Analogieschlüssen, u.U. ES-Ermittlungen. Zu beachten ist auch, daß Strahlmuster entstehen können, wenn die Düsenbewegung nicht zu einer gleichmäßigen Bedeckung führt, etwa in Form von Zeilen oder Moirè-vergleichbaren Mustern.

24.5 Strahlen von Bohrungen und Nuten mit Reflektoren und Abdeckungen

Für das Strahlen von Bohrungen und Nuten sind Lanzetten mit seitlich aus dem Rohr austretenden Kugeln oder Reflektoren üblich, Bild 24.5-1. Mit abnehmendem Durchmesser der Bohrungen steigt die Selbstbehinderung der Kugeln durch Reflexion rückwärts, so daß die Strahlzeiten ansteigen, bis eine der freien Oberfläche vergleichbare Intensität erreicht wird. Als Reflektormaterial lassen sich alle Werkstoffe mit hohem E-Modul verwenden, sofern ihre Härte deutlich die der Kugeln übersteigt. Andernfalls wirkt der Reflektor als Dämpfung und absorbiert zuviel kinetische Energie durch plastische Verformung.

Zum Abdecken gegenüber dem Strahlbereich werden weiche Materialien verwendet, die sich leicht aufbringen und entfernen lassen (z.B. Klebebänder).

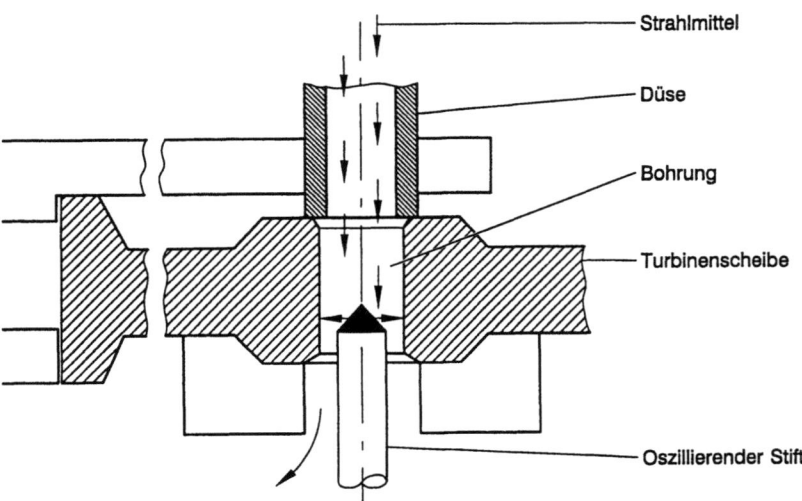

Bild 24.5-1: Kugelstrahlen von Bohrungen mit Hilfe von Reflektoren

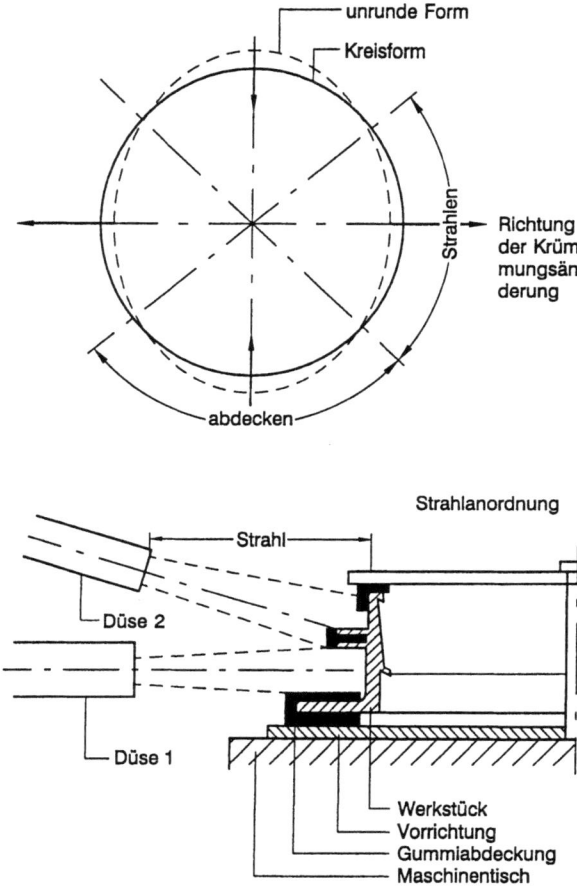

Bild 24.8-1: Beispiel für das Kugelstrahlumformen: Richten von fertigbearbeiteten Titan-Verdichtergehäuseringen nach dem Ausspannen vom Drehen

24.6 Beispiele für Anwendungen

Im Triebwerk werden praktisch alle Bereiche der Komponenten gestrahlt, die aufgrund von Wechselbelastungen anrißgefährdet sind. Einzige Ausnahme sind bisweilen Verdichterschaufelblätter wegen der Verschlechterung der Umströmung durch strahlbedingten Anstieg der Rauhigkeit. Selbst die Füße gegossener Turbinenschaufeln mit mikroskopisch inhomogener Kaltverformung werden gestrahlt, da die Erfahrungen mit der Verlängerung der Lebensdauer im Betrieb positiv sind.

24.7 Kugelstrahlen und Fretting

Aus Erfahrungen mit dem Strahlen von trocken laufenden Reibpaarungen unter Schwingbelastung und mit erheblicher Kraftübertragung, z.B. Schaufelfüßen und besonders bei Titanlegierungen, geht die positive Wirkung des Verfestigungsstrahlens auf die Dauerfestigkeit hervor (siehe auch Abschnitte 4.3, 23, 25.6.1 und Bild 23.1). Obwohl die Rauhigkeit steigt, wirkt sich die Verfestigung positiv aus, was den Schluß nahelegt, daß es vor allem auf die Begrenzung der Wirkung einzelner Kerben ankommt, da bei Frettingeinfluß reibbedingte Kerben ohnehin auftreten.

Zahlreiche Untersuchungen haben ergeben, daß Verfestigungsstrahlen die Dauerfestigkeit (*fretting fatigue*) deutlich anhebt im Gegensatz zu den meisten Beschichtungen (siehe Punkt 25.6.1).

24.8 Kugelstrahlen als Verfahren zum Umformen

In bestimmten Fällen ist das Strahlen als Umformverfahren erfolgreich einsetzbar. Beispiele sind die Erzeugung großflächiger Krümmungen von Tragflächen bei Flugzeugen und die Korrektur verzogener Gehäuseringe (Bild 24.8-1). Gelegentlich läßt es sich auch einsetzen, um den Verzug beim Zerspanen von Werkstücken herabzusetzen.

25 Beschichtungstechnik

Soweit verfügbar, werden Beschichtungen in Flugtriebwerken eingesetzt, um funktionelle Verbesserungen herbeizuführen. Dies sind Schichten gegen Verschleiß, Korrosion, Heißgasoxidation, Titanfeuer sowie Schichten zur Verringerung des Wärmeübergangs und zur Verringerung des Betriebsspaltes zwischen Rotor und Stator.

Werkstoff-, Herstellungstechnik, konstruktive Ausführung und Betriebsverhalten stehen in einem engen Zusammenhang. Da eine einzelne Schicht selten als selbständiges Bauelement behandelt werden kann, steht die empirische Vorgehensweise zur Entwicklung einer erfolgreichen Schicht im Mittelpunkt. Häufig tritt hinzu, daß Verschleiß, Oxidation etc. in ihrer Höhe nicht voraussehbar sind und daher erst nach der konstruktiven Auslegung des Triebwerks eine Schicht zur Abhilfe bereitgestellt werden muß.

25.1 Oxidation und Korrosion

Rein chemisch betrachtet, fällt es leicht, zwischen Oxidation und Korrosion zu unterscheiden. Praktisch gesehen treten beide Erscheinungen jedoch häufig zusammen auf, je nach Art der Betriebsbedingungen (Zusammensetzung von Brennstoff und Eintrittsluft). In den Betriebsbedingungen unterscheiden sich Fluggasturbinen wesentlich von stationären Gasturbinen, die viel häufiger unter Korrosionserscheinungen leiden, d.h. unter Reaktionen der Schaufelwerkstoffe mit Schwefel, Chlor, Vanadium oder anderen Schwermetallen im Treibstoff. Im Rahmen zahlreicher Untersuchungen sind hierzu auch übergreifende Vorstellungen entwickelt worden, die besonders deutlich zeigen, daß die relative Höhe der Oxidation und Korrosion von der Temperatur abhängig ist, bei der die Reaktionen ablaufen, vor allem wegen des exponentiellen Einflusses auf den Diffusionskoeffizienten und die Reaktionskonstanten und welche Maßnahmen am besten geeignet sind, um das schädliche Ausmaß zu verringern.

Im wesentlichen hilft Aluminium gegen Oxidation und Chrom gegen Korrosion. Chrom und Aluminium sind bereits in den Schaufelwerkstoffen enthalten. Für Fluggasturbinen reichen die Cr-Gehalte der Schaufellegierungen normalerweise aus, während die für die Ausscheidungshärtung notwendigen Aluminiumkonzentrationen bei ca. 6% begrenzt sind, um keine Festigkeitseinbußen durch nichtkohärente intermetallische Phasen des Systems NiAl zu erleiden. Diese Konzentration stellt jedoch keinen optimalen Schutz gegen Oxidation dar.

25.2 Oxidationsschutzschichten (Alitierschichten)

Der Mechanismus der Schutzschichtwirkung von Al_2O_3-Schichten ist in Bild 25.2-1 dargestellt. Aufgrund des permanenten Verlustes von Aluminium nach innen (Diffusion) und Al_2O_3 nach außen (Abplatzungen) ist das Ziel einer Beschichtung klar definierbar: Die Oberfläche muß soviel Aluminium in hoher Konzentration aufnehmen wie möglich, ohne daß dadurch die Schaufelwerkstoffestigkeit spürbar zurückgeht; der Verlust nach innen sollte nach Möglichkeit durch diffusionshemmende Phasen klein gehalten werden. Gleichzeitig kommt es auf die möglichst gleichmäßige Verteilung des Aluminiums an, um lokalen Oxidationsangriff einzuschränken, was natürlich auch für die Cr-Gehalte gegen Korrosion gilt. Je feiner Aluminium und Chrom verteilt sind, desto gleichmäßiger verhält sich die Schicht unter Betriebsbedingungen. Dies gilt sowohl für die chemische Reaktion als auch für das Anrißverhalten. Dabei bestimmt die Schichtdicke die Oxidationslebensdauer. Bild 25.2-2 zeigt exemplarisch die Unterschiede im Rißverhalten zwischen einer Pack-Alitierschicht und einer feinkörnigen NDPS-Schicht (NDPS = Niederdruckplasmaspritzen). Es muß allerdings bei derartigen Vergleichen des Rißverhaltens mit in Betracht gezogen werden, daß es auf den relativen Ausdehnungskoeffizienten mindestens ebensosehr ankommt. So ist beispielsweise bewiesen, daß das NDP-Spritzen einer Schicht von IN100 auf IN100 Guß, d.h. nur die Erhöhung der Homogenität der Schicht im Sinne der Elementverteilung, bereits eine erhebliche Lebensdauererhöhung der NDP-beschichteten Schaufeln unter Oxidation nach sich zieht.

Die Entwicklung der Diffusionsbeschichtungsverfahren (Pack-, *„above"* Pack und CVD) ist in Bild 25.2.2-2 prinzipiell dargestellt.

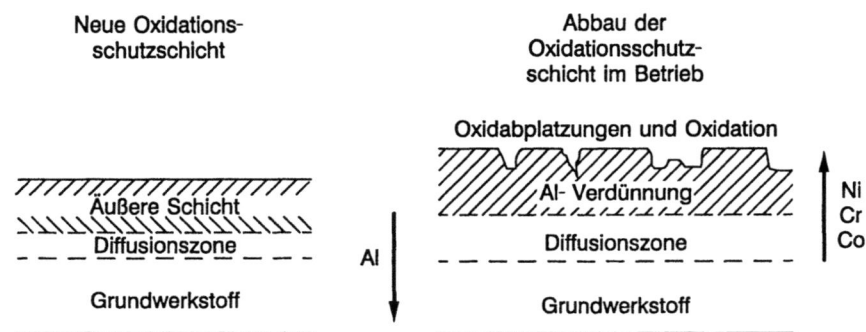

Bild 25.2-1: Wirkmechanismus, Verbrauchsmechanismus und lebensdauerbestimmende Faktoren von Aluminium-Diffusionsschutzschichten

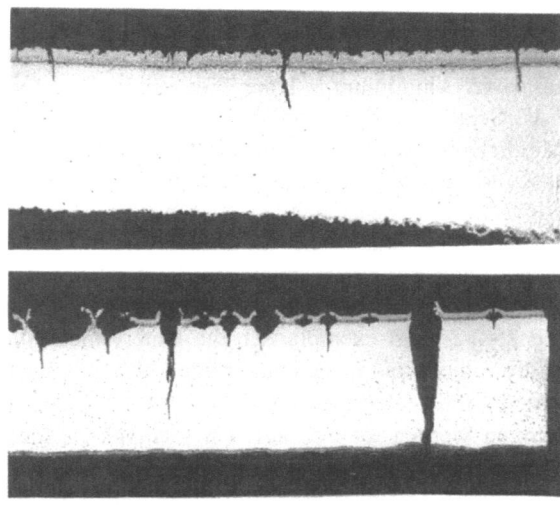

Bild 25.2-2: Beispiel für unterschiedliches Thermo-Ermüdungsverhalten von NDPS-Schichten und Diffusionsschichten in einem Temperatur-Lastwechseltest bei gleichen Testbedingungen; oben: NiCoTaCrAlY, unten: Hochaktivitäts-Al-Schicht

25.2 Oxidationsschutzschichten (Alitierschichten)

25.2.1 Pack-Alitierverfahren

Grundsätzlich ist es erforderlich, Aluminium aus der Gasphase bei hohen Temperaturen ($T > 900$ °C) auf der Oberfläche abzuscheiden, da die Diffusion des Aluminiums in den Schaufelwerkstoff bei niedrigeren Temperaturen, etwa der des flüssigen Aluminiums ($T_s = 660$ °C), zu langsam ist.

Gleichzeitig mit der Diffusion des Aluminiums von der Schaufeloberfläche in das Schaufelvolumen bilden sich intermetallische Phasen des Systems Ni/Al und es tritt eine Sättigung an Aluminium ein. Die Sättigung kommt einer technisch nutzbaren Schichtdikke von maximal 120 μm gleich. Die technische Sättigung ist nicht die maximale obere Grenze der Al-Konzentration im gesamten Metallgefüge. Das Aluminium befindet sich in den NiAl-Phasen sowie gelöst in ihnen und der umgebenden Matrix. Das diffusionsgesteuerte Wachstum der Phasen wird jedoch allmählich zu langsam, die Diffusionswege sind zu lang für ein technisch nutzbares weiteres Eindiffundieren von Aluminium. Bild 25.2.1-1 zeigt das Prinzip des Packbeschichtens, bei dem sich alle zu beschichtenden Oberflächen in einem Pulvergemisch befinden, während alle anderen Oberflächen der Teile abgedeckt werden müssen.

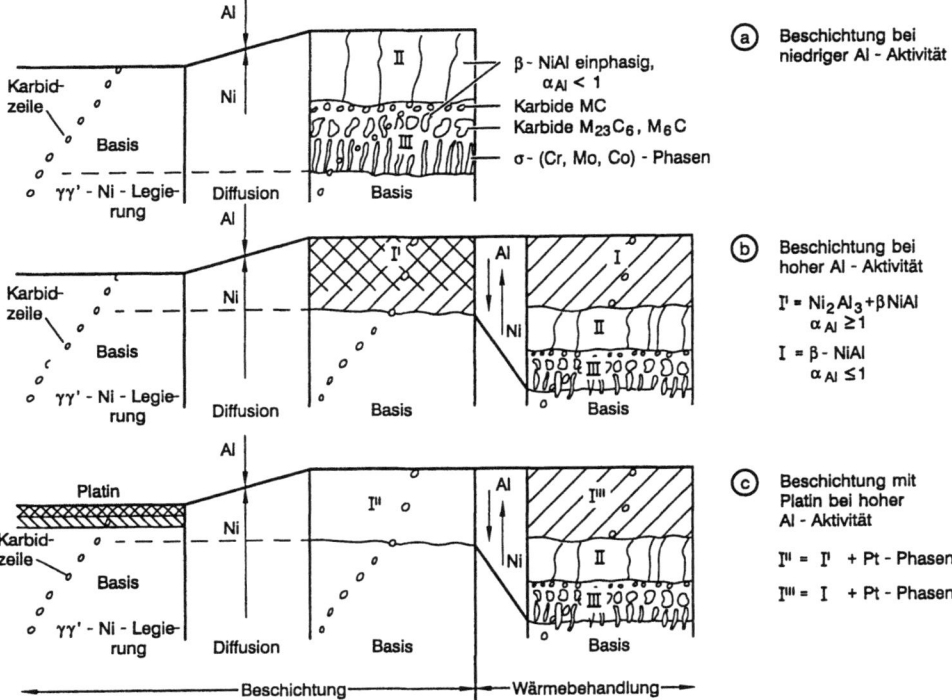

Bild 25.2.1-1: Prinzip des Packbeschichtens zum Diffundieren von Aluminium in die Schaufeloberfläche (vgl. Bild 25.2.1-4)

Grundsätzlich ist das Packbeschichten als CVD-(*chemical vapor deposition-*)Verfahren mit sehr kurzen Al-Transportwegen anzusehen. Die Abdeckung muß mit reaktionsinerten Materialien erfolgen. Normalerweise werden die Schaufelfüße erst auf Endmaß geschliffen, abgedeckt und die Schaufeln anschließend in den Pack-Beschichtungskästen angeordnet. Das Fußschleifen nach dem Beschichten mit Verzicht auf die aufwendige Abdeckung ist erfahrungsgemäß zu risikoreich, um eine rißfreie Schleifbearbeitung ständig zu gewährleisten. Ersatzweise käme in Frage, das Aluminium, u.U. zusammen mit Nickel, zuerst aufzusputtern mit anschließender Wärmebehandlung, um auf diese Weise durch den konstant und genau ausführbaren Sputter-Beschichtungsprozeß auf das kostspielige Abdecken zum Schleifen verzichten zu können.

Das Beschichtungspulver besteht aus mehreren Bestandteilen, die entweder als Donator (Al-Pulver, Intermetallische Al-Phasen) oder Aktivator (NH_4Cl, NH_4F) anzusehen sind, und Füllbestandteilen zur Einstellung der Schichtdicke und Prozeßzeit. Im Interesse der Schichthomogenität sind die Pulver sehr gut zu mischen, bevor sie eingefüllt werden. Die Beschichtung erfolgt in Retortenöfen spezieller Bauart (Bild 25.2.1-2), da in H_2-, HF- und HCl-haltiger Atmosphäre beschichtet wird, je nach Prozeßtyp (siehe Bild 25.2.1-3).

Bild 25.2.1-2: Retortenofen (Bodenlader) zum Diffusionsbeschichten mit Aluminium, Retorte nach dem Ofenzyklus abgesenkt in der Abkühlphase

25.2 Oxidationsschutzschichten (Alitierschichten)

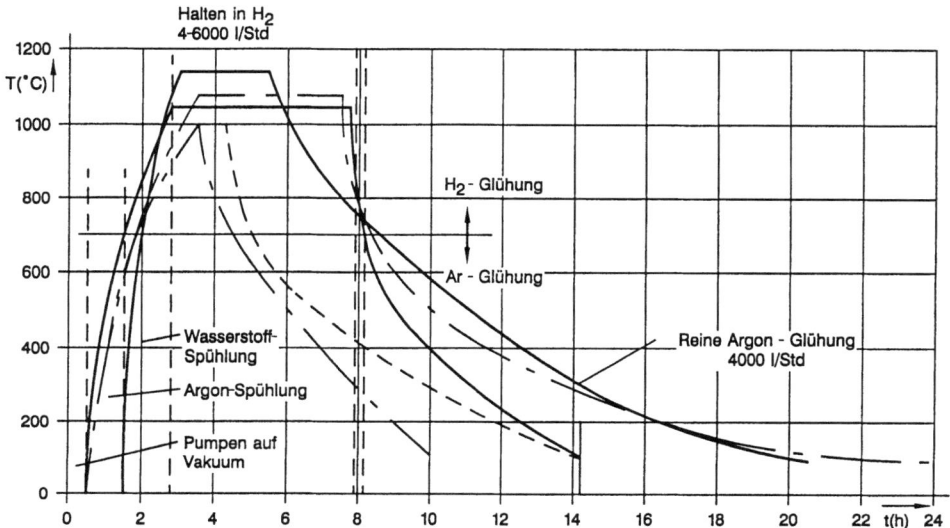

Bild 25.2.1-3: Temperatur-Zeitzyklen für Diffusionsbeschichtungsprozesse mit unterschiedlicher Al-Aktivität an der Schaufeloberfläche

In zunehmendem Maße bekommt die Entsorgung der Pulver Bedeutung, wenn es zu Reaktionen mit Wasser kommen kann. Restgehalte des Aktivators sind je nach Konzentration kritisch. Aus diesem Grund werden die Beschichtungspulver nach Verwendung neu gemischt und bis zu 50 mal wiederverwendet. Das Ergebnis einer typischen Packbeschichtung ist in Bild 25.2.1-4 dargestellt. Während die Packbeschichtungen lange Zeit für alle Anwendungen ausreichten, sind sie für Triebwerke neuester Generation häufig nicht gut genug, da Gastemperaturen und Triebwerkeinsatzzeiten deutlich gestiegen sind.

25.2.2 „Above" Packverfahren

Eine Konsequenz aus den erhöhten Anforderungen ist die Innenbeschichtung von Turbinenschaufeln. Die Beschichtung der inneren Schaufeloberflächen läßt sich im einfachen Packverfahren erzielen, indem die Schaufeln nach dem Befüllen mit Pulver so lange gerüttelt werden, bis alle Kanäle gefüllt sind. Trotz guter Schichten ist dieses Verfahren problematisch wegen der Möglichkeit verbleibender Pulverreste im Inneren der Schaufeln, deren Menge sich außerhalb der Wägegenauigkeit befindet. Über zerstörungsfreie Verfahren läßt sich diese Menge nicht mehr nachweisen. Aus diesem Grunde werden bei kompliziert gestalteten Schaufeln keine Packverfahren angewendet. Stattdessen kommen alle CVD-Verfahren mit langen Al-Transportwegen in Betracht.

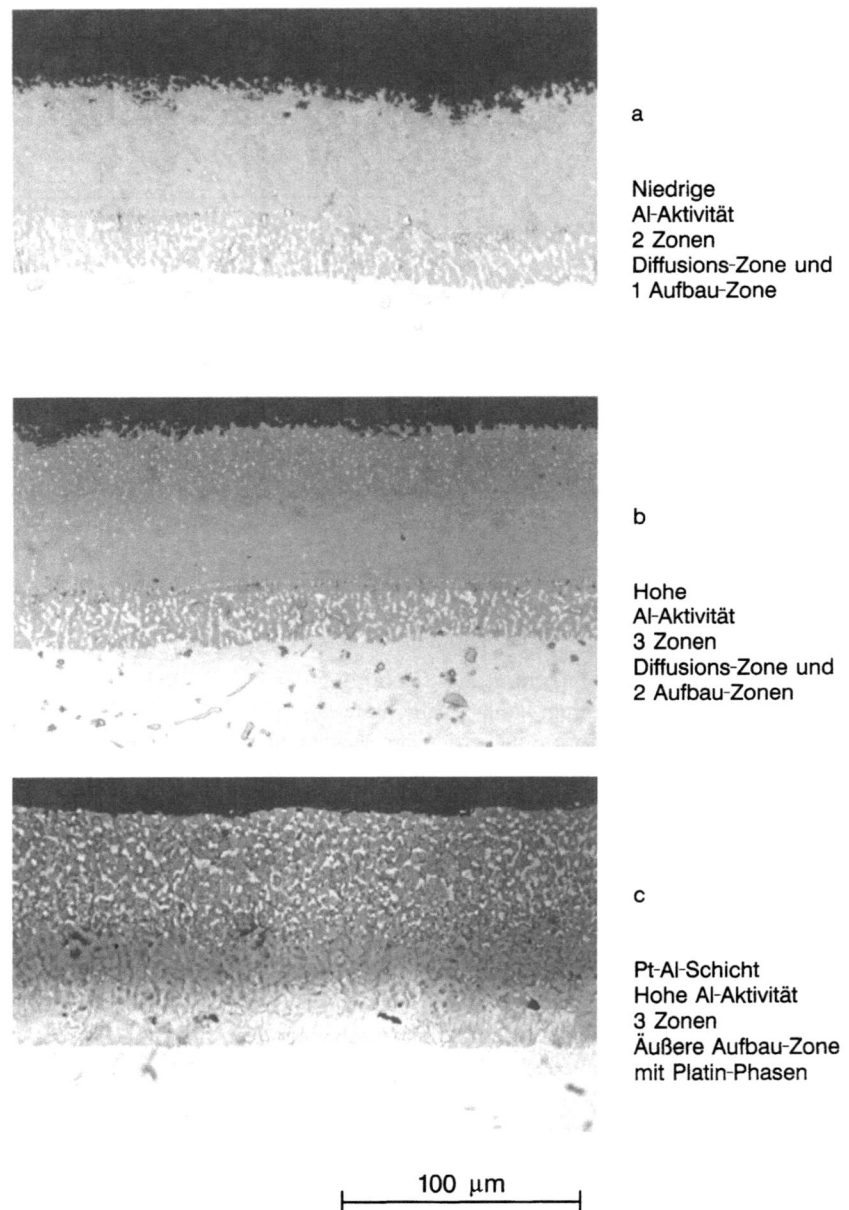

Bild 25.2.1-4: Querschliffe durch verschiedene Alitierschichten, hergestellt mit verschiedenen Verfahren: a) Niederaktivitätsschicht, b) Hochaktivitätsschicht, c) Pt-Al-Schicht

25.2 Oxidationsschutzschichten (Alitierschichten)

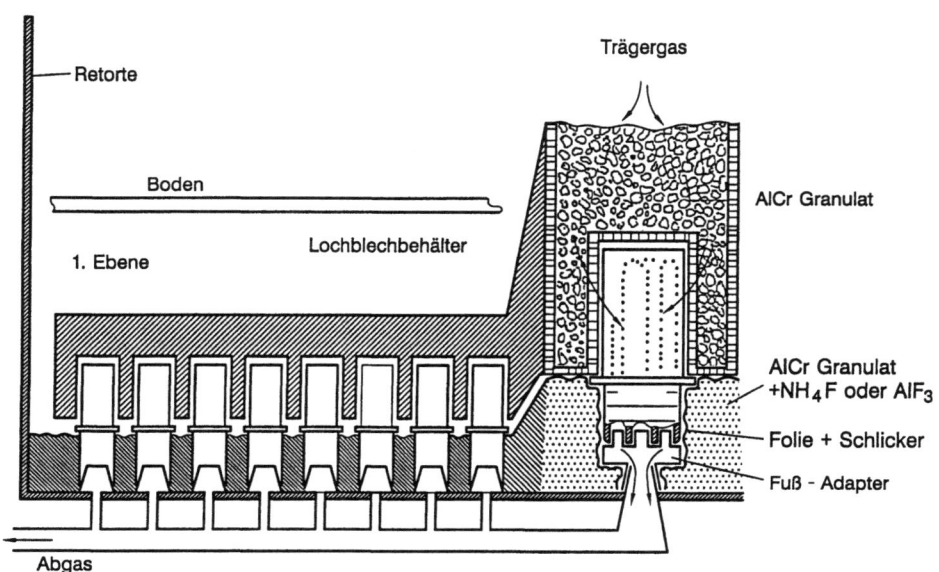

Bild 25.2.2-1: Beispiel für die Anordnung von geschliffenen Schaufeln mit Fußabdeckung und Einzelanschluß in einer Retortenebene beim „above" Packverfahren zur Außen- und Innenbeschichtung

Unter „above" Packverfahren ist zu verstehen, daß sich die Atmosphäre aus Trägergasen AlF/AlF$_3$ oder AlCl/AlCl$_3$ in unmittelbarer Nähe der Schaufeln bildet, ohne daß die Schaufeln mit dem Pulvergemisch in Berührung kommen. Gleichzeitig muß die Gasphase eine genügend hohe Aluminiumkonzentration (Dampfdruck des Trägergases) besitzen, um Innen- und Außenbeschichtung gleichzeitig mit ausreichender Schichtdicke zu ermöglichen. Die Trägergase AlCl/AlCl$_3$ sind zu bevorzugen, da Fluoride bei Leckagen zu hohe Arbeitssicherheitsrisiken mit sich bringen. In Bild 25.2.2-1 ist die Anordnung von Schaufeln und Donator/Aktivatorkästen bzw. -schüttungen bei einem „above" Packverfahren in einer Retorte dargestellt. In den Retorten bei Serienfertigung sind die Kästen als ringförmige Lochblendenbehälter in mehreren Ebenen ausgeführt, in denen im Kreis Schaufeln in mehreren Ebenen angeordnet sind, in denen die Anschlüsse der Schaufeln zur Gasableitung liegen, siehe Prinzip Bild 25.2.2-1 und 25.2.2-2.

Um die jeweilige Schichtdicke bei einem Verfahren mit gleichzeitiger Innen- und Außenbeschichtung zu erreichen, bedarf es eines erhöhten Aufwandes bei der Erprobung und bei der Ausführung der Anordnung von Schaufeln und Donator. Je nach Schaufelinnenkühlung müssen außerdem die Schaufeln einzeln oder paarweise an ein Leitungssystem angeschlossen werden, das zur Ver- oder Entsorgung mit den aktiven Gasen dient. Das notwendige Druckgefälle zur Aufrechterhaltung einer Strömung ist relativ gering (Größenordnung eine Atmosphäre). Ohne Strömung läßt sich jedoch eine Innenbeschichtung mit ausreichender Schichtdicke nur in Einzelfällen erzeugen.

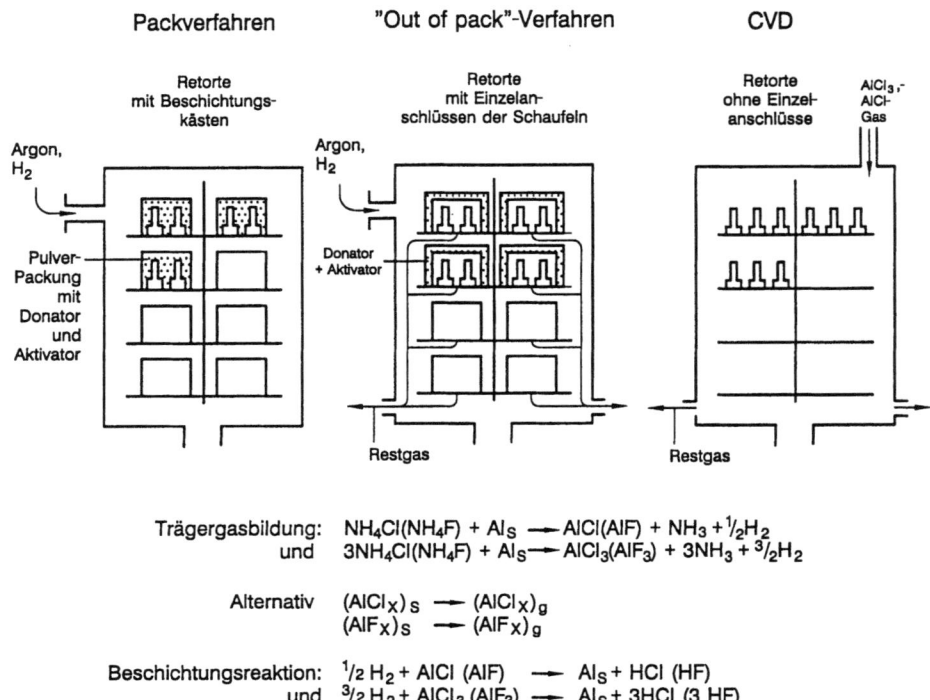

Bild 25.2.2-2: Diffusionsbeschichten von Turbinenschaufeln in der Reihenfolge der Entwicklungsstufen (abnehmende Anwendungshäufigkeit)

Im „above" Packverfahren kann man auf den Aktivator verzichten und direkt mit AlF_3 oder $AlCl_3$-Granulat arbeiten, was den großen Vorteil bietet, daß keine Entsorgungsprobleme mit dem Granulat auftreten, da es in den Kreislauf unbegrenzt eingesetzt werden kann. Lediglich die Prozeßgase (HCl, HF, H_2) müssen nach ihrem Austreten aus der Retorte neutralisiert und verbrannt werden.

Die bauteilspezifische Anordnung von einzeln angeschlossenen Schaufeln, Aktivatorpulver und Granulatkörben mit erprobten Abstandsverteilungen führt zu verhältnismäßig hohen Arbeitsvorbereitungskosten in der Werkstatt, um die Schaufeln richtig anzuordnen und das Granulat gleichmäßig zu verteilen.

25.2.3 CVD-Verfahren (*Chemical Vapor Deposition*)

Unter dieser Bezeichnung werden diejenigen Verfahren verstanden, bei denen die gesamte Schaufelcharge gemeinsam aus einer Trägergasquelle (Gasgenerator) versorgt wird, die sich inner- oder außerhalb der Retorte befindet. Der Vorteil eines Gasgenerators innerhalb der Retorte besteht im Verzicht auf geheizte Trägergaszuführungen in die Retorte, die eine Abscheidung und den Zerfall des Gases verhindern. Die Aktivgase AlF_3 und $AlCl_3$ zerfallen bereits frühzeitig an kalten Leitungsteilen. Dafür ist aber das Mono-/Trichlorid-Verhältnis praktisch nur über die Temperatur einstellbar, die in der Retorte herrscht. Der Partialdampfdruck wird ebenfalls von der Temperatur bestimmt.

25.2 Oxidationsschutzschichten (Alitierschichten)

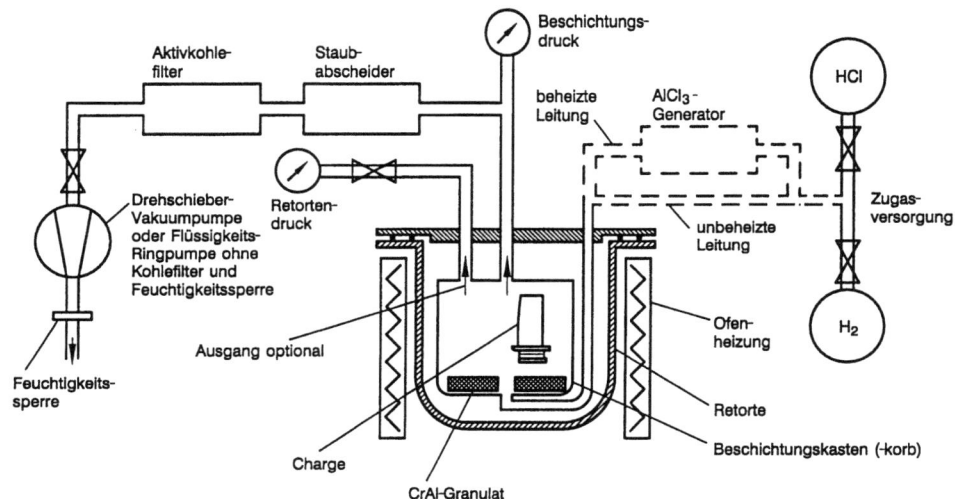

Bild 25.2.3-1: Konzept einer Al-CVD-Beschichtungsanlage mit verschiedenen möglichen Varianten

In Bild 25.2.3-1 sind verschiedene Möglichkeiten des Aufbaus einer CVD-Anlage im Prinzip dargestellt. Ein besonderer Vorteil der CVD-Verfahren ist der Fortfall von Einzelanschlüssen der Schaufeln, da die Al-Trägergase den gesamten Reaktionsraum mit dem notwendigen Druck ausfüllen. Um Innen- und Außenbeschichtung ausreichend dick zu machen, kommt auch pulsierender Arbeitsdruck in Frage, was aber normalerweise nicht erforderlich ist.

25.2.4 MO-CVD-Verfahren (*Metall-Organisches Chemical-Vapor-Deposition*)

Eine weitere Möglichkeit des CVD ist die Abscheidung aus metallorganischen Verbindungen, die den Vorteil hat, daß die Abscheidung von Aluminium bei relativ niedrigen Temperaturen erfolgen kann.

MO-CVD-Verfahren sind vielfältig einsetzbar, auch zur Pt-Abscheidung und kombinierten Pt/Al-Abscheidung. Prozeßtechnisch sind sie komplex und haben keine Serienanwendung erlangen können.

25.2.5 Platin-Aluminiumschichten

Die Verwendung von Platin auf Turbinenschaufeln zusammen mit Aluminium wurde relativ frühzeitig patentiert, da es deutlich besseren Oxidationsschutz bietet als reine Alitierschichten, aber wegen der hohen Metall- und Beschichtungskosten wird das Verfahren erst neuerdings verwendet, um die Lebensdauer der Schaufeln zu steigern.

Für die Platinbeschichtung kommt das Abscheiden durch Elektrolyse und das Sputtern in Betracht, während die Aluminiumabscheidung auf einem der üblichen vorher beschriebenen Wege erfolgt. Dabei scheidet allerdings das Packverfahren in der Regel aus, weil die PtAl-Schichten auf Schaufeln angewendet werden, die auch eine Innenbeschichtung erfordern, für die nur CVD-Varianten in Frage kommen, um die Reaktionsgase im Inneren der Schaufeln in ausreichend hoher Konzentration anzureichern.

Platin läßt sich nicht kathodisch aus wässriger Lösung abscheiden (siehe Spannungsreihe der Elemente) und muß daher aus Platinkomplexen abgeschieden werden. Zur Verfügung stehen zahlreiche Materialien mit Platin der Oxydationsstufe +4, die den Nachteil haben, daß die Platin-Ausscheidung bei extremen pH-Werten erfolgen muß (sauer oder basisch), was zu fertigungstechnischen Problemen mit den verwendeten Werkstoffen der Bäder führen kann. Probleme mit der Aufnahme von Platin in den Körper bei der Handhabung mit diesen Lösungen können ebenfalls auftreten.

Deshalb werden häufiger Platinverbindungen der Oxydationsstufe +2 eingesetzt. Für die Abscheidung auf Turbinenschaufeln wird die Ausscheidung des Platins aus Tetraminplatin (II) bevorzugt.

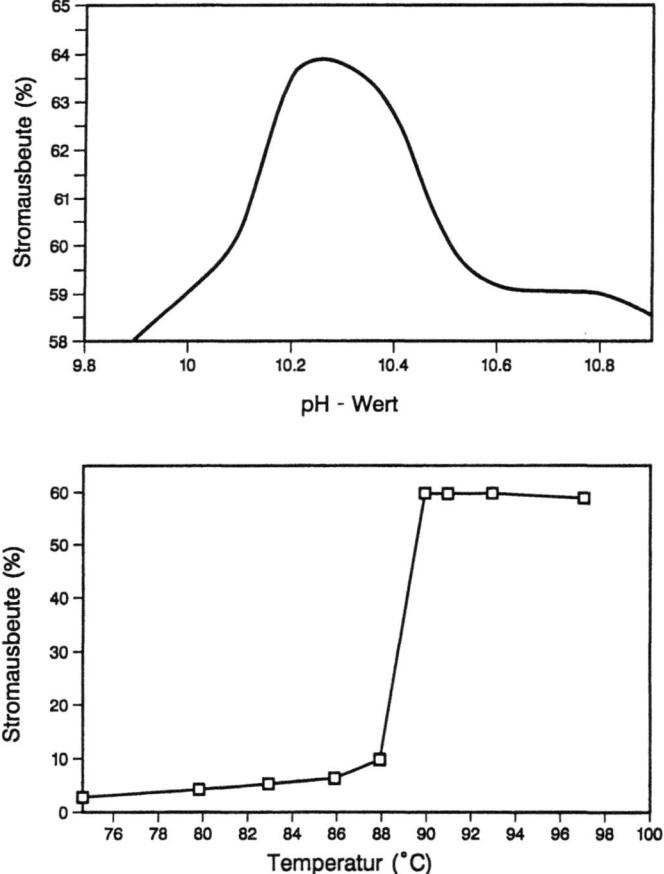

Bild 25.2.5-1: Stromausbeute der Pt-Abscheidung aus Tetraminplatin als Funktion der Temperatur und des pH-Wertes

25.2 Oxidationsschutzschichten (Alitierschichten)

Die Abscheidung des Platins aus dieser komplexen Verbindung erfordert die Einhaltung bestimmter Temperaturbereiche ($T \geq 90$ °C) und Elektrolytkonzentrationen sowie pH-Werte und reagiert empfindlich auf Abweichungen davon, siehe Bild 25.2.5-1.

Für die Einhaltung einer konstanten Schichtdicke auf der gesamten Schaufel sind Formanoden erforderlich, deren Gestaltung im Einzelnen von den geforderten Schichtdickentoleranzen abhängig ist.

Die elektrolytische Abscheidung, die 3–5 µm Platindicke erfordert (0,5–2 g pro Schaufel), reagiert empfindlich auf Schwankungen der Oberflächenvorbehandlung. Die Oberflächenvorbehandlung besteht aus: Al_2O_3-Strahlen, elektrolytisches Reinigen, chemisches Ätzen, Heiß- und Kaltwasserspülen. Bei Bedarf sind diese Reinigungsschritte zu wiederholen und durch ein Aktivieren zu ergänzen. Nach der Platinabscheidung ist eine Wärmebehandlung erforderlich (2 h, 1080 °C), um die Haftung zu erhöhen, bevor die Alitierung vorgenommen wird.

Das Gefüge einer PtAl-Schicht ist durch besondere Phasen gekennzeichnet (siehe Bild 25.2.1-4). Nach dem Erscheinungsbild im Schliffbild werden „einphasige" und „zweiphasige" PtAl-Schichten unterschieden, die sich im Al-Gehalt und der Al-Verteilung unterscheiden. Inwieweit Platin als „Diffusionsbarriere" oder aber als Al-Speicher in Form von PtAl-Phasen dient, ist nicht eindeutig geklärt.

Die in den Schliffbildern identifizierbaren hellen und dunklen Phasen entstammen dem Dreistoffsystem NiAlPt. Die binären Phasen NiAl, PtAl, NiPt, $PtAl_2$ enthalten das jeweils fehlende Element auch in gelöster Form. Besondere Bedeutung besitzt die Phase NiAl.

Es ist bekannt, daß sie bei Abweichungen von der stöchiometrischen Zusammensetzung 1:1 in den Untergittern des Aluminiums oder Nickels große Leerstellenkonzentrationen besitzen kann, ohne instabil zu werden. Diese erhöhen den Diffusionskoeffizienten erheblich, was aber praktisch nicht erwünscht wird, da die Al-Diffusion nach innen und die Nickelkonzentration nach außen blockiert werden soll. Es ist daher gut vorstellbar, daß die Wirkung des Platins vor allem in der Besetzung von Leerstellen im NiAl-Gitter liegt, so daß nur noch thermische und keine strukturellen Leerstellen für die Diffusion verfügbar sind. Außerdem stellt die NiAl-Phase ein erhebliches Al-Reservoir dar.

Alternativ zum elektrolytisch abgeschiedenen Platin, dessen Abscheidung störungsempfindlich ist, läßt sich das Sputtern anwenden. Das Sputtern der Platinschicht hat den Vorteil, daß sich die Schichtdicke sehr genau einhalten läßt, wenn die Magnetrons entsprechend aufgebaut und angeordnet sind. Bild 25.2.5-2 zeigt eine Anordnung der Platin-Magnetrons (Kathoden) in Tandemanordnung.

Ein besonderer Vorteil des Verfahrens ist die Möglichkeit des Rücksputterns (Sputterätzens) vor dem Beschichten als Ersatz für eine Feinreinigung der Schaufel vor dem Einbau in die Anlage. Die Umpolung des Feldes führt zu einem Abtrag der äußersten Oberfläche, was bei komplizierter Schaufelgeometrie nur dann gleichmäßig flächendeckend ist, wenn die Schaufel innerhalb des elektromagnetischen Feldes bewegt (gedreht) wird.

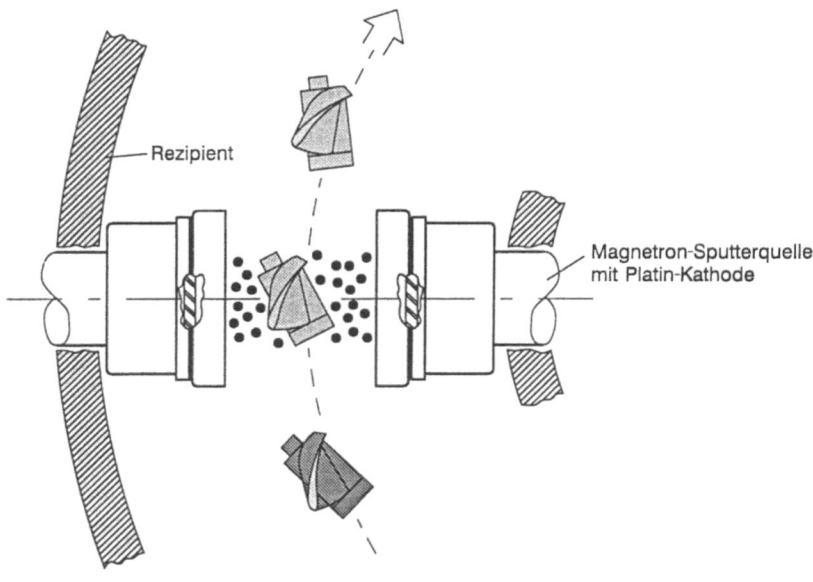

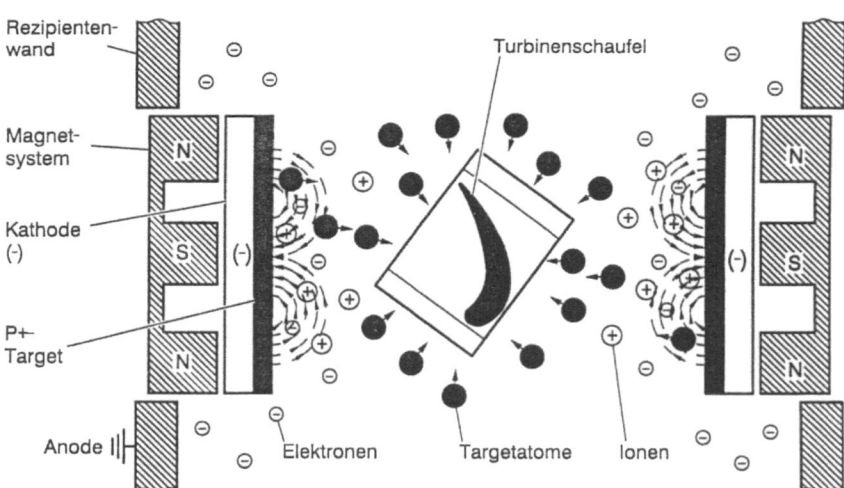

Bild 25.2.5-2: Tandem-Anordnung zweier Magnetron-Sputterkathoden zum Beschichten von Schaufeln; oben: Ansicht von oben, unten: Prinzipdarstellung des Beschichtungsvorgangs

25.2.6 Thermisches Spritzen

Flamm- und Plasmaspritzen sind zwar grundsätzlich geeignet, um Chrom und Aluminium in einer Nickel- oder Kobaltmatrix zu spritzen. Die entstehende offene Porosität und Mikrorißstruktur der Schichten (siehe Abschnitt 25.7) ist jedoch für den Oxidationsschutz ungeeignet, da innere Oxidation auftritt und da die oxidierenden Gase bis zum Grundwerkstoff vordringen.

Eine Abwandlung des Standardverfahrens des Spritzens in Luft wurde als Argon-Shield-Verfahren bekannt. Mit Hilfe eines Argonstromes, der den Plasmastrahl umgibt, läßt sich weitgehend verhindern, daß Luftsauerstoff zutritt und eine Voroxidation des Aluminiums oder Chroms eintritt. Die wesentliche Defektstruktur der Spritzschichten bleibt aber erhalten, so daß ihr Oxidationsschutz nicht wesentlich steigt, wenn die Schichten nicht 100% Dichte erreichen.

25.2.7 Niederdruckplasmaspritzen (NDPS)

Das Verfahren wird auch, wenngleich weniger zutreffend, als Vakuumplasmaspritzen (VPS) bezeichnet. Diese Bezeichnung wird aufgrund von speziellen Anlagenausführungen auch als Markenname benützt.

Das Verfahren (im englischen LPPS, *low pressure plasma spraying*) hat sich für das Spritzen hochaluminiumhaltiger (chromhaltiger) Legierungsschichten sehr gut bewährt. Das thermische Spritzen läuft dabei in einer Argonatmosphäre bei 20–50 mbar Druck ab. Bild 25.2.7-1 zeigt das Verfahrens-, Bild 25.2.7-2 das Anlagenprinzip anhand einer Pilotanlage der ersten Generation. Die am häufigsten verwendeten Schichtmaterialien zum NDP-Spritzen sind in Tabelle 25 zusammengestellt. Der wesentliche Punkt des NDPS ist die Herstellung einer dichten Schicht ohne Porosität und ohne Mikrorißstruktur. Eine Wärmenachbehandlung (Diffusionsglühung) ist zwar erforderlich (eine bis mehrere Stunden, $T \geq 1000$ °C), aber das Verfahren liefert bereits eine sehr hohe Verdichtung der Spritzteilchen aufgrund des hohen Aufschmelzgrades ($\approx 100\%$) beim Spritzen und der beim Spritzen verwendeten hohen Bauteiltemperaturen ($T \leq 1000$ °C).

Sie wird entweder durch Vorwärmung mit dem Plasmabrenner oder durch den sog. übertragenen Lichtbogen erzeugt, der die Schaufeloberfläche auch durch Argon-Ionen-Beschuß thermisch ätzt. Durch die hohe Bauteiltemperatur tritt bereits eine verdichtende und homogenisierende Diffusion ein. Das Verfahren ist bezüglich der Schichtdicke nicht eingeschränkt. Die Bilder 25.2.7-3 und 25.2.7-4 zeigen eine derartige Produktionsanlage für NDPS.

Die Bewegung der Schaufeln und der Spritzpistole erfordert mehrere Bewegungsachsen. Dafür haben sich in die Anlage eingebaute Roboter bewährt, die allerdings in erheblichem Umfang besonders mit hitzebeständigen Manschetten gegen das Eindringen von Spritzpulver abgedichtet und mit zusätzlicher Wasserkühlung ausgestattet werden müssen.

NDPS-Anlagen erfordern im Verhältnis zum Atmosphäre-Plasmaspritzen (APS) einen ca. 10-fachen Investitions- und einen ca. 5-fachen Betriebsaufwand. Er ist begründet in der Systemtechnik, einer Kombination von Vakuumtechnik, Chargierschleusen, Spritzstaubfilterung, Robotertechnik im Spritzraum, Pulverförderung in Vakuum und Kühlung der Anlagenkomponenten.

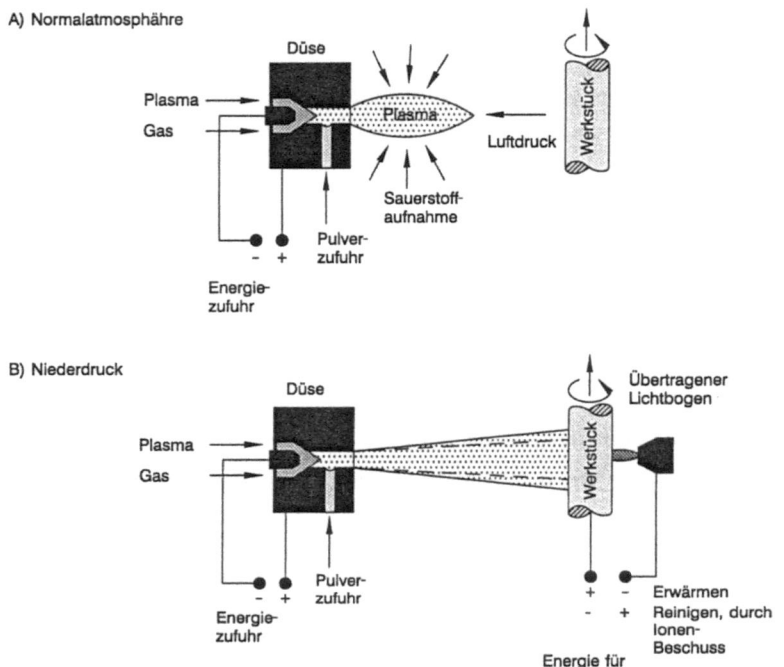

Bild 25.2.7-1: Prinzip des Niederdruckplasmaspritzens (NDPS), auch als Vakuumplasmaspritzen (VPS) bezeichnet

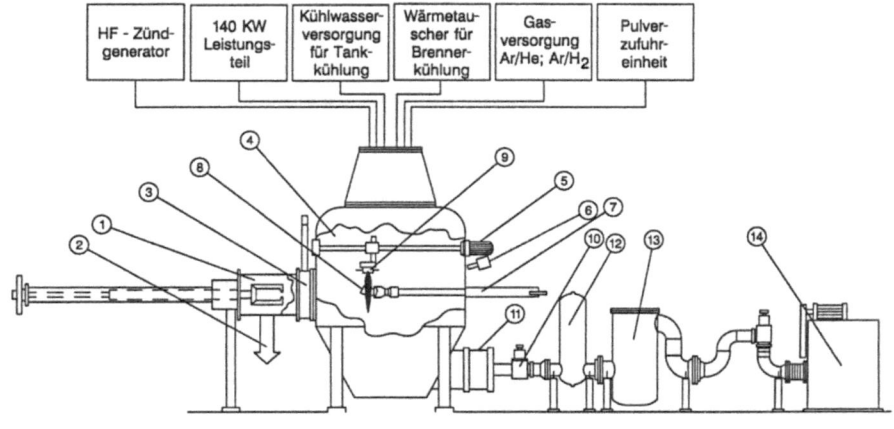

1. Übergabe - Einheit
2. Bypass zur Vakuumpumpe
3. Plattenschieberventil
4. Vakuumkammer ca. 4 kPa
5. Bewegungseinheit Brenner
6. Pyrometer z. Messg. d. Werkstücktemp.
7. Bewegungseinheit Werkstück
8. Werkstück
9. Plasmabrenner zum -beschichten und -reinigen d. Werkstücke mit übertragenem Lichtbogen
10. Ventil zur Einstellung des Kammerdrucks
11. Grobfilter
12. Feinfilter
13. Ölbadfeinfilter
14. Vakuumpumpe

Bild 25.2.7-2: Prinzip einer NDPS-Anlage der ersten Generation

25.2 Oxidationsschutzschichten (Alitierschichten)

Bild 25.2.7-3: Ansicht einer NDPS-Produktionsanlage zum Spritzen von MeCrAlY-Schichten

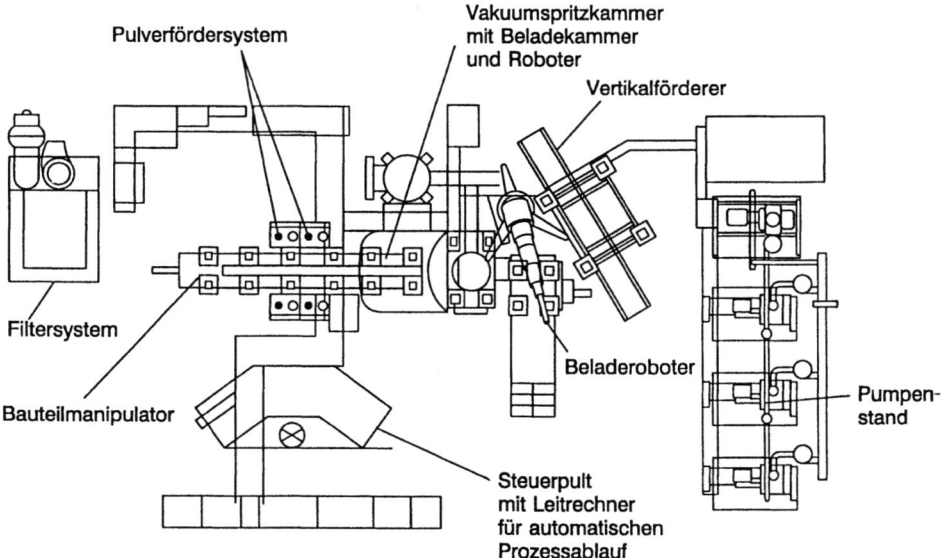

Bild 25.2.7-4: Prinzip der Anlage in Bild 25.2.7-3 aus der Vogelperspektive

Die effektive Anlagenverfügbarkeit liegt bei einer störungsfrei arbeitenden Anlage bei 70%. Der Rest der Zeit wird für Pflege, Reinigung und Aufrüsten verwendet. Die Beschichtungszeit für Laufschaufeln zwischen 150 mm und 400 mm Schaufellänge beträgt bei 0,2–0,5 mm Schichtdicke zwischen 20 und 40 min. Kühlluftaustrittsbohrungen werden beim NDPS-Verfahren durch einfache Platten oder Stäbe geschützt, die in der Aufnahmevorrichtung angebracht sind und eine bestimmte Abschattung bewirken. In schwierigen Fällen müssen die Bohrungen nach dem NDPS-Beschichten eingebracht werden, was für kein bekanntes Verfahren (EC-Bohren, Laserbohren etc.) ein Problem darstellt. Bild 25.2.7-5 zeigt als Beispiel einen Leitschaufelzwilling mit CoCrAlY-Haftschicht für die Wärmedämmschicht auf der äußeren Plattform innen.

Die Vorteile des NDPS, die in der Dichte (100%), der Homogenität der Schicht und in ihrer Feinkörnigkeit liegen, kommen am Beispiel der Untersuchungen zum Ausdruck, den Grundwerkstoff IN 100 auf sich selbst aufzuspritzen. Dadurch entsteht ein Lebensdauergewinn der IN 100-Gußschaufeln um einen Faktor bis 3, ohne daß die mechanische Festigkeit der Schaufel herabgesetzt wird und ohne daß es zu Schichtrissen aufgrund unterschiedlicher thermischer Ausdehnung zwischen Schaufel und Schicht kommt.

Die gespritzten Oxidationsschutzschichten sind auf Schaufeloberflächen zu rauh (R_t ≈ Spritzpartikeldurchmesser) und werden daher nachträglich geglättet. Dafür kommen Scheuern mit Scheuersteinen, Glättungsstrahlen und Druckfließläppen in Betracht. Während Scheuern oft an der Ungleichmäßigkeit des Abtrags an den verschiedenen Schaufelbereichen scheitert, ist Druckfließläppen relativ kostspielig wegen der benötigten Vorrichtungen zur Beherrschung des richtigen Flusses der Läpp-Paste und wegen des Reinigungsaufwandes nach dem Läppen. Infolgedessen wird das Glättungsstrahlen bevorzugt angewendet.

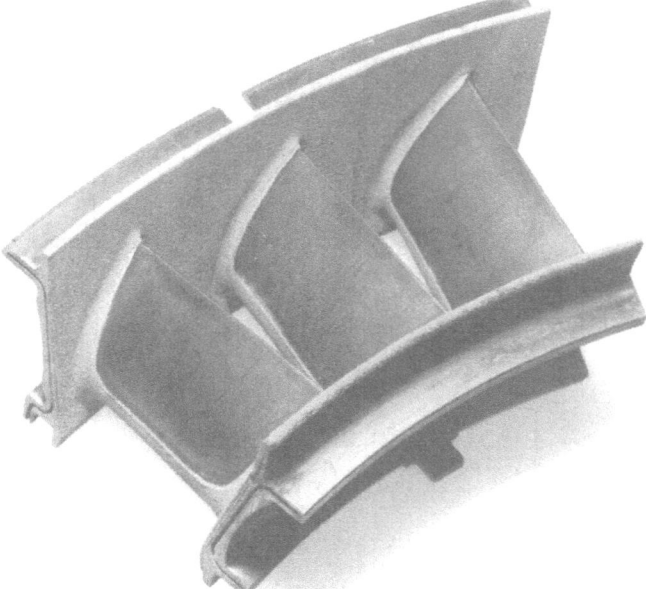

Bild 25.2.7-5: Leitschaufeldrilling mit einer WDS auf den Deckbändern innen und außen sowie auf den Eintrittskanten der Schaufeln

25.2.8 Galvanische Dispersionsverfahren

Als weiteres Verfahren kommt die Abscheidung der MeCrAlY-Legierungen aus galvanischen Bädern in Betracht. Da sich die unterschiedlichen Komponenten nicht alle gleichzeitig mit der gewünschten Konzentration in der Schicht abscheiden lassen, ist es erforderlich, auf die Abscheidung von Nickel, Kobalt oder beider Elemente auf galvanischem Wege zurückzugreifen und den Rest der Komponenten über ein dispergiertes Pulver abzuscheiden. Bewährt hat sich CrAlY-Pulver mit einer feinen und engen Siebung. Der entscheidende Faktor ist die Einbaurate der CrAlY-Partikel und ihre Homogenität. Sie kann auf 40–50% gesteigert werden, so daß der Cr- und Al-Anteil der Schicht erheblich höher liegt als bei den NDPS-CoCrAlY's.

Die prozeßtechnische Schwierigkeit liegt in der Erzielung einer gleichmäßigen (örtlich und zeitlich) Einbaurate der dispergierten Partikel. Es hat sich gezeigt, daß der wesentliche Faktor für die Partikelabscheidung die schwerkraftgesteuerte einsinnig lineare Sedimentation ist, die bei Rundumbeschichtungen von Schaufeln durch die dafür notwendige Rotation der Schaufeln im Bad wiederum stark erschwert wird. Die Strömung des Elektrolyten stört die gleichmäßige Sedimentation des dispergierten CrAlY-Pulvers und wirkt begrenzend auf die Abscheiderate. Die Problematik geht aus der Darstellung in Bild 25.2.8-1 hervor. Während die Beschichtung an einfachen Formen (Platte einseitig, Zylinderstab) erfolgreich ist, übertragbar auf ebene Flächen wie Schaufelspitzen, bleibt die Beschichtung von Turbinenschaufeln noch im Bereich der Verfahrensentwicklung. Ein potentieller Vorteil des Verfahrens ist neben den niedrigen Kosten die Aufbringungsmöglichkeit dicker Schichten.

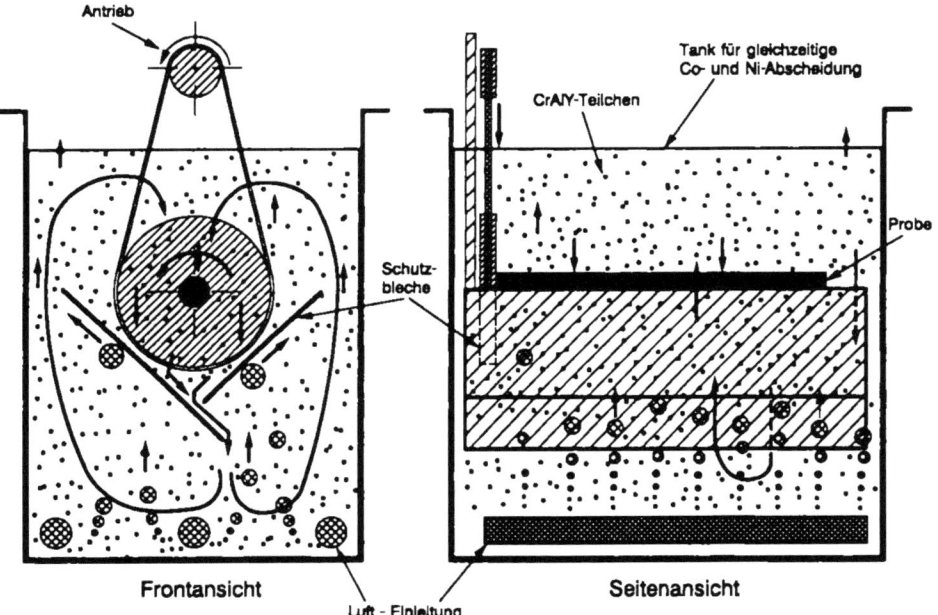

Bild 25.2.8-1: Versuchsanordnung zur galvanischen Co/NiCrAlY-Beschichtung mit rotierenden zylindrischen Proben; Abdeckbleche verhindern eine Störung der Sedimentation der CrAlY-Partikel durch die aufsteigenden Luftblasen, die die Suspension aufrecht erhalten

25.3 Inchromieren (Chromdiffusionsbeschichten)

Ähnlich den Alitierverfahren, mit denen aus einem aktiven Trägergas (AlCl, $AlCl_3$, AlF, AlF_3) bei hoher Temperatur Aluminium an der Schaufeloberfläche abgeschieden wird, ist auch das Chromieren aufgebaut.

Der Aktivator NH_4Cl, in der Nähe des Chromgranulats (Chromspender) angebracht oder mit diesem vermischt, entwickelt bei hoher Temperatur (930–1100 °C je nach Werkstoffen der Beschichtungsteile) unter Argonatmosphäre die Trägergase $CrCl_x$, die an der Schaufeloberfläche thermisch und chemisch zu Chrom und HCl reduziert werden.

Die bei 1100 °C/6 h auf Nickellegierungen abgeschiedenen Schichten sind 20 bis 30 µm dick und haben einen Chromgehalt von 22–27 Gewichtsprozent.

Der Beschichtungsprozeß erfordert sorgfältige Argonspülung beim Aufheizen, um vorzeitigen Werkstoffangriff (interkristalline Korrosion) durch überschüssiges HCl zu vermeiden.

25.4 Entfernen (Strippen) von Oxidationsschutzschichten

Sowohl zur Instandsetzung nach Betrieb als auch zum Wiederbeschichten nach fehlerhafter Neubeschichtung müssen die Alitierschichten und MeCrAlY's entfernt werden.

Das Strippen von MeCrAlY's erfolgt in chemischen Bädern und erfordert verhältnismäßig lange Prozeßzeiten. Mechanische Verfahren (Al_2O_3-Strahlen, CO_2-Strahlen, Wasserstrahlen) haben sich wegen der Verformbarkeit der Schicht nicht bewährt.

Das Strippen der MeCrAlY's auf Nickellegierungen erfolgt in saurem Kaliumsulfat. Dem Grundwerkstoff ähnliche Spritzschichten auf Nickellegierungen, z.B. 80Ni20Cr sowie gespritzte Verschleißschutzschichten werden je nach Art und Haftfestigkeit entweder mechanisch oder mit Hilfe verdünnter Salz- oder Salpetersäure abgelöst.

Spritzschichten (NiCr-Basis) auf Titanlegierungen werden entweder mit Königswasser oder (Al-Basis) mit Natronlauge abgelöst.

Das Strippen von Alitierschichten erfolgt in verdünnter Salpetersäure mit Zusätzen von Nitroaromaten, um den Prozeß zu stabilisieren. Sofern die Grundlegierung weniger als 7 Gewichtsprozent Chrom enthält (nur ältere, nicht mehr verwendete Werkstoffe), sind nichtoxidierende verdünnte Säuren erforderlich.

25.5 Wärmedämmschichten (WDS)

Die erheblichen Vorteile von WDS in Wärmekraftmaschinen sind seit langem erkannt, werden aber noch nicht auf großer Breite benutzt. Ihr Einsatz beschränkt sich auf die Fälle, wo eine adequate empirische Erprobung möglich ist und wo die funktionellen Vorteile nachweislich gravierend sind. Thermisch gespritzte WDS sind bisher sowohl im Verdichter (Einlaufbeläge in Gehäusen, Titanfeuerschutz in Gehäusen), in der Turbine (Einlaufbeläge, Blätter von Leit- und Laufschaufeln), auf Wellen, in der Brennkammer als auch auf Nachbrennerklappen eingesetzt.

Der Verbund einer Keramikschicht mit ausreichend geringer Wärmeleitung mit einem Substrat aus einem metallischen Werkstoff stellt eine Struktur dar, deren Eigenschaften, Betriebsverhalten und Lebensdauer bisher unzureichend rechnerisch kalkulier-

25.5 Wärmedämmschichten (WDS)

bar und darstellbar sind. Das Problem besteht im gleichzeitigen Auftreten reversibler (Belastungsspannungen, Temperaturzyklen) und irreversibler (Phasenumwandlungen, Sinterprozesse, Haftschichtoxidation, Rißfortschritt) Vorgänge. Die irreversiblen Vorgänge in der Keramikschicht stehen auch im Zusammenhang mit der porenreichen, mikrorißbehafteten und örtlich schwankenden inneren Struktur von plasmagespritzten Schichten.

Gespritzte WDS erleiden während ihres Einsatzes Strukturveränderungen mit interdependenten Einflußfaktoren (Werkstoff, Ausgangsstruktur, Gestalt, Zeit etc.). Einzeluntersuchungen sind daher nur unter den erheblichen Einschränkungen und Bedingungen aussagefähig, unter denen die Untersuchungen gemacht werden.

25.5.1 Die Werkstoffe

In Tabelle 26 sind die thermischen Ausdehnungskoeffizienten, die Wärmeleitfähigkeiten und andere thermomechanische Eigenschaften von Keramiken mit einem Schaufelwerkstoff und einer Titanlegierung zusammengestellt. Daraus geht hervor, daß ZrO_2 aufgrund seines großen Verhältnisses von α/λ bevorzugt infrage kommt. Die größere Dehnung des metallischen Substrats bei Erwärmung führt zu einer Grenztemperatur für die Keramikschicht, wo das Dehnungsvermögen des isotropen kompakten Materials erschöpft ist. Oberhalb dieser Temperatur kommt es zwangsläufig zu Rissen in einer vollständig dichten Schicht, da die Schicht weiter ansteigende Zugspannungen ertragen muß (Bild 25.5.1-1).

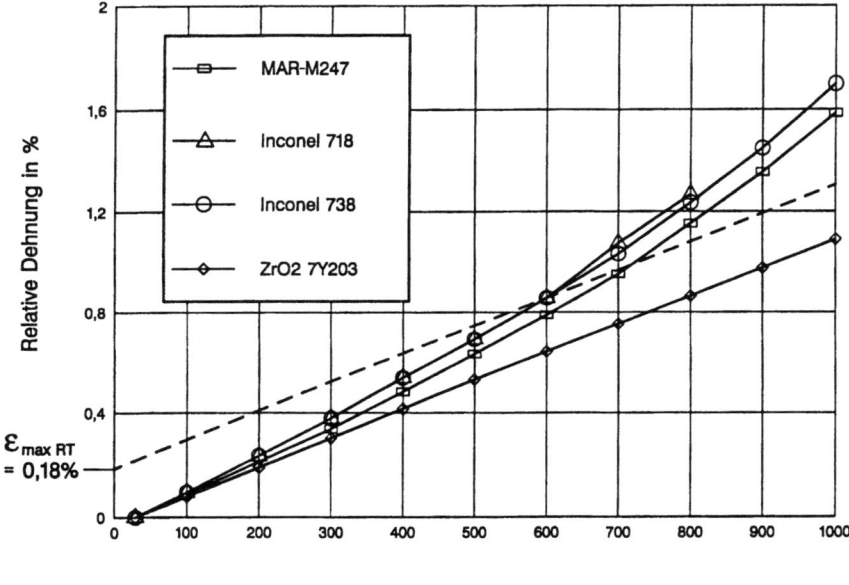

Bild 25.5.1-1: Zusammenstellung der relativen thermischen Dehnungen kompakter ZrO_2-Keramik und gegossener Schaufellegierungen als Funktion der Temperatur; ε_{maxRT} stellt die maximale Dehnung der Keramik bei *RT* unter mechanischer Belastung dar

Da ZrO_2 drei Phasen bilden kann, monoklin bis 1200 °C, tetragonal bis 2330 °C und kubisch darüber, ist eine Phasenstabilisierung unverzichtbar, insbesondere wegen des großen Volumensprungs von monoklin zu tetragonal, der bei mehrfacher vollständiger Umwandlung die Schicht sehr stark schädigt. In zahlreichen Untersuchungen hat sich $ZrO_2 \cdot 7Y_2O_3$ für thermisch zyklische Belastung am besten bewährt. Andere Mischkeramiken auf ZrO_2-Basis werden selten verwendet. Dieses teilstabilisierte Material entwickelt eine metastabile tetragonale Phase (T') mit geringer Umwandlungsneigung. Die vollständige Unterdrückung der Umwandlung in monokline und kubische Phase bzw. deren Wiederauftreten ist eine Funktion von Zeit und Temperatur, d.h. daß für die Stabilisierung nur ein bestimmter Bereich von t und T vorgegeben ist. Dieser ist nicht genügend gut bekannt.

ZrO_2 hat den grundsätzlichen Nachteil der Sauerstoffdurchlässigkeit. Trotz WDS kommt es daher zur Oxidation der Unterlage. Da die Schaufellegierungen nicht genügend oxidationsbeständig sind, sind WDS auf Turbinenschaufeln nur mit einer oxidationsbeständigen Unterschicht ausreichend lange einsatzfähig. In Frage kommen die beschriebenen Schutzschichtarten. Je länger die Einsatzzeit der WDS ist, desto mehr ist die Haftschichtoxidation der lebensdauerbestimmende Faktor, da die Haftschichtoxidation mit einer entsprechenden Volumenzunahme verbunden ist, die ihrerseits die WDS abhebt.

In zivilen Triebwerken dienen WDS auf Schaufeln zur Lebensdauererhöhung in Verbindung mit hochwertigen Oxidationsschutzschichten (NDPS-MeCrAlY's, Pt-/Al-Schichten). In militärischen Triebwerken dienen sie auf Schaufeln überwiegend zur Temperatursteigerung des Kreisprozesses.

25.5.2 Aufdampfen mit Hilfe von Elektronenstrahlquellen (*Electron Beam Physical Vapor Deposition*, EB-PVD)

Als Herstellungsverfahren für WDS kommen CVD, EB-PVD und APS in Frage. CVD besitzt vorläufig zu geringe Abscheideraten und bedarf noch wesentlicher Verfahrensentwicklungen, bevor eine Anwendung möglich ist.

Der EB-PVD-Prozeß (Elektronenstrahlaufdampfen) ist durch seine hohen Investitionskosten gekennzeichnet. In Bild 25.5.2-1 ist eine EB-PVD-Anlage dargestellt. Je nach Größe der erforderlichen Schaufelmenge pro Stunde liegt der Preis für ein solches System in der Größenordnung von 10–30 Mio. DM. Die EB-Kanonen (Leistungsbereich bis 300 kW) mit einem inneren Betriebsvakuum von 10^{-5} mbar sind im Bedampfungsraum so integriert, daß eine Atmosphäre mit einem O_2-Partialdruck von ca. 10^{-2} mbar aufrechterhalten werden kann. Dieser Sauerstoffgehalt der Restatmosphäre ist notwendig, um eine Zersetzung des dampfförmigen ZrO_2 zu verhindern. Die Dampfquellen bestehen aus absenkbaren ZrO_2-Stäben, die lokal im Zentrum der Oberfläche aufgeschmolzen werden, so daß ZrO_2 selbst als Tiegelmaterial dient. Der Abdampfungsprozeß läßt sich nur mit langen Anlaufzeiten stabilisieren, so daß nur 3-Schicht-Betrieb sinnvoll ist. Die Substrate müssen innerhalb der Dampfkeule bewegt werden, um konstante Schichtdicken zu erzeugen. Die Abscheidungsrate beträgt 5–8 µm/min in Produktionsanlagen.

Neben den hohen Anlagenkosten besteht ein großer Platzbedarf für eine EB-PVD-Produktionsanlage. Hohe Betriebskosten und geringe Ausbringungsraten durch die geringe Abscheiderate und den Chargierbetrieb mit kleinen Stückzahlen, die gleichzeitig bedampft werden können, bedingen trotz der überlegenen Funktionsqualität der EB-PVD-WD-Schichten bisher nur begrenzte Anwendung.

25.5 Wärmedämmschichten (WDS)

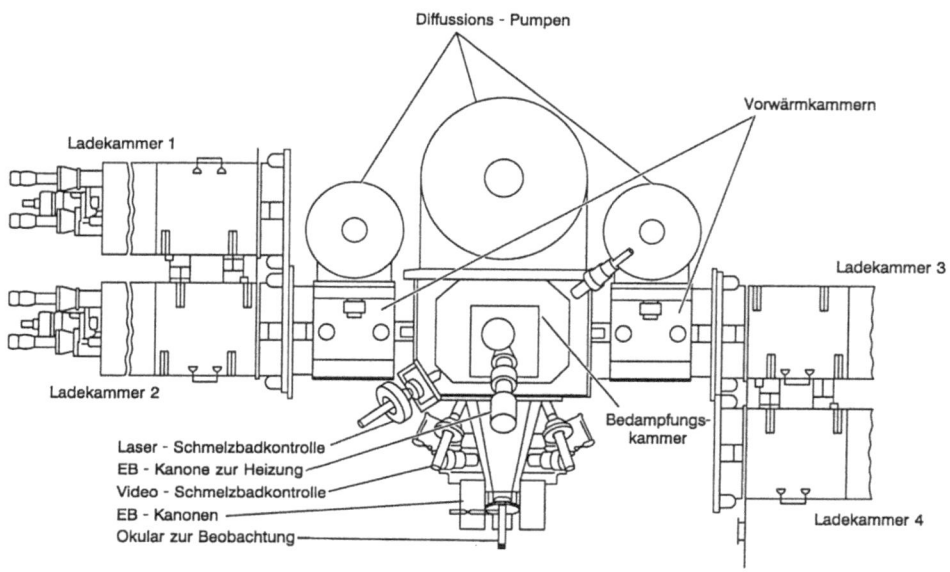

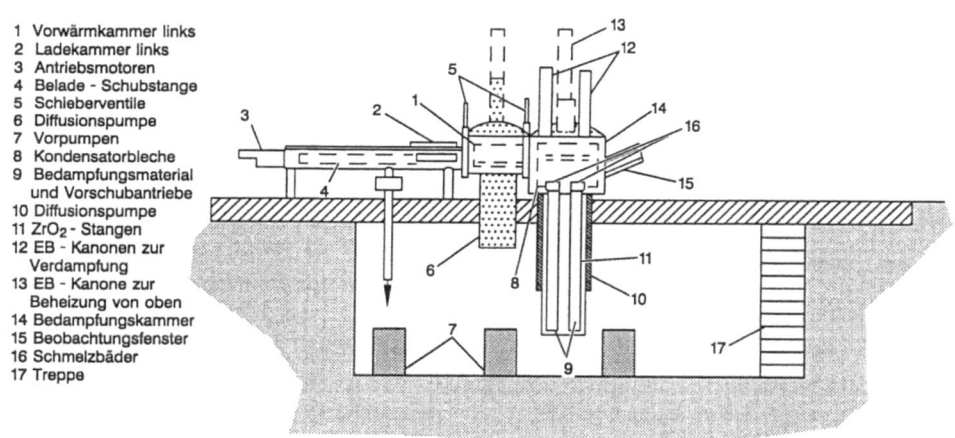

1 Vorwärmkammer links
2 Ladekammer links
3 Antriebsmotoren
4 Belade - Schubstange
5 Schieberventile
6 Diffusionspumpe
7 Vorpumpen
8 Kondensatorbleche
9 Bedampfungsmaterial und Vorschubantriebe
10 Diffusionspumpe
11 ZrO_2 - Stangen
12 EB - Kanonen zur Verdampfung
13 EB - Kanone zur Beheizung von oben
14 Bedampfungskammer
15 Beobachtungsfenster
16 Schmelzbäder
17 Treppe

Bild 25.5.2-1: Prinzip einer EB-PVD-Beschichtungsanlage, mögliche Vorwärm- und Beladekammern nach vorn und hinten sind nicht mit dargestellt; oben: Draufsicht, unten: Seitenansicht (Seitenansicht und Ansicht von oben sind zwecks Vereinfachung der Darstellung nicht kompatibel)

25.5.3 Atmosphäre-Plasmaspritzen (APS)

Die APS-Technik für WDS stellt keine Besonderheit gegenüber der für das Plasmaspritzen sonst üblichen Ausrüstung dar.

Der Spritzprozeß selbst ist kritisch im Hinblick auf die entstehende Schichtstruktur. Ausschlaggebend sind: Auftragsrate, Substrattemperatur und die Zahl der Übergänge. Die erreichbaren Haftzugfestigkeiten nach DIN unterliegen einer verhältnismäßig hohen Streuung. Sie betragen 40 N/mm^2 ± 35 N/mm^2. Diese Streuung beruht auf der von Strukturfehlern geprägten Schicht (Poren, Grenzflächen, Mikrorisse). Entscheidenden Einfluß hat die Abschreckgeschwindigkeit der einzelnen Spritzpartikel und der lokalen Schichtbereiche. Sie ist abhängig von der Wärmeableitung durch die Umgebung und das Substrat und sinkt mit zunehmender Schichtdicke. Untersuchungen mit Thermografie haben gezeigt, daß auch die Art und Anbringung von Abdeckvorrichtungen einen entscheidenden Einfluß auf die Temperaturverteilung der Schicht besitzen können. Ihre Konstruktion bedarf bei kritischen WDS besonderer Beachtung. Die optimalen Spritzparameter sind auch von der Form der Bauteile abhängig. Druck- und Zugspannungen bei der Abkühlung der Schicht sind von der Krümmung der Bauteiloberfläche abhängig. Die Kühlung der Teile beim Spritzen verstärkt die Mikrorißstruktur und damit die thermozyklische Festigkeit, verringert jedoch die innere statische Festigkeit.

Die Makrorißstruktur und die Haftfestigkeit können bei verzugsempfindlichen Teilen erheblich von den beim Spritzen auftretenden thermisch bedingten Verformungen abhängen. Erfahrungen mit Verdichtergehäuseringen zeigen die große Empfindlichkeit der Rißausbildung durch Gehäuseringverformungen, die wiederum von Temperaturgradienten abhängig sein können, deren Höhe geringfügig erscheinen kann. Beim Vorliegen von Makrorissen nach dem Spritzen empfiehlt sich eine FEM-Dehnungsberechnung des zu beschichtenden Teils, um die Makrorisse zu beseitigen, indem der Ablauf des Spritzens so durchgeführt wird, daß das Bauteil und die Schicht zeitlich und örtlich stets dieselbe mittlere Temperatur aufweisen.

Die Spritzpulver besitzen eine Kornverteilung, die sich nach der erforderlichen Mikrostruktur der Schicht richten muß. Normale Anwendungen erfordern Pulver mit einer Verteilung von 45–125 µm Korngröße. Bei Herabsetzung der Korngrößen tritt eine Herabsetzung der Porengröße und der Porenhäufigkeit in der Schicht ein und damit eine Erhöhung der inneren statischen mechanischen Festigkeit der Schicht und eine Erhöhung des E-Moduls. Da die Sintergeschwindigkeit ebenfalls angehoben wird, sind feine Pulver, z.B. 22,5–45 µm, nur bei gleichzeitiger Reduzierung des Gehaltes von sinterförderlichen Begleitsubstanzen zu empfehlen, je nach Einsatztemperatur. Im Verdichterbereich ist z.B. bei einmaliger oder langsamer Erwärmung bis zu mäßigen Temperaturen (Beispiel Titanfeuerschutz) der Steigerung der inneren statischen Festigkeit der Vorzug zu geben.

Zur Herstellung der Pulver wird erschmolzenes ZrO_2 mit 7% Y_2O_3 erstarrt und anschließend wieder gebrochen (Bild 25.5.3-1).

25.5 Wärmedämmschichten (WDS)

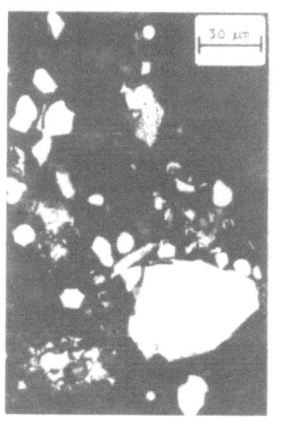  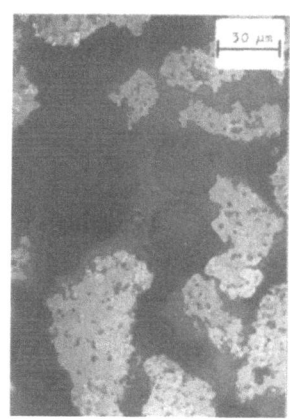

erschmolzen, gebrochen | erschmolzen, gebrochen, agglomeriert | erschmolzen, gebrochen, agglomeriert, gesintert

Bild 25.5.3-1: Vergleich verschiedener $ZrO_2 \cdot 7\, Y_2O_3$-Spritzpulver

25.5.4 Die Schichtstruktur

Das Bild 25.5.4-1 zeigt je eine EB-PVD-WDS und eine APS-Schicht. Es ist zweifelsfrei, daß oberhalb einer kritischen Betriebstemperatur (siehe Bild 25.5.1-1) eine kompakte, homogene, fehlerfreie Schicht nicht mehr existieren kann, da ihr Dehnungsvermögen überschritten ist. Sowohl APS- als auch PVD-Schichten erhalten daher a priori „Dehnungsfugen". Sie entstehen in regelmäßiger Struktur beim Aufdampfen durch das quasi epitaktische Wachstum von Stengelkristallen. Die von der Schaufel bzw. vom Bauteil herrührenden Zugspannungen bei Erwärmung führen nicht zum Reißen der Schicht. Ihre Wirkung beschränkt sich auf das Auseinanderrücken der Stengelkristalle. Bei ausreichendem Anfangsabstand dieser Stengelkristalle kann die Schicht auch keine Druckspannungen aufbauen, was zum Aufwölben der Schicht mit Ablösung führen würde, ein Effekt, der insbesondere an den konvexen Schaufelkanten auftreten kann.

Demgegenüber besitzen die APS-Schichten keine regelmäßige Anordnung der „Dehnungsfugen". APS-Schichten haben jedoch die Möglichkeit der Bildung einer Mikrorißstruktur und sind bereits nach dem Spritzen durch offene innere Grenzflächen charakterisiert. Poren, innere Grenzflächen mit schwacher Bindung der angrenzenden Bereiche aneinander und Mikrorißstrukturen erlauben auch der APS-Schicht eine Dehnung über ihre kritische Temperatur hinaus.

Sowohl PVD als auch Spritzschichten besitzen einen E-Modul, der sehr klein ist und von der Defektstruktur abhängt.

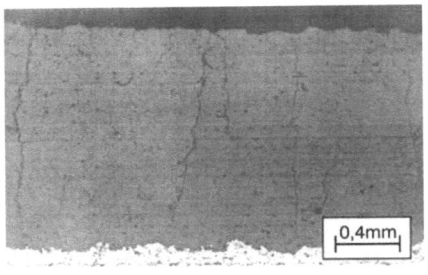 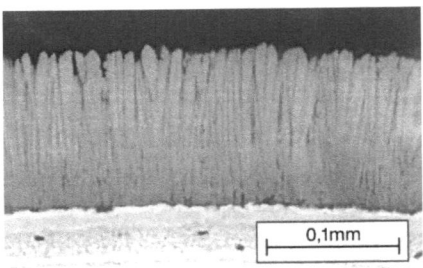

plasmagespritzt   aufgedampft

Bild 25.5.4-1: Vergleich der Mikrostruktur von Wärmedämmschichten

25.5.5 Versagensmechanismen und Lebensdauer von WDS

Der Vorgang des Versagens der WDS ist die Abplatzung der Schichten. Dem Abplatzen geht in der Regel eine innere Veränderung der Schicht voraus. Beide Vorgänge zusammen sind von einer bauteilspezifischen Streubreite geprägt, die bei der Anwendung von gespritzten WDS auf Schaufelblättern nicht zufriedenstellend ist. Zu dieser Streuung der Lebensdauer tragen sowohl Schwankungen des Auftragsprozesses als auch der betriebsbedingten Veränderungen bei. Einen wesentlichen Beitrag zur Verschlechterung der Lebensdauer liefern die grundsätzlich nicht vermeidbaren Sinterungen, d.h. eine Verminderung der inneren freien Oberflächen und die Bildung größerer Risse aufgrund zyklischer Dehnungen. Das Sintern äußert sich in der Zunahme des E-Moduls und damit abnehmender Dehnungsobergrenzen. Die wesentlichen Mängel der APS-Schichten gegenüber den EB-PVD-Schichten (siehe Bild 25.5.4-1) sind ihre unregelmäßig verteilten, in Größe und Art schwankenden Fehler. Diese unterliegen zusammen mit der Matrix den allmählich einsetzenden Veränderungen (Sintern, Phasenumwandlungen, Aufnahme von Silikaten etc. aus dem Heißgas, Zersetzung der Verbindungen durch Reaktion mit Wasserdampf im Heißgas). Insbesondere die Akkumulation der Rißbildung an einzelnen Stellen vermindert die Lebensdauer, erhöht die Streubreite und verringert damit die Zuverlässigkeit im Betrieb. Allerdings trägt nur eine Rißumlenkung in horizontale Richtung zur Abplatzung bei, während Risse senkrecht durchgehend bis zur Haftschicht bzw. zum Grundwerkstoff den E-Modul wieder erhöhen und sich dadurch nicht negativ auswirken.

Ein besonderes Merkmal dieser Eigenschaften ist die Abnahme der Zuverlässigkeit und Lebensdauer mit der Dicke der Schicht.

Neueste Ergebnisse zeigen, daß die Deaktivierung der inneren Grenzflächen durch die vollständige Belegung mit Partikeln im nm-Bereich auch zu einer markanten Lebensdauererhöhung der APS-Schichten bei thermozyklischer Belastung führen kann. Die APS-Schichten zeigen Abplatzungen stets in Verbindung mit horizontalen Rissen in etwa 0,1 mm Abstand von der Haftschicht, die auf Druckspannungen parallel zur Oberfläche zurückgehen (Stauchungseffekt).

Schichten unterhalb dieser Dicke zeigen keine Abplatzungen, bieten jedoch nicht die erreichbare Wärmedämmung, die erst bei etwa 0,4 mm WDS-Dicke in die Nähe des technisch nutzbaren Maximalwertes kommt.

Bei langen Betriebsdauern in zivilen Triebwerken spielt die Haftschichtoxidation mit Volumenzunahme eine entscheidende Rolle.

Die Verbesserung der APS-Schichten erfordert neue zerstörungsfreie, flächendeckende Methoden zur Beschreibung ihres Zustandes, um zeitliche und örtliche Konstanz desselben zu gewährleisten und um diesen im Hinblick auf die Lebensdauer zu optimieren. Erfolgreich werden bereits Thermografie, Ultraschallprüfung und die Messung der Dielektrizitätskonstanten bei mehreren Frequenzen eingesetzt, vorläufig allerdings noch nicht in der Serienproduktion. Die zerstörungsfreie Prüfung der Wärmedämmschichten, wie von Schichten überhaupt, dient in erster Linie der Auffindung und Beseitigung von Qualitätsschwankungen. Die Beseitigung kann teilweise durch die Stabilisierung des Auftragsprozesses erfolgen. In der Regel sind derartige Maßnahmen mit einer exakten Analyse und Synthese der Temperaturen und Temperaturgradienten beim Spritzen, Aufheizen und Abkühlen identisch.

Ein weiterer Schritt zur vermehrten Nutzung der WDS besteht in der theoretischen Erfassung ihres Verhaltens durch rechnerische Simulation, deren Stand noch nicht ausreicht, um daraus generellen Nutzen zu ziehen.

25.6 Verschleißschutzschichten (VSS)

In Tabelle 27 sind die wesentlichen VSS-Werkstoffe zusammengestellt, die im Triebwerksbau verwendet werden. Sie sind den Anwendungsarten und Aufbringungsverfahren gegenübergestellt.

Besondere Eigenschaften besitzen die Anwendungen aufgrund der bauteilspezifischen Erfahrungen mit Frettingverschleiß und Frettingermüdung, siehe Abschnitt 4.3.

Erfahrungsgemäß sind große Härten (größer 800 HV_{30}) der Schichten nicht zielführend aufgrund der Überlagerung von Stößen und Schwingungen sowie des zu hohen Härtegradienten zum Grundwerkstoff. Weder PVD-Titan-Nitrid-Schichten (TiN) und ihre verwandten Arten (TiC, TiCN) noch Gasnitrierschichten auf Titanwerkstoffen haben sich bewähren können, obwohl speziell TiN-Dünnschichten große Vorteile haben. Sie lassen sich innerhalb der meisten Passungstoleranzen ohne Änderung der Zeichnung nachträglich einbringen und sind, speziell auf Titanbauteilen, günstig durch reaktives Sputtern in Stickstoffatmosphäre herstellbar.

Ein weiteres Problem stellt sich bei Aufbringung von Schichten mit Zugspannungen aufgrund der Begünstigung der Schwingungsrißbildung.

Auf ausreichende Duktilität der Schicht kann man nicht verzichten, wie der Erfolg der thermisch gespritzten CuNiIn-Schicht deutlich zeigt, die auf Verdichterschaufelfüßen gegen Fretting eingesetzt wird. Die effektive Werkstoffbeanspruchung kann nur durch Herabsetzung des Reibungskoeffizienten (glatte Oberfläche, Lastverteilung gleichmäßig) oder durch additive Verformungsfähigkeit der Schicht erniedrigt werden (Bild 25.6-1).

Die Verschleißschutzschichten im heißen Bereich müssen ausreichende Oxidations- und Korrosionsfestigkeit aufweisen, so daß nur noch Stellite und die Al- und Cr-haltige Legierungen in Frage kommen, die auch als Oxidationsschutzschichten Verwendung finden.

Eine spezielle Entwicklung sind die Dispersionsschutzschichten, die die Hartstoffphasen innerhalb einer galvanisch abgeschiedenen Nickel- oder Kobaltmatrix enthalten.

Die Abscheidung erfolgt, wie bei den galvanisch hergestellten CoCrAlY-Schichten, über die mechanische Suspension der Hartstoffphasen in der Lösung.

Eine besondere Aufgabe im heißen Turbinenbereich ist die Erhaltung der Temperaturbeständigkeit und ausreichende Erosionsbeständigkeit der Bauteile. Es bieten sich aus diesem Grunde die Nickel- und Kobalt-Matrix-Schichten an, da sie mit den entsprechenden Chrom- und Aluminiumgehalten hohe Oxidationsbeständigkeit haben. Vergleichbar dazu sind alle kohlenstoffhaltigen Schichten, auch die Karbide, verhältnismäßig unbeständig. Durch die bereits bei Temperaturen des Hochdruckverdichters spürbar einsetzende Reaktion zu CO entsteht permanenter Materialverlust.

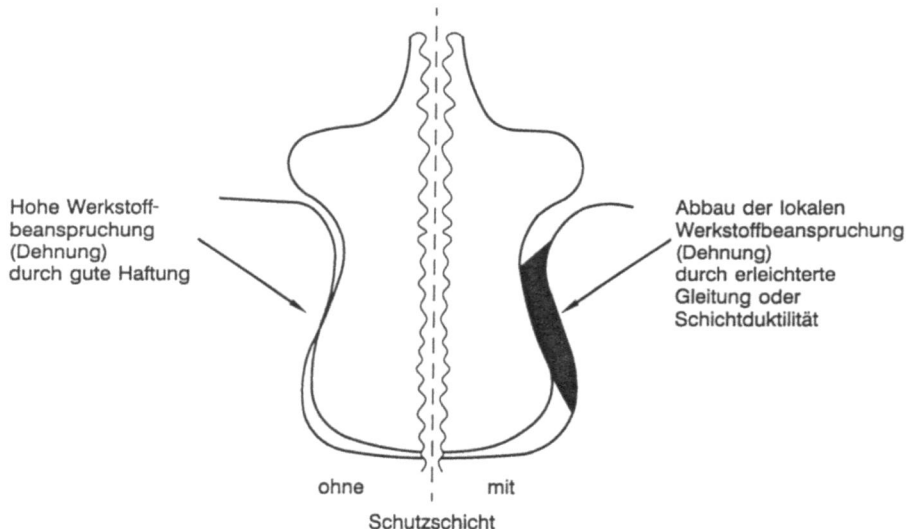

Bild 25.6-1: Wirkungsweise von Schutzschichten gegen Reibermüdung (*fretting fatigue*)

25.6.1 Schutzschichten gegen Fretting (Schwingreibverschleiß)

Die im Triebwerk auftretenden Schwingungsmöglichkeiten sind vielfältig: Es sind Eigenschwingungen, z.B. von Gehäusen, Rotor-Schwingungen und Schaufelschwingungen, hervorgerufen durch die periodische, drehzahlabhängige Unterbrechung des axialen Gasstroms beim Passieren der Leitschaufeln durch *Laufschaufeln (blade passing frequency)* (siehe Abschnitte 4.3 und 5).

Die pro Resonanzfrequenz aufnehmbare Leistung kann groß werden. Daraus resultierende Verschleißerscheinungen an den Steckverbindungen aller Art sind häufig mit Werkstoffermüdung (*fretting fatigue*) verbunden. Man hat es in diesen Fällen mit gleichzeitig auftretendem Verschleiß und Werkstoffermüdung unter periodischer Horizontalkraft mit ca. 0,5- bis 1-facher Normalkraft zu tun. Diese Erscheinung wird auch als Passungsrost bezeichnet, abgeleitet von der begleitenden Eigenschaft einer großen permanent überdeckten Fläche der Reibpartner (kleine Schwingungsamplitude), die eine Beseitigung des Abriebs nicht ermöglicht.

25.6 Verschleißschutzschichten (VSS)

Die am häufigsten betroffenen Verbindungen sind die Schaufel-Scheibe-Steckverbindungen aufgrund der Schaufelschwingungen.

Die Untersuchungen zum Verlust an Dauerfestigkeit und über Abhilfemaßnahmen haben im wesentlichen ergeben, daß nur die Verfestigung durch Kugelstrahlen und/oder die Beschichtung mit einer ausreichend dicken duktilen Schicht zu einem nennenswerten positiven Effekt führt (Bilder 25.6-1 und 25.6.1-1). Während eine duktile (verformbare) Schicht die effektive Werkstückbeanspruchung herabsetzen kann, ist der Effekt einer Herabsetzung des Reibkoeffizienten (glatte Oberflächen) praktisch nicht ausreichend wirksam, da die Adhäsion bei den vorliegenden Normalkräften zu hoch ist.

Dünne Hartstoffschichten (PVD-Schichten vom Typ TiN) haben sich, obwohl in vieler Hinsicht attraktiv, als Frettingschutz bisher nicht bewährt, da sie zwar den Verschleiß an der TiN-Oberfläche herabsetzen, nicht jedoch die Werkstoffbeanspruchung darunter im Grundwerkstoff. Sie verringern u.U. sogar die Dauerfestigkeit durch hohe Härtegradienten und spontane Rißeinleitung bei hoher lokaler schlagartiger Beanspruchung.

Aussichtsreicher sind dagegen außer der schon erwähnten CrNiIn-APS-Schicht duktile Schichten auf Cu-Basis (20–50 µm), die zum Schutz gegen Oxidation entweder Aluminium oder Chrom enthalten. Sie ermöglichen aufgrund ihrer Verformbarkeit in Verbindung mit nicht adhäsiven Oxidpartikeln Frettingreduzierung an den Schaufeln und Scheibennuten.

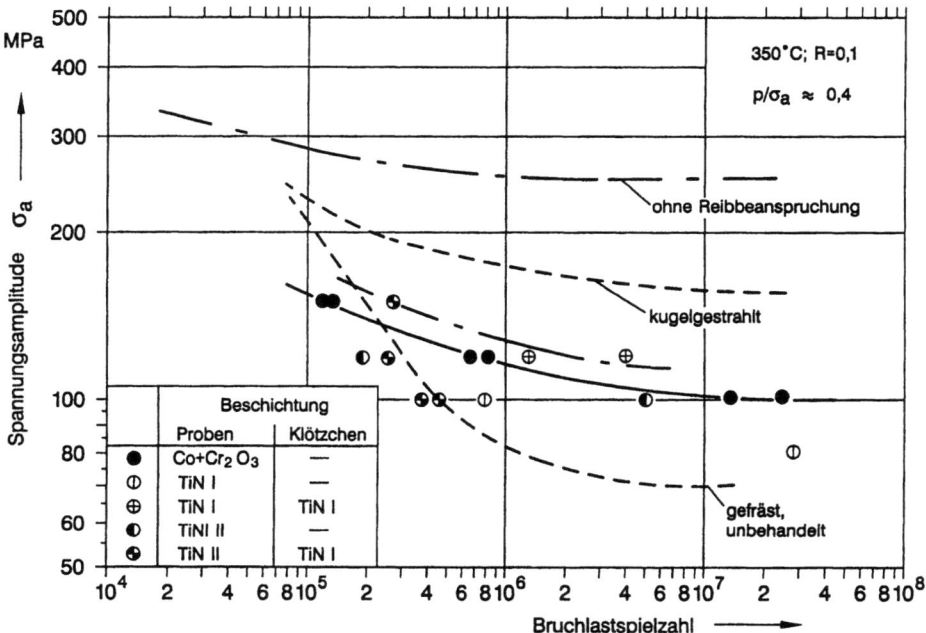

Bild 25.6.1-1: Beispiel für die Reibschwingfestigkeit von beschichteten und kugelgestrahlten Proben aus Ti6Al4V [nach Schäfer]

Die Verfahren des *physical vapor deposition* (PVD) sind in zahlreichen Varianten verfügbar. TiN und verwandte Schichten werden durch Sputter-(Kathodenzerstäubungs-)technik aufgetragen. Die Aufbringung von TiN auf Titanlegierungen erfolgt durch sogenanntes reaktives Sputtern, bei dem die Bildung des TiN durch Reaktion mit Stickstofffatomen aus der Prozeßatmosphäre an der Werkstückoberfläche erfolgt. Das Auftragsmaterial ist fest als Kathode (Target) gebunden und wird durch Ionenbeschuß (hauptsächlich Argon) zerstäubt. Die abgestäubten Atome, Moleküle und Ionen gelangen in einem werkstück-(substrat-)spezifisch aufgebauten Feld (elektrisch und magnetisch) auf das Werkstück (Substrat). Die Anordnung der Felder, die Wahl des Gases und Gasdrucks erlauben zahlreiche Varianten. So ist es z.B. möglich, in Mehrschichtverbunden TiN-Schichten aufzutragen, die die Dauerfestigkeit erhöhen. Die wesentliche Maßnahme dabei ist die „Formierung" der Titanoberfläche des Werkstücks durch Relaxation der Eigenspannungen und die Beseitigung von Kerben im Herstellungsprozeß vor der Aufbringung einer fehlerfreien duktilen Titanunterschicht.

25.6.2 Schichten für Dichtungen (Dichtungsbeläge)

Für die Spalthaltung zwischen Rotor und Stator sind zahlreiche Schichten in Anwendung. Während die Stege von Labyrinthdichtungen zum Schutz beim Anstreifen mit normalen Hartstoffschichten wie Al_2O_3 oder $NiCr/Cr_3C_2$ thermisch gespritzt beschichtet werden, sind aufgrund der besonderen Anforderungen zwischen Laufschaufeln und Stator sowie Leitschaufeln und Rotor auch besondere Schichtsysteme in der Anwendung.

Bei der Schichtauswahl ist zu berücksichtigen, ob die Spalte so konstruiert sind, daß im Normalbetrieb kein Einlaufen erfolgen kann oder ob ein Einlaufen in jedem Fall vorgesehen ist. Teilweise dienen jedoch alle Schichten auch dem Sonderfall einer starken axialen oder radialen Rotorauslenkung mit u.U. großen Einlauftiefen, was besonders bei militärischen Triebwerken stattfindet.

Wie teilweise schon eingangs beschrieben, ist es erforderlich, das Schichtsystem im Stator, in das die Laufschaufeln einlaufen, so zu wählen, daß es nachgibt und die Schaufelspitzen unversehrt bleiben. Auf diese Weise wird zwar bei axialsymmetrischem Einlaufen (360°) dieselbe Spaltaufweitung erzeugt wie bei einem Abrieb an den Schaufelspitzen, bei unsymmetrischem Einlaufen (z.B. Exzentrizität des Rotors) entsteht der Spalt jedoch nur partiell (Bild 6-3). Generell wäre ein hartes Anstreifen mit Schaufelspitzenabtrag zusätzlich zur schlechteren Spaltausbildung ein Problem für die Festigkeit der Schaufeln, selbst wenn die Schaufelspitzen mit abreibbaren Schichten versehen wären.

In den Tabellen 28 bis 31 sind die heute gebräuchlichen Einlaufschichten und Schutzschichten für die Schaufelspitzen dargestellt. Die im Verdichter am häufigsten verwendete Schicht aus thermisch gespritztem Nickel-Graphit (Bild 25.6.2-1) besitzt eine erhebliche Einlauffähigkeit durch das fragile Nickelgerüst mit einem Porenanteil von 60 bis 80 Vol.-%. Der Graphit dient der Herstellung dieser Schicht aus einem spitzkörnigen oder globularen Graphitpulver, dessen Körner galvanisch vernickelt werden. Während des Spritzens schmilzt das Nickel auf, während der feste Graphit verhindert, daß eine dichte Schicht entstehen kann (siehe Kap. 25.7).

Das von Poren und Graphit durchsetzte Nickelgerüst besitzt eine „Struktur-Plastizität". Zuzüglich ist die Abriebfestigkeit so gering, daß selbst bei Einlauftiefen von mehreren Millimetern keine Schaufelbeschädigung auftritt.

25.6 Verschleißschutzschichten (VSS)

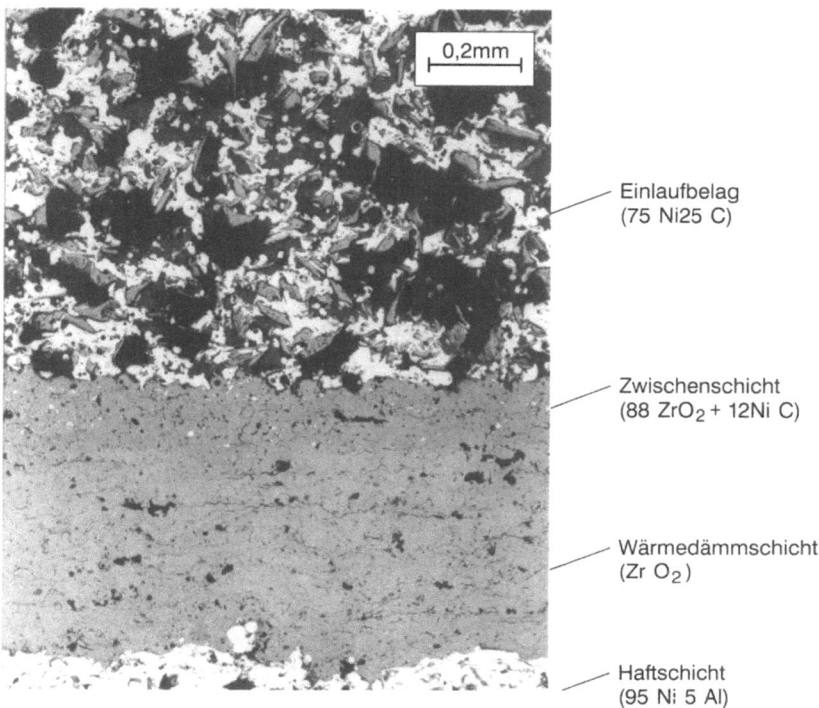

Bild 25.6.2-1: Schliffbild eines Nickel-Graphit-Einlaufbelages über einer Wärmedämmschicht aus ZrO_2 stabilisiert und einer Haftschicht aus Ni-Al95/5, alle Schichten thermisch gespritzt; helle Gefügebestandteile: Nickel, graue Gefügebestandteile: Graphit, schwarze Gefügebestandteile: Poren

Problematisch ist diese Eigenschaft für die Erosionsbeständigkeit. Nickel-Graphit-Einlaufbeläge haben keine hohe Erosionsbeständigkeit, eine Forderung, die der Einlauffähigkeit entgegenläuft, siehe Bild 25.6.2-2. Eine besondere Schwierigkeit besteht auch in der spritztechnisch bedingten breiten Streuung der Härte sowie deren Abhängigkeit von der Schichtdicke (Einfluß der Unterlage), siehe Bild 25.6.2-3. Das schwankende Verformungsvolumen unter der Last der großen Eindruckkugel (Super-Rockwell-Härte HSR) reicht bis zum Bauteil. Diese Erscheinung führt auch zu erheblichen Schwankungen der Schnittkräfte beim Fertigdrehen der Schichten, die verhindern, daß die Schnittkraftmessung als Ersatz für eine Härteprüfung verwendet werden kann.

Die Härte der NiC-Einlaufbeläge verringert sich mit der Zeit durch den Verlust an Kohlenstoff durch Oxidation (CO-Bildung).

Alle Schichten, die größere Härten als NiC-Schichten besitzen, führen bei nennenswertem Anstreifen (Größenordnung einige Zehntelmillimeter) zu Schaufelbeschädigungen. Die Konsequenz ist eine Schaufelspitzen-Panzerung. Bei Verdichterschaufeln kommen in Frage: Laserpulverauftragsschweißen, thermisches Spritzen, Mikro-Plasma-Auftragsschweißen, Auflöten oder galvanisches Binden von Hartstoffen (BN, WC, TiC etc.) sowie die Anbindung der Hartstoffe durch keramische Schlicker (siehe Tabelle 30).

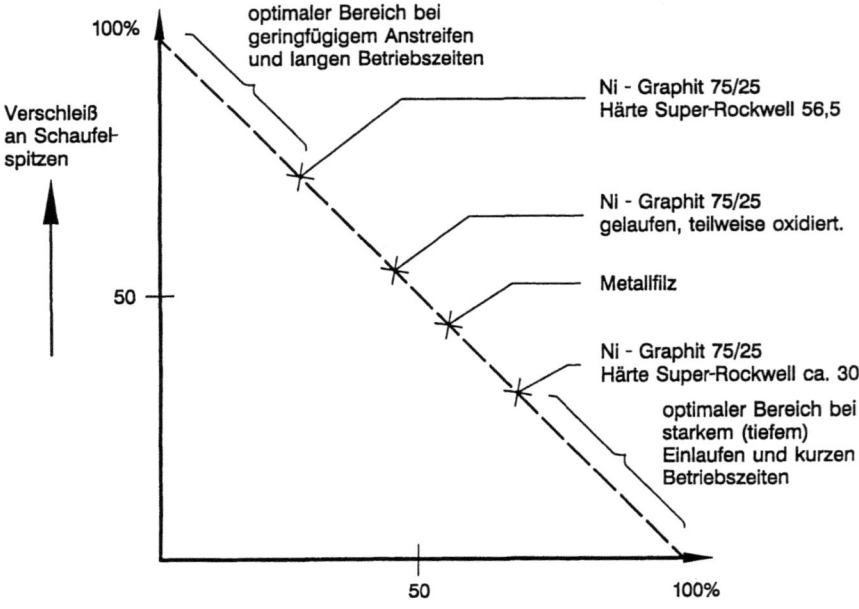

Bild 25.6.2-2: Beispiel für den Zusammenhang von Schaufelspitzenverschleiß und Einlauffähigkeit von Einlaufbeschichtungen im Verdichter; eine ähnliche Beziehung besteht zwischen dem Einlaufverhalten der Schicht und dem Widerstand gegen Partikelerosion

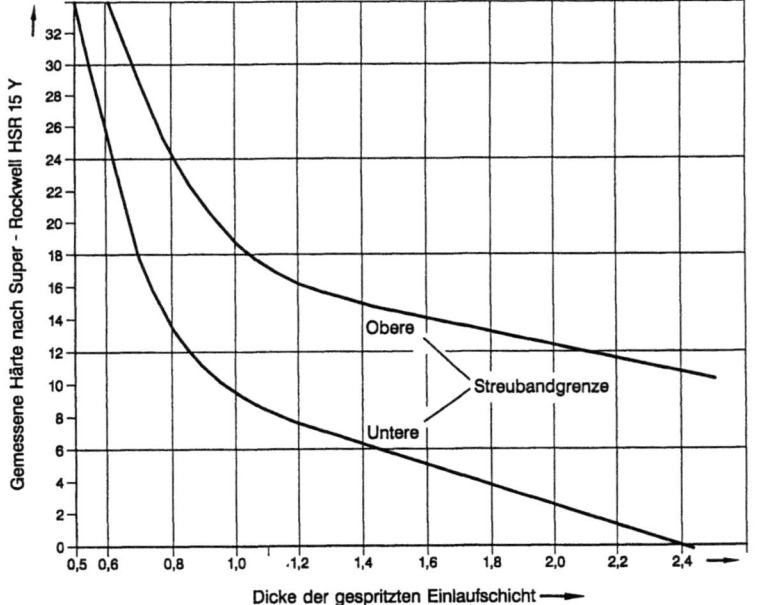

Bild 25.6.2-3: Streuband der Härte gespritzter NiC-Einlaufbeläge als Funktion der Schichtdicke, gemessen mit Härteeindruckkugeln nach HSR15Y

25.6 Verschleißschutzschichten (VSS)

In Verdichtern ziviler Triebwerke bewähren sich in zunehmendem Maße die Schaufelspitzenpanzerungen aus BN in galvanischer Matrix.

Bei Turbinenschaufeln kommen als Schaufelspitzenpanzerungen wiederum nur die heißgasbeständigen Legierungen vom Typ MCrAlY in Frage.

Ein gravierendes Problem stellt die Schichtauswahl dar. Das reale Einlaufverhalten eines Verdichters oder einer Turbine stellt eine Systemeigenschaft dar. Die Merkmale des Systems (Temperatur, Drehzahl, Einlauftiefe, Einlaufgeschwindigkeit, Schaufelform, Werkstoffe etc.) lassen sich nicht quantitativ oder halbquantitativ in die stofflichen Eigenschaften der Schicht umsetzen.

Daher sind die verwendeten Schichten und das jeweilige Auftragsverfahren in langwierigen Versuchen erprobt worden, teils in Prüfständen verschiedenster Art, teils in Triebwerken, wobei auch die Unsicherheit in der Festlegung der realen Betriebsbedingungen einen gravierenden Nachteil darstellt.

Prüfstände sind geeignet, um eine Vorauswahl von Schichtsystemen zu treffen und um Vorstellungen vom realen Einlaufverhalten zu erhalten, das keine genau definierte Eigenschaft darstellt.

Ein theoretischer Ansatz zur geeigneten Schichtauswahl ist das thermische Anstreifmodell, das auf schneller Wärmeentstehung durch Reibung und Wärmeableitung beruht, im Gegensatz zu Anstreifmodellen, die sich an Vorstellungen der Zerspanung anlehnen. Das thermische Anstreifmodell ist anwendbar im Turbinenbereich und in denjenigen Fällen, wo größere Flächen quasi tangential miteinander in Berührung kommen, während das Zerspanungsmodell nur in Frage kommt, wo scharfe Kanten, etwa im Verdichterbereich, eintauchen. Wie mit Prüfstandsversuchen nachgewiesen werden konnte, ist der Grad der Verformung und der Beschädigung des Einlaufschichtsystems erheblich von den Wärmeleitungseigenschaften abhängig, da der Anstreifvorgang einem schnell verlaufenden Reibvorgang gleichzusetzen ist, bei dem höchste lokale „Blitztemperaturen" auftreten können. Über die Höhe der eingebrachten Wärmedichte beim Anstreifen entscheidet die Gestalt der Reibpartner, während die Ableitung der Wärmemenge von den stofflichen Wärmeleitungseigenschaften zusammen mit den Querschnitten für den Wärmestrom bestimmt wird. Vom Wärmestrom hängen auch die effektiven Werkstofffestigkeiten beim Anstreifen ab, da bei Erwärmung Erweichung auftritt.

Das Wärmeleitungsmodell des Anstreifverhaltens gestattet eine Vorabqualifikation verschiedener Kombinationen von Einlaufschicht und Schaufelspitzenbeschaffenheit mit Hilfe der Werkstoffdaten E-Moduli, Wärmeleitungskoeffizienten, spezifischen Wärmen und der Gestaltfaktoren.

Die Vorabqualifikation geschieht mit Hilfe der Einführung eines relativen Einlaufkoeffizienten.

Der Schutz des Rotors erfolgt durch Beschichtung der entsprechenden Rotorringe mit Keramikschichten, z.B. Al_2O_3, durch thermisches Spritzen. Die Maßhaltigkeit wird durch Nachbearbeitung hergestellt.

Die Notwendigkeit einer Beschichtung des Rotors tritt auch bei den sogenannten Bürstendichtungen auf, bei denen ein dichtendes Büschel feiner Drähte aus Nickelbasiswerkstoffen permanent am Rotor anstreift. Neuerdings werden auch SiC-Keramikfasern erfolgreich erprobt.

Das Verschleißproblem ist mit dem Dichtungsverhalten der Bürsten verknüpft (siehe Kap. 6). Bewährt haben sich bisher maßgeschliffene Spritzschichten auf der Basis Al_2O_3

und Al_2O_3/TiO_2, wobei die Verschleißrate des Gesamtsystems bei der Verwendung von Metalldrähten für zivile Anwendungen, d.h. bei langen Laufzeiten noch zu hoch ist.

Die Bürstendichtungen werden durch spezielle Wickeltechniken hergestellt. Nach dem Wickeln zur dichten Parallelisierung der Fasern zu Büscheln wird die Länge kräftefrei durch Laserschneiden hergestellt.

Eine Variante der Einlaufschichten sind Metallfilze, die wie NiC-Schichten über „Strukturplastizität" verfügen. Sie werden auf zwei verschiedenen Wegen hergestellt. Entweder durch das Sintern von Drahtstücken (Herstellungstechnik nach Brunswick/Technetics) oder die Sinterung von galvanisch Ni-ummantelten Graphitfasern, die nach Oxidation des Kohlenstoffs ein Gerüst von Nickelröhrchen hinterlassen (Herstellungstechnik Heurchrome). Die Metallfilze werden in Streifen hergestellt und müssen nach Herstellung ihrer Einbaumaße eingeklebt oder eingelötet werden.

Die Bearbeitung (Schneiden und Biegen) der Filze muß verformungsfrei erfolgen, um die Einlauffähigkeit nicht herabzusetzen. Ein besonderes Problem bei Einlaufbelägen aus Metallfilzen ist die Einhaltung ihrer Qualität. Die Dichte des Herstellungszustandes schwankt erheblich und muß im Bedarfsfall durch Thermografie nachgewiesen werden. Des weiteren sind Bindefehler beim Einkleben und Löten möglich und erfordern ebenfalls eine Qualifikation der Schichten durch zerstörungsfreie Prüfung, z.B. Thermografie oder Shearografie.

25.6.3 Erosionsschutzschichten

Erosionsschutzschichten sind für bestimmte Schaufeltypen im Einsatz, darunter vor allem Lacke, da sie genügend Dämpfung beim Aufschlag von Partikeln bewirken. Die Tabelle 32 zeigt eine Zusammenstellung verfügbarer Lacksysteme. Insbesondere Verdichterschaufeln auf Polymerbasis leiden unter Partikelerosion, bevorzugt an den Eintrittskanten, die den Matrixwerkstoff abträgt.

Besonders attraktiv vom werkstofflichen Gesichtspunkt aus sind die äußerst harten Schichten. Sie sind jedoch, wenn die beschichtete Oberfläche dynamisch hoch belastet ist, u.U. mit einem Verlust an Dauerfestigkeit verbunden. Neuere Entwicklungen der Sputtertechnik können jedoch zu neuen Lösungen führen (siehe Abschnitt 25.6.1).

25.6.4 Die Beschichtungsverfahren

Soweit nicht im Vorausgehenden auf die Beschichtungstechnik eingegangen wurde, sei hier das beschrieben, was triebwerkspezifisch ist und nicht der allgemeinen Technik im Maschinen- und Anlagenbau entspricht.

Die technische Ausrüstung beim Flamm- und Plasmaspritzen ist mit Ausnahme des NDPS (siehe Abschnitt 25.2.7) nicht wesentlich anders. Spritzpistolen, Spritzdüsen, Wärmetauscher, Pulverförderer und Versorgungseinheiten für Strom, Wasser und Gase sind nur im Einzelfall modifiziert, um den Besonderheiten der Bauteilgestalt oder den besonderen Qualitätsanforderungen Rechnung zu tragen. Besonderheiten bei der Bauteilgestalt sind besonders unzugängliche Stellen, Übergänge zu den unbeschichteten Bereichen und kleine Innendurchmesser von Wellen. Letztere erfordern Minispritzpistolen mit Strahlaustritt senkrecht zur Pistolenachse für Spritzabstände bis in den Bereich von einigen Zentimetern. Das Problem der Übergänge wird mit entsprechender Gestaltung der Abdeckvorrichtungen gelöst, der besonders in den Fällen besondere Bedeutung zukommt, wo Abpralleffekte erhebliche Streuungen der Haftzugfestigkeit hervorrufen können. Unzugängliche Stellen werden zum Teil mit Reflexionseffekt gespritzt.

Die Prozeßsicherheit ist oft nur mit programmierbaren und dementsprechend wiederholbaren Einstellungswerten für Spannung, Strom, Kühlwassertemperatur, Plasmagase, Pulverförderrate, Kühlung etc. zu erreichen.

Ein weiterer sehr hoher Aufwand liegt in der Optimierung der Herstellung und Siebung der Spritzpulver, insbesondere wenn Legierungen mit zahlreichen Komponenten verwendet werden müssen, etwa NiCrAlY, CoCrAlY.

Was die Spritztechnik weitergehend betrifft, wird auf die umfangreiche Literatur verwiesen. Hervorzuheben bleiben noch folgende Punkte:

Die bisher durchgeführten Vergleichsuntersuchungen von Verschleißschutzschichten haben in der Praxis keinen Vorteil von Verschleißschutzschichten erkennen lassen, die mit dem D-Gun-Verfahren oder dem Hochgeschwindigkeitsflammspritzen HGFS erzeugt wurden. Die durch beide Verfahren herstellbare größere Härte und Dichte der Schichten haben keine beweisbaren Vorteile sichtbar werden lassen. Es ist anzunehmen, daß die erwarteten Vorteile der höheren mittleren Dichte und Härte innerhalb der Streuung der funktionellen Merkmale (Verschleiß, Haftfestigkeit etc.) liegen, so daß eher Kostenvorteile oder betriebsspezifische Randbedingungen entscheidend für die Verfahrensauswahl werden können.

Die chemischen und galvanischen Abscheidungsverfahren sind für Triebwerkteile hauptsächlich im Hinblick auf die Teilegestalt und auf die passivierenden Oberflächen der Titan- und Nickellegierungen abgestimmt. Sie sind im Hinblick auf die Anlagentechnik jedoch eher standardmäßig einzustufen, so daß an dieser Stelle auf die zusammenfassenden Darstellungen verwiesen wird. Zum Laserbeschichten und Auftragsschweißen siehe Abschnitt 27.14.

25.7 Thermisches Spritzen

Das thermische Spritzen ist ein nahezu universell einsetzbares Verfahren, um Werkstoffe als Schicht aufzutragen. Das Prinzip ist einfach: Werkstoffpartikel werden im Plasma beschleunigt, verflüssigt und als Massestrom auf das Bauteil gelenkt, wo sie erstarren und eine Haftung zum Teil und untereinander ausbilden. Der Elementarvorgang der Schichtbildung ist in Bild 25.7-1 dargestellt. Dieser ist im Einzelnen nicht kontrollierbar. Es kommt zu Volumendefekten (Poren), teils durch Mangel an Füllmasse beim Spritzen (Anteil großer Poren), teils durch stochastische Schrumpfung (Anteil kleiner Poren). Es kommt weiterhin zu Grenzflächen mit relativ kleiner Haftung und zu Einschlüssen nicht geschmolzener Teilchen, evtl. auch zu eingeschlossenen Oxyden. Gespritzte Schichten besitzen eine Fehlerstruktur, die im Einzelnen vom Typ des Spritzverfahrens abhängig ist und die mit den Verfahrensparametern verändert werden kann.

Für nicht geschmolzene Teilchen, deren Häufigkeit und Größe, Poren und Oxide liegen unterschiedliche Ursachen vor, die zusammenwirken und einzeln nicht durch die Einstellparameter beim Spritzen beeinflußt werden können.

Mehrere Verfahrenselemente sind maßgeblich: Die Eigenschaften des Spritzwerkstoffs, die Enthalpiedichte und das Strömungsfeld des Heißgases (Plasma), die Art der Pulverzuführung und die Art der Anordnung von Bauteil, Pulverzufuhr und Spritzpistole zueinander.

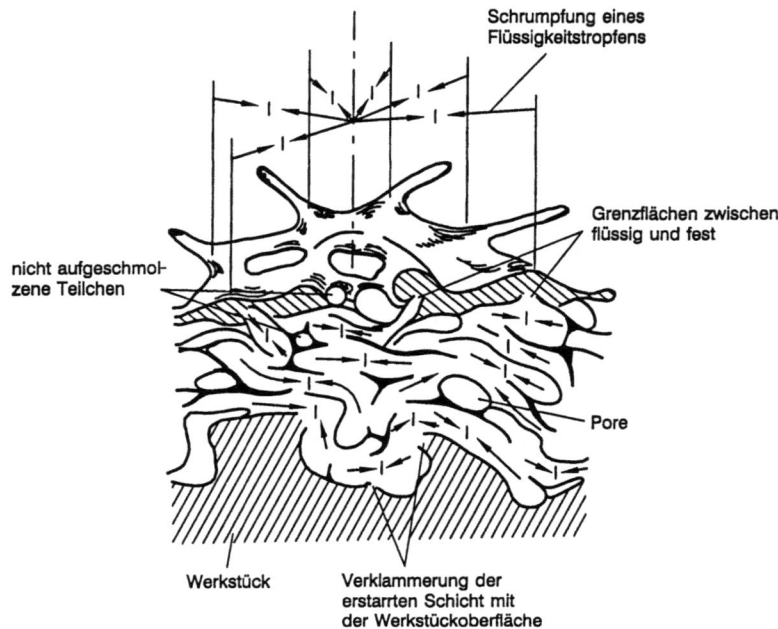

Bild 25.7-1: Prinzip der Bildung von Spritzschichten bei der Erstarrung der aufprallenden Schichtwerkstofftropfen

Der Spritzwerkstoff muß als Draht, Stange oder Pulver vorliegen. Drähte und Stangen werden an einem Ende abgeschmolzen, die Spritzpulver werden in das strömende Plasma injiziert.

Im Triebwerksbau werden praktisch nur Pulverwerkstoffe verarbeitet. Mit ihnen lassen sich homogenere Schichten erzeugen, da beim Abschmelzen von Drähten oder Stangen Partikel entstehen, die in ihrer Größe stärker schwanken als bei den verwendbaren Pulversiebungen.

Die Gestalt der Einzelpartikel im Pulver ist mitentscheidend für die Geschwindigkeit des Aufschmelzens im Plasma (Oberflächenvolumenverhältnis). Die Größenverteilung nach der Siebung ist entscheidend für die Homogenität des Aufschmelzens im Plasma. Je breiter die Korngrößenverteilung ist, desto häufiger können ungeschmolzene Teilchen in der Schicht auftreten, es sei denn, daß der Pistolenabstand zum Teil, die Strömung des Pulverfördergases und der Durchmesser des Plasmas auf die größten Partikel abgestellt wird. Normale Siebungen weisen eine Größenverteilung zwischen 20 und 140 µm auf mit einem Maximum bei ca. 80 µm. Wesentlich für die gewählten Verteilungen ist die Riesel-(Fließ-)fähigkeit des Pulvers, das über Pulverfördergase transportiert wird. Pulveranteile unter 10 µm sind ungünstig. Sie verhalten sich wie Stäube, lassen sich nicht fördern, bewirken elektrostatische Aufladungen, Klumpenbildung, besonders durch Feuchtigkeit hervorgerufen, stören den gleichmäßigen Pulverstrom und die Homogenität der Schicht.

Die gleichmäßige Förderung des Pulvers erfordert hochspezialisierte und erprobte Pulverförderer, die von den führenden Anlagenherstellern entwickelt wurden. Sie befördern kontinuierlich eine definierte Pulvermenge in das Pulverfördergas, das zusammen

25.7 Thermisches Spritzen

mit dem Pulver durch Schläuche in das Pulverförderrohr gelangt, aus dem die Partikel in das Hauptplasma eintreten.

Die Zuverlässigkeit der Förderer erübrigt in aller Regel zusätzliche Maßnahmen zur Kontrolle des Massestromes (Wägungen, Regelungen), die kostspielig sind.

Schmale Korngrößenverteilungen sind verfahrenstechnisch einfacher zu verarbeiten und liefern homogenere Schichten, sie sind jedoch ihrer Schlankheit entsprechend überproportional teurer.

Die Anordnung der Pulverzuführung relativ zur Spritzdüse (Pistole) kann senkrecht oder parallel zur Düsenachse erfolgen. Vom Standpunkt der Symmetrie der Anordnung und damit zur erreichbaren Schichtqualität empfiehlt sich die koaxiale Pulverzuführung. Sie ist jedoch nur beim Flammspritzen in Verwendung. Beim Plasmaspritzen stören die koaxial im Plasmaerzeugungsbereich zwischen Kathode und Anode durchfliegenden Teilchen die Stabilität des Plasmastromes, der in der Düse durch den thermischen Pinch-(Einschnürungs-)effekt von den wassergekühlten Wänden der Düse ferngehalten werden muß. Infolgedessen wird die Pulverzuführung in das Plasma erst nach der Kathoden-Anoden-Strecke am Düsenausgang senkrecht zur Hauptachse der Anordnung vorgenommen.

Das zu beschichtende Teil wird in der Regel gekühlt (Luft, CO_2), um eine schädliche Erwärmung auszuschließen. Die mittlere Bauteiltemperatur an der Oberfläche der Teile beträgt 200–300 °C bei normalen Spritzabständen von 120–180 mm. Die Spitzentemperaturen im Zentrum (der Achse) der Düsenanordnung liegen zwar sehr viel höher, sie bedeuten aber keine punktuelle Teileerwärmung über ca. 400 °C, solange die Bewegungsgeschwindigkeit der Spritzpistole beim Überfahren der Oberfläche im normalen Bereich liegt.

Die Haftung der erstarrenden Spritzpartikel auf dem Teil erfolgt hauptsächlich mechanisch durch Verklammerung mit einer rauhen Oberfläche, die zu diesem Zweck vor dem Spritzen gestrahlt wird (Al_2O_3-Strahlen). Entweder zur Haftungserhöhung oder zum Anpassen von Dehnungsunterschieden zwischen dem Werkstoff des Werkstücks und der Schicht wird meistens eine Haftschicht gespritzt, z.B. NiAl 95/5.

25.7.1 Flammspritzen

Durch Verbrennung von Acetylen oder Wasserstoff in einem Brenner, der die Draht-, Stangen- oder Pulverzufuhr des Spritzwerkstoffes ermöglicht, wird ein Plasma erzeugt, dessen Enthalpiedichte in einem relativ großen Raumwinkel ausreicht, um Werkstoffe mit niedrigen Schmelzpunkten aufzuschmelzen. Die Strömungsgeschwindigkeit ist relativ gering.

25.7.2 Hochgeschwindigkeitsflammspritzen (HGFS)

Durch besondere Maßnahmen läßt sich unter Beibehaltung der Heißgaserzeugung durch Verbrennung die Enthalpiedichte erhöhen und die Strömungsgeschwindigkeit der Verbrennungsgase steigern, was zu Dichtesteigerungen, Haftfestigkeitserhöhung und bei Verschleißschutzschichten vom Typ WC/Co zu Härtesteigerungen führt.

Zu diesen Maßnahmen gehört die Gestaltung des Verbrennungsraumes und der Austrittsöffnung der Düse. Es sind mehrere Systeme entwickelt und am Markt eingeführt worden.

HGFS erfordert in der Regel auch spezielle, meistens schmale Korngrößenverteilungen der Pulver. Besonders bekannte Verfahrensbezeichnungen sind Diamond Jet (Fa. Metco), Jet Cote (Deloro Stellite), CDS (Sulzer-Metco), Top Gun, JP 5000. Die Brennerleistung reicht bis 120 kW, der Schalldruck bis 130 dbA, die Gasgeschwindigkeit bis 2000 m/s, die Partikelgeschwindigkeit bis 400 m/s.

25.7.3 Detonationskanonenverfahren (D-Gun-Spritzen)

Im Prinzip stellt das D-Gun-Verfahren ein Hochgeschwindigkeits-Flammspritzen dar. Es wurde von der Fa. Union Carbide exklusiv entwickelt und angewendet. Es beruht auf explosionsartiger Verbrennung der Brenngase, die über Einlaßventile getaktet in die Explosionskammer geführt werden, synchronisiert mit der Pulverzuführung, die ebenfalls getaktet erfolgt. Der Austritt des Heißgases mit den Partikeln erfolgt stoßweise nach Explosion durch ein relativ langes Rohr. Die Taktfrequenz beträgt 5–16 Hz.

Die Vorteile des Verfahrens sind hohe Gasgeschwindigkeiten, hohe Partikelgeschwindigkeiten und infolgedessen hohe Schichtdichten. Es wird bevorzugt für Verschleißschutzschichten im Maschinenbau angewendet. Im Triebwerksbau besitzt es keine signifikanten Vorteile (siehe Abschnitt 25.6).

25.7.4 Plasmaspritzen

Höher schmelzende Metalle wie Fe, Ni, Co sowie alle Keramiken werden überwiegend plasmagespritzt (siehe auch Abschnitt 25.2.6).

Beim Plasmaspritzen wird das Arbeitsmedium, ein Argongemisch (Basis Argon, Zündgase N_2, H_2), zwischen Kathode und Anode durch Gasentladung hochionisiert und strömt nach dem Durchlaufen der Spritzdüse mit hoher Geschwindigkeit aus. Die Enthalpiedichte ist wegen der hohen Einschnürung des Plasmas sehr hoch, die Temperaturen im Plasmakern erreichen bis zu 10^4 Grad. Die Plasmaeinschnürung durch den thermischen Pincheffekt (keine Ionisierung auf der Kupferoberfläche der Düsenbohrung) erfordert eine hohe und konstante Wärmeabfuhr durch den Düsenkörper aus Kupfer, der wassergekühlt ist. Die Wasserkühlung erfolgt mit deionisiertem Wasser über einen Wärmetauscher im geschlossenen Kreislauf, um Kalkbildung und damit Veränderungen bei dem Wärmeübergang in der Düse zu verhindern. Etwa die Hälfte der elektrischen Eingangsleistung geht durch Zwangskühlung verloren. Das Plasmaspritzen unter reduziertem Druck (NDPS) wird in Abschnitt 25.2.7 behandelt.

25.7.5 Bedampfen (PVD) und Sputtern

Beide Verfahren besitzen ein großes technisches Potential zur Schichtaufbringung bei hochwertigen Schichten. Bedampfen und Kathodenzerstäubung sind jedoch im Triebwerkbau nur an wenigen Stellen im Einsatz (siehe Abschnitte 25.6.1 und 25.5.2). Hauptursache für die geringe Verwendungshäufigkeit ist die erforderliche Vakuumtechnik, der jedoch ein Gewinn an Prozeßsicherheit gegenübersteht.

26 Reinigungstechnik

Der Zweck der Reinigung ist vielfältig und die Reinigung wird dementsprechend unterschiedlich aufwendig. Reinigungsarbeitsschritte dienen
- der Fertigungszwischenkontrolle,
- der zerstörungsfreien Prüfung,
- der Beschichtungsvorbehandlung,
- der Reinigung vor dem Löten, Schweißen und Wärmebehandeln,
- der Entschichtung zum Neubeschichten oder sonstigen Reparaturen,
- der Entfernung von Fertigungshilfsstoffen oder Prüfstoffen,
- der Entfernung von Konservierungsmitteln,
- der Entfernung von betriebsbedingten Überzügen zur Instandsetzung,
- der Sauberkeit vor der Montage,
- der Entfernung von funktionsschädlichen Stoffen.

Die zu entfernenden Stoffe sind ebenso zahlreich wie chemisch und physikalisch unterschiedlich, so daß auch differenziert gereinigt werden muß mit
- Chlorkohlenwasserstoffen CKW,
- Kohlenwasserstoffen,
- Säuren und Basen in wässriger Lösung,
- wässrigen Reinigungslösungen mit Inhaltsstoffen,
- wässrigen Reinigern mit pH = 7,
- mechanisch,
- thermisch,
- elektrisch.

Die elektrische Reinigung wird ausschließlich in Form des sogenannten Rücksputterns beim NDPS und bei Sputter-Beschichtungen verwendet. Sie besteht im Beschuß durch Ionen, meist Argon-Ionen, durch Umpolen des Sputterprozesses oder zusätzliche Rücksputter-Aggregate mit höherer Leistung. Diese Reinigung ist außerordentlich wirksam und entfernt alle adsorbierten Schichten. Sie ist aber in beiden Fällen ein integraler Bestandteil der Arbeitsschritte des Beschichtungsprozesses und wird nicht isoliert als Einzelschritt angewendet.

Die mechanische Reinigung von Hand wird hier nicht betrachtet. Im Mittelpunkt stehen Trocken- und Naßstrahlen mit Al_2O_3. Die Verfahrensparameter sind auf die Triebwerkteile abgestimmt. In geringem Umfang wird auch das Strahlen mit Kunststoffgranulat angewendet. Das Strahlen mit festem CO_2 hat sich nur partiell beim Entlacken bewährt, insbesondere bei Flugzeugteilen, da das Strahlgut CO_2 rückstandsfrei sublimiert und keine eigenen Rückstände und Entsorgungsprobleme schafft. Es ist mit einer Art Thermoschockeffekt an der Oberfläche verbunden, so daß die Wirksamkeit bei duktilen Schichten nicht groß ist.

Interessante Anwendungen hat das Wasserstrahlentschichten bei der Entfernung von thermisch gespritzten Schichten gefunden. Ebenso wie das CO_2-Entschichten hat das Verfahren umwelttechnische Vorteile wegen seines Strahlmediums. Die fertigungstechnische Schwierigkeit liegt darin, daß bei stofflicher Ähnlichkeit von Schicht und Substrat keine Abtragsdifferenzierung durch den Wasserstrahl möglich ist, wie es bei chemischer Reinigung der Fall ist. Andererseits werden keramische Schichten ausgezeichnet abgetragen, ebenso wie andere sprödharte Schichten.

Die thermische Reinigung (Vakuum- oder Schutzgasglühungen) wird auch nur in Sonderfällen angewendet, z.B. zum sicheren Entfernen von Silikonölen vor der Eindringrißprüfung.

Ein weiteres thermisches Reinigungsverfahren ist das Laserentlacken und Laserreinigen, beim dem mit angepaßter Laserleistung und Leistungszuführung über Lichtleiter erreicht wird, daß die Bedeckungen der Oberfläche verdampfen. Die Anwendungen dieses Verfahrens sind eingeschränkt, da die verbleibende Oberfläche nicht unzulässig erwärmt oder abgetragen werden darf.

Die Reinigung in flüssigen Medien stellt den Hauptanteil an Arbeitsvolumen dar. In den Tabellen 33 sind die verfügbaren flüssigen Reinigungsmedien, ihre Vor- und Nachteile, Eigenschaften, Inhaltsstoffe, die Verschmutzungsarten, die speziellen werkstoff- und konstruktionsbedingten Reinigungsprobleme und der Ablauf der Werksfreigabe von Reinigungsmitteln dargestellt. Letzterer ist festgelegt, um Arbeits- und Umweltschutzbedingungen zu genügen.

In Bild 26-1 ist beispielhaft dargestellt, wie mit einer flexibel ausstattbaren Reinigungsanlage mehrere Reinigungsarten abgewickelt werden können. Dezentral angeordnet werden Durchlaufzeiten und Kosten gesenkt, wenn unmittelbar neben der Anlaufstelle der Teile gereinigt werden kann.

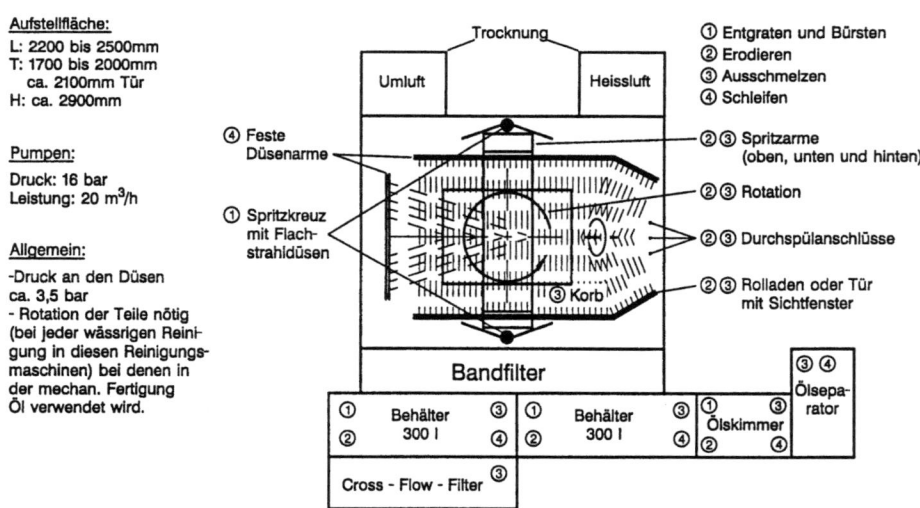

Bild 26-1: Schema einer Waschanlage mit flexibler Ausstattung zur Integration in Fertigungslinien

27 Fügetechnik

Löten und Schweißen im Triebwerksbau sind unverzichtbare Verfahren geworden, um
- Masse zu reduzieren,
- unterschiedliche Werkstoffe zu verbinden,
- komplexe Gestaltungen von Leichtbauteilen zu ermöglichen,
- Reparaturen auszuführen.

Triebwerkspezifisch sind die Anforderungen an die Fügeverbindungen. In der Regel, unterteilt nach Güteklassen, die sich nach der geforderten Sicherheit gegen Betriebsversagen richten, sind Löt- und Schweißverbindungen so spezifiziert, daß die Betriebsfestigkeit über die sogenannten Schweißfaktoren garantiert werden kann.

Die effektive höchste Belastung der Nähte liegt damit um einen bestimmten Betrag niedriger als die im Durchschnitt ertragbare Spannung. Damit wird mehreren unbestimmbaren Einflußgrößen Rechnung getragen. Dies sind
- mögliche Fügefehler, die zerstörungsfrei nicht gefunden werden,
- nicht erfaßbare Belastungsspitzen und Belastungskollektive, die insbesondere bei Militärflugzeugen auftreten können,
- Eigenschaftsgradienten von Fügungen (Gefüge, Härte, Ausscheidungen etc.).

Der letztgenannte Punkt bedarf der Erläuterung. Die Fügeverbindungen besitzen ein Gefüge, das zahlreiche unterschiedliche Zustände besitzt. Die Verteilung der chemischen Komponenten, die Verteilung der Korngrößen, die Verteilung der Eigenspannungen und der Ausscheidungszustand ändern sich ein- bis dreidimensional in der Fügung. Hinzu kommen die Streuungen der geometrischen Gestalt der Nähte. Es existieren daher keine standardisierten (genormten) Werkstoffprüfproben und Belastungsarten dafür, die zusammen mit den ermittelbaren Werkstoffkennwerten geeignet sind, um exakte Festigkeitsberechnungen durchzuführen. Es sei denn, daß die Werkstoffkenndaten differentiell ermittelt werden könnten, was eine in der Praxis unlösbare Aufgabe darstellt.

Damit soll nicht in Frage gestellt werden, daß es theoretische Ansätze zur exakten Ermittlung der Festigkeit der Fügeverbindungen gibt. Praktisch spielt sich jedoch die Festigkeitsermittlung durch individuell auf den Anwendungsfall bezogene Prüfungen ab, sowohl mit Proben als auch an Bauteilen.

Die Auswahl des anwendbaren Schweißverfahrens richtet sich nach mehreren Randbedingungen, die aber im Triebwerksbau eine klare Rangfolge haben:
1. Festigkeit,
2. Zuverlässigkeit (Qualität),
3. Fertigungssicherheit,
4. Kosten.

Die Festigkeit ist getrennt zu betrachten nach statisch kurzzeitig (Bruchfestigkeit, Streckgrenze, Dehnung, Brucheinschnürung), statisch langzeitig (Kriechen) und dynamisch (LCF und HCF). Je nach Bauteil sind bestimmte Werte ausschlaggebend, je nachdem, wie die Hauptbelastungsart ist. In der Regel sind nicht die Raumtemperaturwerte ausschlaggebend, sondern die Werte bei Betriebstemperatur, wobei ein Mangel an Werkstoffdaten bei hohen Temperaturen herrscht. Die bauteilspezifische Datenermittlung und ihre hohen Kosten haben zu firmeneigenen Datenbanken geführt.

Die Zuverlässigkeit der Schweißverbindungen ist davon abhängig, inwieweit die erprobte, mit Werkstoffprüfproben und Bauteiltests nachgewiesene Festigkeit am Einzelteil nach unten abweichen kann.

Dies ist schweißtechnisch betrachtet eine Aufgabe der Einhaltung der effektiven Schweißnahtbreite, der Breite der Wärmeeinflußzonen (WEZ), der Porositätsverteilung, der Eigenspannungsverteilung und der Gefügestabilität nach dem Schweißen. Um die Schwankung dieser Nahteigenschaften (statistisch und systematisch) gering zu halten, empfehlen sich maschinelle Schweißverfahren mit möglichst wenigen Einstellgrößen, die auch einzeln geregelt werden können, sofern keine Zwangskopplung vorliegt. Eine wesentliche Rolle spielt im Triebwerkbau die Regenerierung der Grundwerkstoffestigkeit durch geeignete Wärmevor- und Wärmenachbehandlung. Bei den ausscheidungshärtenden Nickellegierungen ist es z.B. möglich, nach dem Schweißen durch eine einstufige abgekürzte Glühung oder durch eine vollständige Glühung in zwei Stufen wie beim Grundwerkstoff ausreichende Mikrohärte bzw. Festigkeit zu erzeugen. Zahlreiche Varianten sind möglich und werden praktiziert, auch jene, bei der die gesamte Wärmebehandlung des Grundwerkstoffes einschließlich Lösungsglühen nach dem Schweißen wiederholt wird. Bei kompliziert gestalteten Gehäusen ist wegen zu großer Verzüge oft nur eine vereinfachte Wärmenachbehandlung möglich. Auch eine Verteilung der Haltezeiten der Grundwerkstoffbehandlung auf einen Abschnitt vor und einen nach dem Schweißen wird praktiziert.

Praktisch immer erforderlich ist eine Entspannungsglühung, um Eigenspannungen herabzusetzen. Sie wird bei Nickellegierungen bei der Temperatur der zweiten Auslagerungsstufe durchgeführt. Bei Titanlegierungen liegt sie bei maximal 550 °C, wenn keine nennenswerte Sauerstoffaufnahme erfolgen darf.

Die Fertigungssicherheit beeinflußt mehr oder weniger direkt die Zurückweisungsrate, die Ausschußrate und die Nacharbeitsrate und geht direkt in die Kosten ein.

Die Auswahl der Verfahren nach Kosten sollte nur bei ausgeglichener Bilanz der anderen Punkte erfolgen, wobei das Technologieniveau der maschinellen Verfahren EB-Schweißen, Reibschweißen und Laserstrahlschweißen erhebliche Investitionskosten verursacht.

Ein häufiges weiteres Auswahlkriterium ist die Möglichkeit, fertigbearbeitete Teile mit geringem Verzug ohne nennenswerte Nachbearbeitung zu schweißen. Wird diese Forderung gestellt, so wird die Leistungsdichte bei der Wärmeeinbringung entscheidend. Je höher die Leistungsdichte, desto geringer der Verzug.

Grundsätzlich kommen nur Schweißverfahren in Betracht, die keine Oxidation während des Schweißens hervorrufen, d.h. Schutzgas-(Argon-) und Vakuum-Schweißtechnik beim Schmelzschweißen sowie Reibschweißen.

Die Konstruktionswerkstoffe auf Nickel- und Titanbasis im Triebwerkbau haben, wenn man von der hohen Warmfestigkeit der Nickellegierungen absieht, eine gute Schweißeignung in Bezug auf Gasgehalte und Homogenität. Sie sind alle vakuumerschmolzen und hochgenau spezifiziert in Gefüge und Zusammensetzung. Werkstoffbedingte Porenprobleme kommen praktisch nicht vor.

Die Verfahren Punktschweißen, Bolzenschweißen, Abbrennstumpfschweißen kommen praktisch nicht vor. Punkt- und Bolzenschweißen sind wegen der entstehenden festigkeitsmindernden Kerben ohne Bedeutung für Neuteile, außer daß Punktschweißungen zum Heften verwendet werden.

27.1 Löten von Nickellegierungen

Aufgrund der hohen Festigkeitsanforderungen und Qualitätsforderungen kommen nur Lote infrage, die in der Zusammensetzung den Grundlegierungen ähnlich sind, zumindest in der Basiskomponente. Außerdem können keine Flußmittel verwendet werden. In der Tabelle 34 sind handelsübliche Lote auf Nickelbasis zusammengestellt.

Die schmelzpunkterniedrigenden Bestandteile sind Silizium, Bor und Phosphor, wobei alle einen negativen Einfluß auf die Festigkeit haben können. Er besteht in der Bildung von spröden Phasen, die die dynamische Festigkeit herabsetzen können, siehe Bild 27.1-1.

Die Lotauswahl erfolgt in der Regel nach dem zulässigen Temperaturintervall am Bauteil, innerhalb dessen Solidus- und Liquidustemperatur liegen müssen, um keine Verschlechterung der Festigkeitswerte des Grundwerkstoffes und keine Bauteilbeeinträchtigung hervorzurufen. Demzufolge sind auch bei Anwendern einige spezielle Lote mit besonderem Schmelzbereich entwickelt worden.

Zwei weitere Auswahlkriterien sind die Lotform und die Spaltform. Als Formen kommen Drähte, Metallpulver, Pasten mit einstellbarem Metallgehalt, Beschichtungen und Folien in Frage. Folien sind als Ganzmetallfolien und als Binder-/Pulvergemische verfügbar. Die Auswahl der Lotform wird von der Art des Lot-Depots bestimmt. Die Benetzungsfähigkeit kann nur über entsprechende Aufschmelztests festgestellt werden.

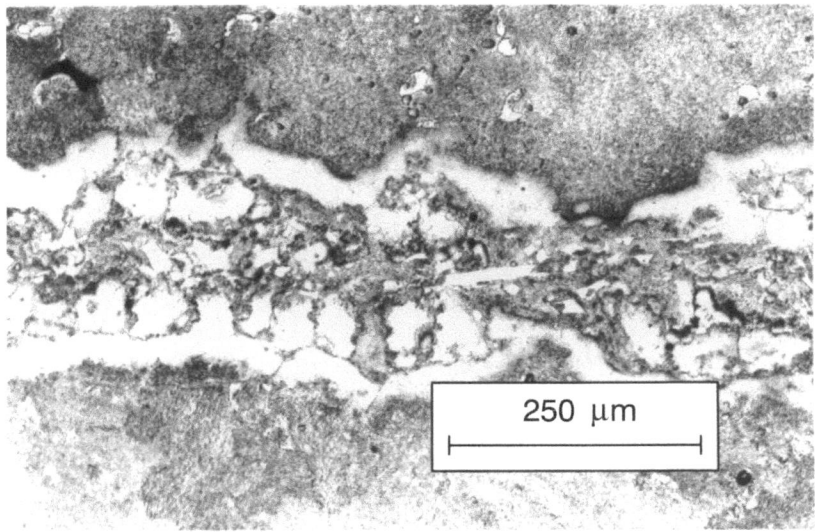

Bild 27.1-1: Hochtemperaturlötverbindung mit spröden Phasen; Grundwerkstoff beidseitig IN100 (Guß), Lot AMS 4777 oder 4778 (Nickelbasis mit B- und Si-Zusatz)

Für hohe Prozeßsicherheit in der Fertigung sind die richtige und reproduzierbar gute Reinigung und Sauberhaltung der Lötflächen sowie die Einhaltung eines Lotspaltes zwischen den Teilen entscheidend. Die Breite des notwendigen Lötspaltes hängt von der verwendeten Lotform ab. Prinzipiell sollte er im Hinblick auf die Festigkeit so klein wie möglich sein. Bei Belotung mit Lotdepot außerhalb des Spaltes liegt er bei 60 – 100 µm, bei Verwendung von Folien ist er praktisch gleich der Lotfoliendicke.

Die Einhaltung des Lotspaltes ist notwendig für die für die Spaltfüllung erforderliche Kapillarkraft zum Einziehen von flüssigem Lot in den Spalt bei Verwendung von Lotdepots außerhalb des Spaltes. Bei Verwendung von eingelegten Folien auf Binderbasis ist die Verflüchtigung des Binders zu berücksichtigen: Vakuumlötungen sind besser geeignet als Schutzgaslötungen, um den Binder vollständig zu verdampfen und aus dem Lötspalt zu entfernen. Die Erzeugung eines ausreichenden Vakuums vor dem Aufheizen ist sicherzustellen, auch um die Oxidation der zu benetzenden Grenzflächen zu verhindern. Der Volumenausgleich nach dem Verschwinden des Binders muß mit zusätzlicher Lötfolie außerhalb des Lötspaltes bewerkstelligt werden.

Bei Verwendung einer Ganzmetallfolie kann ebenfalls ein Volumendefekt übrigbleiben, wenn nicht genügend Lotflüssigkeit von außen nachfließen kann, bedingt durch die Oberflächenrauhigkeit der Fügeflächen und Lücken zwischen Folie und Fügefläche. Darüber hinaus sind Ganzmetall-Lotfolien in der handelsüblichen Form sehr hart, aber nicht flexibel genug, um jeder Krümmung des Lotspaltes zu folgen. Abhilfe schaffen dazu amorph erstarrte Folien, hergestellt durch schnelle Abkühlung.

Für Lötungen mit Ganzmetallfolien spricht die Möglichkeit der Festigkeitssteigerungen gegenüber großen Spalten. Wird der übliche Lötspalt verkleinert auf weniger als die Hälfte (40 – 60 µm maximal), so lassen sich Sprödphasen umgehen. Die Verringerung des Spaltes unter diese Breite ermöglicht Festigkeitswerte, die sich denen des Grundwerkstoffes nähern (siehe Bild 27.1-2).

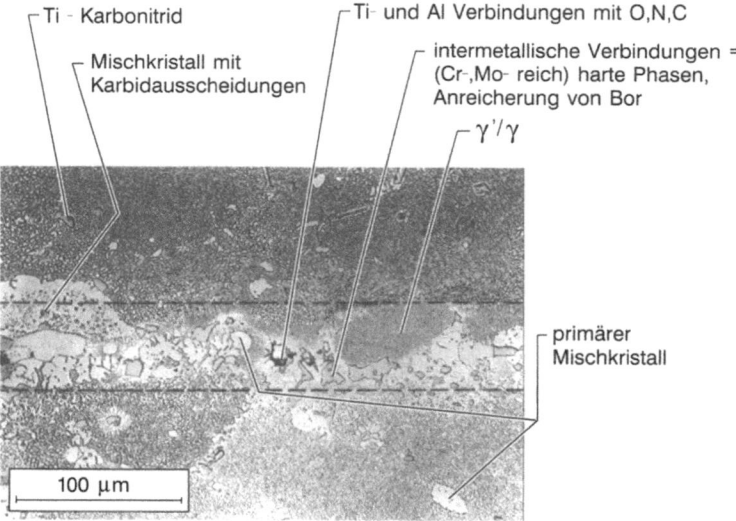

Bild 27.1-2: Hochtemperaturlötverbindung mit schmalem Lötspalt (35 µm) und geringfügiger Sprödphasenbildung; Grundwerkstoff beidseitig IN100-Guß

27.1 Löten von Nickellegierungen

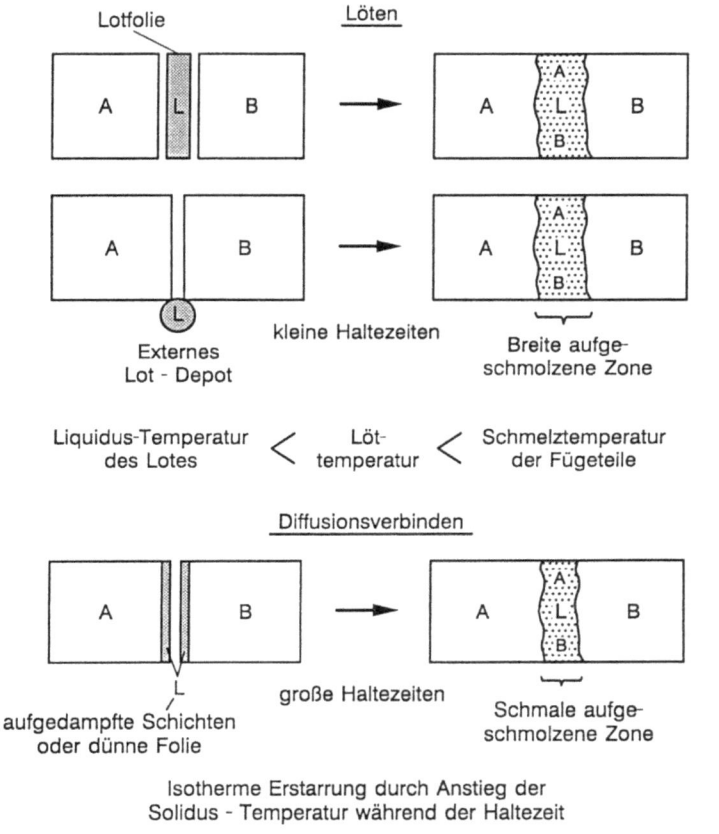

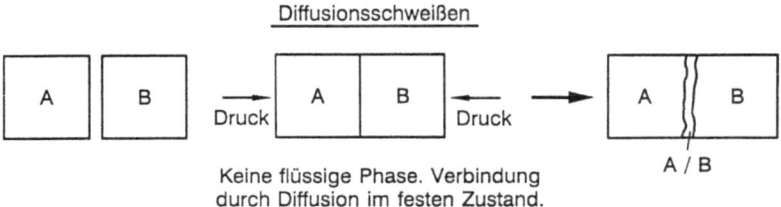

Bild 27.1-3: Prinzip der Verbindungsbildung beim Löten, Diffusionslöten und Diffusionsschweissen

Die allgemeinen Merkmale des Hochtemperaturlötens mit Nickelbasisloten sind aus Bild 27.1-3 zu entnehmen. Um die Lotspalte zu kontrollieren, bedarf es einer Zwangslage der Teile zueinander. Die Einstellung des Spaltes bei Löttemperatur durch einen definierten Kaltspalt vor der Chargierung nach Berechnung der relativen thermischen Ausdehnung stellt selten einen gangbaren Weg dar. Aufgrund von Eigenspannungen der Teile und der anisothermen Ausdehnung im Ofen, besonders in Vakuumstrahlungsöfen durch einseitige Einstrahlung, die wiederum lageabhängig ist, wird der effektive Spalt unreproduzierbar.

Zum Löten von Schaufeln hat sich die Zwangslage mit Punktschweißungen bewährt (Bild 18.3-2). Die Anbringung der Kugeln zum Heftschweißen erfolgt mit Spezialwerkzeugen, mit denen die Kugeln angesaugt und geheftet werden. Die Fixierung von Lotdrähten und Folien erfolgt ebenfalls durch Heftpunktschweißen, sofern nicht eine andere Zwangslage verfügbar ist.

Die Belotung mit Pasten erfordert sorgfältige Lotdosierung aus Spritzen. Überschüssiges Lot wird von Flächen, die nicht benetzt werden dürfen, durch oxidkeramische Pasten (*stop off*) ferngehalten, die aufgestrichen und nach der Lötung mit Reinigern auf Wasserbasis abgewaschen werden.

Die Lötöfen sind in den meisten Fällen Vakuumöfen mit Strahlungsheizung (siehe Tabelle 8). Die Evakuierung des Lötspaltes von Luft und Bindemitteldämpfen bei Pastenlötungen muß sichergestellt sein, desgleichen die Verhinderung von Oxidation der Lötflächen und des Lotes. Deshalb ist auch die Offenhaltung des Lotspaltes für einen gewissen Temperaturbereich und einen gewissen Zeitraum unverzichtbar.

Bild 27.1-4: Vakuumofen mit Kryopumpen-Anlage zum Löten und Wärmebehandeln; Nutzraumvolumen bis 900 mm Durchmesser, integrierte Presse mit 150 kN Preßkraft maximal, $T_{max} = 1350\ °C$, Abkühlraten bis 100 °C/min, Enddruck $5 \cdot 10^{-6}$ Pa, kohlenwasserstofffrei mit Kryopumpen

Plötzliche lokale Gaseruptionen können zu Poren und anderen Störungen führen. Die Fertigungssicherheit diesbezüglich wird erfahrungsgemäß durch den Einsatz von Kryopumpen erhöht, da diese für aktive Gase ein um Größenordnungen erhöhtes Saugvermö-

27.1 Löten von Nickellegierungen

gen haben. In Bild 27.1-4 ist eine Ofenanlage dargestellt, die mit Kryopumpen ausgestattet ist. Der Kryo-Teil der Anlage ist zweistufig aufgebaut. Die Hauptmenge des Restgases wird durch Kühlbleche kondensiert, die mit flüssigem Stickstoff gekühlt werden. Das Endvakuum wird mit einer Flüssigheliumstufe erzeugt, die mit geschlossenem Kreislauf arbeitet. Das Vorvakuum wird durch Wälzkolben- oder Drehschieberpumpen erzeugt, die vom Rest der Anlage so getrennt werden, daß keine Öldampfrückströmung beim Belüften oder bei Ventilschaltungen erfolgen kann. Die Regeneration der Kryopumpen (Desorption) erfolgt automatisch in den Stillstandzeiten der Anlage, z.B. an arbeitsfreien Tagen.

Als Beispiele für Hochtemperaturlötungen sind vor allem Leitschaufelsegmente aus zwei oder mehr Einzelschaufeln und Verdichterleitkränze zu nennen (Bild 18.3-2). Neben den Verdichterleitkränzen gibt es weitere Beispiele für erfolgreiche gleichzeitige Lötungen in einem einzigen Ofenlauf (Bild 27.1-5).

Einen besonderen Fall stellt das Löten von Honigwaben für Einlaufdichtungen dar (Bild 27.1-6). Die Belotung erfolgt mit Folie, die zunächst in die Wabenstreifen eingedrückt wird. Anschließend wird der Wabenstreifen mit Folie durch Schweißen geheftet. Alternativ kann Lotpulver in den bereits gehefteten Wabenstreifen gestreut werden.

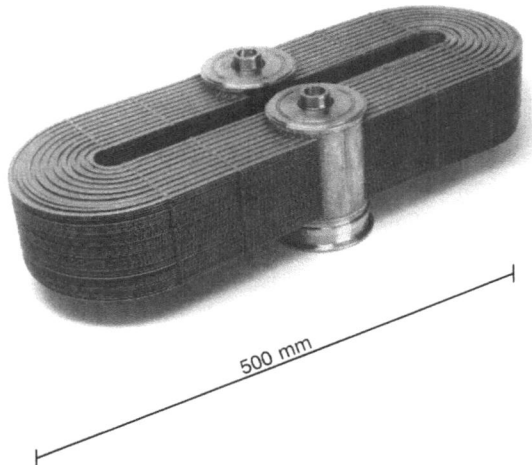

Bild 27.1.5: Lötung von Wärmetauscher-Lanzettröhrchen aus 18/8-Stahlblech (siehe Bilder 22.1-2 und 22.1-3) in Sammelrohre in einem Ofenlauf (geforderte Leckrate 10^{-3}, 3308 Lötstellen)

Ein wesentliches Merkmal für die Lötvorbereitung ist die Einhaltung der Spalte beim Punktheften, um die Kapillarkräfte zwischen den Gehäuseringen und den Wabenblechstirnseiten hoch zu halten. Andernfalls steigt unzulässig viel Lot zwischen den gehefteten Bereichen (Doppelungen) der Wabenbleche (Hastelloy-Legierung) hoch (sogenannte Loterosion).

Ist die Prozeßsicherheit beim Wabenlöten nicht hoch genug, so muß die Lötung geprüft werden. Diese Prüfung erfolgt normalerweise als Sichtprüfung mit Azeton, das bereichsweise eingefüllt wird und bei undichter Lötung durch den offengebliebenen Spalt durchtritt.

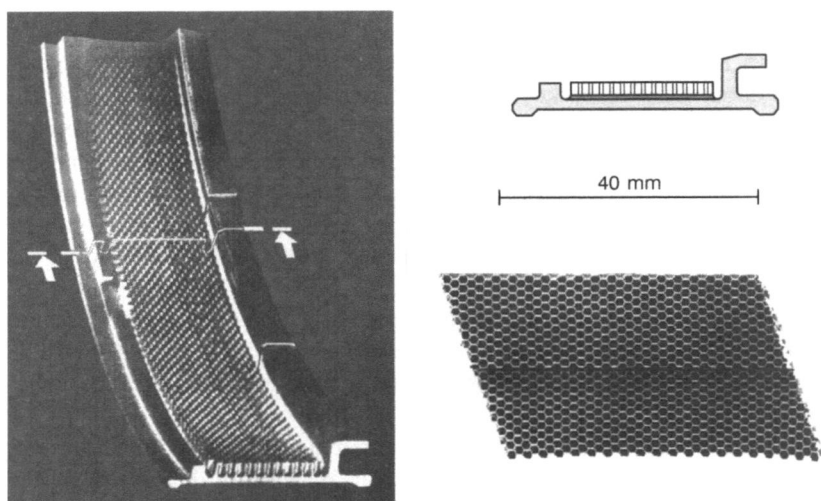

Bild 27.1-6: Löten von Wabensegmenten auf Gehäuseringe und Gehäuseringsegmente, beide Fügeteile aus Nickellegierungen

Eine automatische Prüfung ist mit Hilfe von speziellen Kameras und Bildverarbeitung möglich, die das reflektierte Licht auf Differenzen auswertet. Die Beleuchtungsart erfordert die Beseitigung von Reflexen, z.B. durch Beleuchtung mit einem Punktraster, so daß die Einstrahlung in jedem Punkt orthogonal ist. Die Prüfung anderer Lotverbindungen erfolgt ohne zerstörungsfreie Prüfverfahren. Die Sichtprüfung reicht normalerweise aus, um den Lotfluß und die Spaltfüllung beurteilen zu können, da es sich bei gelöteten Teilen nicht um Sicherheitsteile der höchsten Einstufung (Klasse A) handelt.

27.1.1 Diffusionslöten

Ein spezielles Verfahren ist das Diffusionslöten, charakterisiert durch isotherme Erstarrung (siehe Bild 27.1-3). Realisierbar ist das Verfahren durch ein Minimum an Bor-Konzentration im Lot und minimale Schichtdicken (10–40 µm). Die Diffusionsgeschwindigkeit des Bors ist groß und erfordert Haltezeiten von max. einer Stunde bis zur isothermen Erstarrung. Die Bilder 27.1-1 und 27.1-2 stellen den unmittelbaren Vergleich zwischen Normal- und Diffusionslötung dar.

Die Herstellung der Nickel-Bor-Folien erfordert besondere Verfahren. Das einfache Borieren von Nickelfolien führt zu spröden Lotfolien mit Schwierigkeiten beim Beschneiden, Anpassen und Handhaben. Bild 27.1.1-1 zeigt ein Beispiel einer Diffusionslötung an Schaufeln.

Um die Foliensprödigkeit zu umgehen, muß die Folie aus borlegiertem Nickel hergestellt werden. Als Alternative zu Folien kommt das Bedampfen mit Nickel und Bor in Betracht, was im Hinblick auf die Kosten bisher nicht verwendet wird. Als weitere Alternative kommt die galvanische Beschichtung mit Lotbestandteilen in Betracht.

Die Beschichtung mit Nickelphosphor für Lötungen von Nickellegierungen hat sich nicht bewährt, sowohl wegen der Versprödung durch phosphorhaltige Hartstoffphasen als auch aufgrund höherer Anforderungen an die Lötspalte (schmaler, genauer).

27.2 Löten von Titanlegierungen

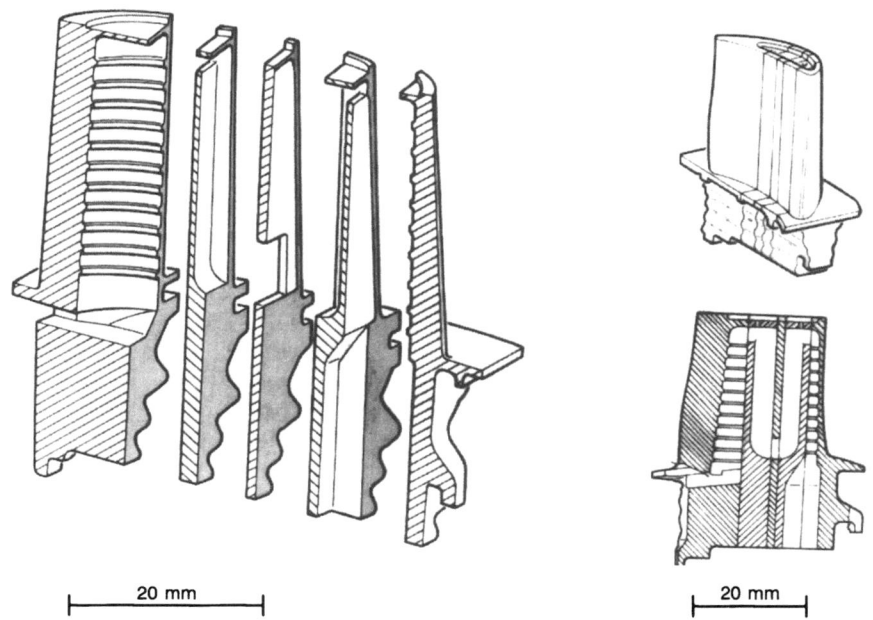

Bild 27.1.1-1: Beispiel für eine Diffusionslötung mit hoher Festigkeit; Herstellung einer Laufschaufel aus einfachen Gußteilen mit anschließender Bearbeitung (Prototypen)

27.1.2 Reparaturlöten

Für die Ausführung von Reparaturen an Schaufeln gelten dieselben Voraussetzungen wie für Neuteile, wenn es um den Ersatz von einzelnen Bereichen geht. Hinzu kommt die Forderung nach entsprechender Vorreinigung. Handelt es sich um das Füllen von Rissen mit Lot, die vorher dem Heißgas ausgesetzt waren, so sind aggressive Reinigungsmittel notwendig. Dazu gehört das Verfahren der Flußsäurereinigung mit HF in der Gasphase.

Die Lötreparatur findet häufig an Stellen von Schaufeln statt, wo Standardlote die geforderte Festigkeit nicht regenerieren können. Deshalb sind besondere Verfahren entwickelt worden, bei denen die pulverisierte Grundlegierung bzw. geringfügige Modifikationen davon als Lot dienen, gemischt mit einem schmelzpunkterniedrigenden Element, z.B. Bor, siehe z.B. *activated diffusion healing*, ADH.

27.2 Löten von Titanlegierungen

Aufgrund der guten Schweißeignung der üblichen Titanlegierungen hat sich das Löten dieser Legierungen kaum durchsetzen können, da die zwangsläufige Quasi-Wärmebehandlung beim Löten im Ofen zu Gefügeveränderungen der Grundlegierung führen kann und weil die Kosten vergleichsweise hoch liegen. Dies gilt umsomehr, als gefügeoptimierte (α/β-Legierungen wie z.B. IMI 834 verwendet werden.

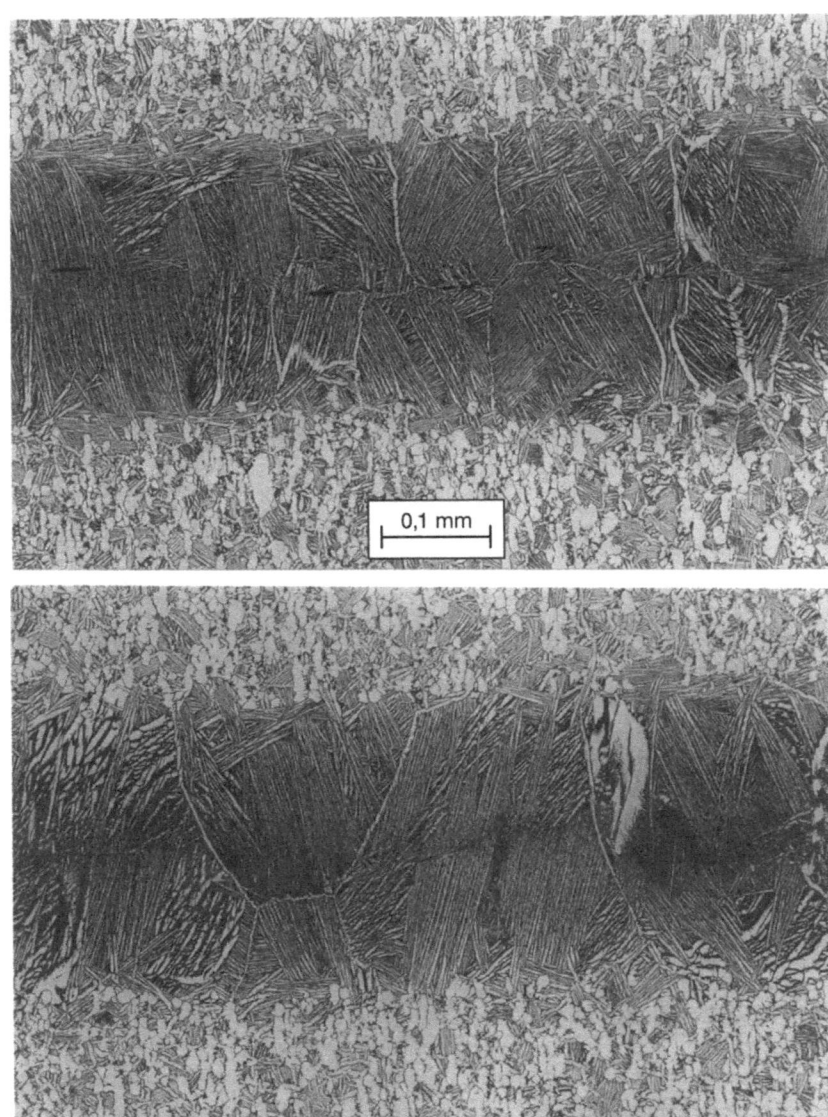

Bild 27.2-1: Schliffbild einer Lötung der Titanlegierung Ti6Al4V mit TiCuNi-Lot; oben: 0,3 MPa Druck, Restporen, unten: 3 MPa Druck, porenfrei

Nichtsdestoweniger lassen sich Titanlegierungen mit legierten TiCuNi-Loten 70/15/15 so verbinden, daß Grundwerkstoffestigkeit erreicht wird, siehe Bild 27.2-1. Bauteillötungen, z.B. die Herstellung von Integralrotoren, sind eine potentielle Alternative zum Schweißen. Die galvanische Aufbringung von Nickel und Kupfer in zwei Schichten anstelle der Lotfolie führt nicht zu befriedigenden Ergebnissen aufgrund nicht eindeutiger Schmelzpunkte bzw. Löttemperaturen. Die Doppelschicht verhält sich nicht homogen in ihrem Verhalten beim Aufschmelzen.

27.3 Schweißen von Nickellegierungen

Die Schweißeignung der warmfesten, ausscheidungsgehärteten Nickellegierungen ist eine Funktion ihrer Warmfestigkeit und hängt daher in erster Linie vom Gehalt an Ausscheidungsphasen, in zweiter Linie von deren räumlicher Verteilung im Gefüge ab. Als Faustregel gilt, daß oberhalb von 6 Gewichtsprozent Aluminium plus Titankonzentration keine rißfreie Schmelzschweißung mehr möglich ist. Dieser Anhaltswert muß aber nach Schweißverfahren, nach Werkstofftyp und Gefüge modifiziert werden.

Der Regel entsprechend sind gegossene Schaufellegierungen wegen ihres Höchstgehaltes an γ'-Phasen nicht mehr rißfrei schweißbar, sofern nicht besondere Maßnahmen angewendet werden, wie es bei Reparaturen üblich ist. Einkristallegierungen in Schaufeln sind ebenfalls verhältnismäßig schwer, wenn überhaupt rißfrei schweißbar, jedoch tolerant, was die Bildung von neuen Körnern mit geänderter Kristallorientierung betrifft. PM-Legierungen liegen allesamt im kritischen Bereich und sind nur sehr begrenzt schweißgeeignet für Schmelzschweißverfahren.

Es ist zu unterscheiden zwischen Schmelzschweißverfahren und Festkörperschweißverfahren, bei denen keine flüssige Phase auftritt (Reib- und Diffusionsschweißen).

Es existieren zahlreiche Untersuchungen über das Schweißverhalten einzelner Legierungen sowie über grundlegende Zusammenhänge, wobei das Hauptinteresse auf die Schmelzschweißverfahren und auf die erzielbare Festigkeit gerichtet ist.

Aufgrund der in der Regel zu erfüllenden Forderung nach maximal möglicher Festigkeit stellt die Schweißtechnik der Nickellegierungen immer auch ein Optimierungsproblem bei der Wärmevor- und Wärmenachbehandlung dar unter Einbeziehung des Einflusses einer Wärmebehandlung auf den von der Schweißung nicht betroffenen Grundwerkstoff.

Beim Schmelzschweißen geschmiedeten und gewalzten Materials im voll ausgehärteten Zustand wird die Ausscheidungsphase aufgelöst, so daß die Mikrohärte auf den Wert des lösungsgeglühten Werkstoffs sinkt (siehe Bild 27.3-1 und 27.3-2). Durch Wärmenachbehandlung wird erreicht, daß die Härte wieder durch Ausscheidungen angehoben wird. Dazu reicht die Temperatur der zweiten Auslagerungsstufe für einige Stunden aus, sie beträgt weniger als die Zeit der Auslagerung bei voller Wärmebehandlung.

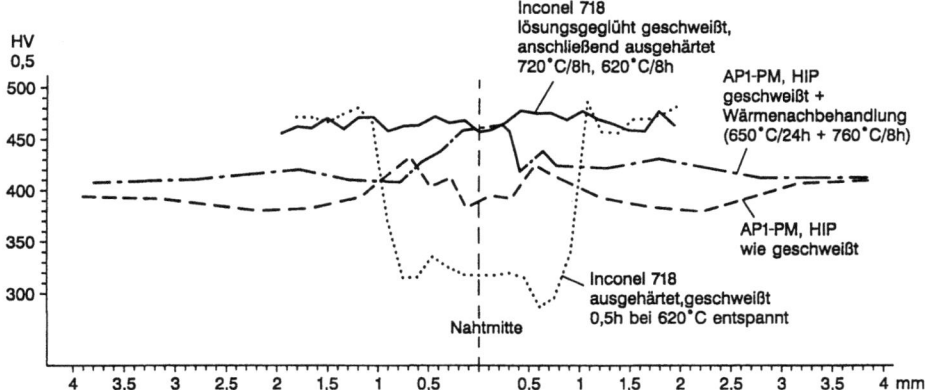

Bild 27.3-1: Härteverlauf von EB-Schweißungen von Nickellegierungen mit und ohne Wärmebehandlungen

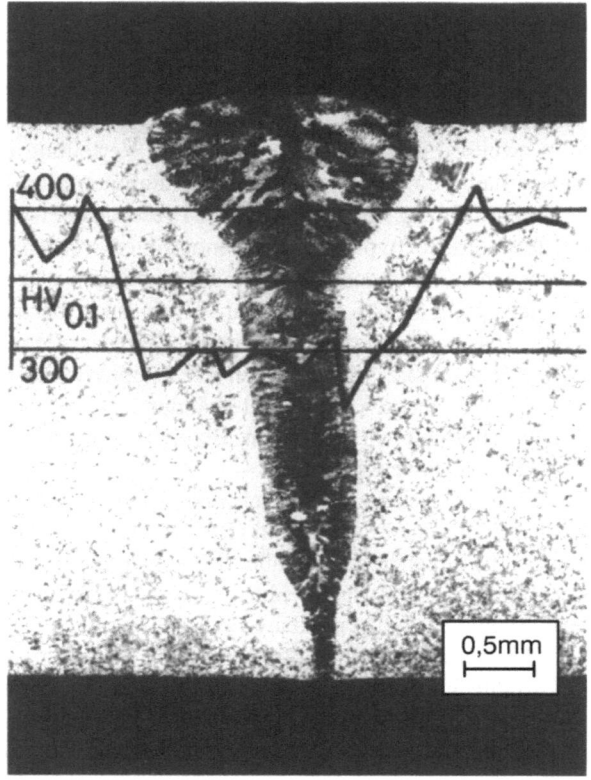

Bild 27.3-2: EB-Blindnaht mit Härteverlauf in Waspaloy

Die Ausführung der Schweißung im lösungsgeglühten Zustand und die anschließende volle Warmauslagerung inklusive vorausgehender Lösungsglühung stellt die Alternative dar, die werkstoffmäßig am wenigsten ändert, was die Verteilung der Ausscheidungen betrifft, so daß die Grundwerkstoffestigkeit im Nahtbereich am besten angenähert wird, die jedoch häufig fertigungstechnische Probleme bei der Einhaltung der Maße und Gestalt schafft, insbesondere bei Gehäusen. Hervorgerufen wird dies durch ofenbedingte und ofenlagebedingte anisotherme Aufheizung und Abkühlung sowie Relaxation von Eigenspannungen.

Ein zusätzliches besonderes Problem maßlicher Art beim Schweißen von fertigbearbeiteten Teilen tritt bei Inconel 718 durch lineare Schrumpfung des Werkstoffs von ca. 0,2% bei der Ausscheidung der kohärenten Phasen auf. Aufgrund dieser Sachlage ist es häufig zweckmäßiger, in einem teilausgelagerten Zustand zu schweißen und die restliche Auslagerung nach der Schweißung durchzuführen. Wesentliche nachteilige Auswirkungen auf die Festigkeit konnten nicht nachgewiesen werden.

PM-Legierungen zeigen beim Schweißen ein anderes Verhalten als geschmiedete Legierungen. Nach dem Schmelzschweißen weisen die wiedererstarrten Bereiche ein Härtemaximum auf, verursacht von schneller Wiederausscheidung der intermetallischen Phasen beim Schweißen.

27.4 Mikrorißbildung an Nickellegierungen

Ein spezielles Phänomen ist die Mikrorißbildung beim Schmelzschweißen von Nickellegierungen. Es handelt sich um Materialtrennungen von der Ausdehnung des Korndurchmessers am Rande der wiedererstarrten Zone, siehe Bild 27.4-1.

Es gilt als gesichert, daß die Häufigkeit der Mikrorisse von der an den Korngrenzen herrschenden Konzentration an Ausscheidungsphasen abhängig ist. Diese Konzentration nimmt mit der Korngröße ab, so daß für jede Legierung eine kritische Korngröße existiert, unterhalb deren keine Mikrorisse mehr zu beobachten sind. Diese beträgt bei Inconel 718 6 - 7 ASTM. Ähnliches gilt für die Schweißgeschwindigkeit, die unterhalb einer bestimmten Höhe von ca. 5 mm/s unkritisch ist. Häufig ist der unkritische Geschwindigkeitsbereich nicht verwendbar, weil der Durchhang der Schmelze zu groß wird und die hohe Wärmeeinbringung zu großer Nahtbreite und hohem Verzug führt.

Aufgrund der Ursache für Mikrorisse liegt auch ein Zusammenhang mit der Größe der Schmiedestücke, der Position des Schweißbereichs im Schmiedestück, dem Lieferanten und der effektiven Wärmebehandlung vor (siehe Bilder 27.4-2, 27.4-3, 27.4-4 und 27.4-5).

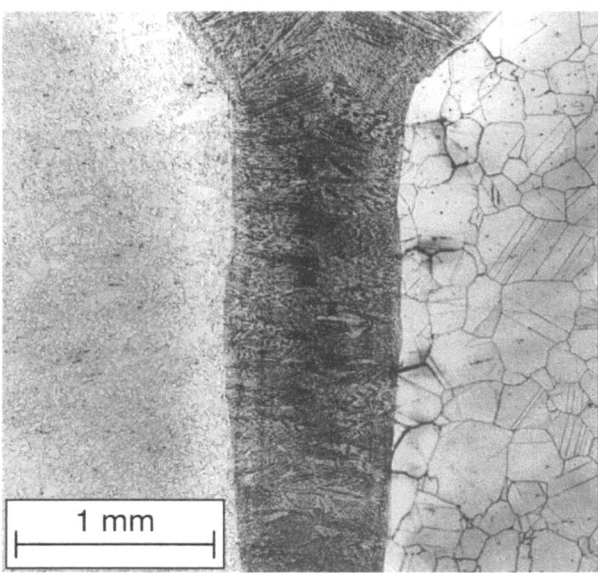

Bild 27.4-1: Mikrorisse am Rand der wiedererstarrten Zone, bevorzugt im oberen Bereich der Naht; EB-Schweißung, rechts: Grobkorn, links: Feinkorn, Werkstoff Waspaloy

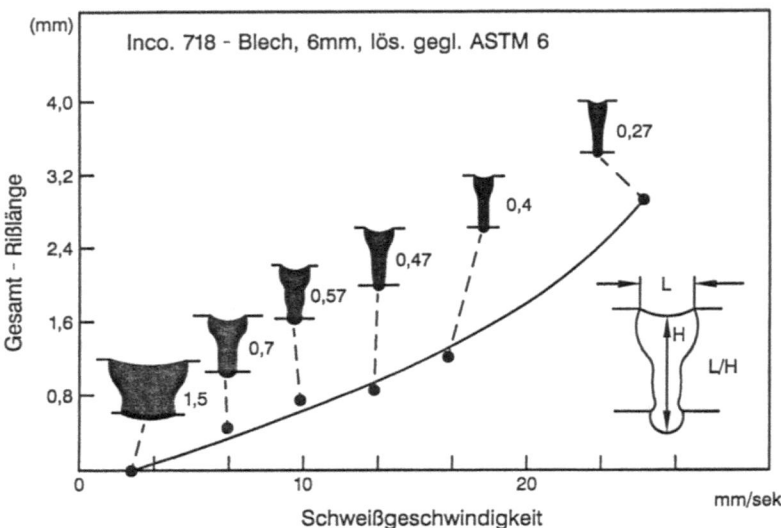

Bild 27.4-2: Gesamtlänge der Mikrorisse nach WIG-Schweißen [nach Boucher et al.]

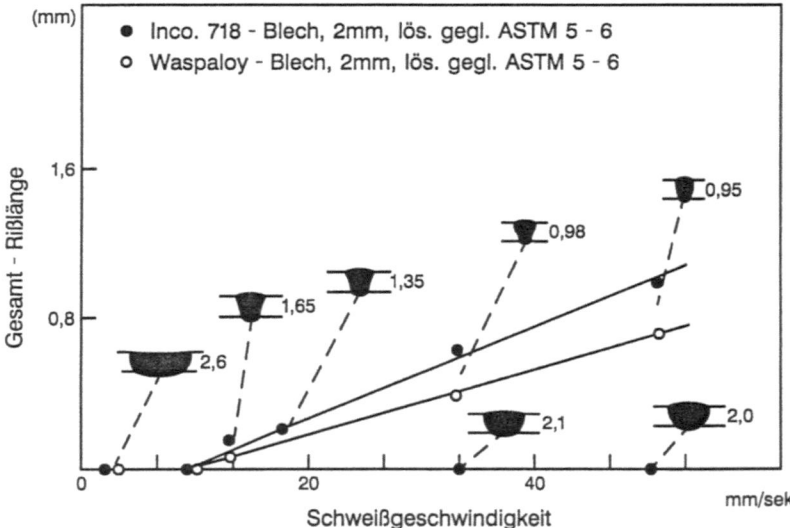

Bild 27.4-3: Gesamtlänge der Mikrorisse nach WIG-Schweißen [nach Boucher et al.]

27.5 Schweißen von Titanlegierungen

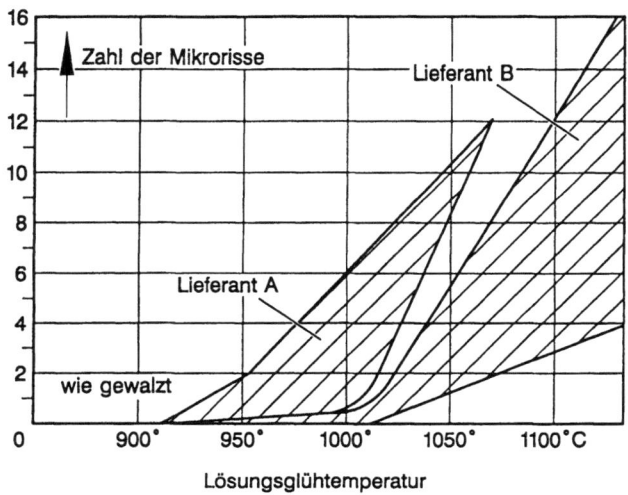

Bild 27.4-4: Anzahl der Mikrorisse als Funktion von Lieferanten

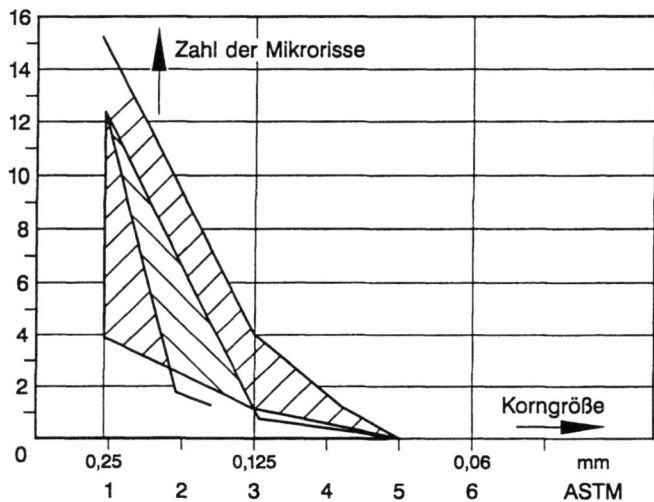

Bild 27.4-5: Anzahl der Mikrorisse als Funktion der Korngröße

27.5 Schweißen von Titanlegierungen

Titanlegierungen besitzen aufgrund einer hohen Oberflächenspannung der Schmelze, geringer Wärmeleitfähigkeit und des Vakuumerschmelzungsprozesses ihrer Herstellung gutes Schweißverhalten, sofern unter Sauerstoffabschluß geschweißt wird. Schweißrißbildung stellt keine Gefahr dar, was im Zusammenhang mit der geringen Festigkeit in der Nähe der allotropen Umwandlung im Bereich von 900 – 1050 °C und der bereits geringen Festigkeit oberhalb von 600 °C steht. Die Schweißgeschwindigkeit liegt bei 30 bis

50 mm/s beim EB-Schweißen. Sie ist verhältnismäßig hoch wegen der geringen Wärmeleitung des Titans.

Schweißporen treten gelegentlich auf, lassen sich jedoch in der Regel durch Nachschweißungen beseitigen. Für Einzelheiten sei hier besonders auf die regelmäßig stattfindenden Titankonferenzen verwiesen.

27.6 Wolfram-Inert-Gas-Schweißen (WIG)

In Bild 27.6-1 ist das Prinzip des WIG-Schweißens dargestellt. Es eignet sich für Blechschweißungen bis ca. 5 mm Blechdicke. Die Nahtbreite beträgt etwa Blechdicke, die einfache Wärmeeinflußzone ebenso. Die Bedingungen für mikrorißfreies Schweißen gehen aus der Darstellung in den Bildern 27.4-2, 27.4-3, 27.4-4 und 27.4-5 hervor. Diese beziehen sich zwar auf Blech aus Inconel 718, gelten aber mit wenig Einschränkungen für alle ähnlichen Nickellegierungen, z.B. Waspaloy. Wärmevorbehandlungen vermögen zwar die Schweißbedingungen bezüglich der Mikrorisse günstig zu beeinflussen, sie stellen aber wegen der dann entstehenden Abweichung von der Werkstoffspezifikation ein Zulassungsproblem dar.

In Bild 27.6-2 sind typische WIG-Nähte dargestellt. Die Schweißungen mit gepulstem Strom (bei gleichbleibendem Grundstrom) zeichnen sich durch bessere Konstanz der Nahtform aus.

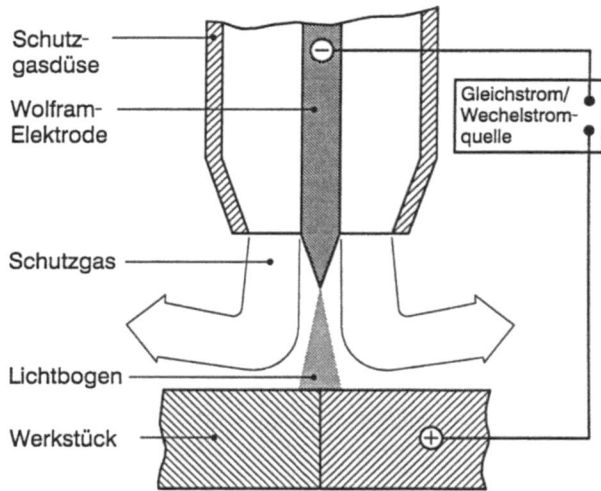

Bild 27.6-1: Prinzip des WIG-Schweißvorganges

27.6 Wolfram-Inert-Gas-Schweißen (WIG)

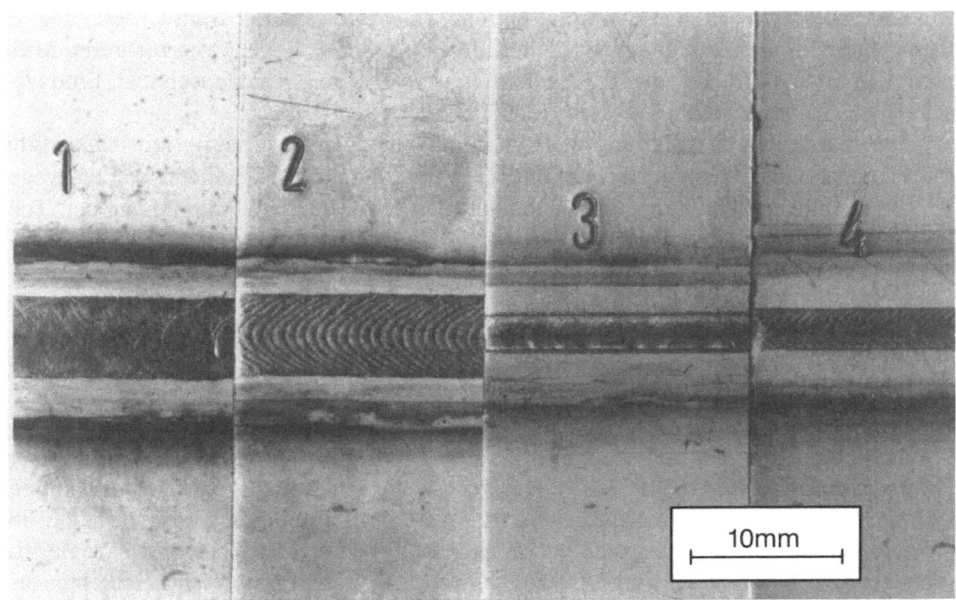

Bild 27.6-2: Ausschnitte aus Titanblech-Schweißungen: 1) WIG kontinuierlich geschweißt, 2) WIG gepulst geschweißt, 3) WP kontinuierlich geschweißt, 4) WP gepulst geschweißt

Bild 27.6-3: Mantelstromgehäuse aus 1,8 mm Titanblech WP-geschweißt; Durchführungen WIG-eingeschweißt, Durchmesser = 800 mm, max. Länge 1100 mm, 4 Rundnähte über den Umfang, 4 Längsnähte zur Verbindung der Halbschalen

Das WIG-Schweißen erlaubt relativ grobe Toleranzen bei der Nahtvorbereitung, da die schmelzflüssige Zone in einem breiten Bereich des Lichtbogens von mehreren Millimetern gebildet wird und sowohl Höhendifferenzen als auch Spalte ausgleicht. Eine typische WIG-Schweißausführung ist in Bild 27.6-3 zu sehen.

Die maschinelle Ausführung von WIG-Schweißungen wird häufig mit bahngeführten Handhabungssystemen durchgeführt. Frei programmierbare Roboter stellen wegen der notwendigen Schutzgaszuführungen und der notwendigen Fixierungen der Teile keinen generellen Vorteil dar.

27.7 Mikroplasmaschweißen und Wolframplasmaschweißen (WP-Schweißen)

Die wesentlichen Verfahrensmerkmale sind durch den Plasmabrenner vorgegeben. Ein Pilotlichtbogen im Zentrum sorgt im Vergleich mit dem WIG-Schweißen für höhere Leistungskonzentration (Bild 27.7-1). Das WP-Schweißen ermöglicht wegen der höheren Leistungsdichte schmalere Nahtbreiten als WIG und damit geringeren Verzug. Eine Miniaturisierung und Anpassung der Brenner führt zum sogenannten Mikroplasmaschweißen, das vor allem zum Auftragsschweißen von Verschleißschutzschichten auf Schaufeln dient. Typisch für das WPS ist das Stichloch unterhalb des Plasmapilotbogens, das am Ende einer Naht automatisch geschlossen werden oder sich in einem entfernbaren Bereich befinden muß. Die Schließung des Stichlochs ist mit einer Programmsteuerung zu erreichen, die die Absenkung des Schweißstromes, des Schweißgasstromes und der Vorschubgeschwindigkeit synchronisiert. Die schweißbaren Blechdicken reichen bis etwa 4 mm, die Nahtbreite beträgt ca. 2 mm, die WEZ sind einzeln etwa 2 mm breit.

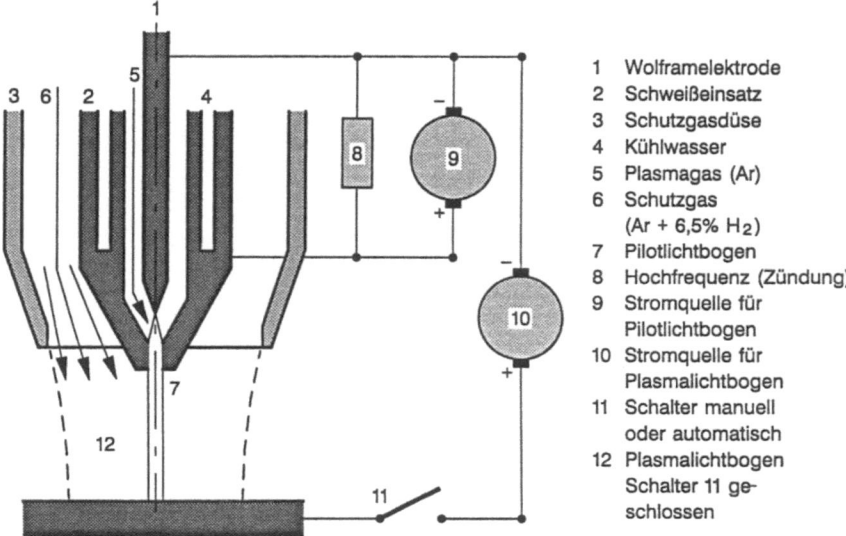

27.7-1: Prinzip des Wolfram-Plasma-Schweißens (WP-Schweißen)

Bild 27.7-2: Ausführung von WIG- und WP-Handschweißungen unter Schutzgasglocken mit Argonfüllung

In Bild 27.6-2 sind WPS-Nähte dargestellt, in Bild 27.6-3 ist eine maschinell ausgeführte Gehäuseschweißung eines Titangehäuses dargestellt, die Längsnähte, Umfangsnähte und kreisförmige Einschweißungen enthält, die anstelle der WIG-Nähte auch WP-geschweißt werden, sofern die Nahtvorbereitung entsprechend genau ist. In allen drei Nahtarten wird bevorzugt gepulst geschweißt. Die massiv gegossenen Durchführungsteile werden über hydraulisch betätigte Kupferstempel mit Nickelbeschichtung an den Anlagestellen in Position gehalten. Eine mitbewegte Argonglocke von außen und die Wurzelgaszuführung von innen erfolgen individuell für jede Einzelnaht. Im Gegensatz dazu werden häufig bei manuellen Schweißungen Schutzgasglocken verwendet, unter denen sich das gesamte Teil befindet (Bild 27.7-2). Eine besondere schweißtechnische Aufgabe stellt die Reparatur von Verdichterschaufeln dar (siehe Abschnitt 27.15).

27.8 Elektronenstrahlschweißen (EB-Schweißen)

EB-Schweißen wird verhältnismäßig häufig aus zwei Gründen eingesetzt. Die hohe Leistungsdichte führt zu sehr kleinem Verzug, und der Tiefschweißeffekt beim EB-Schweißen, siehe Bild 27.8-1, erlaubt alle Einschweißtiefen nach obenhin praktisch unbegrenzt. Einschweißtiefen über 15 mm kommen jedoch im Triebwerkbau nicht vor. Die Anwendungen erstrecken sich auf Getriebeteile, Gehäuse, Integralrotoren, integrale Leitkränze und Wellen (siehe Bilder 27.8-2, 27.8-3, 27.8-4 und 27.8-5).

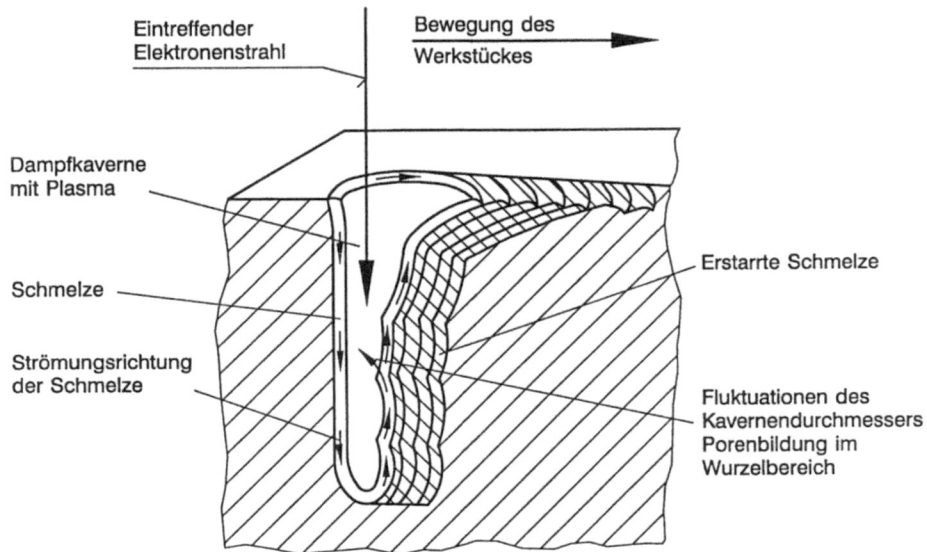

Bild 27.8-1: Prinzip des Tiefschweißeffektes beim EB-Schweißen

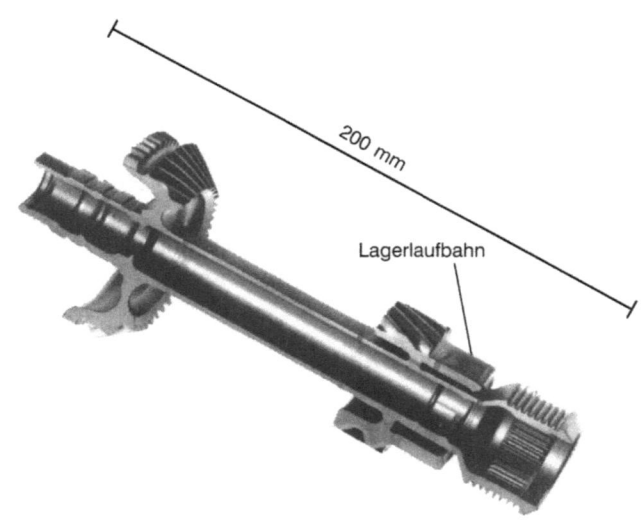

Bild 27.8-2: 5-fache EB-Schweißung an einer Getriebewelle; Komplettierung aus Schrägverzahnung, Mittelteil, Stirnverzahnung, Lagerlaufbahn und Labyrinth-Dichtungsteil; Schweißung im fertigbearbeiteten Zustand; Werkstoff 15 NiCrMo16, Lagerlaufbahn X20WCr103, die Schweißnähte sind dunkel markiert

27.8 Elektronenstrahlschweißen (EB-Schweißen)

Bild 27.8-3: EB-geschweißtes Turbinengehäuse; Werkstoff Inconel 718, 6 Ringe mit fertigbearbeiteten, innenliegenden Schaufelaufnahmestegen verschweißt mit 5 Rundnähten, Durchmesser: 850 bis 1200 mm ansteigend, eine Aufspannung

Bild 27.8-4: EB-geschweißter Verdichterleitkranz, Verschweißung der Leitschaufeln am Fuß außen, Anschweißung am Fuß außen und Anschweißung der Ringflansche mit Rundnähten vorn und hinten, Werkstoff Ti6Al4V, Durchmesser außen: 600 mm

Bild 27.8-5: Dreistufiger Verdichterrotor aus Ti6Al4V, Abstandsringe zwischen den Rotorscheiben mit 4 Rundnähten eingeschweißt, Unterraupe nicht nachgearbeitet, Durchmesser: 350 mm

Allen Fertigungsbeispielen gemeinsam ist, daß weitgehend im fertig bearbeiteten Zustand der Fügeteile geschweißt wird. Der Verzug der Teile, siehe Darstellung Bild 27.8-6, läßt sich durch verschiedene Maßnahmen auf tolerierbare Werte herabsetzen.
Diese sind
– Optimierung der Abfolge: Wärmevorbehandlung – Schweißen – Wärmenachbehandlung,
– Spannungsrelaxation durch Überschweißen (mehrmaliges Schweißen),
– Kompensation des Verzuges durch Winkelversatz der Anfangs- und Endpunkte des Schweißablaufs an Integralrotoren mit mehreren Rundnähten.

Die bevorzugte Anwendung des EB-Schweißens ist die Herstellung von Integralrotoren im Verdichterbereich (siehe Beispiele im Bild). Je näher sich die Scheiben kommen, desto eher ist der Zustand erreicht, bei dem eine Nacharbeit der Unterseite nicht mehr möglich ist. Dies ist ebenfalls eine Funktion des Durchmessers. Da in einem solchen Fall ganz oder teilweise fertigbearbeitete Scheiben miteinander verschweißt werden müssen, spielen Verzug und Resteigenspannungen eine wesentliche Rolle bei der Ausführbarkeit einer solchen Konstruktion.

Die größte Eigenspannung nach dem Schweißen liegt bei Rundnähten in Umfangsrichtung vor. Sie führt zu einem Schrumpfen der Nahtlänge und einem „Eieruhr-Effekt", d.h., bei zwei am äußeren Rand verschweißten Scheiben zieht sich die Naht auf einen kleineren Durchmesser zusammen, während die inneren Bereiche unter „Tellerbildung" der Scheiben auseinanderrücken.

Bei kleinen Durchmessern wie im Falle der Getriebeteile ist ohne besondere Maßnahmen eine Plan- und Rundlaufgenauigkeit von ± 0,02 mm nach dem Schweißen möglich. Voraussetzung ist die entsprechend gute Vorbearbeitung der Teile.

27.8 Elektronenstrahlschweißen (EB-Schweißen)

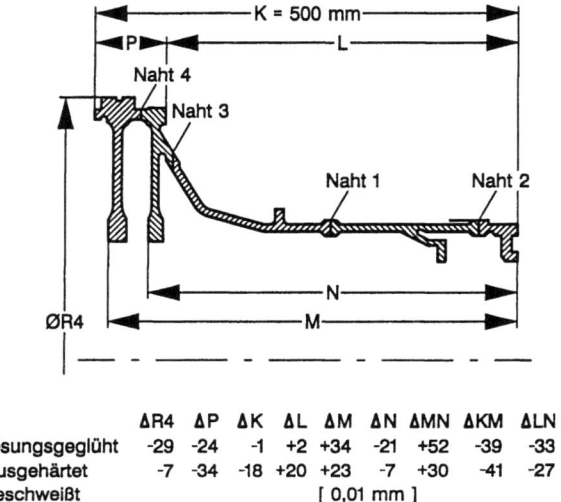

	ΔR4	ΔP	ΔK	ΔL	ΔM	ΔN	ΔMN	ΔKM	ΔLN
A lösungsgeglüht	-29	-24	-1	+2	+34	-21	+52	-39	-33
B ausgehärtet	-7	-34	-18	+20	+23	-7	+30	-41	-27
geschweißt					[0,01 mm]				

Bild 27.8-6: Maßänderungen (Verzug und Schrumpfungen) nach dem EB-Schweißen eines Versuchsrotors aus Inconel 718 ohne Wärmenachbehandlung

Bewährt hat sich im Interesse der Maßhaltigkeit die Vorbearbeitung mit Zentrierlippe zur Selbstzentrierung während des Schweißens. Vorteilhaft ist bei Selbstzentrierung auch das Schweißen ohne vollständigen Wurzeldurchhang (Schmelzbadunterstützung). Es ermöglicht höhere Schweißgeschwindigkeiten (ca. 12 mm/s bei Nickel-, 40 mm/s bei Titanlegierungen) und vermeidet das Einfallen der Oberraupe. Allerdings verbleibt dadurch die Wurzelporosität im Material, die nachträglich abgearbeitet werden muß. Tabelle 35 gibt Beispiele für Schweißparameter.

Beim Schweißen von Nickellegierungen tritt häufig der Effekt der Mikrorissigkeit auf (siehe Abschnitt 27.4).

Die heutige Maschinentechnik bedient sich der NC-Steuerung aller Prozeß- und Bewegungsfunktionen. Bild 27.8-7 zeigt eine ES-Schweißmaschine der neuesten Generation mit einer Zusammenstellung ihrer Prozeßfunktionen. Beim EB-Schweißen von ferritischen Werkstoffen und Stählen, die ferromagnetisch sind, ist zum reproduzierbaren Schweißen eine Entmagnetisierung der Werkstücke vor dem Schweißen erforderlich, um zu verhindern, daß eine nicht beherrschbare Strahlablenkung eintritt.

Das Entmagnetisierungsverfahren ist dem Teil anzupassen und bedarf bei hartmagnetischen Werkstoffen sorgfältiger Erprobung.

Beim Schweißen unterschiedlicher Werkstoffe, die gegeneinander eine Thermospannung aufweisen, kann es durch die Erwärmung beim Schweißen zu Thermoströmen kommen, die mit ihrem Magnetfeld zur Strahlablenkung führen (Beispiel NiCr/Ni).

Die hohe Leistungsfähigkeit der EB-Schweißtechnik geht aus den beiden letzten Beispielen hervor. Die Bilder 27.8-8 und 27.8-9 zeigen die Schweißausführung zur Herstellung einer integralen Rotorstufe (Blisk) durch Fügen der Schaufeln an eine Rotorscheibe (Ti6Al4V), das Bild 27.8-10 zeigt die Schweißausführung eines plattenförmigen Hohlleiters aus einer Magnesiumlegierung (Breite des flüssigen Nahtbereichs 0,8 mm).

- maximale Leistung   30 kW
- maximale Spannung   150 kV
- maximaler Strom   200 mA
- maximale Schweißtiefe   150 mm
- maximale Schweißgeschwindigkeit   100 mm/s
- 9 CNC Achsen
- Vakuum $\geq 5 \times 10^{-4}$ mbar
- Evakuierzeit   8 - 10 min
- Arbeitsraum $2 \times 2{,}1 \times 2{,}7$ m^3
- Programmierbares Nahtverfolgungsprogramm

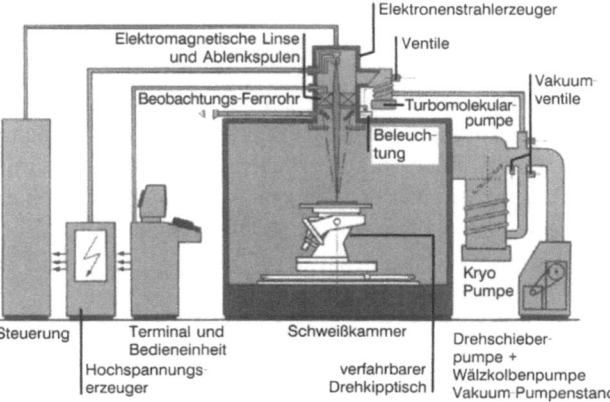

Bild 27.8-7: Oben: EB-Schweißmaschine mit geöffnetem Arbeitsraum und geschweißtem Leitkranz mit Arbeitstisch; Mitte: Merkmale der Anlage; unten: prinzipieller Aufbau einer EB-Schweißanlage;

27.8 Elektronenstrahlschweißen (EB-Schweißen)

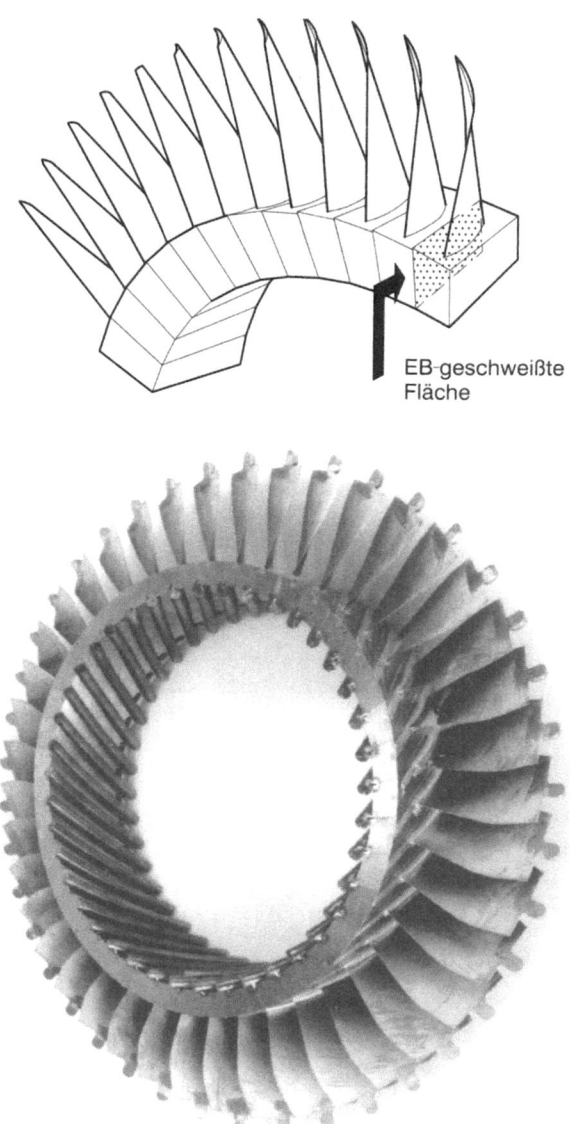

Bild 27.8-8: EB-geschweißter Blisk; erste Stufe der Komplettierung. Ti6Al4V; oben: Prinzipskizze; unten: Zustand wie geschweißt, Einschweißtiefe 25 mm, Durchmesser: 650 mm

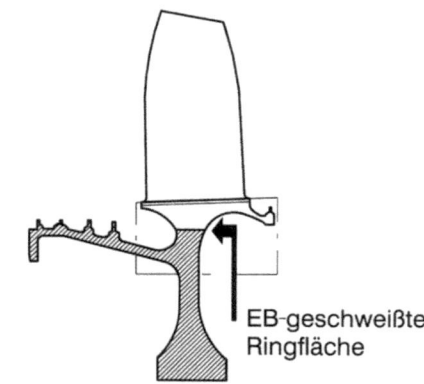

Bild 27.8-9: EB-geschweißter Blisk; zweite Stufe der Komplettierung; oben: Prinzipskizze, unten: Zustand fertig bearbeitet

27.8 Elektronenstrahlschweißen (EB-Schweißen)

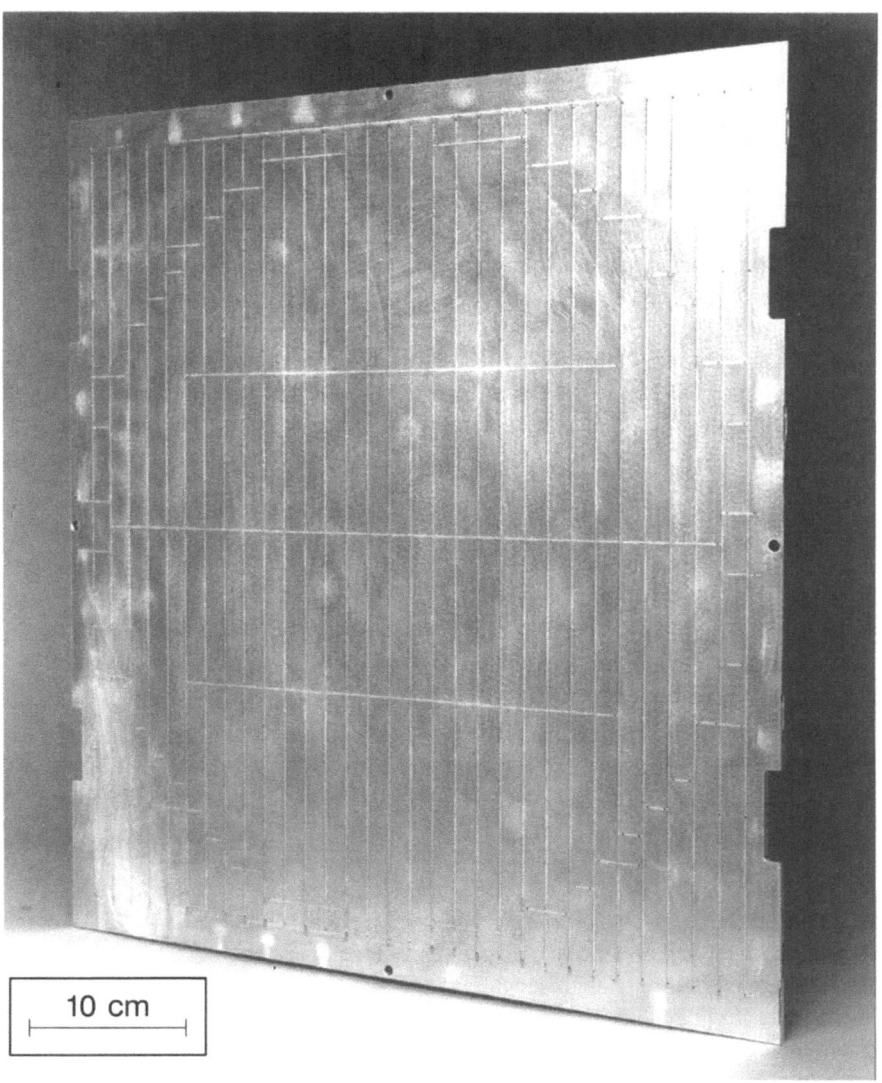

Bild 27.8-10: EB-Schweißung einer Hohlleiterkonstruktion mit einer Gesamtnahtlänge von 1750 mm bei einer Nahtbreite von max. 0,8 mm; T-Naht bei einer Wanddicke von 1,2 mm, ebene Ausführung, ohne Verzug, Leichtmetall-Legierung auf Mg-Basis

27.9 Laserschweißen

Während das EB-Schweißen ein im Triebwerkbau etabliertes Verfahren ist, hat sich Laserschweißen mit ähnlich hoher Leistungsdichte bei der Fertigung von Neuteilen bisher nicht durchsetzen können. Die erforderlichen Leistungsdichten ließen sich kontinuierlich nur mit CO_2-CW-Lasern erreichen, die aber in der Bewertung der Summe ihrer Kosten und des Schweißergebnisses bisher nicht mit dem EB-Schweißen konkurrieren konnten. Eine wesentliche Rolle spielt dabei die erreichbare Strahlkonstanz (Leistung und Kaustik) und ihre Reproduzierbarkeit. Hinzu kommt das Schweißen der Teile in sehr kleinen Fertigungslosen, so daß auch der Fortfall des Vakuums beim EB-Schweißen nicht zur Wirkung gekommen ist.

Es ist zu erwarten, daß mit der Entwicklung neuer, mit hoher Pulsfrequenz (bis 1 kHz) arbeitender NdYAG-Festkörperlaser, die diodengepumpt sind, bessere fertigungstechnische Merkmale erreicht werden und damit der Laser in die Domänen des EB-, WIG- und WP-Schweißens eindringen kann. Insbesondere die langzeitige Stabilität der Leistung, der Strahlqualität und die Einsatzbereitschaft (Nutzbarkeitsrate) werden entscheidend sein.

27.10 Reibschweißen

Die Besonderheiten des Verfahrens sind:
– fehlerfreie Verbindungen,
– höchste Prozeßsicherheit und Reproduzierbarkeit,
– Grundwerkstoffestigkeit der Verbindung,
– sehr kurze Schweißzeiten (t_e),
– hohe Schweißkräfte bei hohen Forderungen an die Maßhaltigkeit führen zu aufwendigen Maschinen und Einspanneinrichtungen im Triebwerkbau.

In Bild 27.10-1 ist eine Schwungradreibschweißmaschine, in Bild 27.10-5 der Ablauf einer Schweißung anhand der relevanten Schweißparameter Axialdruck F, Drehzahl n und Längenverkürzung s (Stauchung) dargestellt und zwar für das sogenannte Schwungradreibschweißen, das sich bei höchsten Anforderungen an Festigkeit und Prozeßsicherheit als unersetzlich erwiesen hat zum Schweißen von Hohlwellen und Integralrotoren aus Titan- und Nickellegierungen, Stählen und Kombinationen beider letztgenannter Werkstoffe.

Wie die detaillierten Untersuchungen zum Zusammenhang von Verbindungsfestigkeit und Schweißparametern zeigen, handelt es sich um eine Verbindungsbildung im festen Zustand, die sich innerhalb der Zeit des zweiten Drehmomentenmaximums über den Spindelstillstand hinaus in die Nachstauchphase vollzieht. In dieser Schlußphase des Schweißvorgangs kommt es insbesondere auf ein hohes Restdrehmoment an, das die Verschmiedung beider Seiten bewirkt.

Die Schweißprozeßphasen vor dem 2. Maximum dienen der Erwärmung und dem Ausquetschen eines Wulstes, der beidseitig groß genug sein muß, entsprechend einer Mindestgesamtstauchung von 4 mm, um alle Oberflächenbestandteile des Werkstoffs, die zum Beginn des Schweißvorgangs vorliegen, aus dem Material zu entfernen.

27.10 Reibschweißen

Bild 27.10-1: 400 t Schwungradreibschweißmaschine zur Schweißung von Integralrotoren; max. Schweißenergie E: 2034 kNm, max. Stauchkraft F: 3786 kN, max. Massenträgheitsmoment Θ: 10550 kg m^2, Drehzahlbereich: 0 – 600 min^{-1}, Schweißfläche maximal: 10 500 mm^2 (Ni-Basis) bzw. 30 000 mm^2 (Ti-Basis)

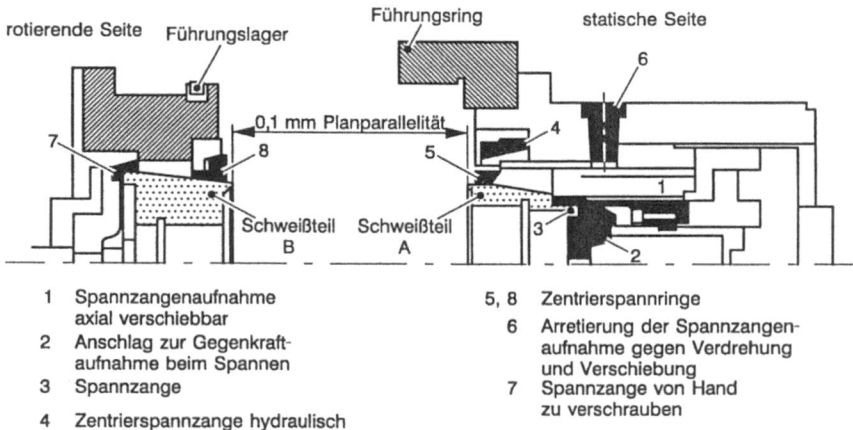

1 Spannzangenaufnahme axial verschiebbar
2 Anschlag zur Gegenkraftaufnahme beim Spannen
3 Spannzange
4 Zentrierspannzange hydraulisch
5, 8 Zentrierspannringe
6 Arretierung der Spannzangenaufnahme gegen Verdrehung und Verschiebung
7 Spannzange von Hand zu verschrauben

Bild 27.10-2: Prinzip einer Schweißteileinspannung mit Führungselementen (*piloting*)

Es stehen bisher keine Reibschweißmaschinen mit kontinuierlichem Antrieb zur Verfügung, die die gleichen großen Drehmomente bei kleinen Drehzahlen aufweisen, so daß im Triebwerkbau nur Maschinen mit Schwungrädern im Einsatz sind.

Die großen Vorzüge des Schwungradreibschweißens von Nickellegierungen bestehen in der von anderen Verfahren unerreichten Fertigungssicherheit und der Erreichung von Verbindungsfestigkeiten, die die Grundwerkstoffestigkeit mit einer Ausnahme erreichen oder übertreffen.

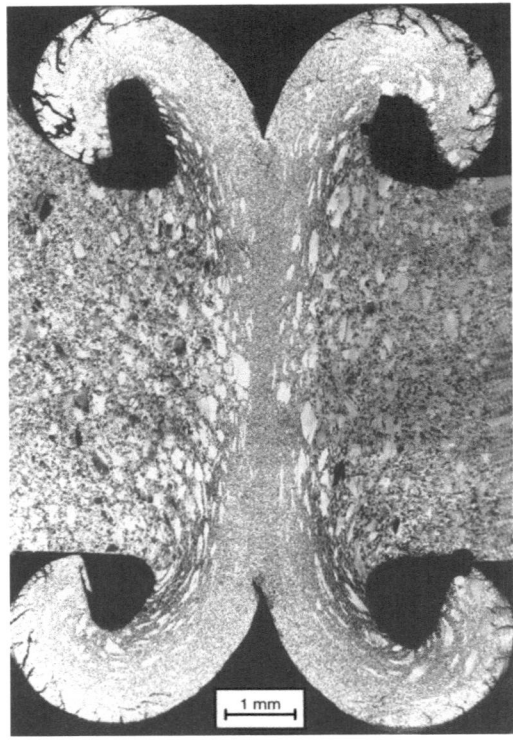

Bild 27.10-3: Schliffbild einer Schwungradreibschweißverbindung aus Waspaloy (Rohrschweißung), feinkörnige Mittenzone, Kornverformungen in radialer Richtung innerhalb der inneren Wärmeeinflußzone (WEZ), Breite der WEZ: Beginn der Durchmesseraufweitung bis Mitte

Die Ausnahme ist die Kriechfestigkeit. Sie wird herabgesetzt durch die unvermeidbare Kornverfeinerung in der Mittenzone (siehe Bild 27.10-3), was aber für integrale Rotoren und Wellen keine Bedeutung hat. Das durch Schwungradreibschweißen erreichte Gefüge beim Schweißen von Nickellegierungen ist günstiger als das der Grundwerkstoffe für die statische und dynamische Festigkeit insgesamt.

Das Phänomen der Mikrorisse beim Schmelzschweißen tritt nicht auf. Reibschweißungen von Nickellegierungen sind mikrorißfrei. Es gibt keine geschmolzene und wiedererstarrte Zone und keine Gradienten wichtiger Gefügemerkmale bei entsprechender Wärmenachbehandlung.

Die Fertigungssicherheit beruht auf der Zwangsläufigkeit des Schweißablaufs und des Entfalls einer schmelzflüssigen Zone. Solange die axiale Stauchkraft anliegt, verzehrt der Werkstoff selbst die Schwungradenergie zwangsläufig durch Reibung (Erwärmung) und Umformung (Wulstausquetschung und innerer Werkstofffluß). Außerdem ist die Verbindungsqualität unempfindlich gegenüber Veränderungen der Anfangsparameter beim Schweißen. Überschüssige Energie geht in Form von zusätzlich ausgequetschtem Wulst verloren, während die Temperaturverteilung (Bild 27.10-4) axial dieselbe bleibt. Die Mindestenergie läßt sich bei einer Schweißerprobung bereits anhand des Wulstaussehens bestimmen.

27.10 Reibschweißen

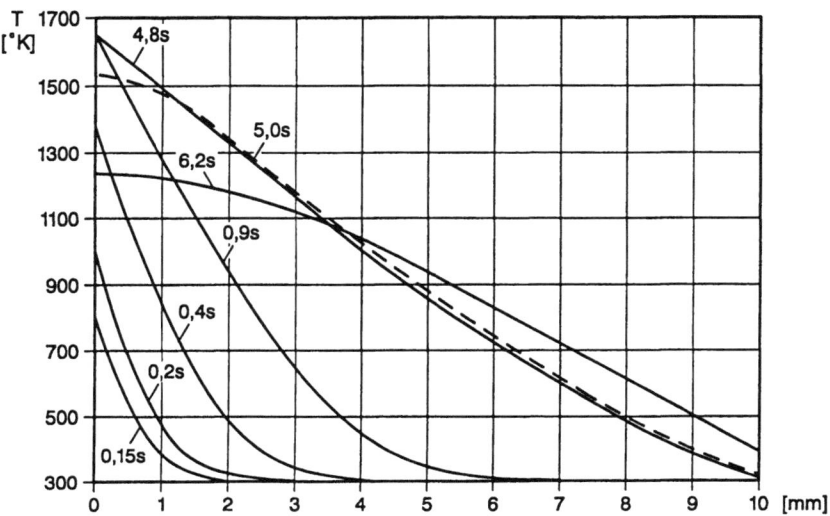

Bild 27.10-4: Numerisch berechnete axiale Temperaturverteilung in Waspaloy-Reibschweißproben; Berechnungsbasis sind Leistungseingabe und die Wärmeleitungsgleichung (siehe Bild 27.10-5), als Mittentemperatur wurde die Schmelztemperatur rechnerisch angenommen

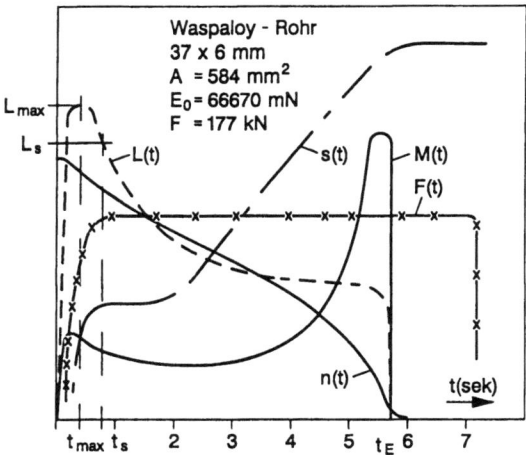

Bild 27.10-5: Zeitlicher Verlauf von Stauchkraft F, Stauchung s, Drehzahl n, Drehmoment M und abgegebener Leistung L beim Schweißen von Waspaloy-Rohrproben; Vorgabeparameter: F_o, E_o, n_o, A; gemessen: $F(t)$, $n(t)$, $s(t)$, berechnet: $L(t)$, $M(t)$

Die Relativgeschwindigkeit v_o der Teile aus Nickellegierungen sollte 150 m/min nicht übersteigen, der notwendige Stauchdruck liegt bei 350 ± 50 MPa bei diesen Legierungen. Dieser hohe Wert bedeutet maschinentechnisch eine niedrige Obergrenze für den verschweißbaren Querschnitt von Nickellegierungen. Bei Titanlegierungen liegt der Wert bei 50 MPa, bei Stählen bei 150 MPa. Die größte bisher gebaute Maschine verfügt über 2000 t Axialkraft, geeignet für Durchmesser von Verdichterrotoren ziviler Triebwerke.

Unter den hohen Stauchdrücken kann es zu charakteristischen Formabweichungen (Achsversatz, Verkippung, Stauchungsschwankungen) kommen, die für Schweißungen von Rohteilen keine Bedeutung haben.

Die Stauchungsschwankung bei Nickellegierungen liegt bei ± 0,5 mm im Normalfall. Sie ist werkstoffbedingt und nicht von der Maschine verursacht. Geringe Schwankungen des Gefügezustandes und der Härte, die von Unterschieden des Erstarrungsvorgangs beim Gießen, der Schmiedung und der Wärmebehandlung herrühren, wirken sich in dieser Art aus, ähnlich wie auf die Schnittkräfte bei der Zerspanung. Bei besonders homogenem Material, insbesondere durch Feinkörnigkeit und spezielle Prozesse zur Rohmaterialherstellung, etwa „gatorizing", läßt sich die Toleranz auf ± 0,25 verringern.

Die Schwankung der Gesamtstauchung setzt Grenzen in den Möglichkeiten zur Fertigung integraler Rotoren mit fertigbearbeiteten Konturen. Die Abstände zwischen den geschweißten Scheiben müssen ausreichen, um die Scheiben seitlich bearbeiten zu können und um den Schweißwulst sowie die Randkerbe abarbeiten zu können. Die Abarbeitung (mindestens 0,5 mm) der Randkerbe ist unverzichtbar, um einen Einfluß auf die Festigkeit auszuschließen. Die Übergänge der Einzelschnitte müssen kerbfrei hergestellt werden können. Der Achsenversatz und die Verkippung der Teile werden durch Führungsvorrichtungen (piloting) gering gehalten, die die Ausweichung der Teile herabsetzen (siehe Bilder 27.10-1 und 27.10-2).

Der maschinentechnische und vorrichtungstechnische Aufwand zahlt sich bei der Fertigungssicherheit und Verbindungsqualität aus. Die Ausschuß- und Zurückweisungsrate ist praktisch null. Nur Maschinenausfälle während des Schweißens sind eine (theoretische) Möglichkeit, um eine normale Schweißung zu verhindern. Selbst in einem solchen Fall wären die Teile in der Regel durch entsprechende Neubearbeitung wiederzuverwenden. Eine wichtige Voraussetzung ist die Einhaltung der erprobten Schweißparameter, wobei es vor allem auf den Axialdruck ankommt und darauf, daß der Axialdruck nach dem Stillstand der Spindel noch ausreichend lange beibehalten wird (Nachstauchphase). Dies verhindert, daß einspannungsbedingte Kräfte eine unkontrollierbare Verformung (Trennung) innerhalb der Schweißnaht hervorrufen. Die Fertigungssicherheit ist so groß, daß man sich auf zwei Qualitätssicherungsmaßnahmen beschränkt:
1. Eindringstoffrißprüfung zur Sicherstellung dessen, daß die Randkerbe zwischen den Wülsten entfernt ist,
2. Überprüfung der Maschinenprotokolle des zeitlichen Verlaufs von Drehzahl, Stauchkraft und Stauchung (siehe Bild 27.10-5).

Schweißgeeignet sind alle Werkstoffe, die einen ausreichend großen Fließbereich aufweisen. Dies sind alle geschmiedeten Werkstoffe. Die PM-Legierungen sind ebenfalls geeignet, zeigen aber das besondere Phänomen einer treppenförmigen Stauchung. Beim Schweißen zweier unterschiedlicher Werkstoffe müssen die Temperaturbereiche der Fließfähigkeit überlappen. Anderenfalls kommt es lediglich zu einem „Aufreiben" eines Werkstoffs auf den anderen. Für diesen Fall liegt ein graduell anderer Verbindungsmechanismus vor, für den die vorherigen Aussagen über Fertigungssicherheit und Qualität eingeschränkt werden müssen. Dies gilt insbesondere für das Schweißen von Nickelgußlegierungen, z.B. Turboladerräder, und Kombinationen zweier Werkstoffe mit großen Unterschieden in der Schmelztemperatur, z.B. Al-Legierungen mit Stählen oder Nickellegierungen.

27.10 Reibschweißen

Bei den üblicherweise stattfindenden „Rohrschweißungen" bei Wellen und Integralrotoren kommt es wegen der Abkühlung des Nahtbereichs zu Schweißspannungen in Umfangsrichtung, die sich je nach Steifigkeit des Teils in Verzügen („Eieruhreffekt") oder Eigenspannungen auswirken. Zur Erzielung des besten Gefügezustandes durch Wärmevor- und -nachbehandlungen gelten dieselben Regeln wie beim Schmelzschweißen (siehe Beispiel Bild 27.10-6). Zwei typische reibgeschweißte Bauteile sind in den Bildern 27.10-7 und 27.10-8 dargestellt. Als weiteres erfolgreiches Beispiel dient die Schweißung eines Titanrotors, Bild 27.10-9.

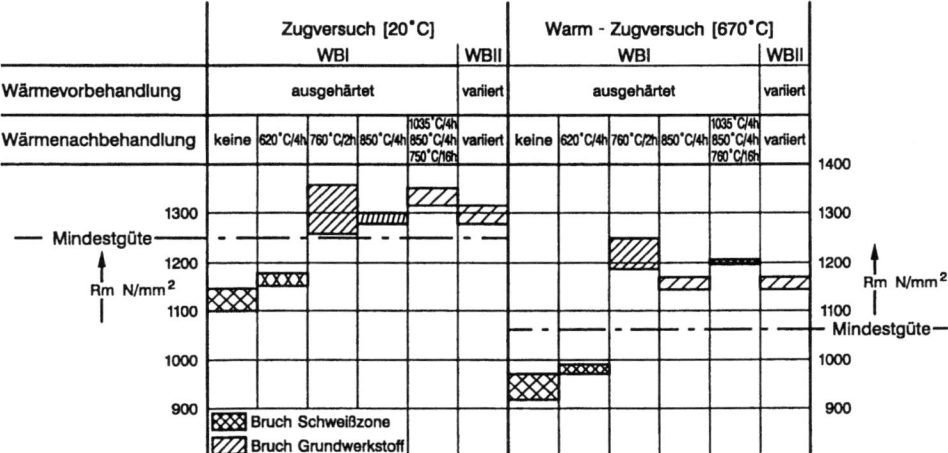

Bild 27.10-6: Beispiel für die erreichbare statische Festigkeit reibgeschweißter Nickellegierungen bei unterschiedlicher Wärmevor- und -nachbehandlung (Werkstoff Waspaloy)

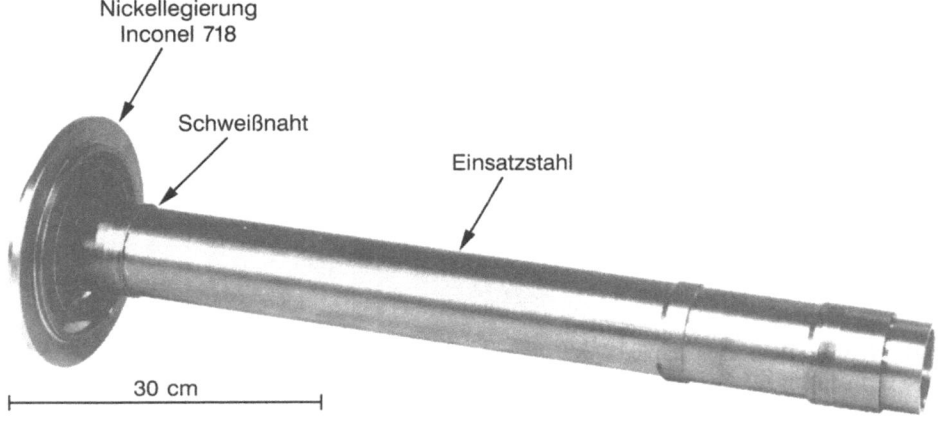

Bild 27.10-7: Hohlwelle zur Verbindung von Verdichter- und Turbinenmodul, Reibschweißung, Schweißwulst entfernt

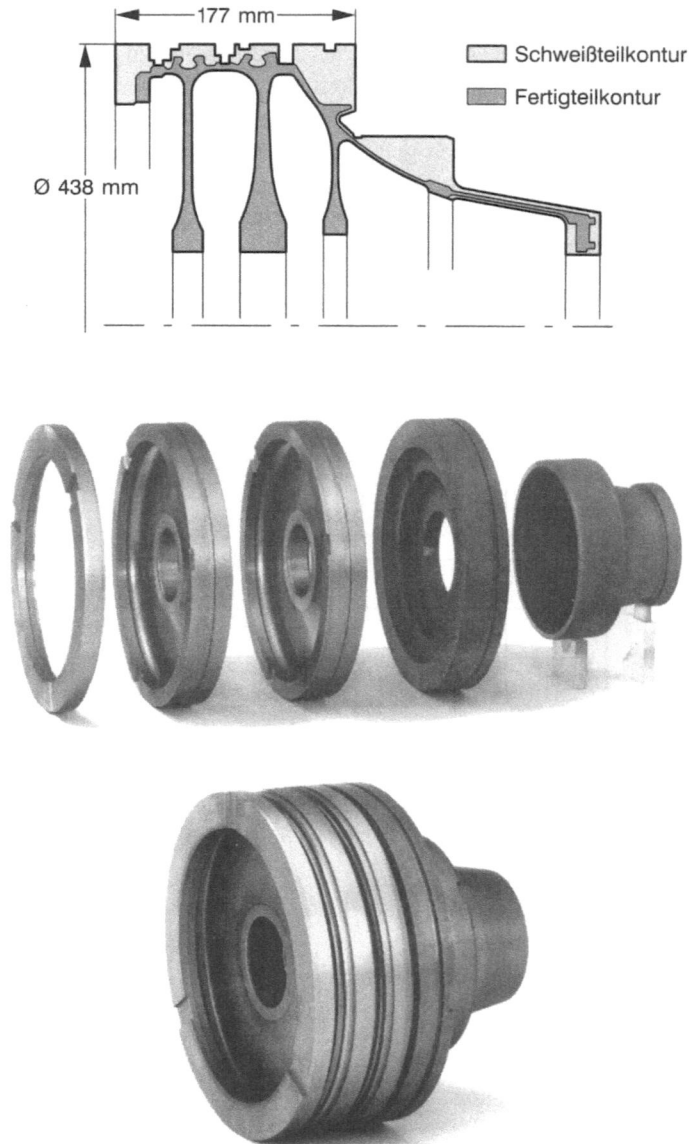

Bild 27.10-8: Reibgeschweißter Verdichterrotor, Werkstoff Inconel 718; vier Schweißungen, oben: Prinzipdarstellung, Mitte: Einzelteile vor dem Schweißen, teilweise fertigbearbeitet, Ansicht Einspannseite, unten: geschweißter Rotor ohne Fertigbearbeitung

27.10 Reibschweißen 185

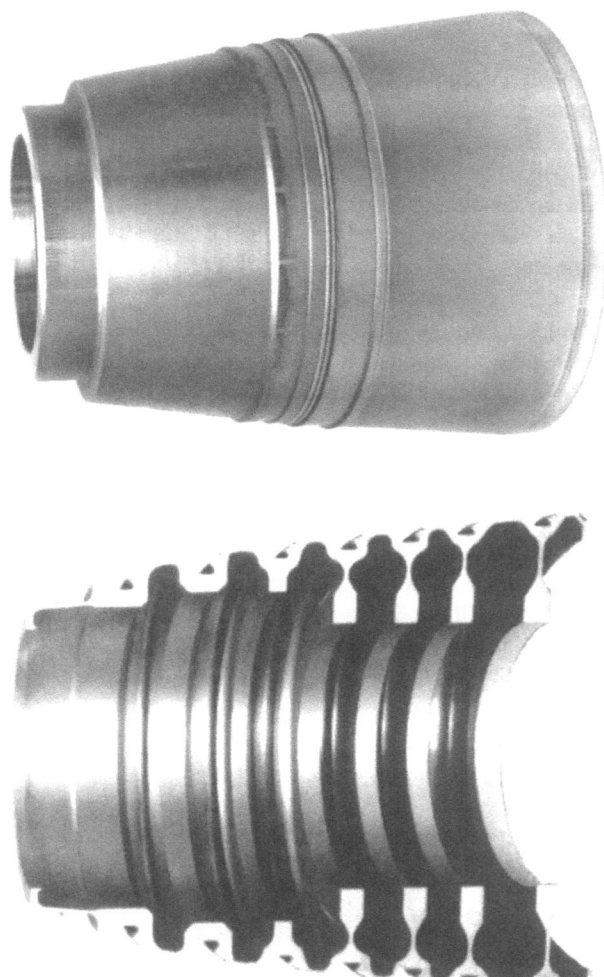

Bild 27.10-9: Titanrotor reibgeschweißt; oben: geschweißte Rohteile, unten: fertigbearbeiteter Zustand, Durchmesser außen in der Schweißebene: 510 mm

Eine konstruktiv erwünschte Schweißung ist die Verbindung von Nickellegierungen mit Titanlegierungen im Hochdruckverdichter. Sie wird jedoch aus zwei Gründen nicht ausgeführt:
1. Titanlegierungen sind bereits ab 800 °C voll fließfähig, während die Nickellegierungen erst bei wesentlich höheren Temperaturen fließen. Somit können die Oberflächenbestandteile auf der Nickelseite nicht ausgequetscht werden.
2. Das binäre System NiTi bildet zahlreiche intermetallische Sprödphasen, deren Wirkung auf die Langzeitstabilität bzw. Festigkeit nicht untersucht ist.

27.11 Linearreibschweißen

Außer dem Reibschweißen durch Rotation steht das lineare Reibschweißen neuerdings zur Verfügung, um integrale Verdichterstufen (siehe Bild 16.3-1) herstellen und reparieren zu können (siehe Bilder 27.11-1 und 27.11-2). Die Erprobungen mit Titanlegierungen haben gezeigt, daß das Verfahren dieselbe Fertigungssicherheit besitzt und daß dieselben ausgezeichneten Festigkeiten zu erzielen sind wie beim Reibschweißen mit Rotation. Die dynamische Festigkeit ist besser als beim Grundwerkstoff, sofern die Randkerben durch Abarbeitung eines ausreichend großen Randbereiches vermieden werden. Bild 27.11-3 zeigt einen repräsentativen Gefügequerschnitt.

Die Wulstbildung läßt die Zahl der angewendeten Zyklen erkennen, der Ablauf der Verbindungsbildung gleicht dem des Rotationsreibschweißens (Anpressen, Erwärmen durch Reibung, Wulstausquetschen, Verschmieden, Stillstand). Die diskontinuierliche Wulstausquetschung in Verbindung mit dem Effekt einer periodisch wechselnden Verkippungsrichtung der Teile zueinander (abhängig von der Einspannlänge) erhöht die Gefahr der Sauerstoffaufnahme von Schweißteilen aus Titanlegierungen.

Die Maschinentechnik geht in zwei Richtungen: Die Oszillation kann hydraulisch oder mechanisch erzeugt werden. Bei hydraulischem Oszillator stellen die Ventile (f_{max} = 50 Hz) den begrenzenden Faktor für Schwingungsfreiheit und Leistungsübertragung dar, bei mechanischem Oszillator ist es die große mitbewegte Masse der mitbewegten Teile (angetriebene Welle, Phasenschieber zur Amplitudeneinstellung, Stößel und Federpakete zur Schwingungsdämpfung).

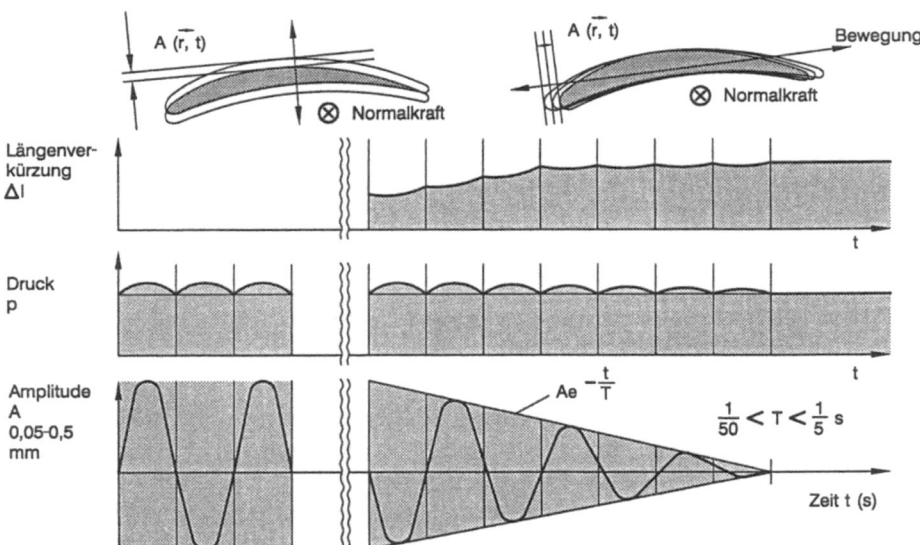

Bild 27.11-1: Prinzipdarstellung der Parameter beim Linearreibschweißen von Verdichterschaufeln zur Blisk-Herstellung; die Bewegungsrichtung ist, zusammen mit der Amplitude *A*, mitentscheidend für den Überdeckungsgrad und Randeffekte.

27.11 Linearreibschweißen

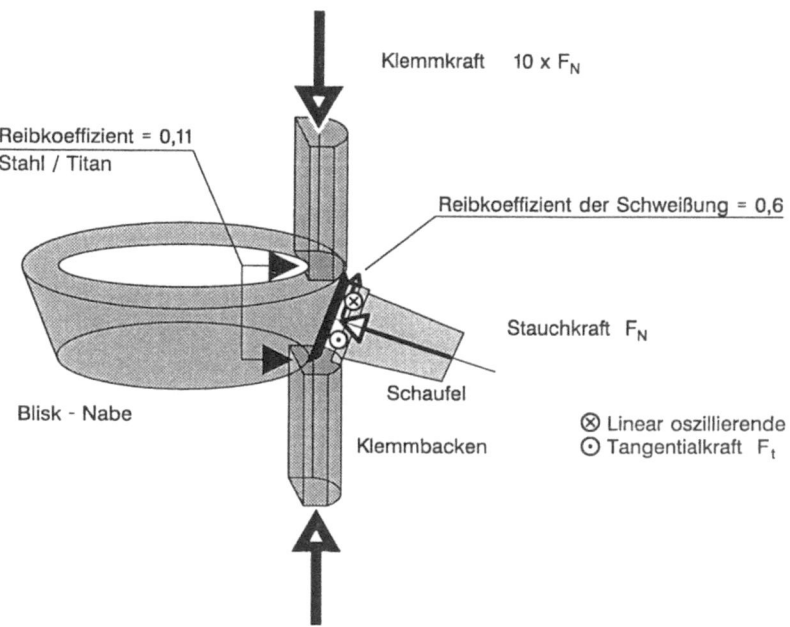

Bild 27.11-2: Prinzip der Einspannung beim linearen Reibschweißen zur Blisk-Herstellung

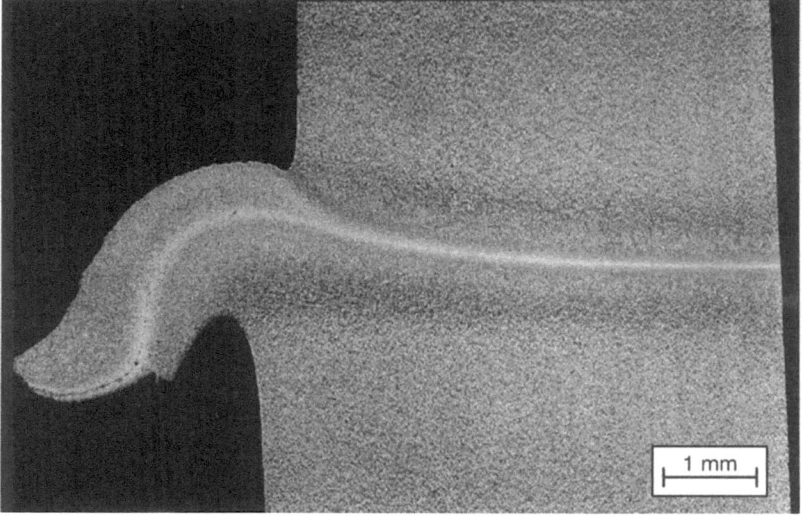

Bild 27.11-3: Schliffbild (geätzt) einer Linear-Reibschweißverbindung von Ti6Al4V

27.12 Explosionsschweißen

Im Triebwerksbau kommt dieses Verfahren nicht zur Anwendung. Obwohl prinzipiell geeignet, sind zahlreiche Voraussetzungen für eine Anwendung bisher eine zu kostspielige Hürde:
- die Einhaltung der Sicherheitsbestimmungen,
- die vollständige Verfahrenserprobung mit Originalteilen,
- die vollständige Festigkeitsermittlung am Einzelteil,
- der für die Form von Triebwerkteilen ungünstige Verfahrensablauf (Anbringung und Wirkungsart des Sprengstoffs).

27.13 Diffusionsschweißen

Obwohl schon umfangreich erprobt, ist das Diffusionsschweißen von Nickellegierungen nicht im Einsatz. Für hochbelastete Verbindungen, z.B. PM-Nabe und Schaufelgußkranz, siehe Bilder 27.13-1, 27.13-2 und 27.13-3, für die das Diffusionsschweißen in Frage kommt, sind die zerstörungsfrei nicht mehr nachweisbaren Merkmale der Verbindung, z.B. Poren im Bereich bis 10 µm, Anlaß zu hohem Aufwand für die Qualifikation (Schleuderversuche, Fertigungsüberwachung, Vorbearbeitung, Reinigung). Selbst im Falle hoher Prozeßsicherheit (Reproduzierbarkeit) bestehen Einschränkungen im Vertrauen auf eine defektfreie Fügezone. Nickelbasislegierungen eignen sich aufgrund von Karbid- und Oxidpartikeln in der Fügefläche sowie ihrer hohen Warmfestigkeit grundsätzlich nicht besonders zum Diffusionsschweißen. Bei weniger hochbelasteten Verbindungen stehen die anderen Schweißverfahren als Alternative zur Verfügung.

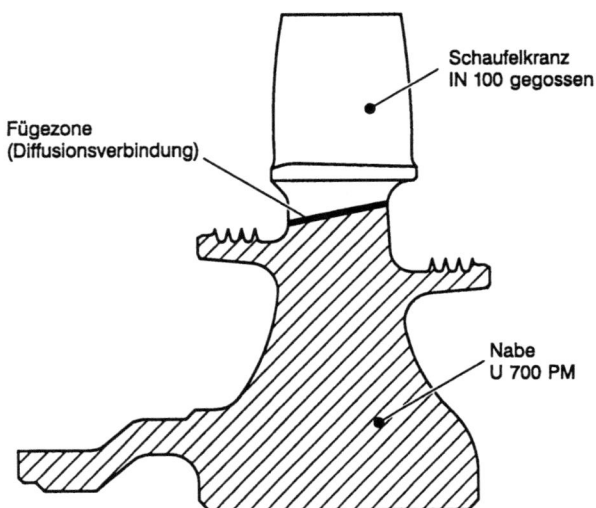

Bild 27.13-1: Diffusionsverbundenes Kleingasturbinenrad; Durchmesser: 150 mm, kriechbeständiger gegossener Schaufelkranz, LCF-beständige PM-Nabe

27.13 Diffusionsschweißen

Bild 27.13-2: Teile vor Schweißen

Bild 27.13-3: Fertigteil

Im Gegensatz zum Vorhergesagten steht das Diffusionsschweißen von Titanlegierungen. Sie lassen sich mit vergleichsweise geringem Aufwand ($T \approx 950$ °C, $p \approx 5$ MPa, Vakuum) ohne die Gefahr von Bindefehlern diffusionsschweißen. Die Lösungsgeschwindigkeit (Diffusionsgeschwindigkeit) von Sauerstoff und Stickstoff in Titan ist so hoch (Getter-Effekt), daß selbst die unvermeidlichen „Oxidhäute" im Anfangszustand nicht stören und aufgelöst werden. Nachteilig ist allerdings die unter Fügebedingungen geringe Gestaltsfestigkeit der Teile durch Selbstfließen. Andererseits ist das superplastische Verhalten mehrphasiger Titanlegierungen die Basis für die Kombination von Diffusionsschweißen und Superplastizität (*superplastic forming/diffusion bonding*, SPF-DB).

Diese Technik wird in Einzelfällen serienmäßig eingesetzt, z.B. zum Herstellen großer hohler Fanschaufeln (DB von flachen, teilweise hohlen Fügeteilen, danach SPF zum Verwinden der Schaufeln durch Gasdruckblasen in ein Gesenk).

27.14 Auftragsschweißen von Stelliten

Turbinenschaufeln werden in manchen Fällen an den schlagbeanspruchten Deckbändern, meistens als Z-Profil ausgeführt, und an Dichtstegen gegen Verschleiß gepanzert, Bild 27.14-1. Die dazu verwendeten Werkstoffe (Stellite) werden teils mit Drahtzufuhr im Mikroplasmaverfahren (Bild 27.7-1), teils durch Laserauftragsschweißen des Stellitpulvers, teils durch die Verwendung von abgeformten Stücken (*preforms*) aufgeschweißt. Die fertigungstechnische Optimierung erfordert wegen der ungenügenden Schweißeignung der Schaufelgußwerkstoffe und der Stellite ein Minimum ihres Anschmelzvolumens und der Wärmeeinbringung insgesamt.

Bild 27.14-1: Auftragschweißen von Verschleißschutzschichten (Stelliten), Beispiel Mikroplasma-Handschweißung

27.15 Reparaturschweißverfahren

Die häufigste Anwendung ist die Reparatur von Turbinenschaufeln, die nach Anstreifen, Oxidation oder Korrosion neu aufgebaut werden müssen. Abgesehen von herstellerspezifischen Verfahren, die nicht näher bekannt werden, sind als typische Vertreter die unter den Stichworten ADH, SWET und SWIP bekannten Verfahren zu nennen. Die Verfahren SWET und SWIP zeichnen sich durch Vorwärmung der Teile aus, um die nötige Duktilität und damit Rißfreiheit der Schaufel zu erreichen. Inwieweit die jeweils aufgetragenen

27.15 Reparaturschweißverfahren

Werkstoffe vollständig die alte Festigkeit der Schaufel regenerieren, kann nur durch individuelle Erprobung festgestellt werden.

Auch beim Reparieren gilt die Regel wie beim Auftragsschweißen, daß nur ein Minimum an Wärme eingebracht werden darf. Die Wiederherstellung der Schaufelform nach dem Schweißen erfordert Nacharbeit durch Schleifen.

Die Reparatur von Verdichterschaufelblättern und -spitzen erfordert eine formgenaue Regenerierung der Schaufelgestalt nach dem Schweißen durch geeignete mechanische Bearbeitung. Diese ist in Anbetracht von Verzug, mangelnder Steifigkeit, Maßanforderungen und Oberflächengüte sehr komplex, wird aber im Hinblick auf die teuren Blisk-Rotoren mit adaptiven Verfahren weiterentwickelt. Wesentlich ist dabei auch eine geeignete, ausreichend schnelle 3D-Vermessung des Ergebnisses, um die Frässtrategie, die Fräsparameter und die nachträglichen Maßnahmen zum Richten der Schaufeln festzulegen und zu kontrollieren. Vorläufig stehen nur tastende taktile Systeme zur Verfügung. Optische Meßtechniken (Streifenprojektion, Musterprojektion, Reverse Engineering) sind jedoch in der Entwicklung.

Die meisten Reparaturen an Fertigteilen durch Schweißen erfordern Sondermaßnahmen zur Wärmeabfuhr und zur Minimalisierung der Wärmezufuhr, um Schrumpfungen und Verzug so gering zu halten, daß die Maße eingehalten werden können (Kupferbakkeneinspannungen, Wasserkühlung, Minischweißbrenner etc.). Als Beispiel dient das Auftragsreparaturschweißen von Labyrinth-Dichtungen, siehe Bild 27.15-1. Die Wärmenachbehandlung kann lokal induktiv erfolgen.

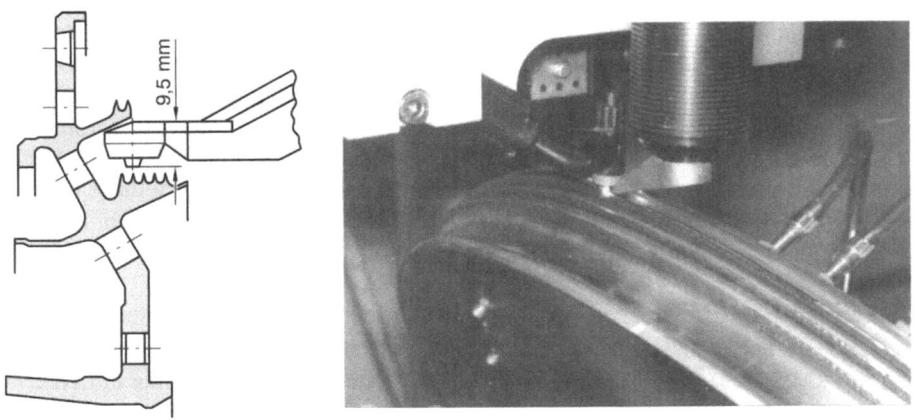

Bild 27.15-1: Beispiel für Reparaturschweißungen an Labyrinth-Stegen durch Mikroplasma-Schweißen

28 Qualitätssicherung

Die Aufgabe, Qualitätsansprüche zu erfüllen, liegt in zahlreichen Händen eines Triebwerkherstellers, zugeordnet zu deren spezifischer Sachaufgabe. Sie umfaßt praktisch das gesamte technische Geschehen von der Entwicklung bis zur Auslieferung. Ein wesentliches Merkmal ist die zugehörige Organisation, die der Sicherstellung dessen dient, was zur Erfüllung der Ansprüche notwendig ist. Die Organisation der Qualitätssicherung umfaßt die wesentlichen Elemente:
– Qualitätsplanung,
– Qualitätslenkung,
– feststellende Kontrolle,
– Zulassungsprozeduren,
– Dokumentation,
– Vorschriften-Wesen,
– Auditierung.

Was die Fertigung betrifft, so ist die hauptsächliche Aufgabe der Qualitätssicherung in der Sicherstellung der Zeichnungsforderungen zu sehen. Die Qualitätssicherung muß die Fertigungs- und Lieferqualität von Roh- und Fertigteilen in eigener Fertigung des Triebwerkherstellers und bei Zulieferern umfassen. Zunehmend bedeutungsvoller wird die Vermeidung von Ausschuß durch systematische Methoden zur Sicherstellung des Fertigungsprozesses, z.B. SPC (*statistical process control*). Verbunden mit der allgemeinen Entwicklung ist die Notwendigkeit der Sicherstellung einer kurzen Durchlaufzeit aus Wettbewerbsgründen, was auch die Methoden der Qualitätssicherung herausfordert.

Verfahrensvorschriften, Prüfvorschriften, Arbeitspläne, Zeichnungen und die Prüfergebnisse sind die wesentlichen fertigungsrelevanten Mittel zur Sicherstellung der Fertigungsqualität. Ein wesentliches Element sind dabei die zerstörungsfreien Prüfungen (ZfP) der Komponenten, u.U. der Module und teilweise auch von montierten ganzen Triebwerken.

Die immensen Erhöhungen der Betriebsdauer, der Sicherheit, der Werkstoffausnutzung, des Wirkungsgrades, des Leistungsgewichtes und der absoluten Leistungen (bis über 500 kN Schub) der einzelnen Triebwerke wären nicht möglich ohne ein Netzwerk von Qualitätssicherungsmaßnahmen, die in entsprechenden Unterlagen dokumentiert sind. Die zahlreichen Unterlagen, die unterschiedlichen Zwecken dienen, sind in Handbüchern und Gruppen zusammengefaßt. Das gesamte System wird im Qualitätssicherungshandbuch beschrieben, das eine Voraussetzung für die Zulassung eines Betriebes für die Herstellung und gegebenenfalls Instandsetzung von Luftfahrtteilen darstellt.

Der sachliche Inhalt der die Fertigung und das Material betreffenden Unterlagen stellt im wesentlichen einen erprobten und im Einklang mit der Flugzulassung festgeschriebenen Sachverhalt dar. Die verschiedenen Sachverhalte sind eingeteilt nach der Höhe ihrer Wichtigkeit der Einhaltung. Dementsprechend sind auch Art und Menge der Kontrollmaßnahmen eingeteilt.

Eine besondere Rolle spielt die Einhaltung von Arbeitsplänen, sichergestellt durch die Pflicht zur Genehmigung von jedweder Änderung, wenn die Arbeitsfolgen als kritisch eingestuft worden sind.

Kritisch sind jene Prozeßschritte, die gar nicht oder nicht ausreichend durch klar definierte und bekannte Merkmale erfaßbar sind, die sich am Teil messen lassen, z.B. Ausscheidungsverteilung, Korngrößenverteilung, desgleichen aber auch Haftfestigkeiten von Schichten, Verformung der Oberfläche, angerissene Karbide etc.

Aus diesem Grunde sind Maßnahmen zur Erhöhung der Prozeßsicherheit besonders wichtig, da sie das Risiko einer kritischen Abweichung verringern und die indirekten Kontrollmaßnahmen (Schweißproben, Spritzproben, metallografische Untersuchungen etc.) reduzieren helfen. Grundsätzlich gilt die Regel Qualität erzeugen statt Qualität erprüfen.

Zu den Maßnahmen zur Erhöhung der Prozeßsicherheit gehören stabil arbeitende Maschinen, Anlagen und Regelungen mit geeigneten Regelkreisen. In vielen Fällen ist jedoch vor einer wirtschaftlichen Anwendung zusätzlicher Regelungsausrüstungen mit zugehöriger Sensorik und Aktorik eine bessere Detailkenntnis vom Elementarprozeß des jeweiligen Verfahrens notwendig (z.B. thermisches Spritzen).

Daraus ergibt sich die Forderung nach der Modellierung der Fertigungsverfahren am Bildschrim per Software, die auch Einsparungen bei der Werkstatterprobung vieler Abläufe ermöglicht. Der Fortschritt bei der angewandten Prozeßmodellierung ist unterschiedlich, am größten in der Schmiedetechnik.

Eines der Haupthindernisse ist das Fehlen vieler Hochtemperatur-Werkstoffdaten, aber auch die Unzugänglichkeit von primären Prozeßdaten (z.B. Plasmatemperaturverteilung 3D, Temperatur im Bearbeitungsspalt beim Zerspanen). Erst die iterative Annäherung von Rechnungen an realistische Ergebnisse unter Zugrundelegung von Modellvorstellungen aus der Praxis unter Benützung von preiswerten Workstations verspricht nennenswerte Fortschritte auf dem Gebiet der Prozeßsimulation.

29 Zerstörungsfreies Messen und Prüfen

Bevor die einzelnen Verfahren beschrieben werden, ist es zweckmäßig, einige allgemeine Aussagen vorauszuschicken. Viele Arten der zerstörungsfreien Prüfung sind nicht grundsätzlich neu und werden im Triebwerkbau in herkömmlicher, wenngleich auch modifizierter Form angewendet, z.B. Röntgendurchstrahlungsprüfung. Sie sind aber in Art und Umfang der Anwendung einem erheblichen Wandel mit steigender Anwendung mit fortlaufenden Verbesserungen unterworfen.

Die Gründe liegen auf der Hand:
- Die theoretischen physikalischen Grundlagen sind in großem Umfang vorhanden, werden aber aus technischen Gründen bei der Ausführung der Prüfungen nur teilweise genützt.
- Die technischen Möglichkeiten der schnellen Mikroelektronik nehmen stark zu und erleichtern die Nutzung des Potentials der physikalischen Effekte.
- Die rapiden Fortschritte der Datenverarbeitung erschließen erst neuerdings viele Auswertungen der Meßsignale, der Bilder und ermöglichen die notwendigen Transformationen, wo deren Art und Menge von einzelnen Prüfern oder gleichwertigen Hilfsmitteln nicht zu bewältigen ist.
- Die Anforderungen an die Prozeßsicherheit in der Fertigung, an die Funktionssicherheit und Genauigkeit (Zuverlässigkeit) der Komponenten nehmen schnell zu. Die Technik der zerstörungsfreien Bestimmung von Merkmalen des Volumens, der Oberfläche, der Gestalt und bestimmter Eigenschaften der Teile besitzt ein großes Potential, um die Anforderungen zu erfüllen.

Im Triebwerkbau ist die ZfP hauptsächlich etabliert als Methode zur Fehlerprüfung, wobei Werkstoff- und Fertigungsfehler zu unterscheiden sind. Zunehmend bekommt die ZfP aber auch die Aufgabe, nicht nur Fehler, sondern auch Eigenschaften der Bauteile zu bestimmen, besonders ihre Abmessungen, z.B. Wanddicken von Hohlschaufeln. Das Potential der ZfP liegt für den Triebwerksbau ganz besonders in der Möglichkeit umfangreicher Eigenschaftsermittlung durch Wellenfortpflanzung (Röntgen, Ultraschall, Wärmewellen etc.) und optische Methoden (Gestaltsermittlung, Verformungen etc.).

Was die Fehlerprüfung anbelangt, steht der Triebwerksbau an der Spitze der Anforderungen an die Verfahren im Vergleich mit dem allgemeinen Maschinenbau. Die überwiegende Ursache liegt in der zu detektierenden geringen Fehlergröße. Lebensdauer- und sicherheitsrelevante Fehler der Komponenten reichen bereits in den Größenbereich des physikalischen Ortsauflösungsvermögens (Korngröße, 10 – 200 µm). Keramische Werkstoffe sind aus diesem Grunde meist nicht einsatzfähig (festigkeitsrelevante geringe Fehlergröße und Art nicht detektierbar).

Für zahlreiche Fortschritte entwickelt sich die ZfP zur Schlüsseltechnik, z.B. faserverstärkte Werkstoffe mit Fehlermöglichkeiten an den inneren Grenzflächen, Keramik, Diffusionsverbinden, Beschichtungstechnik. Dazu ist aber auch noch hervorzuheben, daß es einer maßgebenden Strategie bedarf, um die Kosten der ZfP angemessen zu begrenzen: Es muß grundsätzlich davon ausgegangen werden, daß eine hochentwickelte ZfP dem Ziel dient, den Fertigungsprozeß sicher zu machen durch Aufdeckung von Schwachstellen und damit die Prüfkosten in der Serie zu senken. Es kann nicht das Ziel sein, hochentwickelte ZfP in der Serie zu verwenden, um Schwächen des Herstellungsprozesses durch Prüfung auszugleichen, wo dies vermeidbar wäre.

29.1 Fehlerdetektierbarkeit

In der Praxis stellt sich häufig die Frage nach der detektierbaren Fehlergröße, z.B. bei Poren und Rissen. Der Begriff der Nachweisbarkeit (Detektierbarkeit) einer bestimmten Fehlergröße und -art bedarf jedoch häufig der Erläuterung, um die Frage beantworten zu können. Die theoretische Grenze der Detektierbarkeit wird vom physikalischen Prinzip

29.1 Fehlerdetektierbarkeit

bestimmt. So ist zum Beispiel ein ebener Riß, dessen Ebene senkrecht zur Einstrahlungsrichtung des Röntgenstrahls liegt, grundsätzlich nicht nachweisbar, da die Trennung keinen Einfluß auf die Röntgenstrahlungsabsorption hat. Davon zu unterscheiden ist die technische Nachweisbarkeitsgrenze, die höher liegt. Dies wiederum besitzt keine allgemein gültige Definition. Sie sollte so verstanden werden, daß die Fehlernachweiswahrscheinlichkeit eins beträgt. Zwischen dieser und der physikalischen Grenze liegt ein Bereich, in dem die Detektierbarkeitswahrscheinlichkeit zwischen null und eins liegt. Dieser Bereich ist von zahlreichen Einflußgrößen abhängig. Die wichtigsten sind Fehlerart (Poren, Einschlüsse, Seigerungen, Risse etc.), Fehlerlage (Tiefe, Position nach Erstreckung und zur Oberfläche etc.), Ausführung der Prüfung (individuelle Faktoren), Werkstoffverschiedenheiten und die Bauteilgestalt. Häufig ist es der Gestaltseinfluß, der die Nachweiswahrscheinlichkeit (*probability of detection*, POD) erheblich verschlechtert.

Als Beispiel zeigt Bild 29.1-1 einen partiellen POD-Verlauf für die Ultraschallprüfung von PM-Turbinenscheiben. Um Anhaltswerte zur Verfügung zu haben, wurde die Tabelle 36 zusammengestellt.

In jüngerer Zeit sind Bemühungen im Gange, die POD-Kurven zu ermitteln, um damit die Chance einer Vergleichbarkeit nützen zu können und um standardisierte Werte fordern zu können.

Ein besonderer Schwachpunkt in der Praxis der ZfP, der auch die Ermittlung der POD-Kurven problematisch macht, ist der Mangel an Teststücken, die solche Fehler in der Größe, Art und Lage aufweisen, die der Wirklichkeit entsprechen. Künstliche Fehler (Ersatzfehler) sind häufig überhaupt nicht herstellbar. Meistens sind die Proben jedoch kostspielig und simulieren den realen Zustand mangelhaft. Bewährt hat sich zur Herstellung künstlicher Volumenfehler die Pulvermetallurgie und das Diffusionsschweißen, wobei aber auch hierbei eine Fehlerveränderung auftreten kann, die sich nur zerstörend nachträglich quantifizieren läßt.

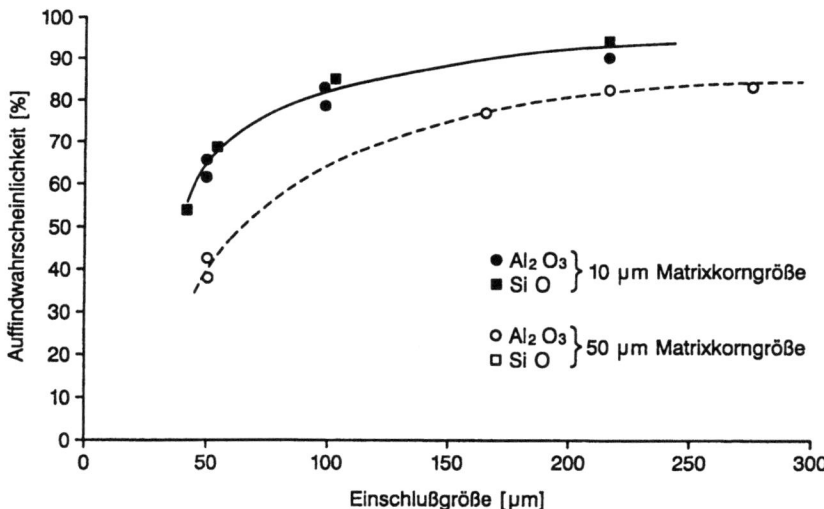

Bild 29.1-1: Experimentell ermittelte Auffindwahrscheinlichkeit von Fremdpartikeln in Proben aus PM-Material AF 115 bei der hochauflösenden Ultraschallprüfung, Herstellung der Proben durch Doping

29.2 Eindringrißprüfung

Das Verfahren dient der Detektion von Rissen an der Oberfläche. Das Prinzip beruht auf der Füllung der Risse mit möglichst oberflächenaktiven Flüssigkeiten, die Fluoreszenzstoffe enthalten, die dadurch ebenfalls die Risse füllen.

Je stärker sich Kapillarkräfte auswirken, desto besser ist ein Riß nachweisbar. Das bedeutet eine gute Detektion offener, nicht geschlossener Risse im Bereich von µm bis einige 10^{-1} mm Spaltbreite. Die POD wird durch die Oberfläche der Rißflächen modifiziert.

Das Verfahren ist als Prinzip in Bild 29.2-1 dargestellt. Anlagenseitig ist es sehr aufwendig aufgrund der zahlreichen großvolumigen Bäder und Kabinen. Der Betrieb ist ebenfalls kostenintensiv wegen der notwendigen Reinigungen, Trocknungen der Teile und der Entsorgungen der Prozeßstoffe.

Die effektive POD schwankt je nach Rißart, Vorbehandlung und Prüfstelle und liegt zwischen 0,2 und 0,9. Als Testkörper zur Funktionstauglichkeit einer Anlage dienen Chrom-beschichtete Prüfkörper. Der Vorteil des Verfahrens liegt darin, daß das gesamte Teil auf einmal geprüft werden kann. Ein spezifischer Nachteil ist die Notwendigkeit, daß die Rißoberflächen vorher nicht mit anderen aktiven Fetten, Ölen oder ähnlichem benetzt sein dürfen. Sind vorher bereits aktive Flüssigkeiten eingedrungen, so sind besonders aufwendige Reinigungen erforderlich (CKW, FCKW, Vakuumglühungen). Besonders negativ wirken sich Silikonöle aus, die z.B. in einigen Läpp-Pasten enthalten sind, aber auch in Kühlschneidmitteln vorkommen können.

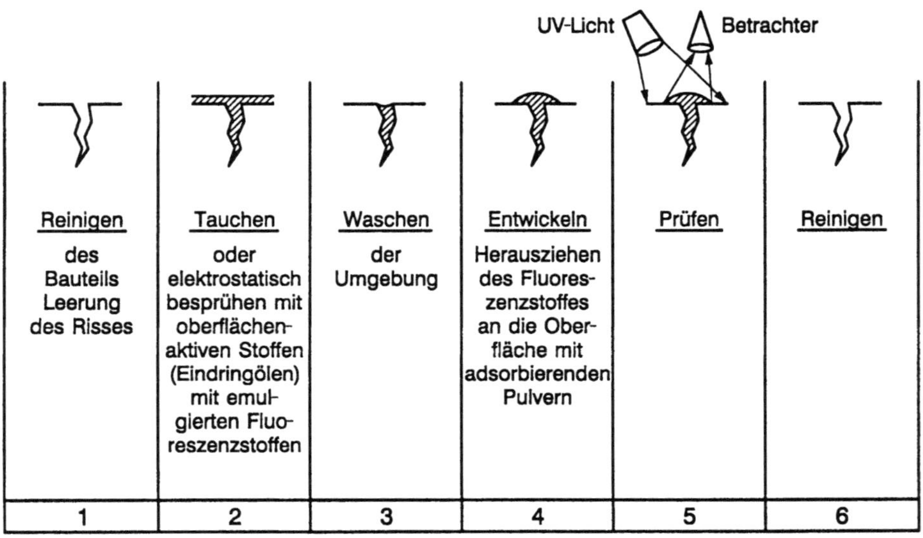

1	2	3	4	5	6
Reinigen des Bauteils Leerung des Risses	Tauchen oder elektrostatisch besprühen mit oberflächenaktiven Stoffen (Eindringölen) mit emulgierten Fluoreszenzstoffen	Waschen der Umgebung	Entwickeln Herausziehen des Fluoreszenzstoffes an die Oberfläche mit adsorbierenden Pulvern	Prüfen	Reinigen

Bild 29.2-1: Prinzipdarstellung der Eindringrißprüfung mit Fluoreszenzstoffen

29.3 Wirbelstromprüfung (WS-Prüfung)

Das Verfahren dient der Detektion von Fehlern an der Oberfläche. Das Prinzip beruht darauf, daß Fehler im Bereich der Eindringtiefe eines induzierten Wirbelstroms lokal die Stromverteilung ändern. Dies hat zur Folge, daß eine Induktionsspannung in einer Detektorspule, hervorgerufen durch das Wirbelstromfeld, ihre Phase und ihren Betrag ändert, wenn die Detektorspule über den Fehler hinwegbewegt wird. Das Prinzip ist in Bild 29.3-1 dargestellt.

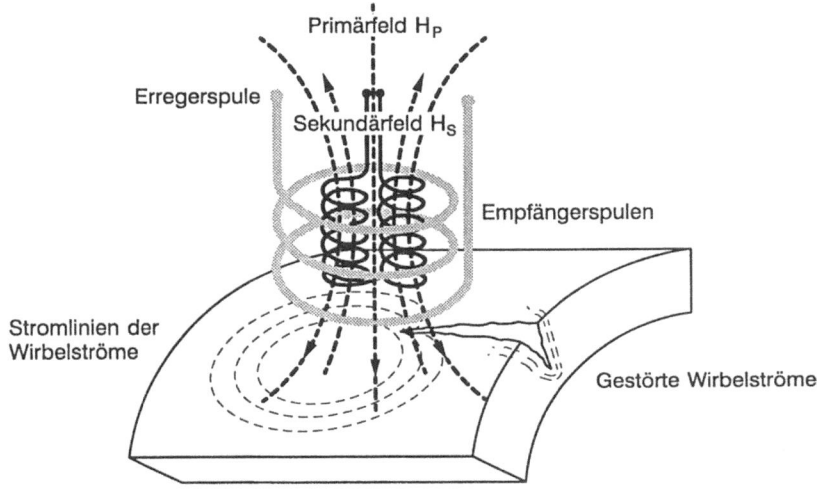

Bild 29.3-1: Prinzip der Wirbelstromprüfung bei Verwendung einer Sonde mit Sende- und Empfangsspule

Bild 29.3-2: Wirbelstromprüfung mit angepaßten Prüfkörpern mit eingegossenen Sonden (Spulen), Beispiel Prüfung von Räumnuten an Scheiben

Die verwendeten Sendeempfangsspulen müssen einen ferromagnetischen Kern haben, um ausreichende Induktionsströme und Signalspannungen zu erhalten. Dadurch liegt ihre Mindestgröße bei ca. 1 mm Außendurchmesser. Viele Anwendungsfälle erfordern individuell angefertigte Spulen (Einfachsonden, Differenzsonden, Rotiersonden etc.), um der Oberflächengestalt der Bauteile Rechnung zu tragen. Besondere Bedeutung hat die Prüfung von Bohrungen in Verdichter- und Turbinenscheiben sowie Rotoren auf LCF-Anrisse erlangt, die betriebsbedingt entstehen. Die WS-Prüfung reagiert am sichersten auf diese Anrisse, deren Position am Bauteil in der Regel bekannt ist. Wegen der aufeinanderliegenden Rißflächen im unbelasteten Zustand ist die Eindringprüfung nicht zum Nachweis geeignet. Die nachweisbare Fehlergröße beginnt in dem Bereich einer Rißfläche von ca. $0,05 \cdot 0,05$ mm^2 bei einer Rißtiefe von maximal 0,3 mm.

Die WS-Prüfung hat als Oberflächenrißprüfung den Vorteil gegenüber der Eindringrißprüfung, daß sie automatisierbar im Ablauf und der Signalauswertung ist. Sie ist jedoch eine differentielle (lokale) Prüfung und erfordert das Abzeilen der gesamten Oberfläche in einzelnen Spuren. Sofern es sich um die Prüfung von Flächen von begrenzter Ausdehnung handelt (Schweißnähte, Bohrungen, Verrundungen etc.), besteht tendenziell auch ein Kostenvorteil, anderenfalls kommt der Aufwand in die Größenordnung der Eindringprüfung.

Bewährt hat sich die Verwendung von Tastkörpern mit mehreren Spulen (Mehrkanalprüfung), die u.U. der Form der Prüfoberfläche angepaßt sind (Bild 29.3-2).

Die Mehrfrequenz-WS-Prüfung hat sich nicht durchgesetzt. Ein gravierender Nachteil besteht darin, daß die Signalspannung vom gesamten Spalt zwischen Spule und Bauteil abhängig ist. Bei Abheben oder Annäherung an Kanten entsteht ein Scheinfehlersignal, das von echten Fehlern getrennt werden muß. Die Gestalt des gesamten Spaltes sollte zweckmäßigerweise jedoch im ganzen Prüfbereich konstant gehalten werden (Anpassung der Spulengestalt, Andrückmechanik).

29.4 Magnetpulverprüfung

Das Verfahren läßt sich nur bei ferromagnetischen Werkstoffen anwenden, so daß es im Triebwerkbau geringe Bedeutung hat. Es wird in der Regel durch die ohnehin vorhandene Eindringprüfung ersetzt.

Eine Variante der Prüfung mit kleinen ferromagnetischen Teilchen ist die Verwendung von Ferrofluiden (Eisenoxide im nm-Bereich), die ähnlich wie beim Verfahren der Eindringstoffprüfung in Risse und Kerben eindringen.

29.5 Ultraschallprüfung (US-Prüfung)

Die US-Prüfung dient vorwiegend der Fehlerdetektion im Volumen, sie besitzt jedoch auch ein nennenswertes Potential zur Prüfung von Oberflächen auf Fehler.

Das Prinzip beruht auf der Störung bzw. der Veränderung der elastischen Wellenfortpflanzung durch Änderungen der Elastizitätskonstanten, des Dehnungszustandes und durch Phasengrenzflächen. Sie äußert sich je nach Vorgabe im Einzelfall in Veränderungen der Absorption, der Streuung, der Reflexion, der Fortpflanzungsgeschwindigkeit und der Wellenart (transversal-longitudinal).

29.5 Ultraschallprüfung (US-Prüfung)

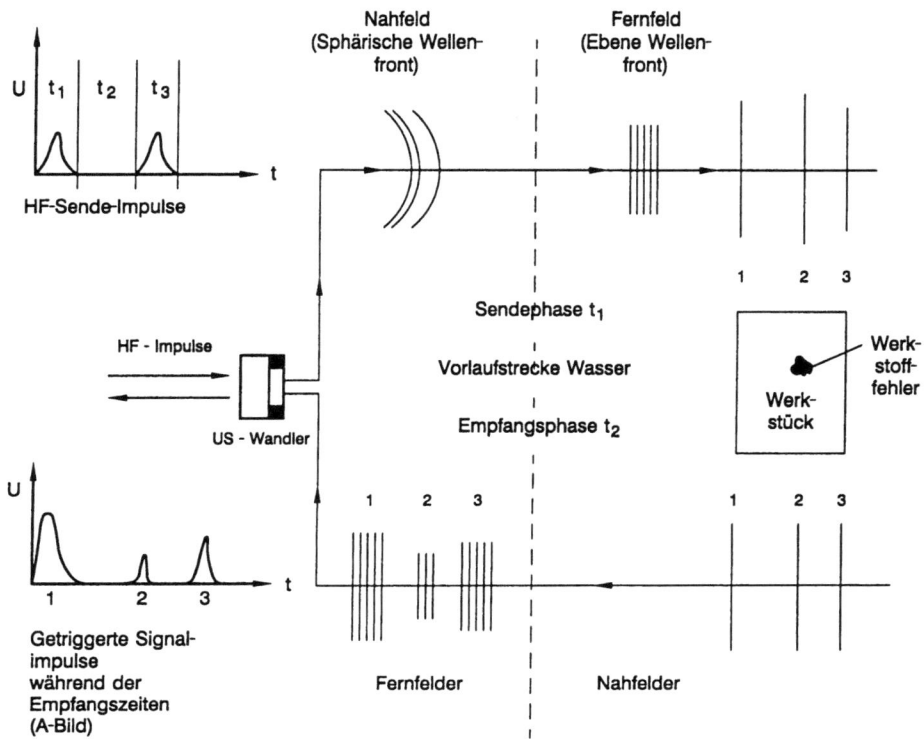

Bild 29.5-1: Prinzip des Impuls-Echo-Verfahrens bei der Ultraschallprüfung von Turbinenscheiben

Praktisch genutzt wird momentan nur der Effekt der Reflexion an der Phasengrenzfläche Matrix-Fehler mit Hilfe des Impuls-Echo-Verfahrens, siehe Bild 29.5-1. Bei diesem Verfahren wird das an der Phasengrenzfläche (Impedanzsprung) entstandene Reflexionssignal in den Sendepausen des Wandlers (Schallkopfes) empfangen und synchronisiert (getriggert) zum Sendesignal aufgezeichnet (A-Bild: Darstellung Verstärkerspannung − Zeit). Häufig dient auch die Darstellung der Verstärkerspannung gegenüber den beiden Ortskoordinaten der Wandlerspur (C-Bild) zur Auswertung.

Die Fehlerauflösungsgrenze liegt bei der verwendeten Wellenlänge. Die Schallfrequenz der Eingangs-(Anregungs-)Impulse ist nicht scharf definiert, sondern stellt naturgemäß ein Frequenzspektrum dar, das im wesentlichen durch das Wandlerverhalten bestimmt wird, nachdem der Wandler ein gepulstes HF-Signal zur Anregung aufgeprägt bekommen hat, das ebenfalls ein Frequenzspektrum darstellt. Bei einer Mittenfrequenz von 25 MHz ergäbe sich bei $c = 5000$ m/s eine Wellenlänge von 200 µm. Aufgrund des Frequenzspektrums liegt jedoch die mögliche Grenze tiefer, und zwar bei Mittenfrequenzen von 25 MHz bei 50 − 100 µm. Ob dies real erreicht wird, ist im wesentlichen eine Frage der Amplitude des Schalldrucks am Ort des Fehlers. Streuung und Absorption nehmen mit der Frequenz zu, so daß die Hochfrequenz-US-Prüfung (bis 100 MHz) in der Regel nicht die Erwartungen erfüllt. Von Vorteil sind in diesem Zusammenhang breitbandige Wandler.

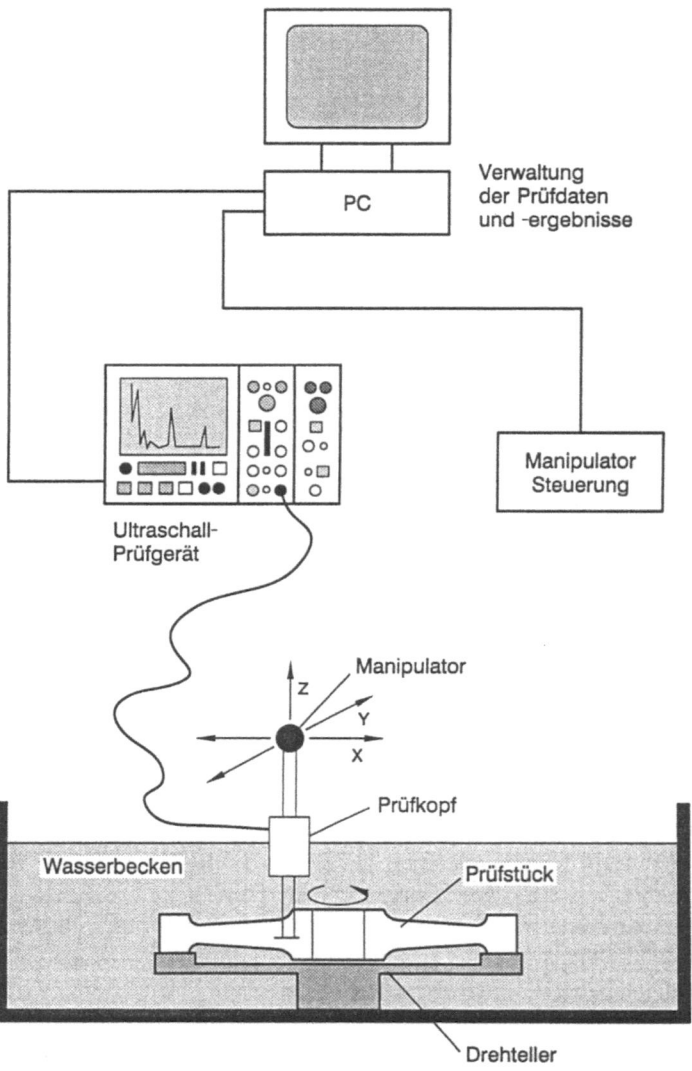

Bild 29.5-2: US-Prüfanlage zur Scheibenprüfung, Standardausführung

Die physikalische Nachweisgrenze von Poren und nichtmetallischen Einschlüssen liegt beim Standardverfahren bei Nickellegierungen bei 0,3 – 0,5 mm. Alles darunter ist als hochauflösende US-Prüfung anzusehen, die insbesondere zur Prüfung von PM-Werkstoffen zur Detektion von Einschlüssen in der Größenordnung der Pulverpartikel (50 – 100 µm) in Frage kommt (siehe Tabelle 36).

In den Bildern 29.5-2 und 29.5-3 sind die Komponenten von US-Prüfanlagen zusammengestellt. Das Impuls-Echo-Verfahren wird in Tauchtechnik angewendet, um problemlos anzukoppeln und um das von Interferenzen geprägte Nahfeld nicht im Werkstück zu erzeugen.

29.5 Ultraschallprüfung (US-Prüfung)

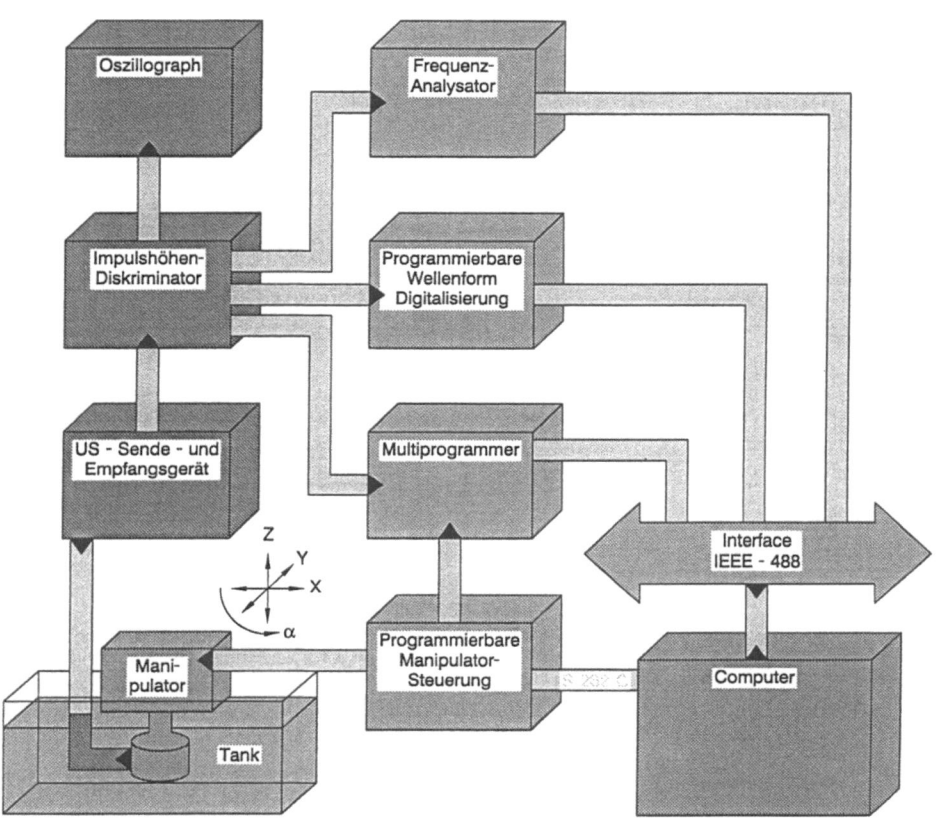

Bild 29.5-3: Mehrzweck-US-Prüfanlage zur hochauflösenden Prüfung für den Einsatz fokussierender Wandler, automatische Vermessung von Schallfeldern, verschiedene Signalanalysen und eine hochauflösende Ansteuerung und Bewegung der mechanischen Komponenten

Eine hochauflösende Anlage ist dadurch gekennzeichnet, daß der fokussierende Wandler in einer 3D-Matrix bewegt werden kann (Anfahrgenauigkeit 0,1 mm) und das Signal aufwendig verstärkt und dargestellt werden kann. Die Fokussierung des Schallfeldes ist erforderlich, um im angeschallten Volumenelement genügend Schalldruck zu erzeugen. Für die Wandler kommen drei Materialtypen zur Anwendung: Quarze (Piezokristalle), Bariumtitanat $BaTiO_3$ und PVDF (Polyvinylidendifluorid). Die polaren Kunststoffe wie PVDF sind heute ausreichend quell- und langzeitbeständig zur Verwendung bei Wasserankopplung, wo sie sich wegen derselben Schallimpedanz wie Wasser gut eignen.

Während bei standardmäßiger Prüfung die Prüfabschnitte der Werkstücke mit unkritischem Abstand des Wandlers innerhalb des Fernfeldes angeschallt werden können (Bild 29.5-4), erfordert die hochauflösende US-Prüfung eine 3D-Auflösung des Prüfvolumens und die Vorausberechnung des Schallfeldes eines Wandlers inklusive Fokussierlinse und des Schallfeldes im Werkstück, um den Feldfokus mit dem 3D-Element weitgehend zur Deckung zu bringen, siehe Bild 29.5-5 und 29.5-6.

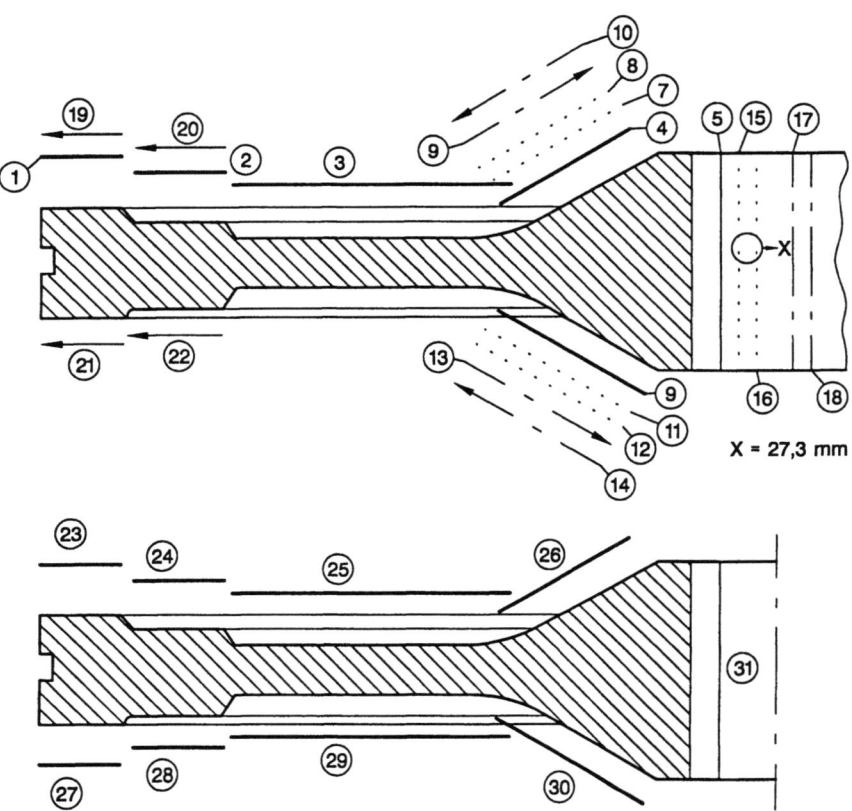

Bild 29.5-4: Beispiel für das zonenweise Abtasten des Prüfvolumens mit Parallelstrahl; die durchgehenden Linien stellen die Prüfspuren mit Longitudinalwellen dar (Wellenfortpflanzung senkrecht zur Scheibenebene, großes Fehlerecho bei Fehlern mit überwiegender Ausdehnung in der Scheibenebene), die anderweitig gezeichneten Linien stellen die Prüfspuren für die Prüfung mit Transversalwellen dar (Kippung des Wandlers, Wellenfortpflanzung in der Scheibenebene, größtes Fehlerecho bei Fehlern mit überwiegender Ausdehnung senkrecht zur Scheibenebene)

Insbesondere bei Einschallung in gekrümmte Flächen (Scheibenbohrungen) erweist sich die Schallfeldberechnung als unverzichtbar, da die unvermeidliche laterale Schallfeldausdehnung verhindert, daß bei Schallfeldeintritt überall im Feldquerschnitt ein Einfallswinkel von 90° vorliegt, so daß transversale Wellen abgespalten werden und eine Verbreiterung des Schalldruckmaximums und eine Verschiebung aus der Wandlerachse erfolgt. Ein Weg, um diesen Effekt zu vermeiden, liegt in der Zwischenschaltung eines Formstückes, das schalleingangsseitig eben ist und schallausgangsseitig die Gestalt des Werkstücks hat, eine Methode, die sich zur Prüfung von gefügten Fanschaufeln bewährt hat. In guter Näherung läßt sich die Berechnung der Schalldruckfelder mit Hilfe der geradlinigen Schallausbreitung durchführen (strahlenoptisches Verfahren). Erst bei Erfassung von Interferenzeffekten, z.B. zur Nahfeldberechnung, ist die Berechnung auf der Basis des Huygens'schen Prinzips erforderlich, was erheblich mehr Rechenaufwand nach sich zieht.

29.5 Ultraschallprüfung (US-Prüfung)

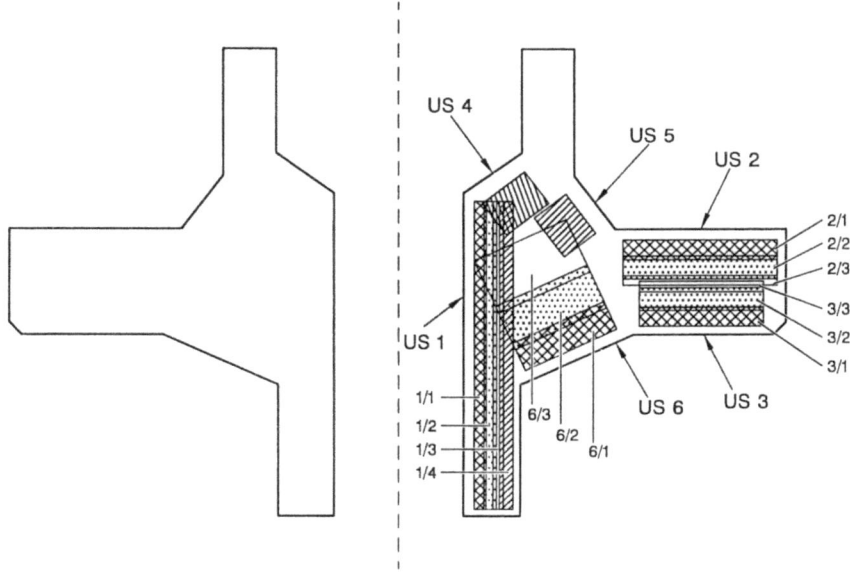

Bild 29.5-5: Beispiel für das zonenweise Abtasten des kritischen Prüfvolumens einer PM-Scheibe mit fokussiertem Schallstrahl (Rohteil)

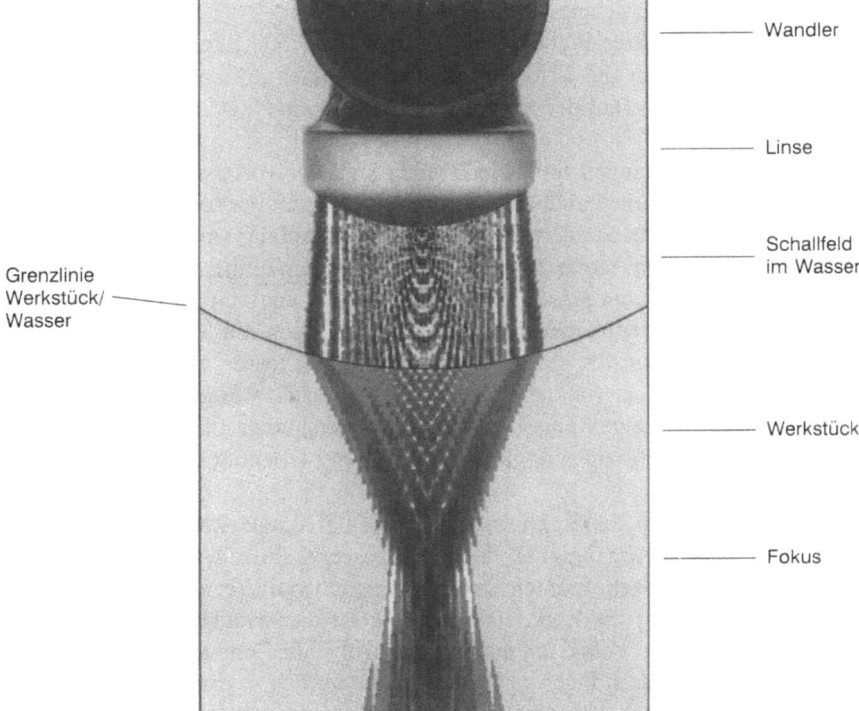

Bild 29.5-6: Fokussiertes Schallfeld zur Prüfung einer Bohrung; Einschallung auf der gekrümmten Bohrungsinnenfläche

Die 3D-Auflösung des Prüfvolumens und die Prüfung mit fokussierten Schallfeldern ist zeitaufwendig, so daß nur besonders kritische Zonen auf diese Weise geprüft werden. Ein begrenzender Faktor für die Prüfzeit ist die Umdrehungsgeschwindigkeit des Werkstücks im Wasser des Tauchbeckens wegen der Wasserströmung.

Eine spezielle Einschränkung bei der Fehlerdetektion ergibt sich aus der Methode des Impuls-Echo-Verfahrens. Für die Zeitdauer des Empfangs des Vorwandechos erscheint ein oberflächennahes Fehlerecho innerhalb desselben und kann nicht mehr ohne besondere Hilfsmittel getrennt werden. Die Zeit (Laufzeit) der Überdeckung entspricht einer Schichtdicke von 2–3 mm, so daß Fertigteile nicht an ihrer Oberfläche geprüft werden können. Eine mögliche Abhilfe besteht in der Verwendung eines Tandemprüfkopfes mit Signalsubtraktion, um das Vorwandecho zu eliminieren.

Da ein bedeutender Anteil des Gesamtaufwandes darin besteht, daß die Prüfstücke im Tauchbecken bewegt und differentiell angeschallt werden müssen, besteht erhebliches Interesse an zeit- und kostensparenden Verfahren ohne diesen Aufwand. Außerdem erzeugt die Anschallung des Volumenelementes aus einer Richtung im Standardverfahren das Problem, daß ohne Aussagen über Absorption (Dämpfung) und über Streuung kaum Aussagen über Fehlertiefe, -größe und -form gemacht werden können.

Beide Schwierigkeiten können durch feststehende Wandlerarrays beseitigt werden. Wandlerarrays (Matrizen) bieten die Möglichkeit einer gleichzeitigen Anschallung eines Volumenelementes aus verschiedenen Richtungen, wobei die Eingangssignale der Elemente des Arrays phasenverschoben werden können, um so zu einer Fehlerabbildung und Lagebestimmung zu gelangen (*synthetic aperture*).

Die Größe verfügbarer Wandler-Arrays und die Größe ihrer Elemente sind jedoch noch nicht geeignet, um die Erfordernisse der Scheibenprüfung zu erfüllen. Erst eine deutliche Erhöhung der Zahl der Matrixelemente und eine Verringerung ihrer Baugröße würde zum Ziel führen.

Oberflächenrißprüfungen mit Schallwellen sind auf verschiedene Art möglich, befinden sich jedoch nur im Laborstadium und eignen sich demzufolge bisher nur in bestimmten Einzelfällen für Sonderprüfungen, z.B. Feststellung von Kratzern und Anrissen auf Verdichterschaufeln durch Schallreflexion (Sender-Empfänger in Dreiecksanordnung) oder Feststellung von Rissen mit Oberflächenwellen (Scholte-Wellen o.ä.).

Im Laborstadium der Anwendung befindet sich auch die Technik des Ultraschall-Lasermikroskops, in dem die elastischen Wellen durch lokale Lasererwärmung erzeugt werden und die Oberfläche mit dem Laserstrahl abgerastert werden kann.

Ultraschallwellen zeigen eine deutliche Kristallrichtungsabhängigkeit der Absorption, so daß sie sich im Prinzip sehr gut zur Prüfung der Orientierungen von Einkristallturbinenschaufeln eignen.

Wanddickenmessungen mit Ultraschall werden als Laufzeitmessungen durchgeführt. Aufgrund der starken Abhängigkeit der Schallgeschwindigkeit von der Kristallorientierung und aufgrund der gekrümmten Oberflächen (außen und innen) von Turbinenschaufeln mit Grobkorn oder als Einkristallschaufeln ist die Wanddickenmessung an ihnen ungenauer (Unsicherheit einige 0,1 mm), als an kritischen Zonen heute gefordert wird.

Laufzeitunterschiede können auch verwendet werden, um die Schrauben-(Bolzen-)Dehnungen bei kritischen Verschraubungen im Triebwerk zu bestimmen und um damit die richtige Spannkraft einzustellen. Voraussetzung dafür ist die Sicherstellung der Genauigkeit der Methode durch entsprechende Endflächenbearbeitung der Bolzen oder

Schrauben. Auch diese Methode wird nicht in nennenswertem Umfang eingesetzt, da der Aufwand bei der Triebwerks- bzw. Modulmontage erheblich ist.

29.6 Röntgendurchstrahlungsprüfung (Radiografie)

Die zur Röntgenprüfung verwendete Technik im Triebwerkbau ist im wesentlichen von der Medizintechnik abgeleitet. Allerdings ist die zur Durchstrahlung der Metallteile erforderliche Leistung und die Strahlungshärte (Durchdringungsstärke) wesentlich höher.

Die Grenze des Fehlerauflösungsvermögens bei Poren in Durchstrahlungsrichtung beträgt ca. 2% der durchstrahlten Dicke (Porendurchmesser bzw. Fehlerausdehnung in Durchstrahlungsrichtung).

Das laterale Auflösungsvermögen wird von der Strahldivergenz bestimmt und liegt im 0,3 mm Bereich für Poren. Der begrenzende Faktor ist dabei die Fokusgröße der Röhre in Verbindung mit der Apertur, siehe Bild 29.6-1, wo der Randunschärfeeffekt bei der Verwendung von Mikrofokusröhren dargestellt ist.

Das Mikrofokusröntgen erlaubt eine reale Vergrößerung der Fehlerabbildung bis ca. 20 und wird gelegentlich bei kritischen Prüfungen an Gußteilen angewendet, die Mikroporosität aufweisen (Bild 29.6-2). Mikrofokusröhren sind offene Röhren mit Triodensystem zur Fokussierung des Elektronenstrahls auf die Rotationsanode.

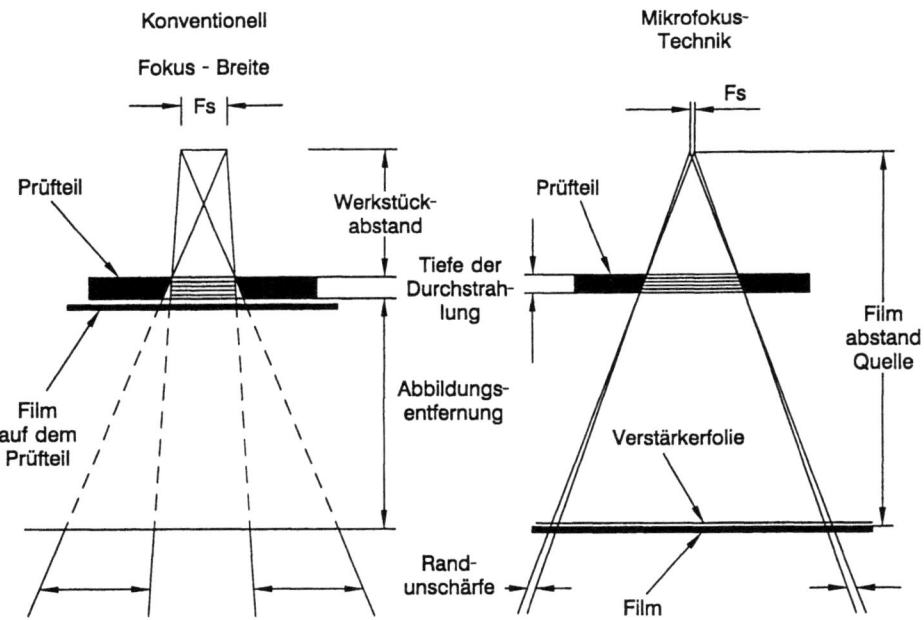

Bild 29.6-1: Prinzip der Entstehung von Randunschärfen beim Röntgen

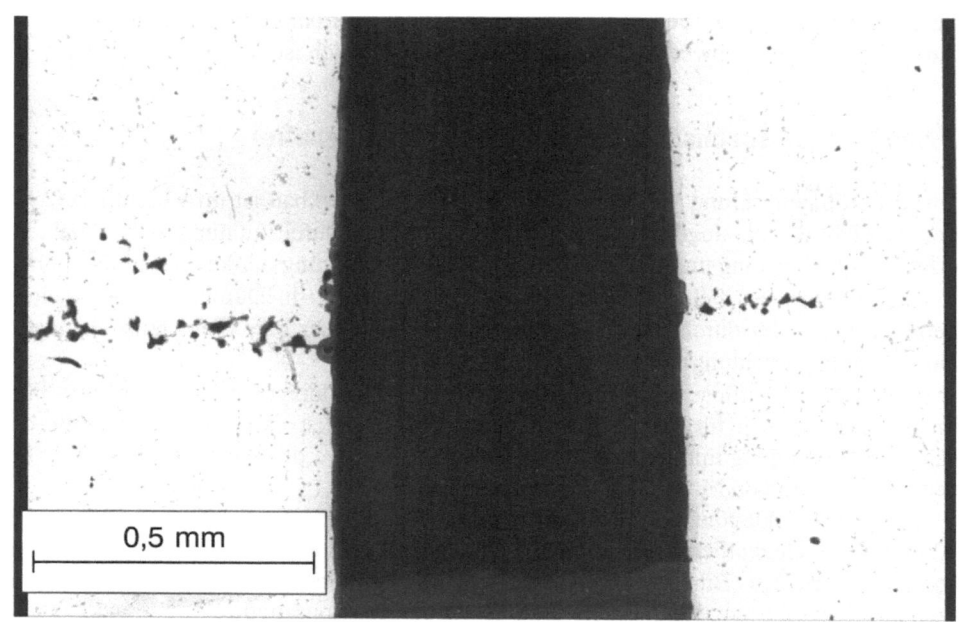

Bild 29.6-2: Beispiel für Mikroporosität in gegossenen Turbinenschaufeln

Die Durchstrahlungsprüfung mit Röntgenfilm ist die häufigste Methode, da sie gleichzeitig die Dokumentationspflicht erfüllt.

Ohne Dokumentationspflicht liegt es nahe, mit Hilfe von Röntgenbildwandlern zu arbeiten, denen ein Videosystem nachgeschaltet ist. Derartige Direktbild-Betrachtungsanlagen sind Stand der Technik sowohl in der Schlußkontrolle als auch zur Fertigungszwischenkontrolle. Sie sind mit Handhabungsrobotern ausgestattet und erlauben eine kontinuierliche Veränderung der Durchstrahlungsrichtung, was bei unbekannter Fehlerlage und Ausdehnung erheblich die POD erhöht im Vergleich mit der Verwendung von Filmen.

29.7 Röntgen-Computer-Tomografie (RCT)

Die zur Prüfung und Vermessung von Turbinenschaufeln äußerst wertvolle Röntgen-Computer-Tomografie bietet sich prinzipiell an: sie ist Fehlerprüfung, Maßprüfung und Dokumentation in einem. Das Prinzip (Bild 29.7-1) erlaubt grundsätzlich auch eine komplette 3D-Rekonstruktion eines Prüfstückes mit der Möglichkeit zur 3D-Objekt-Betrachtung mit Bewegung am Bildschirm.

Die Einschränkungen, die eine umfangreiche Nutzung wenigstens für 2D-Querschnittsrekonstruktion bisher verhindern, sind vielerlei Art: Kosten, Zeit und technische Leistungsfähigkeit der Röhren und Bildwandler.

29.7 Röntgen-Computer-Tomografie (RCT)

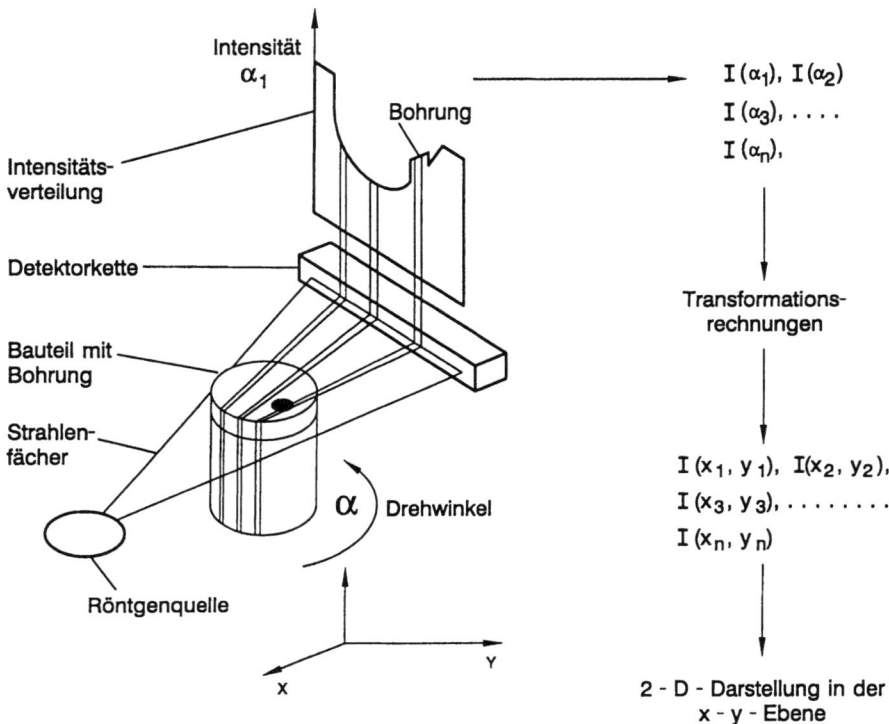

Bild 29.7-1: Prinzip der Röntgen-Computer-Tomografie mit Fächerstrahl

Die medizinischen Tomographen haben zu geringe Röhrenleistungen, um die für Schaufeln notwendige vollständige Durchstrahlung zu bewerkstelligen (vollständiger Halbkreis bis Vollkreis bei Drehung um die Längsachse), wenn man von sehr kleinen Schaufeln absieht (Hubschrauberturbinen).

Die echte Ortsauflösung eines Tomographen sollte bei ± 0,30 µm liegen, um bei allen in Frage kommenden Schaufeln zu gewährleisten, daß kritische Wanddicken genau genug ermittelt werden können. Fast ebenso wichtig ist eine Bildrekonstruktionszeit bzw. die dazu erforderliche Aufnahme der Absorptionsverteilung in der Größenordnung von einer Minute. Beide Forderungen lassen sich nur mit hohen Röhrenleistungen und kleinem Fokus erreichen. Die heutigen Mikrofokusröhren erfüllen die Forderungen noch nicht ausreichend, die bei 400 kV Beschleunigungsspannung und weniger als 100 µm Fokusausdehnung liegen. Ein weiterer Faktor ist der Aufbau des Bildwandlers, dessen Bildpunktmatrix sehr fein strukturiert werden muß, um eine echte Auflösung der genannten Größe von ± 30 µm zu erreichen. Im Unterschied zur echten Auflösung steht diejenige Auflösung, die nach einer Optimierung und Konstanthaltung der Einstellparameter erreichbar ist, nachdem eine Kalibrierung an Schaufeln mit Hilfe einer zerstörenden Untersuchung durchgeführt wurde. Eine derartige „Schein-Auflösung" läßt sich auch mit heute verfügbaren RCT's in die Größenordnung von 30 µm bringen. Bild 29.7-2 zeigt eine RCT-Aufnahme einer Turbinenschaufel als Beispiel.

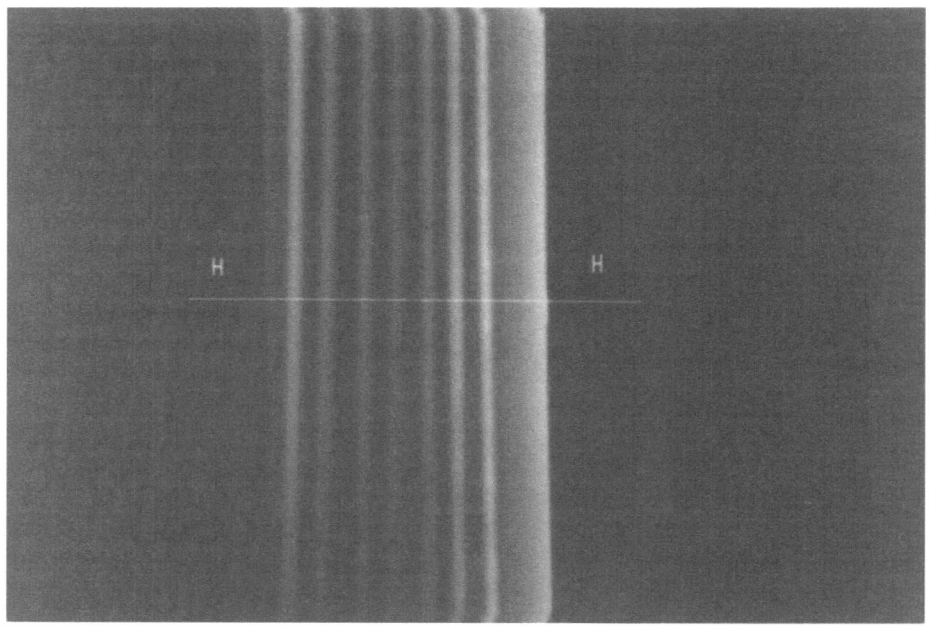
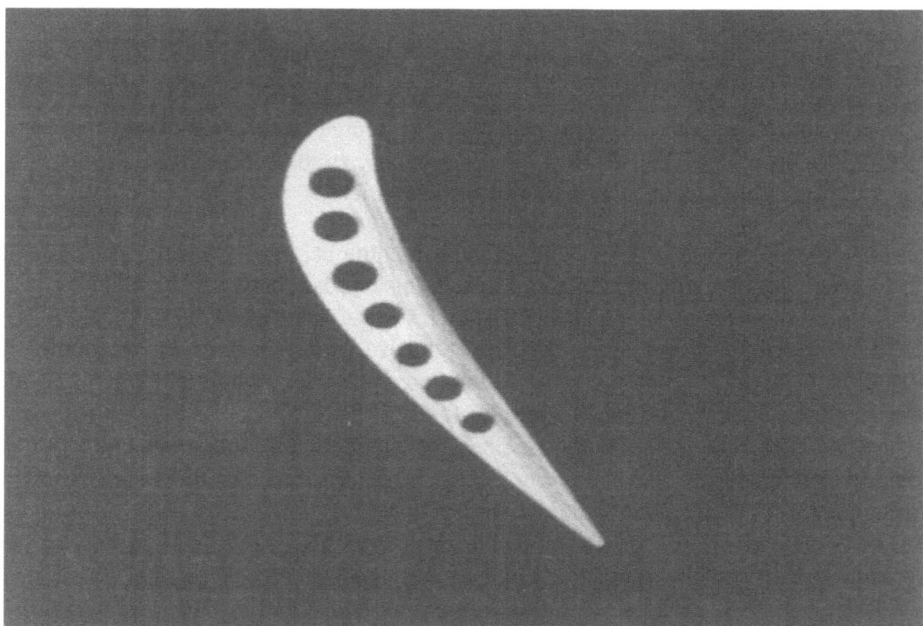

Bild 29.7-2: Querschnittsbild einer Turbinenschaufel nach Röntgen-Tomografie (RCT), oben: Intensitätsverteilung in Transmission, unten: 2D-Rekonstruktion im Schnitt H-H

29.8 Röntgenbeugung

Zur Kristallorientierungsbestimmung an Einkristallschaufeln wird neben der optischen Beurteilung nach dem Ätzen die Beugung von weißer Röntgenstrahlung (Bremsstrahlung) in Reflexion angewendet (Laue-Methode). Mit Hilfe eines Röntgenbildwandlers und mit Bildverarbeitung läßt sich die Methode weitgehend automatisieren. Entwicklungen zu einer derartigen Anlage wurden zu Beginn der Einführung von Einkristallschaufeln von Rolls-Royce vollzogen.

Eine Vorstufe der vollautomatisierten Laue-Rückstrahl-Kristallorientierungsbestimmung ist die computerunterstützte optische Auswertung von Laue-Filmaufnahmen.

Beide Anlagentypen sind nicht im Einsatz, da die positiven Erfahrungen mit der Prozeßstabilität beim EK-Feinguß eine Orientierungsprüfung mit Röntgen nicht erfordern.

Die Laue-Rückstrahltechnik liefert nur Aussagen über die äußere Oberfläche der Schaufeln, da die Eindringtiefe von Röntgenstrahlung gering ist (ca. 10 µm). Infolgedessen reicht zur Qualitätsprüfung normalerweise die Ätzmethode, gelegentlich unterstützt von Laue-Aufnahmen, die von Hand ausgewertet werden.

Zur Ermittlung der Kristallorientierung im Volumen ist Gammastrahlung geeignet. Neutronenstrahlung kommt ebenfalls in Frage, sie ist jedoch meß- und anlagentechnisch komplizierter. Der Einsatz der Röntgenbeugung zur Bestimmung von Dehnungsfeldern wird unter Abschnitt 29.10 behandelt.

29.9 Thermografie

Das Verfahren der Wärmebilderzeugung und Auswertung der Wärme-(Infrarot-)Strahlungsbilder hat sich bei zahlreichen Aufgaben bewährt:
- Wanddickenprüfung von Schaufeln,
- Dichteprüfungen an Metallfilzen und Spritzschichten,
- Haftungsprüfung von Spritzschichten,
- Eigenschaftsprüfungen an Spritzschichten,
- Temperaturmessungen an Verfahren, z.B. dem thermischen Spritzen verzugsempfindlicher Bauteile.

Es ist zwischen Wärmeleitungsverfahren und Reflexionsverfahren zu unterscheiden (siehe Bilder 29.9-1 und 29.9-2). Das Fehlerauflösungsvermögen ist stark abhängig von der penetrierten Materialdicke, da es keine direkte Zuordnung zwischen Strahlungsabsorption und Reflexion am Ort des Fehlers bzw. im interessierenden Volumenelement im Material und der von der Infrarotkamera aufgenommenen Strahlungsverteilung gibt. Die Korrelation wird mit zunehmender Penetrationstiefe verschwommener.

Funktionsrelevante Fehler in Schichten und Wanddickenabweichungen in der Größenordnung unter 0,1 mm lassen sich nur im Tiefenbereich bis maximal 1 mm feststellen.

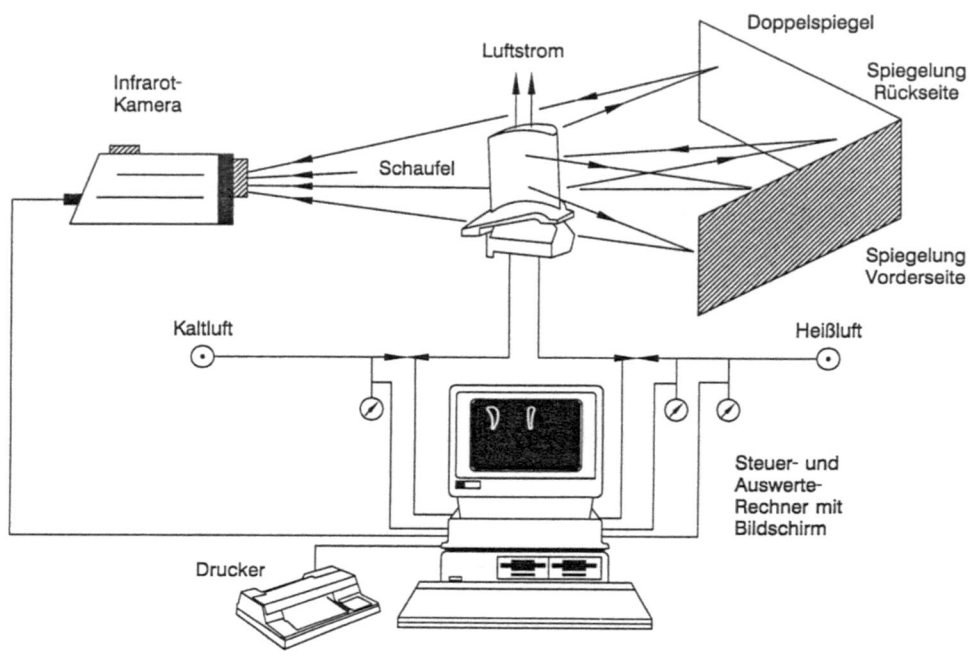

Bild 29.9-1: Prinzip der Thermografieprüfung von hohlen Turbinenschaufeln mit dem Wärmeleitungsverfahren

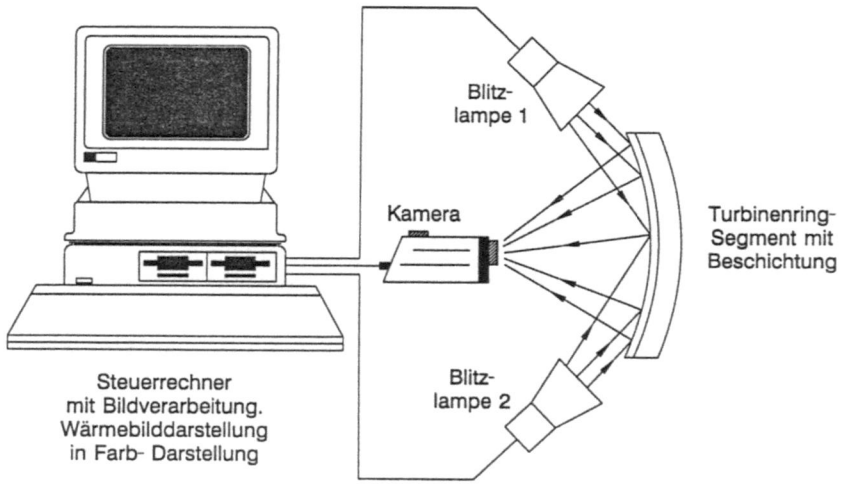

Bild 29.9-2: Prinzip der Thermografieprüfung mit dem Reflexionsverfahren (Beispiel Spritzschichtprüfung)

29.9 Thermografie

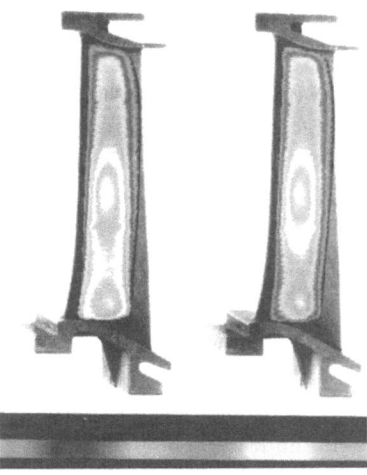

Temperaturbereiche in
Grauwertstufen (Farben)

Bild 29.9-3: Thermografieaufnahme einer Turbinenlaufschaufel (beidseitig, Wärmeleitungsverfahren), Wanddickenprüfung, Original in Farbe

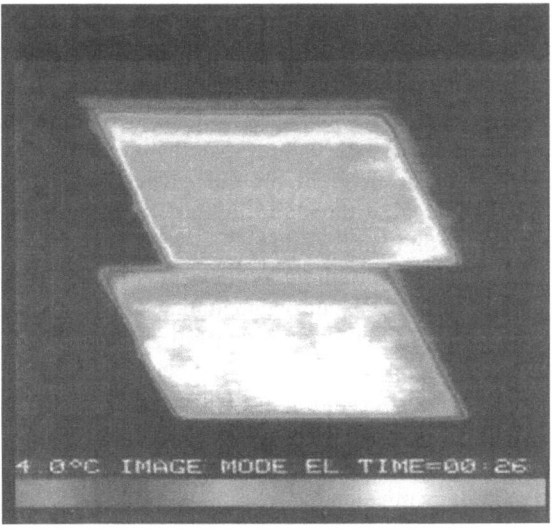

Bild 29.9-4: Thermografieaufnahmen von Metallfilzen unterschiedlicher Dichte (Verdichter-Ringsegmente), Original in Farbe

Als integrales Verfahren ist die Thermografie besonders gut geeignet, um Beschichtungsfehler und Inhomogenitäten von Beschichtungen und Metallfilzen großflächig sichtbar zu machen. Die Bilder 29.9-3 und 29.9-4 zeigen Beispiele von Thermografieprüfungen. Bei Einsatz einer an die Prüfaufgabe angepaßten Bildverarbeitung (Hardware und/oder Software) lassen sich Thermografieprüfungen auch serienmäßig gut einsetzen.

In gewissem Umfang läßt sich auch die Theorie der Wärmeleitung heranziehen, um quantitativ vorgehen zu können.

Die Thermografie besitzt ein weiteres Einsatzpotential als dynamisches Verfahren, bei dem mehrere aufeinanderfolgende Wärmebilder per Bildverarbeitung verrechnet und die Veränderungen verschiedener Bereiche und Teile miteinander verglichen werden.

Um von Prüfteil zu Prüfteil dieselbe Basis zu haben, müssen die emittierenden Oberflächen geschwärzt werden ($\varepsilon = 1$). Die entsprechende Lackierung und Reinigung stellt einen wirtschaftlichen Nachteil dar.

Um die Schwärzung zu vermeiden, wird an der Entwicklung der Modulationsthermografie gearbeitet. Dabei wird die Eingangsstrahlung moduliert und das emittierte Signal unter Berücksichtigung der Phasenbeziehung zum Eingangssignal ausgewertet. Die Fehler- bzw. Strukturinformation wird ausschließlich aus der Phasendifferenz zwischen Normalbereichsreflexion bzw. -transmission und Abweichungsreflexion entnommen. Auf diese Weise wird die Information unabhängig von der Farbe und Struktur der Oberfläche sowie Unterschieden in der Beleuchtungsintensität einzelner Bildpunkte. Eine mögliche weitere Verbesserung des Verfahrens ist eine Modulation der Prüflingsbelastung, die ebenfalls in eine definierte Phasenbeziehung zum Ausgangssignal der Wärmestrahlungsquelle gesetzt werden muß.

29.10 Eigenspannungsermittlung

Wie schon in den Kapiteln über Verfestigungsstrahlen und spanende Bearbeitung deutlich wurde, ist die Bestimmung der Eigenspannungsverteilung in kritischen Randzonen ein kaum verzichtbares Mittel zur quantitativen Beschreibung der Randzoneneigenschaften und zur Optimierung der Bearbeitungsparameter.

Obwohl die Eigenspannungen nicht für die Auslegungsrechnungen herangezogen werden, besteht kein Zweifel über ihren Einfluß auf Rißbildung und Rißfortschritt und damit auf die Lebensdauer von Komponenten.

Die Messung der ES-Tiefenverteilung gelingt zerstörungsfrei nur mit Hilfe von Ultraschallwellen oder mit Hilfe der Neutronenbeugung, da Neutronen ausreichende Eindringtiefe besitzen. Der erforderliche Neutronenfluß ist gering, die Ergebnisse der Methode sind integrale Aussagen über die gesamte Durchstrahlungstiefe.

Die Messung der ES-Tiefenverteilung mit Ultraschall (elastische Wellen) wird nicht eingesetzt. Die notwendige Feinfokussierung der Wellen auf das jeweilige Volumenelement im Bereich von einigen 10^{-5} m ist kompliziert und bringt zu große Probleme mit dem Signal-/Rauschverhältnis mit sich.

Mit der Beugung von Röntgenstrahlen wird nur über eine Schichtdicke von ca. 0,01 mm integriert. Eine Tiefenverteilung läßt sich röntgenografisch nur durch stufenweises Abtragen von Schichten ermitteln. Das Prinzip der Röntgenbeugung wird als allgemein bekannt vorausgesetzt. Es beruht auf der Superposition der von den Gitteratomen reflektierten Kugelwellen. Je schärfer die Interferenzbedingungen, d.h. je gleichmäßiger der Atomabstand im Gitter ist, desto schmaler ist die Linienbreite in den Beugungsrichtungen. Der Bragg'sche Winkel ist ein Maß für den Atomabstand, die Halbwertsbreite der Linien ein Maß für die Streuung des Gitterabstands, d.h. u. a. für eine unregelmäßige Verformung. Ohne Abtrag liefert die Röntgenbeugung nur die Oberflächenwerte der ES-Verteilung.

29.10 Eigenspannungsermittlung

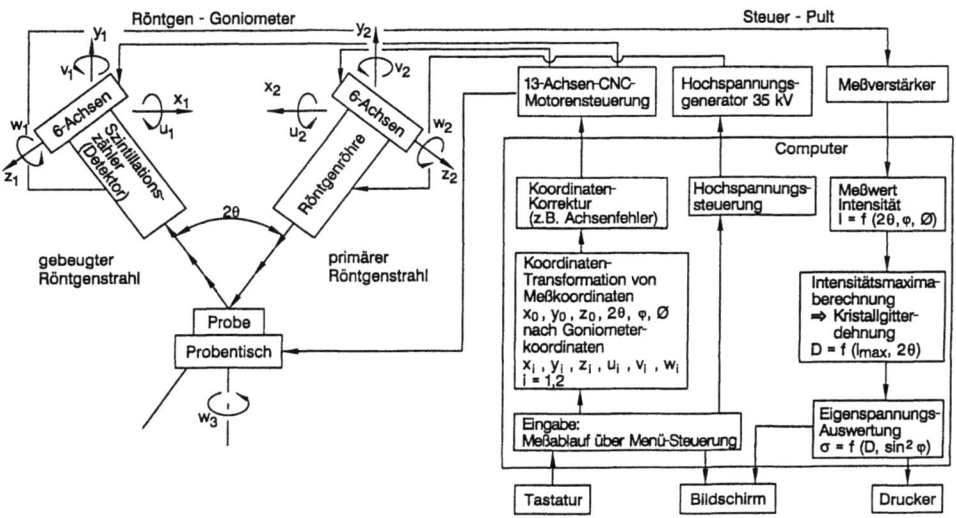

Bild 29.10-1: Großgoniometer mit 13 NC-Achsen zur röntgenografischen Messung von Eigenspannungen an Bauteilen, Prinzipdarstellung

Die Bilder 29.10-1, 29.10-2 und 29.10-3 zeigen ein spezielles Großgoniometer mit 13 NC-gesteuerten Achsen, die erforderlich sind, um Röhre, Detektor und Werkstück in der jeweiligen 2θ-Position in Abhängigkeit vom Neigungswinkel zur Oberfläche des Werkstücks zu bewegen ($\sin^2\psi$-Verfahren). Das $\sin^2\psi$-Verfahren ermöglicht die Ermittlung der in der Oberfläche liegenden ebenen Spannungen.

Ein derartiges Goniometer erlaubt die ES-Ermittlung an Originalkomponenten und damit die direkte Lösung fertigungstechnischer Probleme, z.B. die Minimierung des Verzugs durch Schweißen, die Optimierung der Wärmebehandlung, der Wärmenachbehandlung bei Reparaturen, die Festlegung einer Bearbeitungsstrategie beim Zerspanen etc.

Neben der Röntgentechnik hat sich die Bohrlochmethode zur Ermittlung der ES-Tiefenverteilung bewährt, siehe Bild 29.10-4, obwohl sie nicht zerstörungsfrei arbeitet. Mit ihrer Hilfe werden aus der Messung der Relaxation der Dehnungen an der Oberfläche des Prüflings mit Hilfe von drei Dehnungsmeßstreifen konzentrisch zu einem Bohrloch die Dehnungsrelaxationen in den darunter liegenden Ebenen schrittweise in der Bohrrichtung bestimmt. Zur rechnerischen Ermittlung der Dehnungsrelaxation in der Normalenrichtung senkrecht zur Oberfläche aus den Werten in der Oberfläche, die die Dehnungsmeßstreifen liefern, dient eine Korrelationsfunktion für jeden Werkstoff, die schrittweise mit dem Inkrement des Bohrens zur Auswertung dient. Die Kalibrierung der Korrelationsfunktion geschieht mit Hilfe von Messungen an Proben, die unter bekanntem axialen Zug bzw. Druck stehen. Das Bohrloch ist je nach Wahl des Bohrers 0,8 – 1,5 mm im Durchmesser groß.

Bild 29.10-2: Blick in den Arbeitsraum des Großgoniometers; links: Detektor, rechts: Röntgenröhre

Die Ausführungen der Bohrerkrone und der hochtourig laufenden ($2 - 3 \cdot 10^5$ U/min) Bohrturbine sind so gewählt, daß praktisch Kräftefreiheit besteht und damit keine zusätzlichen Dehnungen durch den Bohrvorgang entstehen.

Von den gemessenen Dehnungen muß über die elastischen Konstanten, die bei Legierungen häufig eigens für den Anwendungsfall ermittelt bzw. gemittelt werden müssen, auf die Spannungen umgerechnet werden.

Bei optimalen Voraussetzungen in der gerätetechnischen Ausstattung und der Verwendung eines PC-geführten Systems lassen sich ES-Tiefenverteilungen der Art wie in den Bildern 23.2-1 und 23.4-1 in ca. 1 Stunde fertig messen und darstellen. Die Unterbringung der Bohrturbine in geeigneten Aufbauten erlaubt auch die Bestimmung der ES-Verteilungen an großen Komponenten, z.B. Gehäusen (siehe Bild 29.10-5).

29.10 Eigenspannungsermittlung

Bild 29.10-3: Blick auf eine Meßanordnung zum Prüfen an einer Turbinenscheibe

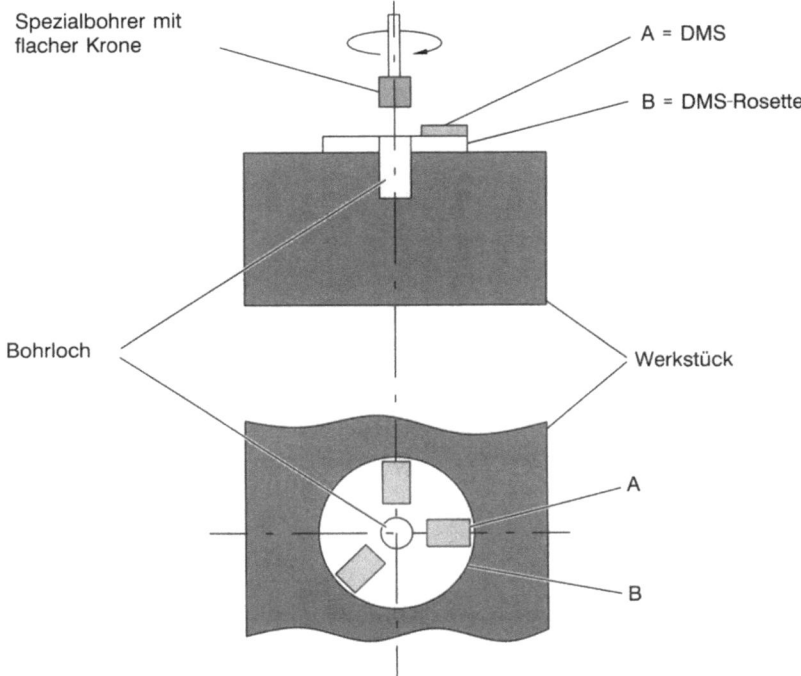

Bild 29.10-4: Meßprinzip der Bohrlochmethode, die Bohrung erfolgt inkremental.

Bild 29.10-5: Miniaturisierte, mobile Bohrlocheinrichtung zur ES-Messung an großen Teilen (Beispiel: Schweißnahtprüfung)

Die zahlreichen Ergebnisse bisher zeigen ein großes Potential zur Optimierung der Fertigungsprozesse im Hinblick auf die Oberflächenstruktur, um die dynamische Festigkeit sicherzustellen und zu optimieren. Sie zeigen teilweise auch die Notwendigkeit zum Umdenken bei der Anwendung von Bearbeitungsverfahren und ihrer Reihenfolge, wenn es um hohe und sichere dynamische Festigkeit der Teile geht.

Grundsätzlich trägt eine Kaltverfestigung zur Erhöhung der dynamischen Festigkeit bei. Sie ist infolgedessen anzustreben. Beim Kugelstrahlen und Festwalzen nützt man den Effekt grundlegend aus, während in der Zerspanungstechnik der Grundsatz befolgt wird „glatte und unverformte Oberfläche". Letzterer ist als Maßnahme zu verstehen, um Kerben und unsachgemäße Verformung zu verhindern. Dies führt nicht notwendigerweise zum besten LCF-/HCF-Ergebnis (siehe Kapitel 23).

Das Potential besteht jedoch auch in Kostenreduzierungen durch die Ermittlung eines sicheren Prozesses, der Ausschuß, Nacharbeit und Zeitverlust verhindert.

29.11 Optische Meßtechnik

Während Bauteile mit rotationssymmetrischer bzw. überwiegend rotationssymmetrischer Gestalt auf Meßmaschinen ausreichend genau und ausreichend umfangreich vermessen werden können, stellen alle Schaufeln aufgrund ihrer Gestalt und der hohen Stückzahlen bei Anwendung von tastenden mechanischen Verfahren ein meßtechnisches Problem dar, sei es bei der Genauigkeit, der Zugänglichkeit, der Meßzeit oder der Kosten wegen.

Optische, flächendeckende und schnelle Meßverfahren sind daher für die Vermessung von Schaufelprofilen und Schaufelfüßen jeder Art besonders attraktiv.

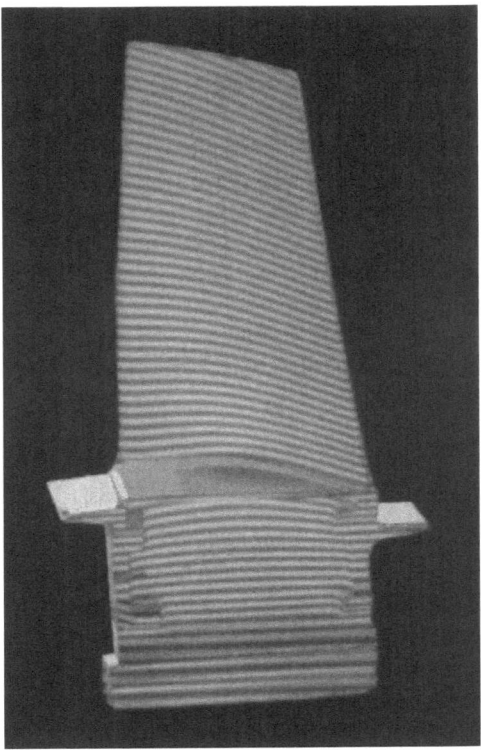

Bild 29.11-1: Streifenprojektion eines Verdichterschaufelblattes (im Original Fehlfarbendarstellung)

29.11.1 Streifenprojektion

Diese Technik besteht darin, das Meßobjekt mit einem oder mehreren Streifenmustern unterschiedlichen Streifenabstands hintereinander zu beleuchten und das reflektierte Muster über Bildverarbeitung auszuwerten.

In der ersten Entwicklungsstufe besteht die Auswertung in einem Vergleich des gemessenen Musters mit einem gespeicherten Sollmuster (relatives Verfahren). In einer weiteren Entwicklungsstufe wird durch die gleichzeitig mit der Aufnahme des Meßobjekts eingeblendeten absoluten Maßstäbe, z.B. kalibrierte Linienabfolgen, eine absolute Messung ermöglicht (photogrammetrische Methoden). In einer dritten zukünftigen Stufe kann das Verfahren auch zur Konstruktion eines CAD-Datensatzes dienen, der wiederum mit den CAD-Solldaten verglichen werden kann (*reverse engineering*). Die Meßgenauigkeit des Verfahrens liegt im Bereich von 0,01 mm. In optischen Abbildungen über Fehlfarben läßt sich schnell und quantitativ zeigen, ob und an welcher Stelle Schaufelblätter unregelmäßig verformt sind.

Das Bild 29.11-1 zeigt als Beispiel eine Streifenprojektion einer Verdichterschaufel im Blattbereich (relatives Verfahren).

29.11.2 Schaufelkantenvermessung

Im Interesse hoher und konstanter Verdichterleistungen (Wirkungsgrade) muß das Schaufelkantenprofil im Radienbereich von 0,1 – 1 mm sehr genau eingehalten werden.

Als Meßmethoden kommen Triangulation, optische Profilmeßgeräte (Projektoren) und mechanisches Antasten in Frage. Deren Nachteile sind jedoch zu hoch, als daß sie in nennenswertem Umfang in bezug auf die zu vermessenden Mengen und Meßgenauigkeiten bzw. Meßstellen eingesetzt werden könnten.

Zur schnellen Vermessung des ganzen Profils in einer Ebene (Meßzeit: 1 s) hat sich die Entwicklung eines speziellen Kantenmeßgerätes bewährt (siehe Bilder 29.11.2-1 und 29.11.2-2). In diesem Meßgerät, das auf Anschlag an die Kante herangeführt wird, tastet ein intensitätsmoduliertes Lichtband in der zu messenden Profilebene die Kante ab. Die reflektierten Strahlen werden in derselben Ebene von kreisförmig angeordneten Detektoren (Glasfasern oder Photodioden) ortsbezogen als Signal aufgenommen. Gemäß dem Reflexionsgesetz läßt sich aus der Relation Auftreffpunkt/Empfangsort rekonstruieren, wie das Kantenprofil aussieht.

29.11.3 Shearografie, Holografie, interferometrische Methoden

Für Sonderuntersuchungen, z.B. für die Homogenität von geklebten und gelöteten Metallfilzen in Gehäusen, kommen mehrere Methoden in Frage, die den Unterschied im Schwingungsverhalten von Fehlerbereich und Normalbereich optisch sichtbar machen. Zu diesem Zweck müssen die Prüflinge in Eigenschwingungen versetzt werden, wobei in der Regel breitbandig gearbeitet werden muß, um die Nachweissicherheit und das Auflösungsvermögen zu erreichen, die bei Triebwerkskomponenten verlangt werden.

Derartige Prügungen, z.B. Shearografie, die kleine Dehnungsunterschiede durch Differenzbildung sichtbar macht, sind gut geeignet, um die Füge- und Beschichtungsprozesse zu verbessern, werden aber serienmäßig nicht angewendet.

29.11 Optische Meßtechnik

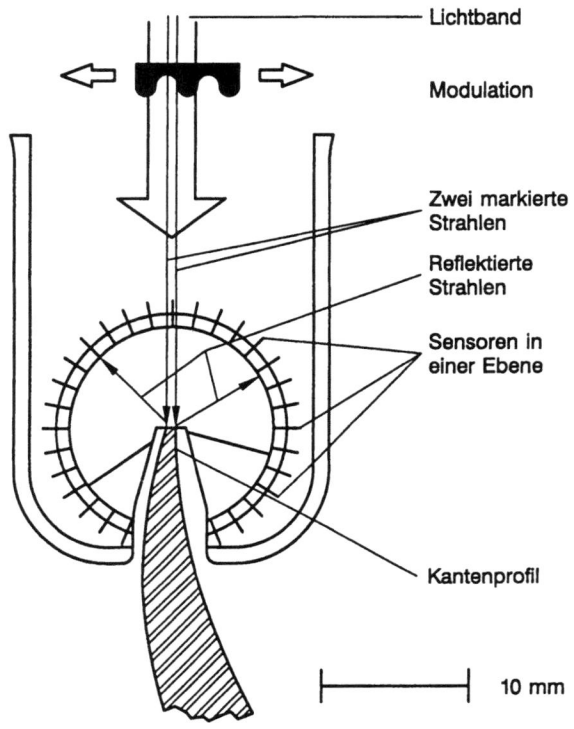

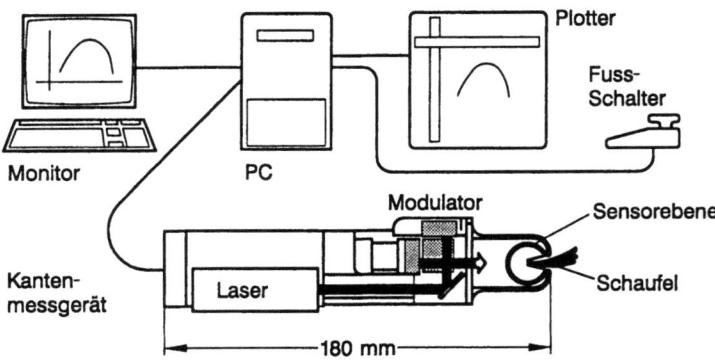

Bild 29.11.2-1: Funktionsprinzip eines Handmeßgerätes zur optischen Vermessung von Verdichterschaufelkanten

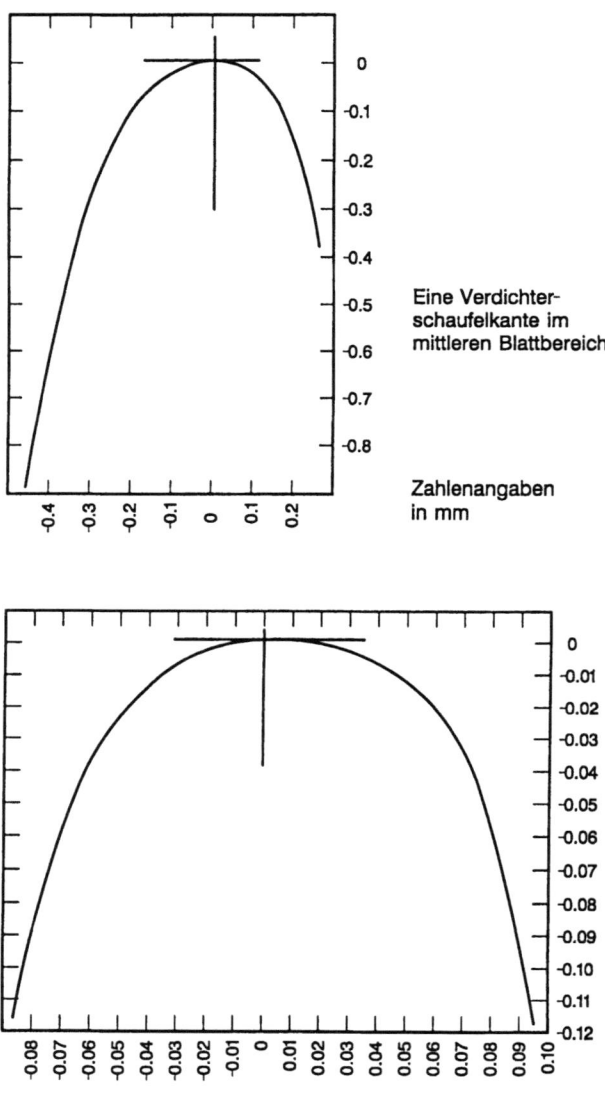

Bild 29.11.2-2: Beispiel für eine Messung des Profils einer Verdichterschaufelkante

29.12 Fertigungsmeßtechnik

Die Maßprüfungen und die Prüfung der Oberflächenrauhigkeiten werden in einem großen Umfang durchgeführt. Die Maßprüfung erfolgt in erheblichem Umfang durch die sogenannte Selbstkontrolle an den Bearbeitungsmaschinen mit konventionellen Meßmitteln. Diese Messungen dienen im wesentlichen der Einhaltung der Fertigungsmaße zwecks Vermeidung von Ausschuß und Mehrarbeit. Alle diejenigen Messungen jedoch, die der Schlußabnahme und Freigabe der Teile zur Montage dienen, werden überwiegend auf Meßmaschinen oder mit anderen automatisch ablaufenden Meßprozeduren (z.B. Schleifzellenmeßplatz) abgewickelt. Die Messungen auf absolut kalibrierten Meßplätzen und Meßmaschinen sind für die Flugfreigabe der Teile zugelassen. Hierin liegt eine Schwierigkeit bei der Einführung von Meßeinrichtungen auf NC-Maschinen zur Fertigungszwischenkontrolle als Ersatz für Messungen auf NC-Meßmaschinen. Das kostengünstige Messen auf NC-Maschinen erfordert entsprechende Kalibrierungen und die Kenntnis und systematische Korrektur der Abweichungen der Messungen auf der Bearbeitungsmaschine von denen auf der Meßmaschine. Fortschritte zum Ersatz der Meßmaschinenmessungen durch Messungen auf Bearbeitungsmaschinen erfordern weitgehend neue Wege beim Aufbau der Meßeinrichtung in der Bearbeitungsmaschine und ihrer Integration darin. Mit einer Nachrüstung der NC-Maschine mit einer Meßeinrichtung läßt sich in der Regel nicht erreichen, daß die Meßwerte zur Abnahme der Teile herangezogen werden dürfen. Die mechanisch und thermisch bedingten Differenzen der Meßwerte zu den Meßmaschinenwerten sind dann nur durch häufiges Nachmessen zu ermitteln, und damit sinkt der Nutzen des Messens auf der Bearbeitungsmaschine.

Zahlreiche Maße, insbesondere Bohrungen in Scheiben, werden in klimatisierten Räumen gemessen, um den Einfluß der Umgebungstemperatur in normalen Räumen auszuschalten. Was die Oberflächenrauhigkeit anbetrifft, so werden konventionelle Meßmittel eingesetzt, im wesentlichen Meßtaster.

29.13 Schallemissionsanalyse (SEA)

Im Verlaufe der Entwicklung dieser Technik wurden auch Ansätze gemacht, um sie im Triebwerkbau zur Komponentenprüfung auf Fehler oder zur Prozeßüberwachung (Schweißprozesse) einzusetzen.

Weder die Methode der Einzelimpulsbewertung noch die Methode der Summen-Impuls-Auswertung (Echo-Intensitätsintegration) haben sich als spezielle Methoden durchsetzen können.

Bei prozeßbedingter Schallemission (z.B. Schweißen) gehen die Echos der gesuchten Abweichungen, die sich anderweitig mit anderen Prüfverfahren nicht erkennen lassen, im Rauschen unter oder sind von nicht fehlerrelevanten Echos nicht zu unterscheiden. Bei künstlich aufgeprägter Schallemission (Dehnung unter Last o. ä.) ist in Anbetracht der ebenfalls schlechten Korrelation von Echo und Fehler der Aufwand für Einspannung und definierte Belastung zu hoch.

30 Fertigungstechnik und betrieblicher Umweltschutz

Die Reinerhaltung von Luft, Boden und Wasser sowie die Entsorgung betrieblicher Abfälle bedarf der Behandlung aus dreierlei Sicht: technisch, kostenseitig und gesetzlich. Sofern es sich nur um jeweils einen Aspekt handelt, sind Lösungen verfügbar. Normalerweise jedoch sind die Aspekte verbunden und erfordern eine integrale Behandlung, wenn es um die Umsetzung geht. Ein weiterer Aspekt ist die Verknüpfung mit dem Arbeitsschutz.

Im Brennpunkt des Geschehens stehen die Verfahren, die entweder mit giftigen Stoffen ablaufen (z.B. Cr^{6+}, Cd) oder die verfahrensspezifisch zur Umweltbelastung durch Gase, Schlämme, Stäube etc. führen.

Um die herkömmlichen Verfahren an die gesetzlichen Vorgaben anzupassen, sind in den beiden zurückliegenden Jahrzehnten hohe Investitionen vorgenommen worden. Es fällt jedoch schwer, einem einzigen Verfahren unmittelbar Kosten zuzuordnen. Normalerweise sind die Kosten für die Einhaltung von Emissions- und Immisionsgrenzwerten als Gemeinkosten verrechnet worden und erscheinen dann indirekt in den Stückkosten. Im Triebwerkbau sind verhältnismäßig viele Verfahren in relativ großer Häufigkeit betroffen: thermisches Spritzen, Galvanik, Reinigung, Lackiererei, Zerspanung (KSS), Belotung, ECM, EDM. Verstärkt wird dieser Sachverhalt durch die große Zahl von Stoffen, die bewertet werden müssen (Ni, Co, Cr, Ti, Cd etc.) Zu den unmittelbar durch Investitionen anfallenden Kosten (Filter-, Rückhalte-, Entsorgungssysteme) treten die Aufwendungen für die Meß- und Prüftechnik der Istwerte sowie für die laufende Kenntnis und Berücksichtigung der Vorschriften und Gesetze und ihrer Änderungen.

Die technische Sachlage ist mit den Verfahren im Detail verbunden und läßt sich anhand der entsprechenden Quellen darlegen.

Die gesetzliche Basis ist kompliziert und wenig übersichtlich. Zur Einführung wird auf die diesbezügliche Übersichtsdarstellung vom VDMA verwiesen, in der alle relevanten Quellen zusammengestellt sind.

Anhang

Tabelle 1: Chemische Zusammensetzung und statische Festigkeit häufig verwendeter Stähle im Triebwerkbau ($[R_m] = [R_{p0,2}] = Nmm^{-2}$; $[A_5] = [Z] = \%$; $[C] =$ Gewichtsprozente)

Bezeichnung	Fe	C	Ni	Mo	Mn	V	Cr	Si	Sonstige	
X12CrNiMo12	84,5	0,08	2,0	1,5	0,5	0,25	11,0	bis	P	<0,025
	–	–	–	–	–	–	–		S	<0,025
	80,5	0,15	3,0	2,0	0,9	0,40	12,5	0,35	N_2	0,02 – 0,04
Incoloy 901	42,5	bis	40,0	5,0	bis	–	11,0	bis	Ti	=2,35 – 3,10
	–	–	–	–	–		–		Cu	<0,5
	27,0	0,1	45,0	7,0	1,0		14,0	1,0	Al	<0,35
16 MnCr 5	98,0	0,14	–	–	1,0	–	0,8	0,15	P	<0,035
	–	–			–		–	–		
	97,0	0,19			1,3		1,1	0,35	S	<0,035
42 CrMo 4	97,4	0,42	–	0,20	0,65	–	1,05	0,25	P	<0,035
									S	<0,035
Greek Ascoloy	83,5	0,15	1,8	bis	bis	–	12,0	bis	W	=2,5 – 3,5
	–	–	–	–	–		–		Cu	<0,5
	78,0	0,20	2,2	0,5	0,5		14,0	0,5	Al	<0,15

Bezeichnung	RT			600 °C		
	R_m	$R_{p0,2}$	A_5	Z	R_m	$R_{p0,2}$	A_5	Z
X12CrNiMo12	950–1350	800–920	10–14	mind. 40	500	400	35	85
Incoloy 901	1200	886	16–20	18,5–22,5	1020	760	12–14	28,5–29,5
16 MnCr 5	800–1100	mind. 600	mind. 10	40	–	–	–	–
42 CrMo 4	800–1300	550–900	10–14	–	–	–	–	–
Greek Ascoloy	1675	1100	15,0	38,0–50,0	975	800	18,0	50,0–60,0

Tabelle 2: Chemische Zusammensetzung und statische Festigkeit einiger ausgewählter α/β-Titanlegierungen

Bezeichnung	Gewichts-%								$R_{p0,2}$ [MPa]*			100 h ** Zeitdehngrenze bei 0,2 % Dehnung [MPa]
	Al	Sn	Zr	Mo	Si	V	Fe	Nb	20 °C	400 °C	520 °C	400 °C
Ti Al6V4	6	0	0	0	0	4	<0,3	0	970	540	450	220
Ti 6242	6	2	4	2	0	0	0	0	940	580	540	470 - 550
IMI 550	4	2	0	4	0,5	0	<2	0	1070	670	550	580
IMI 829	5,5	3,5	3	0,5	0,3	0	0	1	850	540	520	710
IMI 834	5,5	4	3,5	0,5	0,35	0	0	0,7	940	600	550	330 (500°C)
IMI 685	6	0	5	0,5	0,1 bis 0,4	0	0,2	0	≥880	540	≥480	650

* erreichbare Mittelwerte. Die Werte der Werkstücke liegen ca. ± 15 % darüber oder darunter, je nach Herstellungsart, Größe und Wärmebehandlung. Für Berechnungen und Lieferungen werden statistisch abgesicherte Mindestwerte verwendet.

** Bestimmend ist der β-Phasen-Anteil. Einzelwerte sind zur Werkstoffauswahl nicht geeignet (Einfluß von ε und $\dot{\varepsilon}$ hoch).

Tabelle 3: Chemische Zusammensetzung und Festigkeit einiger typischer ausgewählter Nickellegierungen für Scheiben und Schaufeln. Die Festigkeitswerte sind für Abnahmen und Berechnungen nicht geeignet. Dafür werden statistisch abgesicherte Mindestwerte verwendet.

Schmiede-Werkstoff	Gewichts-%									°C Betriebs-temperatur	Mittelwerte Rp0,2 [MPa]		Zeitdehngrenze 0,1 % bei 1000 h und 625°C [MPa]
	Ni	Cr	Co	Al	Ti	C	Fe	W	Mo	Andere		RT	600 °C	
Inconel 718	52	18,5	-	-	0,6	1	0,04	Rest	-	3	Nb+Ta 5,2	≤600	1170	960	280
Waspaloy	Rest	19	14	1,4	3	0,06	-	1	4	-	≤650	970	850	600
Udimet 720 PM	Rest	17,8	14,5	2,45	4,9	-	-	1,2	3	-		1000	870	
Astroloy LC PM nachgeschmiedet	Rest	15	17	4	3,5	0,02	0,5	-	5	-	≤600	1180	990	770
René 95 PM nachgeschmiedet	Rest	13	8	3,5	2,5	0,07	0,5	3,5	3,5	Nb+Ta 3,5	≤700	1200	1130 700°C	Datenbasis GE General Electric

Guß-Werkstoff	Ni	Cr	Co	Al	Ti	C	Fe	W	Mo	Andere	°C Betriebs-temperatur	RT	600 °C	1 % bei 1000 h und 800°C [MPa]
Inconel 713 C	Rest	14	-	6	1	0,1	-	-	4,5	Nb, Ta, B, Zr 2,2	≤750	700	700	310
Inconel 100	Rest	10	15	5,5	4,7	0,18	-	-	3	1 V	≤800	800	800	375
MAR-M-247 LC	Rest	8,1	9,3	5,5	0,8	0,08	-	9,5	0,5	Ta 3 Hf 1,5	≤850	900	900	420
SRR 99 EK	Rest	8,5	5	5,5	2,2	0,015	-	9,5	-	Ta 2,8	≤850	950	980	550

Scheiben / Schaufeln

Tabelle 4: Potentielle Einsatzbereiche faserverstärkter Werkstoffe in Gasturbinen (experimentelle Einsatzgrenzen, Stand: 1995)

Gruppe	Kombination (Abkürzung)	Faser	Matrix	Twk-Anwendung	Status
–	KEVLAR[R]/-	p-Aramid	keine	gewickelte Berstschutzringe für Fan-Gehäuse	Serie
PMC	CFK/GFK/EP	C + Glas	Epoxide	Fanstator-Austrittsleitschaufeln	Serie
PMC	CFK/EP	Kohlenstoff	Epoxide	Fan-Schaufeln, -Gehäuse, Twk-Gondel, Schubumkehrer, Bypass-Duct kalt	Experim. Serie
PMC	CFK/PI	Kohlenstoff	Polyimide	NDV-Schaufeln, Bypass-Duct warm	Experim.
MMC	Al_2O_3/Al	Al_2O_3	Aluminium-Leg.	NDV-Lauf- u. Leitschauf. als Ersatz f. NDV-Titanschaufeln	Experim.
	SiC/Al	SiC	Aluminium-Leg.		
	Al_2O_3/Mg	Al_2O_3	Magnesium-Leg.	Gehäuse, Getriebegehäuse (brennt nicht im Gegensatz zur Mg-Legierung)	Experim.
MMC	SiC/Ti	CVD-Keramikfaser (-Kernfaser mit SiC bedampft)	Titan-Leg.	HDV-Lauf- u. Leitschauf. „Blisk"- bzw. „Bling"-Rotoren, Twk-Rotorwellen (Ersatz für Stahl)	Experim. Vers.Twk
IMC	SiC/TiAl	CVD-Keramikfaser	TiAl-Phase	wie SiC/Ti, aber höhere Oxidations- u. Kriechtemperatur; auch für: NDT-Lauf-/Leitschaufeln	Experim.
	SiC/Ti$_3$Al				Experim.
CMC	SiC/SiC	SiC-Keramik	Si-Karbid	Brennkammer + Nachbrenner-Bauteile, ungekühlte Turbinenlauf- und -leitschaufeln, Abgasturbolader Nachbrenner-Schubdüsenklappen	Experim.
	SiC/Si$_3$N$_4$	SiC-Keramik	Si-Nitrid		Serie
	C/SiC	Kohlenstoff	Si-Karbid		Vers.Twk
	C/Si$_3$N$_4$	Kohlenstoff	Si-Nitrid	dto., Abgaskonus	Vers.Twk
LAS	SiC/LAS	SiC-Keramik	Lithium-Aluminium-Silikat-Glaskeramik	Schubdüsenklappen, Abgaskonus, letzte ND-Turbinenlauf- u. -leitschaufeln	Experim.
	C/LAS	Kohlenstoff			Versuchs-Twk
C/C	Carbon/Carbon	Kohlenstoff	Kohlenstoff (Harz, Pech-CVD-Matrix)	Potential bis 2000 °C, aber nur Kurzzeit oder mit Oxidationsschutz	Experim.

Tabelle 5.1: Umwandlungstemperatur und maximale Endverformungstemperatur für verschiedene Titan-Legierungen (* je nach Reinheitsgrad)

Zusammensetzung	Umwandlungstemperatur °C	Endverformungstemperatur max. °C
unleg. Titan *	885-950	785 - 850
TiAl5Sn2,5	1040±15	930
TiAl8Mo1V1	1040±15	1010
TiAl6V4	995±15	970
TiAl6V4Sn2	945±15	840

Tabelle 5.2: Einfluß der Schmiedetemperatur auf die Zugfestigkeit bei Raumtemperatur von Titanlegierungen

Legierung	Schmiedetemperatur °C		$R_{p0,2}$ N/mm²	R_m N/mm²	A %	Z %
TiAl6V4	960	($\alpha + \beta$)	935	1005	15,6	44,2
	1150	(β)	898	1003	14,0	35,6
TiAl8Mo1V1	1010	($\alpha + \beta$)	890	963	18,0	41,9
	1095	(β)	863	963	15,7	24,1
TiAl6Sn2Zr4Mo2	970	($\alpha + \beta$)	901	967	13,7	38,2
	1055	(β)	884	971	13,7	28,2

Wärmenachbehandlung: TiAl6V4:   955 °C/1 h/Luft + 705 °C/4 h/Luft
(Rohteile)   TiAl8Mo1V1:   1010 °C/1 h/Luft + 595 °C/8 h/Luft
   TiAl6Sn2Zr4Mo2:   980 °C/1 h/Luft + 595 °C/8 h/Luft

Tabelle 6: Einfluß von Temperatur, φ und $\dot{\varphi}$ auf die Fließspannung (in N/mm²) von zwei Stählen und drei Superlegierungen

Temperatur	1000 °C				1100 °C				1200 °C				Lösungsglüh-temperatur [°C]	1. Stufe Auslagerung [°C]
Umform-geschwindigkeit $\dot{\varphi}$	1,5 s⁻¹		35 s⁻¹		1,5 s⁻¹		35 s⁻¹		1,5 s⁻¹		35 s⁻¹			
Umformgrad φ / Werkstoff	0,1	0,5	0,1	0,5	0,1	0,5	0,1	0,5	0,1	0,5	0,1	0,5		
C 15	101	132	132	186	78	93	109	155	54	62	85	124	–	–
X5CrNi18 9	155	193	178	255	116	139	147	193	78	101	124	155	–	–
Nimonic 80 A	340	371	340	603	286	294	386	425	170	170	278	278	1080	700 - 750
Nimonic 90	340	340	340	587	263	240	402	410	163	170	295	270	1050 - 1080	700
Nimonic 105	510	371	634	572	278	255	441	386	186	165	318	270	1130 - 1170	1050
Waspaloy													1010 - 1050	850
Inconel 718			zum Vergleich der Temperaturbereiche										950 - 980	720
Nimonic 115													1180 - 1200	1100

Tabelle 7: Vergleich von Alternativen zum Schmieden von Nickellegierungen

Konventionelles Schmieden		Warmgesenkschmieden (Hot-die-forging)	Isothermes Schmieden nahe Superplastizität
einhitzig	mehrhitzig		
kurze Druckberührzeiten → niedrige Werkzeugkosten einfache Schmiedehämmer		überwiegende Kriechumformung → Homogenitätsgewinn im Gefüge und in der Festigkeit, Rohstoffeinsparung (nahe Endform)	kleine Preßkräfte → kleine Pressen Materialeinsparung Homogenität Endkontur erreichbar (US-Kontur)
verlängerte Druckberührzeiten → erhöhte Werkzeugkosten durch hochanlaßbeständige Stähle Einsatz von regelbaren Pressen (hydraulisch)		Einsatz von Pressen mittlerer Größe durch Reduktion der Umformkräfte	
	teilweise negative Erfahrungen	Einsatz von Ni-Leg. für Werkzeuge, meistens IN100-Guß	höchste Werkzeugkosten (TZM)* hoher Verfahrensaufwand, hohe Energiekosten
	Gefügegradient von innen nach außen	Werkzeugkosten → Wirtschaftlichkeit nur bei großen Teilen	hoher Regelaufwand Herstellung von Vormaterial mit Feinkorn (Strangpressen mit hohen Umformgraden oder PM)
	Rekristallisation bei ausreichend hohen Zwischenglühtemperaturen, unkontr. Schwankungen der Rekristallisationstemp. als Fkt. von (Al- + Ti)-Gehalt, desgl. der Fließspannung	Ø > 400 mm	
schlecht kontrollierbare Temperatur			*Titan-Zirkon-Molybdän
schlechte Reproduzierbarkeit des Gefüges			
Anisotropie der Festigkeit			
Nachteile steigen mit zunehmender Warmfestigkeit, zunehmender Berechnungsschärfe und abnehmendem Sicherheitsbeiwert			

Tabelle 8: Auswahl von Spezifikationsmerkmalen eines Hochvakuum-Hochtemperaturofens zum Wärmebehandeln, Löten und Diffusionsschweißen von Titan- und Nickelbasislegierungen

Nutzraum:	Bestimmt durch die Teilegröße
Max. Betriebstemperatur:	1300 °C ± 2 °C lokal über Thermoelement gesteuert
Homogenität im Ofenraum:	± 7 °C
Heizung:	Mo-Stab-Widerstandsheizer, aufgeteilt in 4 Zonen Abschirmung der Ofenraumwand mit Molybdänblechen 6 - 8fach
Vakuumpumpen:	2 Drehschieberpumpen (1 für Bypass) 2 Wälzkolbenpumpen (1 für Gasschnellkühlung) 1 Kryopumpe (N_2 + He)
Vakuum:	< 10^{-7} mbar, kalt, ausgeheizt, ohne Einbauten
Max. Leckrate:	1 · 10^{-7} mbar l/s Helium
Arbeitsdruck:	1 · 10^{-5} mbar, warm, mit Einbauten
Evakuierungszeit:	5 - 10 min 10^{-2} mbar 15 min 10^{-5} mbar 2 h 10^{-6} mbar 8 - 20 h < 10^{-6} mbar
Aufheizgeschwindigkeit:	20 °C/min – 50 °C/min (abhängig von der Regelgüte und der Temperatur)
Abkühlgeschwindigkeit:	60 – 100 °C bei 1200 – 800 °C, darunter langsamer
Stromversorgung:	150 kW gesamt (2 x 50 kW, 2 x 25 kW)
Wasserversorgung (Kühlsystem Wasser):	Frischwasserbedarf 9 m³/h
Gasschnellkühlung mit Wärmetauscher:	Gasumwälzung mit Wälzkolbenpumpe; 2 Wärmetauscher vor und hinter der Wälzkolbenpumpe Vordruck 850 mbar
Integrierte einachsige Presse:	Gesamtkraft 80 kN TZM-Pressenstempel und -tische

Anhang

Tabelle 9: Zusammenstellung von üblichen Drehparametern für Titanlegierungen und Stähle
(* Zustand geschmiedet, wenn nichts anderes angegeben)

Werkstoff-Sprechbezeichnung *	Schneidstoff	max. Schnittgeschwindigkeit [m/min]	Vorschub [mm/U]
Jethete X12CrNiMo12	HW-K10/K20	120	0,08 - 0,40
	Cermet	280	0,05 - 0,15
Greek Ascoloy, gegossen	HW-K10/K20	120	0,08 - 0,40
X8CrNiMo11	HW-K10/K20	140	0,08 - 0,40
TiAl6V4, gegossen	HW-K10/K20	90	0,05 - 0,35
TiAl6V4	HW-K10/K20	90	0,05 - 0,35
Ti 6242	HW-K10/K20	90	0,05 - 0,35
Ti 834	HW-K10/K20	90	0,05 - 0,35
TiCu2	HW-K10/K20	70	0,05 - 0,35

zu beachten:
1) $a/s > 0,5$, wobei a = Schnittiefe, s = Schneidkantenradius
   andere Geometrieangaben (z. B. Spanwinkel) sind entbehrlich
2) $a < 0,80$ mm, wenn Spanwinkel $> 0°$ (HM, CBN) bzw. $> -6°$ (Keramik)
3) VB $< 0,4$ mm, wobei VB = max. Verschleißmarkenbreite
4) zugelassene PVD-Beschichtungen: TiN, TiC, TiCN, CrC, CrN, WN
5) verboten für Ti-Legierungen sind:
   Ti-Basis-Beschichtungen (TiN, TiC, TiCN)
   Cermets
   Keramik und CBN

Tabelle 10: Übliche Parameter zum Drehen von Ni-Basis-Legierungen (* Zustand geschmiedet, wenn nichts anderes angegeben)

Werkstoff-Sprechbezeichnung *	Schneidstoff	Schnittgeschwindigkeit [m/min]	Vorschub [mm/U]
C 263, Gußlegierung	HW-K10/K20	max. 40	0,08 - 0,40
C 263	HW-K10/K20	max. 40	0,08 - 0,40
Inco 718	HW-K10/K20	max. 40	0,08 - 0,40
	Whiskerkeramik	60 - 300	0,10 - 0,30
	BN	max. 300	0,05 - 0,20
Inco 718 gegossen	HW-K10/K20	max. 40	0,08 - 0,40
	Whiskerkeramik	60 - 300	0,10 - 0,30
	BN	max. 300	0,05 - 0,20
Waspaloy	HW-K10/K20	max. 40	0,10 - 0,30
	BN	180 - 250	0,05 - 0,15
Inconel 713 gegossen	HW-K10/K20	max. 30	0,04 - 0,25
Inconel 625	HW-K10/K20	max. 40	0,04 - 0,25
Hastelloy X	HW-K10/K20	max. 40	0,08 - 0,35
Nimonic 90	HW-K10/K20	max. 40	0,10 - 0,40
Udimet 700 PM	HW-K10/K20	max. 30	0,04 - 0,30
Rene 41	HW-K10/K20	max. 30	0,02 - 0,30
Rene 88 DT PM	HW-K10/K20	max. 30	0,10 - 0,20
PWA 1100 PM	HW-K10/K20	max. 45	0,02 - 0,20
	Cermet	bis 30	0,02 - 0,25
		30 bis 45	0,02 - 0,15

zu beachten:
1) $a/s > 0,5$, wobei a = Schnittiefe, s = Schneidkantenradius
   andere Geometrieangaben (z. B. Spanwinkel) sind entbehrlich
2) $a < 0,80$ mm, wenn Spanwinkel $> 0°$ (HW, BN) bzw. $> -6°$ (Keramik)
3) $VB < 0,4$ mm, wobei VB = max. Verschleißmarkenbreite
4) zugelassene PVD-Beschichtungen: TiN, TiC, TiCN, CrC, CrN, WN

Anhang

Tabelle 11: Gebräuchliche Schnittwerte beim Bohren von Titanlegierungen und Stählen
(* Zustand geschmiedet, wenn nichts anderes angegeben)

Werkstoff-Sprechbezeichnung *	Schneidstoff	max. Schnittgeschwindigkeit [m/min]	max. Vorschub [mm/Schneide]
Jethete X12CrNiMo12	HW-K10-K40	80	0,035
	HSS	15	0,035
Greek Ascoloy Guß	HW-K10-K40	60	0,035
	HSS	15	0,035
X8CrNiMo11	HW-K10-K40	80	0,030
	HSS	20	0,030
TiAl6V4, gegossen	HW-K10-K40	80	0,035
	HSS	10	0,035
TiAl6V4	HW-K10-K40	80	0,035
	HSS	10	0,035
Ti 6242	HW-K10-K40	80	0,035
	HSS	10	0,035
Ti 834	HW-K10-K40	80	0,035
	HSS	10	0,035
TiCu2	HW-K10-K40	80	0,035
	HSS	15	0,035

zu beachten: 1) zugelassene PVD-Beschichtungen: TiN, TiC, TiCN, CrC, CrN, WN
2) VB < 0,2 mm, wobei VB = max. Verschleißmarkenbreite
3) verboten für Ti-Bearbeitung sind:
Ti-Basis-Beschichtungen (TiN, TiC, TiCN)
Cermets

Tabelle 12: Gebräuchliche Schnittwerte zum Bohren von Ni-Basis-Legierungen
(* Zustand geschmiedet, wenn nichts anderes angegeben)

Werkstoff-Sprechbezeichnung *	Schneidstoff	max. Schnittgeschwindigkeit [m/min]	max. Vorschub [mm/Schneide]
C 263, gegossen	HW-K10-K40	40	0,025
	HSS	8	0,025
C 263	HW-K10-K40	40	0,025
	HSS	8	0,025
Inco 718	HW-K10-K40	20	0,025
	HSS	6	0,025
Inco 718, gegossen	HW-K10-K40	20	0,025
	HSS	6	0,025
Inco 713, gegossen	HW-K10-K40	24	0,02
Inco 625	HW-K10-K40	24	0,02
Waspaloy	HW-K10-K40	20	0,025
	HSS	6	0,025
Hastelloy X	HW-K10-K40	21	0,025
	HSS	6	0,025
Nimonic 90	HW-K10-K40	20	0,03
	HSS	6	0,025
Rene 88 DT PM	HW-K10-K40	20	0,04
	HSS	6	0,025
Rene 41	HW-K10-K40	18	0,02
PWA 1100 PM	HW-K10-K40	17	0,035

zu beachten: 1) zugelassene PVD-Beschichtungen: TiN, TiC, TiCN, CrC, CrN, WN
2) VB < 0,2 mm, wobei VB = max. Verschleißmarkenbreite

Anhang

Tabelle 13: Gebräuchliche Parameter zum Fräsen von Stahl und Ti-Basis-Legierungen
(* Zustand geschmiedet, wenn nichts anderes angegeben)

Werkstoff-Sprechbezeichnung *	Schneidstoff	max. Schnittgeschwindigkeit [m/min]	Vorschub [mm/Schneide]
Jethete X12CrNiMo12	HW-K10-K40	80	0,02 - 0,15
	HSS	30	0,02 - 0,15
Greek Ascoloy Guß	HW-K10-K40	120	0,02 - 0,15
	HSS	40	0,02 - 0,15
X8CrNiMo11	HW-K10-K40	80	0,02 - 0,15
	HSS	30	0,02 - 0,15
TiAl6V4, Guß	HW-K10-K40	350	0,02 - 0,15
	HSS	25	0,02 - 0,15
TiAl6V4	HW-K10-K40	350	0,02 - 0,15
	HSS	25	0,02 - 0,15
Ti 6242	HW-K10-K40	350	0,02 - 0,18
	HSS	30	0,02 - 0,18
Ti 834	HW-K10-K40	350	0,02 - 0,15
	HSS	30	0,02 - 0,15
TiCu2	HW-K10-K40	60	0,02 - 0,15
	HSS	30	0,02 - 0,15

zu beachten: 1) $a > 0,02$ mm, wobei a = Schnittiefe
 $e > 0,02$ mm, wobei e = Eingriffsbreite
2) zugelassene PVD-Beschichtungen: TiN, TiC, TiCN, CrC, CrN, WN
3) VB < 0,2 mm, wobei VB = max. Verschleißmarkenbreite
4) verboten für Ti-Bearbeitung sind:
Ti-Basis-Beschichtungen (TiN, TiC, TiCN)
Cermets

Tabelle 14: Gebräuchliche Parameter zum Fräsen von Ni-Basis-Legierungen
(* Zustand geschmiedet, wenn nichts anderes angegeben)

Werkstoff-Sprechbezeichnung *	Schneidstoff	max. Schnittgeschwindigkeit [m/min]	Vorschub [mm/Schneide]
C 263, Guß	HW-K10-K40	35	0,02 - 0,1
	HSS	20	0,02 - 0,1
C263	HW-K10-K40	35	0,02 - 0,15
	HSS	20	0,02 - 0,15
Inco 718	HW-K10-K40	35	0,02 - 0,1
	HSS	20	0,02 - 0,1
Inco 718, Guß	HW-K10-K40	35	0,02 - 0,1
	HSS	20	0,02 - 0,1
Waspaloy	HW-K10-K40	30	0,02 - 0,1
	HSS	16	0,02 - 0,1
Inconel 625	HW-K10-K40	35	0,02 - 0,1
	HSS	20	0,02 - 0,1
René 88 DT PM	HW-K10-K40	25	0,02 - 0,1
	HSS	8	0,02 - 0,1
PWA 1100 PM	HW-K10-K40	20	0,02 - 0,06

zu beachten:
1) $a > 0,02$ mm, wobei a = Schnittiefe
   $e > 0,02$ mm, wobei e = Eingriffsbreite
2) zugelassene PVD-Beschichtungen: TiN, TiC, TiCN, CrC, CrN, WN
3) VB $< 0,2$ mm, wobei VB = max. Verschleißmarkenbreite

Anhang

Tabelle 15: Gebräuchliche Parameter zum Räumen von Stahl und Ti-Basis-Legierungen
(* Zustand geschmiedet, wenn nichts anderes angegeben)

Werkstoff-Sprechbezeichnung *	Schneidstoff	max. Schnittgeschwindigkeit [m/min]	Zahnsprung [mm/Zahn]
Jethete X12CrNiMo12	HSS	35	0,02 - 0,12
X8CrNiMo11	HSS	46	0,02 - 0,12
TiAl6V4, Guß	HSS	12	0,04 - 0,10
TiAl6V4	HSS	12	0,04 - 0,10
Ti 6242	HSS	12	0,04 - 0,10
Ti 834	HSS	12	0,04 - 0,10

zu beachten: 1) zum Räumen zugelassene HSS-Schneidstoffe sind M42, T15 und ASP30
2) Spanwinkel maximal 18°
3) verboten für Ti-Bearbeitung sind Ti-Basis-Beschichtungen (TiN, TiC, TiCN)
4) VB < 0,2 mm, wobei VB = max. Verschleißmarkenbreite

Tabelle 16: Gebräuchliche Parameter zum Räumen von Ni-Basis-Legierungen
(* Zustand geschmiedet, wenn nichts anderes angegeben)

Werkstoff-Sprechbezeichnung *	Schneidstoff	max. Schnittgeschwindigkeit [m/min]	Zahnsprung [mm/Zahn]
Inco 718	HSS	5	0,03 - 0,10
Inco 718, gegossen	HSS	5	0,03 - 0,10
Waspaloy	HSS	4	0,03 - 0,10
Udimet 700 PM	HSS	5	0,03 - 0,08
René 41	HSS		
René 88 DT PM	HSS	3	0,03 - 0,08
PWA 1100 PM	HSS	3	0,02 - 0,10

zu beachten: 1) zum Räumen zugelassene HSS-Schneidstoffe sind M42, T15 und ASP30 (auch PVD-beschichtet)
2) Spanwinkel maximal 18°
3) VB < 0,2 mm, wobei VB = max. Verschleißmarkenbreite

Tabelle 17a: Gebräuchliche Parameter zum Schleifen von Stahl und Ti-Basis-Legierungen

Werkstoff-Sprechbezeichnung	Schneidstoff	max. Schnittgeschwindigkeit [m/s]	max. Zustellung [mm]	max. Eingriffslänge [mm]	max. bezogenes Zeitspanvolumen [mm³/mms]
Jethete X12CrNiMo12	Al-Oxid	35	1	65	10
	Si-Karbid	35	1	65	10
	BN	60	1	65	12
Greek Ascoloy, Guß	Al-Oxid	35	1	65	10
	Si-Karbid	35	1	65	10
	BN	60	1	65	12
X8CrCoNiMo11	Al-Oxid	35	1	25	12
	Si-Karbid	35	1	25	12
	BN	60	1	25	15
TiCu2	Si-Karbid	35	0,3		2
TiAl6V4, Guß	Si-Karbid	35	0,3		1,5
TiAl6V4	Si-Karbid	35	0,3		2
Ti 6242	Si-Karbid	35	0,3	25	2
Ti 834	Si-Karbid	35	0,3	25	2

zu beachten: 1) KSS-Mindestdurchflußmenge: 6 l/min je mm Schleifscheibenbreite
             2) Werkstoffzustand geschmiedet, wenn nichts anderes angegeben

Tabelle 17b: Gebräuchliche Parameter zum Schleifen von Ni-Basis-Legierungen

Werkstoff-Sprechbezeichnung	Schneidstoff	max. Schnittgeschwindigkeit [m/s]	max. Zustellung [mm]	max. Eingriffslänge [mm]	max. bezogenes Zeitspanvolumen [mm³/mms]
C 263, Guß	Al-Oxid	35	0,5	65	5
	BN	60	0,5	65	6
C 263	Al-Oxid	35	0,8	65	8
	BN	60	0,8	65	10
Inconel 718	Al-Oxid	35	0,8	65	8
	BN	60	0,8	65	10
Inconel 718, Guß	BN	60	0,5	–	6
Waspaloy	Al-Oxid	35	0,5	65	6
Inconel 713, Guß	Al-Oxid	35	0,8	80	4
	BN	100	0,8	80	5
IN 100, Guß	Al-Oxid	35	0,8	65	4
	BN	60	0,8	65	5
SRR 99, EK-Guß	Al-Oxid	35	0,8	65	4
Hastelloy X	Al-Oxid	35	0,8	65	6
	BN	60	0,8	65	6
Nimonic 90	Al-Oxid	35	0,8	65	6
Udimet 700 PM	Al-Oxid	35	0,8	65	2
	BN	60	0,8	65	2,5
René 41, Guß	Al-Oxid	35	0,8	65	2
	BN	60	0,8	65	3
René 88 DT PM	Al-Oxid	35	0,3	25	2
	BN	60	0,3	25	3
PWA 1100 PM	Al-Oxid	35	0,3	25	2
	BN	35	0,3	25	3
Mar 247 LC Guß	Al-Oxid	35	0,3	25	2

zu beachten:
1) KSS-Mindestdurchflußmenge: 6 l/min je mm Schleifscheibenbreite
2) Werkstoffzustand geschmiedet, wenn nichts anderes angegeben

Tabelle 18: Zusammenstellung der Ergebnisse von Oberflächenuntersuchungen an Bohrungslaibungen in Waspaloy

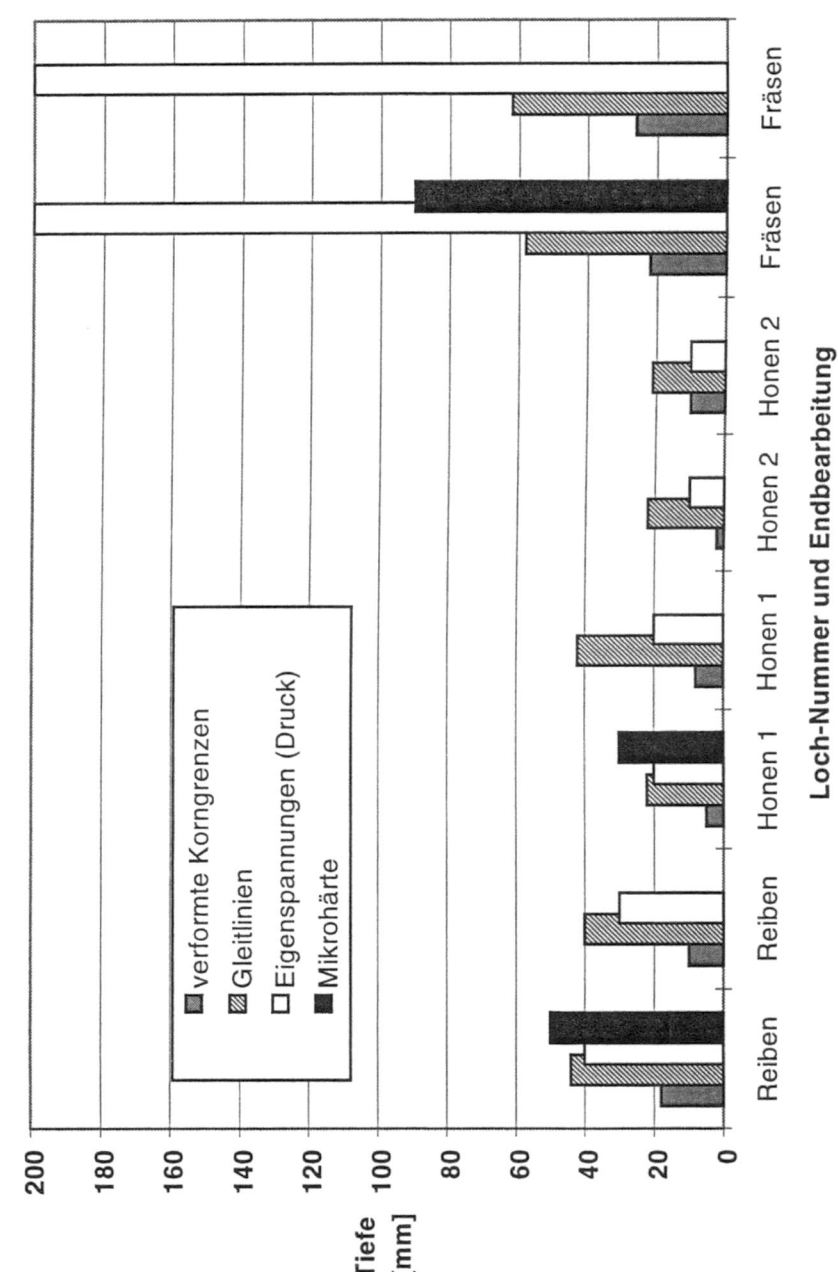

Tabelle 19: Erprobte und zugelassene Arten der Fertigbearbeitung von kritischen Bohrungen an Scheiben

$l/d < 3$	$l/d \gtrless 3$	Langlöcher und Formbohrungen	Kantenbearbeitung

- Bohrreiben
  Kombinationswerkzeug
	- Vorbohren
	  Spiralbohrer
	- Fertigbohren
	  Reibahle, stirnschneidend
		- Vorbohren
		  Spiralbohrer
		- Vorfräsen
		  Schaftfräser
		- Fertigfräsen
		  Schaftfräser
			- Zirkularfräsen
			  Schaftfräser 45° oder
			- Senken
			  Kegelsenker 45° oder
			- Manuelles Anfasen
			  Handgeführtes Werkzeug

- Vorbohren
  Spiralbohrer
- Vorfertigbohren
  Reibahle, stirnschneidend
- Fertigbohren
  Reibahle, stirnschneidend
	- Vorbohren
	  Spiralbohrer
	- Aufsenken
	  Senker, stirnschneidend
	- Fertigbohren
	  Reibahle, stirnschneidend
		- Vorbohren
		  Spiralbohrer
		- Fertigfräsen
		  Schaftfräser
			- Butterfly
			  Verrunden, grobes Schleifkorn
			- Butterfly
			  Ätzangriff polieren, feines
			  Schleifkorn

- Vorbohren
  Spiralbohrer
- Ausspindeln
  Einschneidiges Werkzeug
	- Vorbohren
	  Spiraylbohrer
	- Fertigbohren
	  Reibahle, stirnschneidend
	- Honen
		- Vorbohren
		  Spiralbohrer
		- Fertigfräsen
		  Schaftfräser
		- Druckfließläppen
			- Zirkularfräsen
			  Radiusfräser
			  mit/ohne Butterfly
			- Ätzangriff polieren, feines
			  Schleifkorn

	- Tieflochbohren
	  Einschneidiges Werkzeug
	- Honen
		- Vorbohren
		  Spiralbohrer
		- Fertigfräsen
		  Schaftfräser
		- Schleifen
		  Schleifstift	

$l/d > 3$			

- Tieflochbohren
  Einschneidiges Werkzeug
	- Tieflochbohren
	  Einschneidiges Werkzeug
	- Reiben
	  Tiefloch-Reibahle, stirnschneidend
		- STEM-Bohren
		- Druckfließläppen
			- Senken
			  Kegelsenker 45° mit/ohne
			- Druckfließläppen

Tabelle 20: Typische ECM Bearbeitungsparameter für Titan- und Nickel-Basis-Legierungen (typische Rahmenwerte, im Einzelfall zu modifizieren)

	Ni-Basis-Legierung	Titanlegierung
Senkspannung	11 – 13 Volt	12 – 20 Volt
Elektrodenvorschub	0,6 - 1,6 mm/min	1,5 - 2,5 mm/min
Elektrolyt	$NaNO_3$	NaCl
- Konzentration	210 – 240 g/l	110 – 140 g/l
- Temperatur	36 – 40 °C	38 – 42 °C
- Leitfähigkeit	170 – 200 mSiemens/cm	180 – 230 mSiemens/cm
- Druck	12 – 14 bar	10 – 15 bar
pH-Wert	6 – 8	6 – 8
Stromdichte	0,8 - 1,3 A/mm²	0,5 A/mm²
Feldstärke	220 – 450 V/cm	400 – 650 V/cm

Tabelle 21: Schadstofferzeugung und Entgiftungsreaktionen beim ECM von Nickellegierungen

Entstehungsreaktionen	Anode $\Rightarrow Cr^{3+} \Rightarrow Cr^{6+}$
	Kathode $\Rightarrow H_2^+ + NO_3^- \Rightarrow H_2O + NO_2$
Entgiftungsreaktionen	Nitrit-Entgiftung
	$NaNO_2 + NH_2SO_3H \Rightarrow N_2 + NaHSO_4 + H_2O$
	pH = 3,5
	Chrom-6-Entgiftung
	$Cr^{6+} + 3\,Fe\,SO_4 \Rightarrow Cr^{3+} + Fe_2(SO_4)_3 + Fe^{2+}$
	$Fe^{2+}, Cr^{3+} \Rightarrow Fe(OH)_2, Cr(OH)_3$

Tabelle 22: Vergleich thermisch abtragender Bohrverfahren (Laser, EB, EDM)

	Elektronenstrahlbohren (EBD)	Laserstrahlbohren (LBD)	Funkenerosion (EDM)
Bohrwerkzeug	–	–	Elektroden aus: Kupfer, Messing, Graphit, Wolfram
Bohrungsdurchmesser [mm] im Perkussionsverfahren	0,02 - 1	0,02 - 3	0,3 - 5
Größte relative Bohrtiefe L/D (Anhaltswert für D_{min})	20	20	20
Toleranzen bei 1 mm Ø	± 0,05	± 0,05	± 0,02
Bohrgeschwindigkeit	1 (s/Loch; $L/D = 1$; $D = 1$ mm)	1 (s/Loch; $L/D = 1$; $D = 1$ mm)	0,1 - 3 mm/min
Vorteile	hohe Bearbeitungsgeschwindigkeit bei höchsten Positioniergenauigkeiten; Arbeiten unter Vakuum	hohe Bearbeitungsgeschwindigkeiten; Arbeit ohne Vakuum; auch Nichtmetalle bohrbar	Universell einsetzbar, auch für unrunde Bohrungen
Verwendung	Brennkammerbelochungen mit einigen 10^3 Löchern	Kühlbohrungen in Turbinenleit- und -laufschaufeln	Turbinenschaufelbohrungen jeder Art, Schlitze
Nachteile	Wiedererstarrte Randschicht; Risse, hohe Anlagenkosten	Wiedererstarrte Randschicht; Risse, mittlere Anlagenkosten	Wiedererstarrte Randschicht; Risse; nur elektr. leitende Stoffe bohrbar, niedrige Anlagenkosten

Tabelle 23: Vergleich der elektrochemischen Bohrverfahren

	STEM Shaped tube electrolytic machining	ECF Elektrochemisches Feinbohren	ESD Electro-Stream-Drilling	Elektrolyt-strahlbohren
Bohrwerkzeug (Elektrode)	außen mit Lack oder Keramik isoliertes Metallröhrchen aus Titan oder rostfreiem Stahl (Kathode)	Glaskapillare mit eingeführtem Gold- oder Platindraht (Kathode)	zu einer Glaskapillare ausgezogenes Glasrohr mit eingelegtem säurefestem Draht (Kathode)	säurefeste Düse
Spannung [V]	10 - 100	60 - 200	300 - 600	300 - 600
Vorschub [mm/min]	1 - 3,5	1 - 4	1 - 3,5	0
Elektrolytdruck [bar]	3 - 10	3 - 20	3 - 10	10 - 60
Elektrolyt	HNO_3, H_2SO_4 (bis 20 Gew.-%)	H_2SO_4, HNO_3, HCl (bis 20 Gew.-%)	H_2SO_4, HCl, HNO_3 (bis 20 Gew.-%)	HNO_3 H_2SO_4
Bohrungsdurchmesser [mm]	0,5 - 5,0	0,2 - 2	0,125 - 1,0	0,3 - 1
größte relative Bohrtiefe L/D	200	100	50	3
Toleranzen	± 0,05	± 0,03	± 0,03	± 0,05
Verwendungszweck	Herstellung von Radialbohrungen in Turbinenschaufeln	Herstellen von Kühlluftbohrungen in der Austrittskante von Turbinenleit- und -laufschaufeln	Herstellen von Kühlluftbohrungen in Ein- und Austrittskante von Turbinenleit- und -laufschaufeln	Verbindungsbohrungen in Schaufeln

Tabelle 24: Zusammenstellung von Almen-Intensitäten, Almenplättchen etc. für Stähle, Titan- und Nickellegierungen

Werkstoff	Bauteile	Intensität Almen (A)	Proben-art **	Rauhigkeit Ra 0,15 A	0,25 A	Wanddicke [mm]
Einsatzstahl 16MnCr5	Zahnräder	vor Brünieren 0,15 - 0,2	N			–
	Zahnradwellen	vor Verchromen 0,15 - 0,2	A			–
Stahl	Verdichterschaufeln-	0,2 - 0,25 gegen Reibkorrosion am Schaufelfuß	A			–
Einsatzstähle, auch aufgekohlt		0,3 - 0,4	A			< 6
		0,4 - 0,5	A			> 6
		0,2 - 0,3	A			< 3
Titanlegierungen Ti6Al4V	Verdichterschaufeln	0,1 - 0,14	N	1,5* bis 2	2,0* bis 3,4	–
Ti 6242	Nuten von Verdichterscheiben	0,1 - 0,2	A			1,5 - 3
Titanlegierungen	sonstige	0,20 bis 0,30	A			> 3
		0,15 bis 0,20	A			1,5 - 3
		Spezielle Anpassung erforderlich				< 1,5
Nickellegierungen gegossen, z.B. René 80	Turbinenschaufelfüße	0,2 - 0,25	A			sehr hoch
Nickellegierung Inco 718	Scheiben ECM-Flächen	0,15 - 0,2	A	1,9 bis 2,2*	2,7 bis 3,8*	"
	Scheiben Bohrungen	0,1 - 0,2	A			"
	Scheiben Nabe	0,15 - 0,23	A			"
	Scheiben Nuten	0,15 - 0,23	A			"

*bei 90°, 60°, 45° Strahlwinkel, Blechproben, Strahlmittel S110 +

+ S110 ≙ 0,3 mm 0,35 mm   Kugeldurchmesser oder Drahtdurchmesser bei Verwendung von Drahtkorn

** Blechproben Federstahl kaltgewalzt nach DIN 17100
Wärmebehandlung Anlassen 440°C 2 h
Härte 44-50 HRC vergütet
Probe A 76,2 x 19,05 x 1,295,
Probe N 76,2 x 19,05 x 0,762

Tabelle 25: NDPS-HGKS-Werkstoffe. Zusammenstellung von Schichtwerkstoffen, die für hohe Dichte und/oder Sauerstoff/Oxid-Armut mit NDPS gespritzt werden

Bezeichnung	Zweck	Zusammensetzung Gew.-%							
		Ni	Co	Cr	Al	Y	Ta, Mo	W	Andere
NiAl	Haftschicht	Bal.	–	–	5	–	–	–	–
NiCrAl	"	Bal.	–	17	5	–	–	–	–
S57 mod. (NiCoTaCrAlY)	Oxidations-schutzschicht	34,4	25	25	10	0,5	5,0 Ta	–	0,1 (Si)
PWA 270 (NiCoCrAlY)	"	Bal.	23,8	17,6	11,5	0,25	–	–	0,1
S57 (NiCoTaCrAlY)	"	9,15	Bal.	24	3,2	0,45	5,50 Ta	–	0,05
PWA 1345 (CoCrAlY)	"	–	Bal.	23	13	0,7	–	–	0,5
LCO-22 (NiCoCrAlY) Ucar	"	32,4	Bal.	21,2	7,85	0,5	–	–	–
LCO-17 90CoCrTaAlY 10 Al2O3	"	–	Bal.	26,3	7,3	0,3	10 Ta	–	Al2O3
NiCrMoSi	Verschleiß-schutzschicht	47	–	15	–	–	32 Mo	–	3 Si
CoCrMoSi	"	–	Bal.	8	–	–	28 Mo	–	3 Si
FeCrAlY	"	–	–	18	5	0,4	–	–	Fe Bal.
WC/Co (88/12)	"	–	12	–	–	–	–	W Bal.	5 C
75Cr3C2 25NiCr (80/20)	"	Bal.	–	5	–	–	–	–	75 Cr3C2
T-800	"	3	Bal.	17	–	–	28 Mo	–	3,5 Si

Weitere Schichtwerkstoffe finden sich in den Herstellerprospekten der Firmen Sulzer-Metco, H. C. Starck und Union Carbide (UCAR). Infrage kommen auch pulverisierte Grundlegierungen, z.B. IN 100, die in Form einer NDPS-Schicht wegen des dichten feinkörnigen Gefüges mehr Oxidationsschutz als die Guß-Grundlegierungen bieten (siehe Text).

Tabelle 26: Vergleich ausgewählter thermomechanischer Eigenschaften mit Bedeutung bei Turbinenschaufelbeschichtungen

	Festigkeit σ_b [N/mm²]	Wärme-leitung λ [W/mK]	Wärmedeh-nung $\alpha \cdot 10^{-6}$ [°K⁻¹]	$\frac{\alpha}{\lambda}$	Dichte ρ [g/cm]	R_1 $\frac{\sigma_b}{E \cdot \alpha}$ [°C]	Temperatur-Leitfähigkeit $\bar{\alpha}=\frac{\lambda}{\rho c}10^{-6}$ [m²/s]	Wärme-eindringfähigkeit $\sqrt{\lambda \rho c}\,10^3$ $\left[\frac{W\sqrt{s}}{m^2 K}\right]$
Al-Titanat, Al$_2$TiO$_5$	40	2,5	3	1,2	3,2	1200	1,1	2,4
Zirkonoxid, ZrO$_2$	300	2,5	10	4	5,7	150	1,1	2,4
Silizium-Nitrid, Si$_3$N$_4$	300	20	3	0,15	2,5	320	9,4	6,5
Siliziumkarbid, SiC	400	50–100	4,6	0,092–0,18	3	510	16,7–33,3	12,2–17,3
Aluminiumoxid, Al$_2$O$_3$	400	30	8	0,27	4	125	8,3	10,4
Aluminium	250	110	20	0,18	2,7	160	37	18
Titan 6 Al4V	950	6,7	8,4	1,25	4,43	1010	2,85	4
MAR-M-247 LC Guß	1080	10	11,2	1,12	8,54	460	2,82	6

Alle Angaben bei Raumtemperatur. Unter Betriebstemperatur sind erhebliche Änderungen der Zahlenwerte erforderlich.
R_1 ist ein Maß für das Verhältnis von mechanischer zu thermischer Dehnung.

Tabelle 27: Verschleißschutzschichten im Triebwerk

Aufbringungs-Verfahren	Typ	Dicke	Anwendung und Eigenschaften *
Galvanisch	Cr	0 - 1 mm	Umfangreiche Anwendungen bis max. 600 °C
	Ni/P	150 - 200 µm	Korrosions- und Verschleißschutz bis 500 °C
	Co/Cr2O3	0 - 3 mm	bis 700°C. VSS für erhöhte Temperatur. Dispersionsschutzschicht
Flammspritzen	Mo	0 - 1 mm	Wirksam durch Oxidbildung
	86Fe13Cr	0 - 1 mm	Auch Korrosionsschutz
Plasmaspritzen	WC/Co	0 - 1 mm	Standardschicht bis 550 °C
	Cu/Ni/In 58/36/5	0 - 1 mm	Duktile Schicht im Verdichter gegen Fretting < 400 °C
	Al2O3/TiO2	0 - 1 mm	Oxydationsbeständig voll keramisch
	Cr2O3	0 - 1 mm	Oxydationsbeständig voll keramisch
	62 Cu 38Ni	0 - 1 mm	Temperaturbereich bis < 400 °C
	Cr3C2/NiCr	0 - 1 mm	Temperaturbereich bis 800 °C
	Co/Mo/Cr 52/28/17	0 - 1 mm	Temperaturbereich bis 700 °C
	NiAl/Al2O3 70/30	0 - 1 mm	} Einsatz im Turbinenbereich
	Co/Cr/Ni/W 53/25/10/7	0 - 1 mm	
	Ni/Mo/Cr/Si 47/32/15/3	0 - 1 mm	
	Co/Mo/Cr/Si 61/28/8/3	0 - 1 mm	
D-Gun	diverse	0 - 1 mm	**
Sputtern	TiN	5 - 20 µm	Aufgrund der geringen Schichtdicke und der hohen Härte sind die Schichten attraktiv im Hinblick auf Fretting- und Erosionsschutz. Sie haben sich jedoch nicht durchsetzen können aufgrund der potentiellen Gefahr der LCF- und HCF-Festigkeitsreduzierung.
	TiCN	5 - 20 µm	
	TiC	5 - 20 µm	
	Cu	5 - 20 µm	Schaufelfußbeschichtung gegen Fretting

* Die Temperaturangaben sind nicht geeignet ohne die jeweils geforderte Lebensdauer der Schicht. Oxydationsgeschwindigkeit und Eigenschaftsveränderungen unter Einsatzbedingungen sind i.a. nicht bekannt.
** Weitere und genauere Angaben finden sich in den technischen Datenblättern der Pulverlieferanten Metco, Sulzer, H.C. Starck.

Tabelle 28: Einlaufbeschichtungen für ND-Verdichter

		Polymere					
	Metallfilze	Polyphenyl-sulfid PPS	PPS mit Füllstoffen, z.B. CaF2	Epoxyd-harze	AlSi mit Polyester 60/40	Silikonkautschuk mit/ohne Glas-hohlkugeln	AlSi mit Polyimid (60/40)	AlSi mit Graphit (45%)
max. Betriebs-temperatur °C *	je nach Draht-auswahl, Verdichter und Turbine	260 °C	260 °C	180 °C	330 °C	270 °C	350°C	400°C
Haftfestigkeit Minimum	Klebung oder Lötung	ca. 4 MPa	ca. 6 MPa	–	7 MPa	1,75 MPa (max. Zugspg.)	min. 6 MPa	min. 10 MPa
Härte HSR15Y	variabel	ca. 15	ca. 50	–	70	60 Shore A	60	70
Besonderheiten	Dichteunter-schiede, spezi-elle Bearbei-tung	poröse Schicht	poröse Schicht	großer Vorrich-tungs-auf-wand "Spach-teln"	poröse AlSi-Struktur. Polyester in der Schicht	Auslagerung nötig	dichte Schicht mit Polyimid	dichte Schicht
Aufbringung	Zweikompo-nenten-Kleber oder Lote auf Nickelbasis	Flamm-spritzen	Flamm-sprit-zen		Plasma-spritzen	Kleben oder mit-tels Vorrichtung auf Bauteil spritzen	Plasmasprit-zen	Plasma- oder Flammsprit-zen

* korreliert mit der Lebensdauer und der Einlaufbelastung

Tabelle 29: Einlaufbeschichtungen für Hochdruckverdichter

	Nickel-Graphit NiC 85/15	Aluminium-Bronze AlCu mit BN 93/7	NiCrAl mit Bentonit 69/4/4/23	NiCrFeAl BN 69/14/8/3/6	Nickel-Graphit NiC 75/25	Ni/Al 95/5	AlSi/Graphit 65/35
max. Einsatz-temperatur °C *	500	700	800	815	450	700	425
Aufbringung	Flamm-spritzen	Flamm-spritzen	Flamm- oder Plasma-spritzen	Flamm-spritzen	Flamm-spritzen	Flamm-spritzen	Flamm-spritzen
Haftfestigkeit Minimum	7 MPA	8 MPa	mind. 3 MPa	mind. 3 MPa	mind. 5 MPa	mind. 7 MPa	mind. 2 MPa
Härte HSR15Y	60	77HR15T	60	55	40	40	42
Besonderheiten	Eigenschaften variabel	Maßkorrek-turschicht	erosions-beständig		Eigenschaften variabel		

* korreliert mit der Lebensdauer und der Einlaufbelastung

Anhang

Tabelle 30: Mögliche Schaufelspitzenpanzerungen für Verdichterschaufeln

Keramik
- ZrO_2 stab. mit/ohne Haftschicht
- Al_2O_3 stab. mit/ohne Haftschicht   thermisch gespritzt durch
- Al_2O_3/TiO_2 mit/ohne Haftschicht   Plasmaspritzen oder
- Massivkeramik-Plättchen aufgelötet   D-Gun-Verfahren

Einzelne Hartstoffpartikel in einer Bindung
- CBN, SiC in einer galvanisch aufgebrachten Ni- oder Co-Matrix
- CBN, SiC in einer NDPS-Matrix auf Basis CoNiCrAlY
- CBN, SiC in einer Silikatbindung
- CBN aufgelötet

Stellite oder Hartstoffe mit und ohne Metallmatrix direkt aufgebracht
- Laserpulver-auftraggeschweißt
- Mikroplasma-auftraggeschweißt
- thermisch gespritzt

Tabelle 31: Einlaufbeschichtungen für den Turbinenbereich

	Honigwaben	Keramik-gefüllte Honigwaben	Keramik-Waben (Keramik-gefüllte Honigwaben mit Überhöhung)	ZrO2 stabilisiert	NiCrAlY/ CoCrAlY Familie	NiCrAlY/ CoCrAlY Familie
max. Einsatztemperatur °C *	wie für das Hastelloy-Blech	wie für das Hastelloy-Blech	wie für das Hastelloy-Blech	bis 2 000	bis 1 600	bis 1 600
Haftfestigkeit	Löten mit Nickel-Basis-Lot	Löten mit Nickel-Basis-Lot	Löten mit Nickel-Basis-Lot	min. 5 Mpa	min. 60 Mpa	bis 400 Mpa
Besonderheiten	Eigenschaften variabel mit Wabentiefe und -weite	Eigenschaften variabel	Eigenschaften variabel	Sinterfähig Phasenumwandlungen	variable Eigenschaften je nach relativer Konzentration und Spritzparametern	100 % porenfrei gespritzt/gesintert
Aufbringung	Löten	Löten/ Plasmaspritzen/ Schleifen	Löten/ Plasmaspritzen/ Schleifen	Plasmaspritzen	Plasmaspritzen	Niederdruck-Plasmaspritzen und Wärmebehandlung

* korreliert mit der Lebensdauer und der Belastung beim Einlaufen

Tabelle 32: Beispiele für Lacke für Verdichterschaufeln als Erosions-, Oxydations- und Korrosionsschutz

	Anwendung	Beständigkeit	Besonderes Kennzeichen
Polyurethanharze	Grundanstrich und Deckanstrich	Definiert nach DIN, MIL und Werksvorschriften	Ohne Zusätze nur als Abdeckung der Oberfläche
Expoxyd-Harze	Deck-Lacke	s.o.	s.o.
Sermetel W, FX (VPW 120)	Anorganische Schutzsysteme gegen saure und basische Reaktionen. Erosionsschutz bei Aushärtung	Aluminium-Pigmentierung in wasserlöslichen Phosphor-und/oder Chromsäuresalzen. Härtung durch Wärmebehandlung und Verfestigungsstrahlen. Versiegelung zur Glättung und Oberflächen-Dichte.	Phosphatgehalt zur besseren Haftung. Chromatgehalt (Cr^{6+} als Korrosionsschutz in sauren Medien durch Reduktion zu Cr^{3+}. Aluminiumgehalt zum kathodischen Schutz durch Leitfähigkeit, einstellbar durch Strahlen.
Ceracote 484			
Ceral 114			

Tabelle 33a: Gegenüberstellung wässriger/organischer Reiniger

Vorteile	
wäßrige Reiniger	**organische Reiniger**
- gezielte Reinigung entsprechend der Anforderung - Reinigung von Bauteilen mit anorganischem und organischem Schmutz - billigere Anlagen - flexible Anlagen (auf verschiedene Medien umrüstbar) - geringere Umweltbelastung	- geringer Zeitaufwand - immer reines Lösungsmittel zur Verfügung (bei Dampfentfettung) - Reinigung von Bauteilen mit komplizierter Geometrie (Kapillaren, Bohrungen) problemlos - rasche Verdunstung → kein Trocknen nötig - einfache Einkammersysteme - geschlossene Prozeßführung mit internem Recycling

Nachteile	
wäßrige Reiniger	**organische Reiniger**

- Korrosionsgefahr
- Angriff auf Bauteile durch agressive Medien möglich
- eigenes Trocknungsverfahren nötig
- Teile mit komplizierter Geometrie sind schwieriger zu reinigen und zu trocknen
- hoher Platzbedarf (Spülbäder)
- großer Zeitaufwand
- Automatisierung aufwendiger (bei mehreren Bädern)
- aufwendige Kreislaufführung
- teilweise aufwendige Badüberwachung
- teilweise aufwendige Abwasserbehandlung (mehrere Medien)
- teilweise Sondermüll
	- Anlagen sehr teuer (hohe Gesetzesauflagen)
	- geringe Wirksamkeit bei anorganischem Schmutz
	- Entsorgungskosten hoch und laufend im Steigen (Umweltauflagen)
	- Sondermüll
	- bei falscher Handhabung folgende Risiken:
	  □ gesundheitsschädlich (Hautkontakt, Einatmen, Rauchen)
	  □ Sicherheitsrisiko durch Feuer- und Explosionsgefahr (auch bei der Lagerung)
	  □ Grundwasserverunreinigung (durchdringt Beton)
	  □ Umweltbelastung (durch hohe Lebensdauer)

Anhang

Tabelle 33b: Organische Reiniger

CKWs	FCKWs	Sonstige	
Tetrachlorethen = Per	R 112	Kohlenwasserstoffe	Benzin
Trichlorethen = Tri	R 113		Petroleum
1,1,1 - Trichlorethan	R 11		Paraffin
Methylenchlorid			„Kaltreiniger"
		Aceton	
		Aromate	Benzol
			Toluol
			Xylol

Eigenschaften von CKWs/FCKWs

Stabilität:	FCKWs stabil		
	CKWs empfindlich gegen Feuchtigkeit, Hitze, Oxidation		
	→ Zusatz von Stabilisatoren nötig		
Siedepunkt:	Per	121 °C	
	Tri	87 °C	
	1,1,1	74 °C	
	FCKWs	niedriger als bei CKWs	
Lebensdauer:	Methylenchlorid	0,3 – 2,5 Jahre	
	1,1,1	6 – 8 Jahre	
	F12	110 Jahre	
	→ 1 FCKW-Molekül kann ca. 200.000 Ozonmoleküle zerstören		

Tabelle 33c: Reinigungsmedien wäßrige Reiniger

	stark sauer	schwach sauer	neutral	schwach alkalisch	alkalisch
	pH 1 - 3	pH 3 - 6	pH 7 - 9	pH 8 - 11	pH 11 - 14
RT (Raumtemperatur)	RT	RT	RT → 70 °C	> 40 °C	> 40 °C
	Säure	saure Salze	Tenside	Builder	Builder
	Tenside	Tenside	Inhibitoren	Komplexbildner	Komplexbildner
	Inhibitoren			Tenside	Tenside
Dekapieren		Reinigen alkaliempfindlicher	schwache Verschmutzung, empfindliche Oberflächen,	Leichtmetalle, Cu, schwache Verschmutzung,	starke Verschmutzung, hohe Reinheit
Beizen		Bauteile	Kunststoffe	hohe Reinheit	
Entfetten					
inhibierte Salzsäure	Glykolsäure	Turco Sprayeze	K3	Solvopol	

Tabelle 33d: Inhaltsstoffe wäßriger Reiniger

Builder	- Alkalihydroxide	→ Entfettungswirkung: elektrische Leitfähigkeit
		→ pH 13 – 14
		→ Angriff auf Buntmetalle
	- Silikate	→ gute Emulgierwirkung, hohe Standzeit
	- Phosphate	→ dispergierende und komplexierende Wirkung (Rostentfernung, Wasserenthärtung)
		→ Angriff auf Buntmetalle
	- Carbonate, Borate	→ pH-stabilisierend bei mild alkalischen Produkten
		→ bevorzugt für Al-, Zn-Werkstoffe
Tenside	- kationisch	→ Entschäumer
		→ Demulgatoren (d. h. Emulsionen können gespalten werden)
		→ selten eingesetzt, da Reinigungswirkung relativ gering
	- anionisch	→ starke Schaumbildung
	(Seife, Sulfamate)	→ gute dispergierende Wirkung
		→ Verwendung bei Tauchentfettung
	- nichtionisch	→ geringe Entfettungswirkung
		→ Löslichkeit nimmt mit steigender Temperatur ab
		→ geringere Schaumbildung
		→ gebräuchlichste Tensidklasse
	- häufig Tensidkombinationen, aber nicht kationisch + anionisch → Wirkung wird neutralisiert	
Komplex-bildner	- Polyphosphate	
	- Alkanolamine	
	- Gluconate	
	- Polycarbonsäuren	
Inhibitoren	- anorganische Inhibitoren (Phosphate, Borate, Silikate)	
	- organische Inhibitoren	
	→ Vermeidung von Korrosion	

Tabelle 33e: Verschmutzungsarten

Anorganischer Schmutz	Herkunft
grobe Späne, metallischer Abrieb	mechanische Bearbeitung (Fräsen, Schleifen etc.)
feiner Schleifstaub, Abrasivstoffe	mechanische Bearbeitung (Sutton Finish, Gleitschleifen)
Graphit	Schmiermittel (Gleitlacke)
Ruß	Verbrennung, gelaufene Teile
Oxide, Zunder, Sulfide, Rost	Warmbehandlung, gelaufene Teile, Korrosion
Flammspritzpartikel, Plasmaspritzpartikel	Beschichten
feine Eisenspäne	magnetische Rißprüfung
Entwicklerpulver	Eindringstoffrißprüfung
Handschweiß	Handhabung

Organischer Schmutz	Herkunft
Fette, Öle	Schmiermittel, Konservierung, mechanische Bearbeitung (Läppen, Honen, Drehen, Schleifen)
Wachsreste	Galvanik, Laserbohren
Läppaste (Fette, Silicon)	Druckfließläppen
Bürstpaste (Fette)	Bürsten
Kunststoffabrieb	Bürsten
Kleberreste	Klebebänder
Rißprüföl	magnetische Rißprüfung
Ölkohle	Verbrennungsrückstände, Zersetzung von Kraftstoff
Handschweiß (Milchsäure)	Handhabung

Tabelle 33f: Konstruktionsbedingte Reinigungsprobleme

- schöpfende Bauteile	→ Verschleppung des Reinigungsmittels Umweltbelastung (Tri)
	→ Reinigungsmittelrückstände Bauteilschädigung
- Sacklöcher, Innenkanäle	→ Reinigungsmittelrückstände Bauteilbeschädigung
	→ ungenügende Reinigung
- rauhe Oberflächen	→ Schmutzrückstände

Werkstoffbedingte Reinigungsprobleme

- Eisenwerkstoffe: bei wäßrigen Reinigern Korrosionsgefahr

- Werkstoffe aus Aluminium (Al), Zink (Zn), Magnesium (Mg), Blei (Pb), Zinn (Sn), Kupfer (Cu), Messing (Cu/Zn), Al-haltige Schichten oder Lacke: Werkstoffangriff durch alkalische Reiniger

- Ti-Bauteile: Spannungsrißkorrosion bei Cl-haltigen Medien möglich
   → keine Reinigung in Per
   → Cl$^-$-Gehalt der Reinigungsbäder und Spülbäder limitiert

- Kunststoffe, organische Lacke: Schädigung durch organische Lösungsmittel möglich

- Kombination mehrerer Werkstoffe bzw. Schichten an 1 Bauteil: einige Reinigungsmedien können nicht mehr verwendet werden

Tabelle 33g: Ablauf zur Freigabe von Reinigungsmitteln

Voraussetzung:
- kein geeignetes Mittel im Betrieb vorhanden
- bereits positive Erfahrungen über das neue Mittel vorhanden (andere Firmen etc.)

1 Prüfung auf Umweltverträglichkeit und gesetzliche Zulässigkeit (Werksarzt, Labor)
↓ positiv
2 Prüfung auf Werkstoffverträglichkeit an allen in Frage kommenden Werkstoffen (Labor)
↓ positiv
3 Prüfung auf Reinigungswirkung an Proben (Labor)
↓ positiv
4 Erstellung von Vornormen (Labor)
↓
5 Fertigungserprobung (Labor + betroffene Fertigungsabteilung) und gemeinsamer Entscheid
↓ positiv
6 Erstellung der endgültigen Werksnormen (ggf. Änderung bestehender Normen (Labor)
↓
7 Dokumentation der Ergebnisse (Labor)
↓
8 Qualifikation durch Partnerfirmen
↓
9 Eventuell durch Forderungen der Partner bedingte zusätzliche Untersuchungen
↓ positiv
10 Dokumentation der gesamten Ergebnisse an Partner (Labor)
↓
11 Freigabe

Tabelle 34: Nickelbasislote - Zusammenstellung

Zusammensetzung	Temperaturen		Empfohlener Lötbereich [°C]	Spezifikations-Bezeichnungen					
	Solidus	Liquidus		Fa. AMDRY	AWS	AMS	General Electric	Fa. Wall Colmonoy	Fa. Wesgo
Ni - 19 Cr - 10 Si	1080	1135	1149 - 1204	100	BNi - 5	4782	B50TF81 B14Y3	30	Cronisi
Ni - 15 Cr - 8 Si	1080	1135	1163 - 1191						
Ni - 17 Cr - 9.2 Si - 0.1 B	1080	1135	1163 - 1204	103			B50TF143 B14Y6		
Ni - 19 Cr - 9.5 Si - 9.5 Mn	1065	1095	1093 - 1149	300			B50TF142	35	
Co - 0.4 C - 19 Cr - 8Si - 4W - 17 Ni - 0,8 B	1107	1149	1149 - 1232	400	BCo - 1	4783	B50TF99 B50T50		CoCrownibsi
Ni - 14 Cr - 3.3 B - 4.5 Si - 4 Fe	977	1077	1077 - 1204	760	BNi -1a	4776	B50TF56	210	Cronibsi-16
Ni - 11 P	877	877	927 - 1093	766	BNi - 6			L.C.	
Ni - 14 Cr - 10 P	888	888	927 - 1093	767	BNi - 7			10	
Ni - 7 Cr - 3.2 B - 4.5 Si - 3 Fe	971	1000	1010 - 1177	770	BNi - 2	4777	B50TF204	50	Cronibsi-7
Ni - 15 Cr - 3.5 B	1021	1052	1066 - 1204	775			B50TF207	L.M.	
Ni - 3.2 B - 4.5 Si	982	1038	1010 - 1177	780	BNi - 3	4778	B50TF24	150	Nibsi-4
Ni - 2 B - 3.5 Si	982	1066	1065 - 1177	790	BNi - 4	4779	B50TF205	130	Nibsi
Ni - 22.5 Mn - 7 Si - 5 Cu	982	1010	1010 - 1093	930	BNi - 8		B50TF26 B50TF206	135	
Co - 21 Cr - 10 Ni - 5 Ta - 3 B - 3 Si - 2.5 Al	1046	1128	1149 - 1218	S57B			B50TF94		
Ni - 13.5 Cr - 9.5 Cr - 4 Al - 2.5 B	1055	1120	1177 - 1232	BRB					
Co - 25 Cr - 10.5 Ni - 7.5 W - 1.0 Si				X40			Activated Diffusion Brazing (ADB)		
NiCo - 14 Cr - 6 Al - 4.5 Mo				IN713			Nickel/Cobalt Super Legierungen (für Lötreparaturen)		
Ni - 14 Cr - 9.5 Co - 5 Ti - 4 Mo - 3 Al				R80					

Tabelle 35: EB-Schweißparameter - 2 Beispiele

Material-dicke	Arbeits-abstand	Naht-breite		Spannung	Strom	Vor-schub	Ein-, Auslauf	Schweiß-überlappung
7,6 mm mit Zentrier-lippe	250 mm	Am Eintritt 1,7 mm	Heften	135 kV	4 mA	14 mm/s	1,4°	0°
		mit Schmelz-bad-unter-stützung	Schweißen		11,4 mA		1,9°	25°
							14°	
							19°	
3,8 mm ohne Zentrier-lippe	272 mm	Am Eintritt 2,5 mm	Heften	110 kV	6 mA	66 mm/s	11°	0°
		mit Wurzel-durch-hang	Schweißen		54 mA		22°	30°

Inconel 718 ausgehärtet
Rotor-Schweißung

Titan 6Al4V α/β - Legierung
Rotor-Schweißung

Tabelle 36: Fehlerdetektierbarkeit [7] der ZfP-Verfahren im Vergleich im Hinblick auf die sichere Fehlererkennung für bruchmechanische Konzepte

		ZfP-Verfahren						
		Ultraschall-Prüfung, Standard [3]	Ultraschall-Prüfung, hochauflösend [4]	Wirbelstrom, Standard [3]	Wirbelstrom, hochauflösend [4]	Eindring-stoff-prüfung [3]	Röntgen-prüfung, Standard	Röntgenprüfung hochauflösend mit Bildverarbeitung
ideale Bedingungen [1]	sicher	1,0 Ø	0,5 Ø	[5]	0,5 tief [6]	[5]	[5]	0,5
	technisch möglich	0,3 Ø	0,05 Ø	0,5 tief [6]	0,2 tief [6]	0,1 lang	2 mm	0,1
schlechte Prüfbarkeit [2]	sicher	3,0 Ø	1,5 Ø	[5]	3 [6]	[5]	[5]	Angabe z.Z. nicht möglich
	technisch möglich	1,0 Ø	0,2 Ø	1,0 tief	1 [6]	2 lang	5 mm	Angabe z.Z. nicht möglich

1) normales Absorptionsverhalten des Werkstoffes, glatte, geometrisch einfache Oberflächen
2) schwer zugänglich, inhomogenes Gefüge, ungünstige Geometrie
3) z.Z. durchgeführt an Serienteilen
4) computermanipuliert, computergestützte Prüfung
5) der sichere Nachweis ist eingeschränkt
6) bei der WS-Technik wird von einem Riß mit 2 a Länge an der Oberfläche und der Tiefe a ausgegangen
7) Erkennbarkeit einer Pore oder einer physikalisch ähnlichen Inhomogenität

Literaturverzeichnis

3 Hrsg. DIN Normenstelle Luftfahrt
Werkstoff-Handbuch der Deutschen Luftfahrt, Beuth Verlag GmbH, Berlin/Köln

Kear, B.H.; Thompson, E.R. (23 May 1980)
Aircraft gas turbine materials and processes, Science, VOL. 208

Gresham, H.E. (Nov. 1969)
Materials aspects of advanced jet engines, Institute of metals, eight metallurgical engineering lecture, Rolls-Royce Ltd.

Materials Properties Rolls-Royce Materials-Properties Handbook, RR, Derby

Materials Specifications General Electric Aircraft Engines, GE, Cincinnati, OH 45215, GE, Lynn, Massachusetts 0191

Pratt & Whitney Materials specifications, PWA/PWC East Hartford, Conn./Montreal

Werkstoffdatenhandbuch, Motoren- und Turbinen-Union (MTU) München, 80976 München, Dachauer Str. 665

Specifications materiaux Societé nationale des moteurs aviations (SNECMA), Paris-Corbeil

Metals Handbook, ASM International 10th edition (1990)

Bachelet et al., E.; Lindblom et al., Y. (1990, 9/1990)
High Temperature Materials for Power Engineering, Part I, Part II, Proc. of a Conf. Liége, Belgium

Hansen, W.; Eßlinger, P. (1978)
Werkstofftechnische Probleme bei Gasturbinentriebwerken, MTU München, Werkstofftechnische Verlagsgesellschaft mbH, Karlsruhe

Schaufeln und Scheiben in Gasturbinen-Werkstoff- und Bauteilverhalten (1997)
Abschlußbericht zum DFG SFB 339, Projektbereiche A = Werkstoffentwicklung und B = Werkstoffverhalten, TU-Berlin

Cahn, R.W.; Haasen, P.; Kramer, E.J.; et al (Hrsg.) (1990 - 1996)
Materials Science and Technology, a Comprehensive Treatment, Vol. 1–17, VCH, Weinheim

3.1 Böhm (1968)
Einführung in die Metallkunde, B. I Hochschultaschenbücher, Band 196

(11/1994) Handbook (Military MIL-Handbook), Vol 1 – 2, Metallic Materials and Elements for aerospace vehicle structures, document engineering comp., calif. 91 405, 1-800 MIL SPEC

3.1.2 Peters, M.; Leyens, C.; Kumpfert, J. (1996)
Titan und Titanlegierungen, DGM-Inform.Gesellschaft, Oberursel

Honorat, Y. (1996)
Issues and breakthrough in the manufacture of turboengine titanium parts, Mat. Science and Engineering A 313, 115-123

Conferences on Titanium and Titanium-Alloys
1968 London
1972 Cambridge USA
1976 Moskau
1980 Kyoto
1984 München
1988 Cannes
1992 San Diego
1995 Birmingham

Titanium and Titanium-alloys Source book, ASM Metals Park, OHIO 44073

Collins, E.W.
The physical metallurgy of titanium alloys, ASM Metals Park, OHIO 44073

Zwicker, U. (1974)
Titan- und Titanlegierungen, Springer-Verlag Berlin – Heidelberg – New York

Froes, F.H.; Bomberger, H.B. (1985)
The Beta Titanium Alloys, Physical Metallurgy, Melting Processing, Heat Treatment, Microstructural Development, Mechanical Properties, Application, Journal of Metals, S. 28 – 38

Homette-Charue, M.O.; Uginet, J.F. (1990)
Beta metastable titanium alloy forgings for the aerospace industry, Potential alloys for aerospace applications, World Aerospace Technology '90, S. 63 –65

3.1.3   Sims, C.T.; Hagel, W.C. (1972)
The superalloys, John Wiley & Sons

Sims, C.T.; Stoloff, N.S.; Hagel, W.C (1987)
Superalloys II High Temperature Materials for Aerospace and Industrial Power – Wiley Interscience Pub., John Wiley & Sons, New York, NY

Superalloys (1968, 1972, 1976, 1980, 1984, 1988, 1992)
Conf. Proceedings, Editor AIME and Metallurgical Society, ASM Metals Park, OHIO, 420 Commonwealth Drive, Warrendale, Pa

Brunetaud, R.; Coutsouradis, D.; Gibbons, T.B.; Lindblom, Y.;
Meadowcroft, D.B.; Stickler, R (4-6 October 1982)
High temperature alloys for gas turbines, Proceedings of a Conference held in Liège, Belgium

Adam, P. (1988)
Werkstoffe hoher Warmfestigkeit – Konsequenzen für Schmieden, Weiterverarbeitung und Qualitätssicherung, 4. Aachener Stahlkolloquium, Umformtechnik, Verlag Stahl und Eisen, S. 2.2-1 – 2.2-16

Schubert, F. (1987)
Mechanische Eigenschaften von Superlegierungen und ihren Verbunden, VDI-Tagung über metallische und nichtmetallische Werkstoffe und ihre Verarbeitungsverfahren im Vergleich, Köln, 24.11. – 25.11.1987, S. 85-136

Feller et al., H.G. (1990)
Kolloquium Schaufeln und Scheiben in Gasturbinen – Werkstoff- und Bauteilverhalten, Tagungsbericht, TU, Berlin, S. 1-218

Schultz, J.W.; Hulsizer, W.R. (August 1976)
Corrosion-Resistant Nickel-Base Alloys for Gas Turbines, Metals Engineering Quartely

(13. April 1982)
Superlegierungen für Flugzeugturbinen, Technische Rundschau Nr. 15

High temperature materials for power engineering (1990)
(COST-501 und 505), Conf. Proc. Liège part I + II, Kluwer Academic Publishers

3.2.1 Larsson, L.O.K.; Warren, R. (August 12, 1979)
Fiber Reinforced Metals in Turbine Blades, ASME publication Paper No. 79 GT/Isr-1

Editors Liu et al. (1996)
Design fundamentals of high temperature composites, intermetallics and metal-ceramic systems, Proc. of the TMS Annual Meeting Anaheim, Cal

Ferry, M. (1993)
Organic Matrix Composites Development – Impact on Design of Current and Future Aircraft Engines, European Propulsion Forum, Bath, UK, Snecma, France, paper 17

Frischbier, J.; Sikorski, S. (1993)
Bird Strike and Fatigue Life Investigations of a Composite Fan Blade, European Propulsion Forum, Bath, UK, paper 18

Tape, R.F; Parker, R. (1993)
Advanced Composite Material Applications in Gas Turbines, 1993 European Propulsion Forum 16. – 18. June 1993, Bath, UK, paper 10, RR Atlanta, RR Derby

Werkstoff-Hersteller siehe Guide to materials engineering data and information ASM Intern, Metals Park, Ohio 44073

High Temperature Alloys for gas turbines (1978)
Applied Science Publishers Ltd., Ripple Road, Essex, UK, London

Alexander, J.A.; Parks, E.G.; Melnyk, P.
Metal Matrix Composite Fabrication Procedures for Gas Turbine Engine Blades, ASN, 345 East 47th Street, New York, N.A. 10017

3.2.2 Bunk, W.G.J.; Kayser, W.A. (1993)
Ceramic materials for Jet Engine Component Applications, European Propulsion Forum, Bath, UK, paper 21, DLR, Germany

Gautronneau; Boury, G. (1993)
Methodology of Introduction of Ceramic Matrix Composite Materials in Turbojet Engines, European Propulsion Forum, 16. – 18. June 1993, Bath, UK, paper 20, SEP, France

Hochwarmfeste Werkstoffe und Strukturkeramik (Januar 1987)
HWS-Materialforschungsprogramm, Jahresbericht 1986, Kernforschungsanlage Jülich GmbH, Interner Bericht KFA-HWS-IB-001/87 und KFA-IRW-IB-001/87

Hrsg. Petzow, G. (1996)
Hochleistungskeramiken - Herstellung, Aufbau, Eigenschaften, Beiträge zum Abschlußkolloquium im Schwerpunktprogramm „Keramische Hochleistungswerkstoffe" der Deutschen Forschungsgemeinschaft, Reihe DFG Forschungsberichte, 691 S., 17./18. Feb. 94, Stuttgart, Weinheim: VCH Verlagsgesellschaft

4 Meetham, G.W. (1981)
The development of gas turbine materials AS, Applied Science Publishers

Hornbogen, E. (1977)
Gefüge und Festigkeit von Metallen, Festvortrag, Z.f.Metallkunde Bd. 68, 7, S. 455 – 469

Haasen, P. (1974)
Physikalische Metallkunde, Springer-Verlag)

(1988 – 1996)
Forschungsberichte zum Sonderforschungsbereich 339 Schaufeln und Scheiben in Gasturbinen-Werkstoff- und -Bauteilverhalten, TU, Berlin

DVM-Tagung „Bauteil" (1983, 85, 86, 87, 88, 89, 90 ff.)
Deutscher Verband für Materialforschung und -prüfung e.V., Unter den Eichen 87, Berlin

Hansen, W.; Esslinger, P. (1978)
Werkstofftechnische Probleme bei Gasturbinentriebwerken, MTU München, Werkstofftechnische Verlagsgesellschaft m.b.H., Karlsruhe

Bergmann, W. (1984)
Werkstoff-Technik, Carl Hanser-Verlag, München

Macherauch, E. (1987)
Werkstoffverhalten und Bauteilbemessung, DGM-Fachkonferenz, 1986, Karlsruhe, 328 S., DGM-Verlag

4.1 Hrsg. Macherauch, E.; Schreieck, R.; König, G. (1987)
Werkstoffverhalten und Bauteilbemessung, DGM-Verlag, Versagenssichere Bemessung von Bauteilen im Triebwerkbau, S. 135, Oberursel

Maurer, K.L.; Fischmeister, H. (1977)
Gefüge und Bruch, Berichte über Fortschritte zur Werkstoffprüfung, Druck Gebr. Bornträger, Berlin-Stuttgart

Schütz, W. (1971)
Werkstoffoptimierung für schwingbeanspruchte Bauteile, Zeitschrift für Werkstofftechnik/Journal of Materials Technology, 2. Jahrgang, Heft 4, S. 189 – 197

Knott, J.F. (1973)
Fundamentals of Fracture Mechanics, Butterworths, London

Bruchmechanische Bewertung von Fehlern in Schweißverbindungen, DVS-Merkblätter, Fachbuchreihe Schweißtechnik

McMahon, C.J. (1974)
On the mechanism of premature in-service failure of nickel-base superalloy gas turbine blades, Materials Science and Engineering, 13, 295 – 297, University of Pennsylvania, Philadelphia

Hartnagel, W.; Hildebrandt, U.; Schneider, R.; Klot, v. (1983)
Determination of Residual Life of Turbine Components, COST 501 – D 29, Progress Report 01.02.83 – 31.12.83, Brown, Voberi & Cie AG, Mannheim

Hoffelner, W.; Speidel, M.O. (1979)
Resistance to crack growth under the conditions of fatigue, creep and corrosion, Interim Report Nr. 2, July 1978 – August 1979, Brown Boveri Research Center

Maurer, K.L.; Matzer, F.E. (1982)
Fracture and the role of microstructure, The Proceedings of the 4th European Conference on Fracture held in Leoben, Austria, September 22 – 24, EMAS, West Midlands

Scarlin, R.B.; Speidel, M.O. (July 1976)
Fatigue Crack Growth in Nickel Base Alloys, COST 50 DH 3/3, Brown Boveri Research Centre, CH-5401 Baden, Switzerland

Joas, H. (1976)
Grundlagen der Bruchmechanik, Die experimentelle Anwendung beim TÜV Bayern, Verlag Technischer Überwachungsverein Bayern e.V.

Application of Fracture Mechanics to Design
Sagamore Army Materials, Res. Conf. Proc. 22

Weiß, V.; Bakker W.T. (1986)
Proceedings: Conference on Life Prediction for High-Temperature Gas Turbine Materials, S. 1 – 300, Syracuse, NY, USA

AGARD (1988)
SMP Review Damage Tolerance for Engine Structures I. Non-Destructive Testing 66th Meeting of the Structures and Materials Panel of AGARD, AGARD-Report 768, S. 1 – 126, Luxembourg

4.3 Habig, K.H. (1979)
Tribologisches Verhalten von Ingenieur-Keramik, Ingenieur-Werkstoffe 1, 11/12, Seite 78 – 83

Hansen; Bunk; Geyer (1981, 1982)
Tribologie, Bände 1 – 4, Springer Verlag, Hrsg. Projekt-Trägerschaft Metallurgie etc.des BMFT bei der DFVLR, Köln

Heinz, R.; Heinke, G. (1981)
Die Vorgänge beim Schwingungsverschleiß in Abhängigkeit von Beanspruchung und Werkstoff, Tribologie Band 1, S. 329 – 408, Hrsg. BMFT Projektträger DFVLR, Druck Springer-Verlag, Köln

Schäfer, R. (Jan. 1986)
Reibkorrosion an Turbinenschaufeln – Schwingfestigkeit von Titan unter Reibbeanspruchung, IABG-Bericht TF 1050, BMFT-Förderkennzeichen 01ZT 0513, siehe auch BMFT-Fachbuchreihe „Tribologie"

Grewe (1992)
Reibung und Verschleiß, 398 S., DGM-Verlag, Oberursel

Gahr, K.H., zum (1983)
Reibung und Verschleiß, Mechanismen, Prüftechnik, Werkstoffeigenschaften, DGM-Verlag, Oberursel

Gahr, K.H., zum (1986)
Reibung und Verschleiß bei metallischen und nichtmetallischen Werkstoffen, DGM Inf. Ges., Oberursel

Hoeppner, D.W.; Gates, F.L. (1981)
Fretting Fatigue Considerations in Engineering Design, 155 – 164, Elsevier Sequooia S.A., Lausanne

Adam, P.; Broszeit, E.; Kloos, K.H. (1981)
Schwingungsverschleiß im Triebwerkbau, Tribologie Band 1, S. 409 – 442, Hrsg. BMFT Projektträger DFVLR, Druck Springer-Verlag, Köln

Julius, A. (1972)
Zum Mechanismus des Reibdauerbruchs, FB Maschinenbau, Dissertation TH, Darmstadt

Kreitner, L. (1976)
Die Auswirkung von Reibkorrosion und von Reibdauerbeanspruchung auf die Dauerhaltbarkeit zusammengesetzter Maschinenteile, FB Maschinenbau, Dissertation TH, Darmstadt

Status-Seminare BMFT Luftfahrtforschung und Luftfahrt-Technologie (1983), 3. Seminar

AGARD Conference Proc. Nr. 161 (1974)
Specialists Meeting on Fretting in Aircraft Systems, Printed by Techn. Edit. and Reproduction Ltd., London

Waterhouse, R.B.; Lindley, T.C.; Hrsg. (1994)
Fretting Fatigue, 542 S., Mech. Engineering Publications Ltd., Suffolk, UK, MEP

4.4 Nitzsche, K. (1968)
Werkstoffprüfung von Metallen (Band 1: Mechanische Prüfverfahren) 2. Verb. Aufl., VEB Dt. Verlag für Grundstoffind., Leipzig

Blumenauer, H. (1984)
Werkstoffprüfung, 3. Auflage, Deutscher Verlag für Grundstoffindustrie, Leipzig

American Society for Metals (1985)
Metals Handbook – Ninth Edition Vol. 8: Mechanical Testing, Band 8, S. 1 – 778, American Society for Metals, OH, USA

8 Risk and failure analysis for improved performance and reliability
Sagamore Army Materials, Res. Conf. Proc. 24

MTU-Report
2 x jährlich, 1992 – heute

MTU-Focus
2 x jährlich, 1989 – 1994

Tools, Informationen der Aachener Produktionstechniker
WZL-Aachen, IPT, Aachen

Informationsdienst VDI
Neue Fertigungsverfahren, Ostbahnstr. 13, Frankfurt/Main D 60314

Sims, C.T.; Stoloff, N.S.; Hagel, W.C. (1987)
Superalloys II High-Temperature Materials for Aerospace and Industrial Power, S. 1-615, Wiley-Interscience Pub., John Wiley & Sons, New York, NY, USA

Bradley, E.F. (1988)
Superalloys A Technical Guide, S. 1 – 280, American Society for Metals, Metals Park, OH, USA

Schaufeln und Scheiben in Gasturbinen-Werkstoff- und Bauteilverhalten (1997)
Abschlußbericht zum DFG SFB 339, Projektbereiche C = Bauteilverhalten und D = Fertigungstechnik und Qualitätssicherung, TU-Berlin

Ruthhardt, R. (1996)
Fertigungsoptimierung, 244 S., DGM-Verlag, Frankfurt

9 World Conferences on investment casting
4. Amsterdam 1976
5. Florenz 1980
6. Washington DC 1984
7. München 1988

Hildebrandt, U.W.; Schneider, K. (August 1986)
Determination of Residual Life of Turbine Components, COST 501 – D 29, Progress Report 01.01.85 – 31.12.85, BBC, Zentrales Labor für Werkstofftechnik, Mannheim

Sahm (1988)
Erstarrung metallischer Schmelzen, 270 Seiten, DGM-Verlag, Oberursel

Handbuch der Fertigungstechnik (1981)
Band 1, Urformen, Carl Hanser Verlag

McLean, M. (1983)
Directionally solidified materials for high temperature service, The metals society, London

Donner, A. (1989)
Feinguß für die Luft- und Raumfahrt mit Entwicklung anwendungstechnisch optimierter Erstarrungsgefüge, Konstruieren und Gießen 14, 3, S. 23 –30

Pratt, D.C. (1986)
Industrial Casting of superalloys, Materials Science and Technology, Vol. 2, S. 426 – 435

Higginbotham, G.J.S. (1986)
From research to cost-effective directional solidification and single-crystal production – an integrated approach, Materials Science and Technology Vol. 2, S. 442 – 457

Chandraseckariah, H.S.; Rao, L.V.; Thomas, V.K. (1992)
Approaches to Wax Pattern in the Precision Casting of Superalloy Components for Gas Turbine, Indian Foundry Journal, 38; 4, S. 53 – 59

Schwedt, S.J.; Gulley, L.R. (1983)
Large Thin Walled Titanium Castings, S. 1318 – 1328, 28th National SAMPE Conf. on Materials and Processes Continuing, Innovations,
Anaheim, CA, USA

Prasse, K.H. (1989)
Gegossene Bauteile für Flugantriebe – Stand und Tendenzen der Entwicklung, S. 04.1-19, Wehrtechnisches Symposium Luftfahrttechnik XI, 19881128 – 19881130, Mannheim

European Investment Casters Federation (1990)
alle Europ. Invest. Cast. Proc., u. a., 21st European Conference on Investment Casting, S. 1 - 300, 19900627 – 19900630, Lugano, CH

Molloy, W. (1990)
Aerospace Investment Castings – The Present and the Future, Metallurgia 9/90, S. 474 – 475

Rieksmeier, H. (1980)
Wachsausschmelzverfahren und seine wirtschaftliche Anwendung, WT Werkstatttechnik, 70, 5

Sims, C.T.; Stoloff, N.S.; Hagel, W.C. (1987)
Superalloys II High-Temperature Materials for Aerospace and Industrial Power, S. 1-615, Wiley-Interscience Pub., John
Wiley & Sons, New York, NY, USA

Bradley, E.F. (1988)
Superalloys A Technical Guide, S. 1 – 280, American Society for Metals, Metals Park, OH, USA

9.1 Stephan, H.
Elektronenstrahlschmelz- und Gießverfahren zur Herstellung von Halbzeug aus reaktiven Metallen, Mitteilung der Leybold-Heraeus GmbH & Co. KG, Hanau

Im, H.J.; Banerji, A. (1995)
Einfluß der Gieß- und Erstarrungsparameter auf die Gefügeausbildung der Nickelbasis-Superlegierung IN 738 LC, Metall, S. 569 – 572

9.2 Paul, U.; Sahm, P.R.; Donner, A.; Goldschmidt, D.; Portella, A.D. (1992)
Turbinenschaufeln aus Einkristallwerkstoffen, S. 1 – 20, BAM, Berlin, MTU München, Thyssen Guß, Bochum, RWTH, Aachen

Duhl, D.N. (1989)
Single Crystal Superalloys, S. 149 – 182, Superalloys, Supercomposites and Superceramics, Pratt & Whitney, East Hartford, CT, USA

Northwood, J.E.; Winstone, M.R.; Greenbank, J.C. (1982)
Development of the CM SX* Series of Single Crystal Alloys for advanced Technology Turbine Components, 27. October 1982, Vortrag TMS-AIME Fall Meeting, St. Louis, Missouri

Ashley, S. (1992)
Rapid Mold-Making For Investment Casting, Mechanical Engineering, 114, 11, S. 49 - 51

Carlier, J.; Bridges, P.J.; Settas S.A.; Jumet, B. (1989)
Advances in the Technology of Titanium Castings, AGARD-R-762, 19881003-19881007, 67th AGARD Meeting of the Structures and Materials Panel on Castings, Airworthiness, Mierlo, NL

Donner, A. (1988)
Feingegossene Turbinenschaufeln, Stand der Werkstoffe und Verfahrens-Entwicklung, Magazin Neue Werkstoffe, 4, S. 9 - 18

Investment Casting Inst. (1988)
Seventh World Conference on Investment Casting Proceedings, S. 1 - 500, 19880629-19880702, 7th World Conf. on Investment Casting, München

Harris, K.; Erickson, G.L.; Schwer, R.E. (1992)
Development of the CMSX* Series of Single Crystal Alloys for advanced Technology Turbine Components, Cannon Muskegon Corporation, P.O.Box 506, Muskegon, MI 49443, USA, 27 October 1982, TMS-AIME Fall Meeting, St. Louis, Missouri

Northwood, J.E.; Winstone, M.R.; Greenbank, J.C. (1982)
Single crystal alloys for gas turbine blades, National Gas Turbine Establishment, Pyestock, Farnborough, Hants, UK, Copyright © Controller HMSO, London

10   Sims, C.T.; Stoloff, N.S.; Hagel, W.C. (1987)
Superalloys II High-Temperature Materials for Aerospace and Industrial Power, S. 1-615, Wiley-Interscience Pub., John Wiley & Sons, New York, NY, USA

Bradley, E.F. (1988)
Superalloys A Technical Guide, S. 1 – 280, American Society for Metals, Metals Park, OH, USA

Spur, G.; Stöferle, T. (1981)
Handbuch der Fertigungstechnik, Band 2.1 Umformen, 1983, Band 2.2 Umformen, 1984, Band 2.3 Umformen und Zerteilen, 1985, Hanser-Verlag, München

Pischel, H. (1989)
Superplastisches Blechumformen, Werkstatt und Betrieb 122, 2, S. 165 – 169

Advances in Deformation Processing
Sagamore Army Materials Res. Conf. Proc. 21

Voigtländer, O. (1977)
Die Warmumformung im Gesenk, Thyssen Technische Berichte, H 2/77

König (1990)
Fertigungsverfahren, Band 4, Massivumformung, 4. Auflage,

König (1990)
Fertigungsverfahren, Band 5, Blechumformung

Hasek, V.V.; Wilhelm, H. (1980)
Grenzformänderungsschaubilder bei erhöhten Temperaturen, wt – Zeitschrift für industrielle Fertigung 70 (1980) 581 – 584, Stuttgart, München

Forging and properties of aerospace materials (1978)
The metals society, London

Hugo, F.; et al (1985)
Isothermal Forging System for the Production of Large Rotating Components from Titanium Alloys or Superalloys, S. 741 – 752, 19840910 – 19840914, 5th International Conference on Titanium, München

Rydstadt, H., Gessinger, G.H., Bomford, M.J. (1986)
Forging of High Temperature Alloys for Gas Turbines, Conference on High Temperature Alloys for Gas Turbines and other Applications, 19861006 – 19861009, S. 127 – 149, Lüttich, BBC Baden CH, Doncasters Monk Bridge, Leeds, UK

10.1 Bühler, H.; Wagener, H.W. (1965)
Umformeigenschaften von Titan und Titanlegierungen 1. und 2. Teil, H. 11 und 12, in Bänder, Bleche, Rohre

Bachelet, E.; Honnorat, Y. (1985)
Recent Development Trends in the Forming Techniques of Titanium Alloys, 5th International Conference on Titanium, 19840910 – 19840914, S. 453 – 460, München

Kuhlmann, G.W.; Pishko, R. (1985)
Processing Property Relationships in Hot Die Forged Alpha-Beta, Beta and Near-Beta Titanium Alloys, 5th International Conferenece on Titanium, 19840910 – 19840914, S. 469 – 476, München

Voigtländer, O.; Günther, G. (1985)
Ten Years of Front-Fan Blade Forging, 5th International Conference on Titanium, 19840910 – 19840914, S. 477 – 481, München

Schröder, G.; Dürig, T.W. (1985)
Forgeability of Beta-Titanium Alloys under Isothermal Forging Conditions, 5th International Conference on Titanium, 19840910 – 19840914, S. 585 – 592, München

Smith, D.J. (1988)
Isothermal Forging of Titanium Alloys, Met. Mater., 4; 2, S. 79 – 81

Winkler, P.-J. (31.03.1979)
Wertanalytische Untersuchungen zur superplastischen Umformung von Titan, Bericht-Nr. BB-334-79, MBB GmbH, Betriebsbereich Ottobrunn

Chen, C.C. (1986)
An Overview on Titanium Forging Technology, Workshop on Net Shape Technology in Space Structures, S. 127 - 153, 19841203 – 19841205, Oxnard, CA, USA

Froes, F.H.; Eylon, D.; Suryanarayana, C. (1990)
Thermochemical Processing of Titanium Alloys, JOM The Journal of the Minerals, Metals & Materials Society, 42, 3, S. 26 – 29

Barnes Aerospace Group, Ogden, Utah (1997)
Superplastic forming by computercoded material creep and force distribution, Aviation Week & Space Technology, 2/10

Levanov, A.N.; et al (1997)
Neue Technologie des Gesenkschmiedens von Kompressorschaufeln aus Titanlegierungen auf hydraulischen Pressen und Schmiedewalzen, Techn. gor. obr., 1, 10 ff

10.1.2 McKeogh, J. (1986)
Titanium Precision Forging, Workshop on Net Shape Technology in Space Structures, S. 389 – 390, 19841203 – 19841205, Oxnard, CA, USA

Voigtländer, O.; Günther, G. (Oktober 1983)
Entwicklung eines isothermischen Umformverfahrens zur Herstellung von Präzisionsteilen aus Titanlegierungen, Thyssen Schmiedetechnik, Werke Remscheid/Wanheim, BMFT-Bericht T 83-220

Wright, D.C.; Smith, D.J. (1986)
Forging of Blades for Gas Turbines, Materials Science and Technology, 2, 2, S. 742 – 747, Doncasters Monk Bridge, Leeds, UK

10.1.3   Cogan, R.M; Shamblem, C.E.; GE Comp. (August 1969)
Development of a Manufacturing Process for Fabricated Diffusion Bonded Hollow Blades, Technical Report AFML-TR-69-219, AD858915, Air Force materials laboratory, Wright-Patterson Air Force Base, Ohio

10.2   Couts, W.H. (1985)
Hot Workability of Superalloys, Japan-US Seminar on Superalloys, Susono, Japan, 19841207 – 19841211, S. 439 – 455, Wyman Gordon Co., North Grafton, MA, USA

Evans, R.W. (1988)
Metallurgical Modelling of Superalloy Disc Isothermal Forgings, 65th AGARD Meeting of the Structures and Materials Panel, Cesme, TR, 19871002 – 19871004, S. 4/1 – 17, AGARD-CP-426, University College of Swansea, UK

Howson, T.E.; Couts, W.H. (1989)
Thermomechanical Processing of Superalloys, Supercomposites and Superceramics, S. 183 – 214, Wyman-Gordon Company, Worcester, MA, USA

Howson, T.E.; Delgado, H.E. (1988)
Utilization of Computer Modeling in Superalloy Forging Process Design, Sixth International Symposium on Superalloys, Champion, PA, USA, 19880918 – 19880922, S. 515 – 524, Wyman-Gordon, Company, North Grafton, MA, USA

Puschnik, H. (1990)
Forging Superalloys for Gas Turbine Application, in: Advanced Materials Technology International 1991, S. 29 – 31

Jackman, L.A.; et al (1991)
Rotary Forge Processing of Direct Aged Inconel 718 for Aircraft Engine Shafts, TMS International Symposium on the Metallurgy and Applications of Superalloys 718, 625 and Various Derivatives, Pittsburgh, PA, USA, 19910623 – 19910626, S. 125 – 132, Teledyne Allvac, Monroe, NC, USA

Matsushita, T.; et al (1987)
Precision Forging of Ni-base Superalloys at High Temperature, KOBELCO Technology Review, S. 18 – 22

Sartorius, K.; David, K. (1986)
Herstellen von endformnahen Gesenkschmiedestücken für rotationssymmetrische Triebwerkteile aus der Nickelbasislegierung Waspaloy durch isothermes Schmieden, S. 1 – 101, BMFT FB 03 S 333, ARBED Saarstahl, Völkingen

Schröder, G.; Boer, C.R. (1982)
Optimierung des Schmiedens von Nickelbasislegierungen, wt – Z. ind. Fertig. 72, 575 – 578, Springer-Verlag

11   Metal Powder Report (1980)
Powder Metallurgy Superalloys Vols 1 and 2 Proceedings, Conference on Powder Metallurgy Superalloys Aerospace Materials for the 1980's, 19801118 – 19801120, Zürich, CH

Metal Power Report (1984)
PM Aerospace Materials Proceedings Vols 1 and 2, S. 1 – 700, Conference on PM Aerospace Materials, 19841112 – 19841114, Bern, CH

Royal Flemish Society of Engineers (1988)
International Conference on Hot Isostatic Pressing of Materials: Applications and Developments Proceedings with Addendum, S. 1 – 500, 19880425 – 19880427, Koninklijke Vlaamse Ingenieursvereniging, Antwerp, B

Walder, A.; Marty, M.; Hivert, A. (1975)
Entwicklung hitzebeständiger Superlegierungen durch Pulver-Metallurgie, Int. Conference,

Grenoble, Office National d'Etudes et de Recherches Aerospatiales (ONERA), 92320 Chatillon, France

Metal Power Report (1988)
Proceedings of International Conference on PM Aerospace Materials, Aerospace Materials 87, 19871102 – 19871104, Luzern, CH, MPR Publishing Services Ltd., S. 1 – 696, Shrewsbury, UK

The Institute of Metals (1990)
PM '90 World Conference on Powder Metallurgy Proceedings Volume 1, 2 and 3, The Institute of Metals, S. 1 – 1276, London, UK

Gummeson, P.U.; Gustafson, D.A. (1988)
Modern Developments in Powder Metallurgy – Vols. 18-21 Proceedings of 1988 Intern. Conf., Metal Powder Industries Fed., S. 1 – 3200, Princeton, NJ, USA

MPR Publ. (1991)
Int. Conf. on PM Aerospace Materials 1991 Proceedings, S. 1 – 500, MPR Publishing Services, Shrewsbury, UK

Adam, P.; Wilhelm, H. (1982)
Welding of PM-Superalloys, S. 909 – 930, in High-Temperature-Alloys for Gas turbines, printed by Reidel Publ. Comp., Holland

Adam, P.; Feist, W.D. (1990)
Hochauflösende Ultraschallprüfung, DVM-Tag, Bauteil 90, DVM-Verlag, S. 55 – 66

Lempenauer, K.; Arzt, E. (1992)
ODS-Legierungen: Abnormales Kornwachstum im Temperaturgradienten, Zeitschrift für Metallkunde, 83, 6, S. 423 – 428

Kawai, N.; et al (1984)
Isothermal Forging of P/M Superalloys, Conference on PM Aerospace Materials, S. 17/1 – 18, 19841112 – 19841114, Bern, CH, Central Research Lab., Kobe Steel, Kobe, Japan

Reichman, S.H. (October 1975)
Low Cost PM Superalloy Applications in Turbines, The International Journal of Powder Metallurgy & Powder Technology, Volume 11, No. 4

Adam, P.; Froschhammer, D.; Wilhelm, H. (1985 - 1987)
COST 501, Projekt D 48, ODS-Superlegierungen: Ermittlung der Werkstoffeigenschaften, Bearbeitung durch Fügen, ECM und Beschichten, MTU München, BMFT-Forschungsarbeit, Förderzeichen 01 ZY 302

Hack, G.A.J.
The manufacture of oxide dispersion strenghtened superalloys with directionally recrystallized structures, Inco MAP, Wiggin Alloys Limited,
Hereford, England

Aldinger, F. (Hrsg.) (1993)
Materials by Powder Metallurgy, Conf. Proc. PTM 93 März, 946 S., DGM-Verlag

12 Agne, H. (1969)
Die statische und dynamische Festigkeit der Ti-Legierungen Ti680 und Ti6Al4V unter Berücksichtigung der beim Glühen an Luft entstehenden Diffusionsschichten, 1969, Diss. TH, Stuttgart

Spur, G.; Stöferle, T. (1987)
Handbuch der Fertigungstechnik, Band 4.2, Wärmebehandeln, Hanser-Verlag, München

Hempel, M. (1965)
Über das Dauerschwingverhalten von Titan und seinen Legierungen (Teil 3 – Einfluß von Kaltverformung und Wärmebehandlung auf die Wechselfestigkeit), Draht, 16, 10

Kolachev, B.A. (1977)
New Heat Treatments for Titanium Alloys, Metal Science and Heat Treatment, 19, 8

Vassel, A., et al (1984)
Influence of Processing and Heat Treatment Variables on the Mechanical Properties of two Advanced High Temperature Titanium Alloys, ONERA-TP-1984-104, 5th International Symposium on Titanium and its Alloys, München 19840910 – 19840914, S. 1 – 7, ONERA, Chatillon, F

Chandler, H.E. (1985)
Highlights of the 4th International Congress On Heat Treatment of Materials World Technology, Metal Progress, 128, 4, S. 75 – 83

Liu, Z.; Welsch, G. (1988)
Effects of Oxygen and Heat Treatment on the Mechanical Properties of Alpha and Beta Titanium Alloys, Metallurgical Transactions, 19A, 3, S. 527 – 542

Gordienko, A.I.; et al (1990)
High-Speed Methods of Heat Treatment of Titanium Alloys, Titanium 1990 – The International Conference on Titanium Products and, Applications, Volume II, 19900928 – 19901003, S. 726 – 735, Orlando, FL, USA

Seraphin, L. (1967)
Die Reaktion von Titanlegierungen auf Wärmebehandlungen, Härterei-Technische Mitteilungen, 22, 3, S. 181 – 191

Burger, J.A.; Hanink, D.K. (1967)
Heat Treating Titanium and its Alloys, Metal Progress, June, S. 70 – 75

Ivasishin, O.M.; Lütjering, G. (1993)
Structure and Mechanical Properties of High-Temperature Titanium Alloys after Rapid Heat Treatment, Materials Science and Engineering A, 168, 1, S. 23 – 28

Ivasishin, O.M.; Markovsky, P.E. (1996)
Enhancing the Mechanical Properties of Titanium Alloys with Rapid Heat Treatment, JOM The Journal of the Minerals, Metals & Materials Society, 48, 7, S. 48 – 52

Metals Handbook ASM (1964)
Library of Congress Card # 27-12046 Vol. 2 Heat treating, cleaning and finishing, 8. Ausgabe, Ohio

(1980)
Wärmebehandlung von Stahl, Feinguß und Nickelbasislegierungen, Teil 1, WEV Werkstoffe und ihre Veredelung, 2, 12

(1981)
Wärmebehandlung von Stahl, Feinguß und Nickelbasislegierungen, Teil 2, WEV Werkstoffe und ihre Veredelung, 3, 1

Beddoes, J.C.; Wallace, W. (1980)
Heat Treatment of Hot Isostatically Processed IN-738 Investment Castings, Metallography, 13, S. 185 – 194, National Research Council of Canada, Ottawa, CDN

Wallis, R. A.; et al (1988)
The Application of Process Modeling to Heat Treatment of Superalloys, Cameron Forge Company, Houston, TX, USA, AGARD-CP-426, S. 23/1 – 15, 65th AGARD Meeting of the Structures and Materials Panel, 19871002 – 19871004, Cesme, TR

Pillhöfer, H. (1989)
Zusammenhang zwischen Wärmebehandlung, Mikrogefüge und Zeitstandverhalten bei der Nickelbasis-Gußlegierung IN100, Festigkeit und Verformung bei hoher Temperatur, S. 41 – 58, MTU München

Ramakrishnan, R.I.; Howson, T.E. (1992)
Modeling the Heat Treatment of Superalloys, JOM The Journal of the Minerals, Metals & Materials Society, 44, 6, S. 29 – 32

Schubert, F.; Horn, E. (1974)
Einfluß der Wärmebehandlung auf Mikrogefüge und mechanische Eigenschaften von hochwarmfesten Nickellegierungen, Technischer Bericht Thyssen, 6. Jahrg., Heft 1

13   Bock, R. (1996)
Umwelt- und arbeitsverträgliche Kühlschmierstoffe für die spanende Bearbeitung von Metallen mit geometrisch unbestimmter Schneide, Abschlußbericht zum Verbundprojekt 01626 Deutsche Bundesstiftung Umwelt Osnabrück, TU Braunschweig IWF

Hrsg. Elsevier
Cutting Tool News, Zeitschrift, Advanced Technology, Tarrytown. N.Y. USA 10591-5153

Manufacturing Technology CIRP Annals, CIRP Publishers Bern u. Stuttgart

Trennkompendium (1983)
Bd. 2 der Produktionstechnischen Fachreferate aus den Bereichen Zerteilen, Spanen, Abtragen, Feinbearbeitung, Editor ETF Technische Fachinformationen, Berglisch-Gladbach

Spur, G.; Stöferle, Th. (1979, 1980)
Handbuch der Fertigungstechnik, Band 3.1, Spanen, Teil 1, Band 3.2, Spanen, Teil 2, Hanser-Verlag München

Zerspanung der Metalle (1981)
DGM-Symposium Bad Nauheim, 1980, Verlag DGM, Oberursel

König (1990)
Fertigungsverfahren, Band 1, Drehen, Fräsen, Bohren, 4. Auflage, VDI-Verlag, Düsseldorf

König (1989)
Fertigungsverfahren, Band 2, Schleifen, Läppen, Honen,, 4. Auflage, VDI-Verlag, Düsseldorf

MDC Machinability data Center
Metcut Research Associates Inc. 3980 Rosslyn Drive, Cincinnati, Ohio 45209, Phone 001-513-271-9510

Hanser (August 1996)
Hochgeschwindigkeitsbearbeitung, München, ca. 300 S., Hanser, Wien

Chakrabarti, B.K; Chanani, J.P. (1984)
Machinability of Advanced Aerospace Materials, SAE Pap 841436, Northrop Corp., USA, S. 1 – 12, SAE Aerospace Congress & Exposition, 19841015 – 19841018, Long Beach, CA, USA

Tagungsberichte WZL-Achen zum Arbeitskreis Technologie-Bearbeitung schwer zerspanbarer Werkstoffe, 1972 - heute, Arbeitstagungen 1 - 25

INCO (1983)
Machining and Grinding Several Cast Nickel-Alloys, S. 1 – 11, Suffern, NY, USA

13.1 Kahles, J.F, et al (1985)
Machining of Titanium Alloys, Journal of Metals, 37, 4, S. 27 – 35

Obikawa, T.; Usui, E. (1996)
Computational Machining of Titanium Alloy – Finite Element Modeling and a Few Results, Trans ASME Journal of Manufacturing Science and Engineering, 118, 2, S. 208 – 215

Calea, G.; Drimer, D.; Ionescu, C. (1985)
Bearbeitbarkeit von Titan und Titanlegierungen, WT Werkstatt-Technik, Z für industrielle Fertigung, 75, 10, S. 616 – 620

Chatterjee, S. (1993)
Machinability of a Nickel Aluminide Intermetallic Alloy, Journal of Materials Engineering and Performance, 2, 1, S. 101 – 106

13.1.2 Lenk, E. (1982)
Bearbeitung von Titan- und Nickelbasislegierungen im Triebwerkbau Gesichtspunkte der Schneidstoffentwicklung Vortrag, S. 1 – 19, MTU München, Symposium Schneidwerkstoffe, Spanen mit definierten Schneiden, 19821125 – 19821126, Bad Nauheim

Hanasaki, S.; Fujiwara, J.; Touge, M. (1990)
Tool Wear of Coated Tools when Machining a High Nickel Alloy, CIRP Manufacturing Technology, 39, 1, S. 77 – 80

Kertesz, J.; et al (1988)
Machining Titanium Alloys with Ceramic Tools, in: Ceramics – Applications in Manufacturing, S. 121 – 122

Narutaki, N.; et al (1993)
High-Speed Machining of Inconel 718 with Ceramic Tools, CIRP Manufacturing Technology, 42, 1, S. 103 – 106, Hiroshima University, Hiroshima, J

13.1.3 Noaker, P.M. (1991)
Super Speeds for Superalloys, Manufacturing Engineering, 107, 4, S. 63 – 68

13.1.5 Jungman, A.; Quentin, G. (1985)
Génération et propagation d'une onde guidée particulière sur une interface liquide-solide, Traitement du Signal 2, S. 271 – 277

Viktorov, I.A., (1979)
Types of acoustic surface waves in solids (review), Sov. Phys. Acoust. 25, S. 1 – 9

13.3 Hock, S. (Mai 1996)
Hochgeschwindigkeitsfräsen im Werkzeug- und Großformenbau Eingriffsverhältnisse und Technologie, als Ms. gedr., Shaker, 152 S., 21 cm, Darmstädter Forschungsberichte für Konstruktion und Fertigung, Aachen

Eckstein, M.; Lebküchner, G.; Blum, D. (1991)
Schaftfräsen von Titanlegierungen mit hohen Schnittgeschwindigkeiten, Teil 1: Schruppen, VDI Zeitschrift, 133, 12, S. 28 – 34

Illgner, H.J. (1989)
Hochgeschwindigkeitsfräsen schwer zerspanbarer Legierungen, 4. Darmstädter Fertigungstechnisches Symposium, 19890301 – 19890302, S. 7/1 – 13

13.4 McKee, R.E.; Gilbert, W.W. (1953)
Cutting Forces and Surface Finish when Broaching Titanium with High-Speed-Steel Tools, S. 1 – 21, WAL 401/109-28, DA20-18ORD11918, University of Michigan, Ann Arbot, Mi, USA Watertown Arsenal, MA, USA

13.5 VSM-Informationen und VSM-Schriften
VSM = Vereinigte Schmirgel- und Maschinenfabriken AG, Postfach, Hannover

Hoffmeister, H.W., Krisch, H. (1989)
Datenerfassung zum Schleifen von Turbinenlaufschaufeln für Strahltriebwerke, theoretische Studienarbeit, TU Braunschweig IWF, in Koop. mit MTU

Turley, D.M. (1985)
Factors Affecting Surface Finish when Grinding Titanium and a Titanium Alloy (Ti-6Al-4V), Wear, 104, 4, S. 323 – 335, Materials Research Laboratories, Ascot Vale, Victoria, AUS

Sayutin, G.I. (1975)
Using CBN Wheels for Grinding Titanium and Creep-Resisting Alloys, Machines and Tooling, 46, 2, 46 – 48

Kumagai, N.; Kamei, K.; Inoue, S. (1985)
A Study of Grinding of Titanium, Technol. Rep. Kansai Univ.; 26, March, S. 125 – 139

Tang, J.S.; et al (1990)
Studies on Mechanisms and Improvement of Workpiece Burn During Grinding of Titanium Alloys, CIRP Manufacturing Technology, 39, 1, S. 353 – 356

Kumagai, N.; Kamei, K. (1985)
Grinding of Titanium with Jet Infusion of Grinding Fluid, S. 1015 – 1022, 5th International Cenference on Titanium, 19840910 – 19840914, München

Kumar, K.V.; Ishikawa, T.; Koskey, J. (1991)
Superabrasive Grinding of Superalloys, SME Pap MR91-216, S. 17/17 – 30, Superabrasives '91, 19910611 – 19910613, Chicago, IL, USA, GE Superabrasives, Worthington, OH, USA

Spur, G.; Niewelt, W.; Meier, A. (1995)
Schleifen von Superlegierungen für Gasturbinen-Einfluß des Kühlschmierstoffes auf das Arbeitsergebnis, ZWF Zeitschrift für wirtschaftliche Fertigung, 90, 6, S. 311 – 314

Niewelt, W.
Planschleifen von Nickelbasis-Legierungen (Produktionstechnik – Berlin 176)

13.5.1 Hoffmeister, H.W. (1996)
Hohe Zerspanungsleistungen durch Schleifen mit CD (Continuous Dressing) – sichere, werkstoffangepaßte und wirtschaftliche Prozeßführung, Diss. IWF TU Braunschweig, Vulkan-Verlag, Schriftenreihe des IWF, Essen

13.5.4 Maier, K.; Neubauer, J. (1991)
Automatic Bismuth trace analysis integrated in the manufacturing process of turbine blades, Fresenius Journ. of Analytical Chemistry, Bd. 340, S. 187 – 189

13.5.5 Kovach, J.A. (1986)
Thermally Induced Grinding Damage in Cast Equiaxed Nickel Base Superalloys (Diss), S. 1 – 245, Case Western Reserve Univ., Cleveland, OH, USA

Schreiber, E. (1976)
Härterisse und Schleifrisse – Ursachen und Auswirkungen von Eigenspannungen (2. Teil), ZwF 71, 12, Schweinfurt

Saljé, E. (1988)
Feinbearbeitung als Schlüsseltechnologie, Jahrbuch Schleifen, Honen, Läppen und Polieren, 55. Ausgabe, Vulkan-Verlag, Essen

13.5.6 Plumbridge, W.J.; Torrance, A.A., Stoff, F.H. (1977)
Workpiece damage produced by creep feed grinding, Metals Technology, 4, 5, S. 249 – 255

14 Namba, Y.; Tsuwa, H.; Wada (1987)
Ultra-Precision Float Polishing Machine, Annals of the CIRP Vol. 36/1, Osaka University, Japan, Toyoda Machine Works Ltd., Japan

Scheider, A.F.
New Developments in Flexible Abrasive Finishing Tools, Osborn Manufacturing, Jason Incorporated, Cleveland, Ohio, Technical Paper, Society of Manufacturing Engineers, One SME Drive, PO Box 930, Dearborn, Michigan 48121

Tennant, R. (March 1992)
Mechanical Surface Finishing in the Aerospace Industry, Aircraft Engineering

Superfinishing for super quality (12/1992)
Tooling and Production Vol, 58, # 9, S. 27 – 30

14.2 Hinz, H.E. (1976)
Wissenswertes für den Praktiker, Gleitschleifen (Teil I, II und III), Metalloberfläche, 30, Heft 1, 2, 3

Dreher, M. (1987)
Die Gleitschlifftechnik mit Trommeln und Fliehkraftgeräten, Metalloberfläche 41, 3, Engelsbrand, Carl Hanser Verlag, München

Hinz, H.E. (1987)
Gleitschleifen – Schleifkörper (Chips) und ihre Wirkung, Teil 1, Metalloberfläche 41, 10, S. 473 – 477, Gelnhausen

Hinz, H.E. (1991)
Gleitschleifen – Probleme und deren Lösung, Teil 4: Spannungen im Werkstück, Oberflächenverfestigung, Korrosionsbeständigkeit, Galvanotechnik, Saulgau 82, Nr. 2, S. 492 – 498

Rhoades, L.J. (November 1988)
Abrasive Flow Machining, Manufacturing Engineering, S. 75 – 78, Extrude Hone Corp., Irwin, PA

Rhoades, L.J. (1989)
Applying Nontraditional Machining Techniques for Improved Turbine Engine Designs, ASME Pap 89-GT-267, S. 1 – 9, ASME Gas Turbine and Aeroengine Congress and Exposition, 19890604 – 19890608, Toronto, CDN, Extrude Hone Corporation, Irwin, PA, USA

15 Proctor, F.M.; Murphy, K.N.; Norcross, R.J. (1989)
Automatic Robot Programming in the cleaning and deburring Workstation of the AMRF, Conf. On Deburring and Surface Conditioning 2/89 San Diego Cal., SME, One SME Drive P.O. Box 930 Dearborn, Mich

Proctor, F.M.; Murphy, K.N. (12/1989)
Advanced Deburring System Technology, Winter Annual Meeting of the ASME, San Francisco, CA, published by ASME as PED-Vol. 38

Arnold, K. (July 1987)
Implementing Robotic Deburring, Manufacturing Engineering, Juli, S. 35 – 37

Weller, E.J.; Haavisto, M. (1984)
Nontraditional Machining Processes, S. 1 – 273, SME, Soc. of Manufacturing Engrs., Dearborn, MI, USA

Flores, G.; Nürtingen (1987)
Mechanisches Entgraten – Verfahren, Werkzeuge, Maschinen, Anwendungen, ZwF 82, 12, Carl Hanser Verlag, München

Schramm, L.; Fürth/Bayern (1990)
Entgraten mit Industrierobotern, ZwF 85, 9, Carl Hanser Verlag, München

Pötschke, H.; Sinzig-Bad Bodendorf (1982)
Einrichtungen zum Entgraten, wt – Zeitschrift für industrielle Fertigung 72, S. 467 – 471

Automatisiertes Schleifen, Entgraten und Feinbearbeiten (7/1992)
Metall-Oberfläche 46, S. 323 – 329

Deburring and Surface Conditioning Symposium (10/1993)
Sabin Convention Center, Cincinnati Ohio, SME Dearborn Mich. 48121-0930, One SME Drive P.O. Box 930

Przyklenk, K.; Thiel, R. (10/1986)
Fertigungsprozeß Entgraten – Technische Möglichkeiten und Ansätze zur Verbesserung der Arbeitsbedingungen, BMFT-Bericht FB-HA 86-007, Fhl für Produktionstechnik und Automatisierung IPA, Stuttgart

16   König (1990)
Fertigungsverfahren, Band 3, Abtragen, 4. AuflageVDI-Verlag, Düsseldorf

Abd Rabbo, M.F.; Boden, P.J. (1979)
Development of Electrolytes for the Electrochemical Machining of Titanium 1. Elektrochemistry in Static Solutions, Br.Corros.J., 14, 4, S. 240 – 245, BNF Metals Technology Centre, Wantage, UK

Adam, P. (1992)
Stand und Aussichten des elektrochemischen Abtragens in der Fertigung von Gasturbinen, MTU München, 10th Int. Symp. on Electromachining, 19920506 – 19920508, Magdeburg, ADD3/1 – 14

Friedrich, J. (1987)
Untersuchung der Schadstoffbildung beim EC-Senken, FKM, Heft 131, S. 1 – 95, RWTH, Aachen

Lindenlauf, H.P. (1977)
Werkstoff- und elektrolytspezifische Einflüsse auf die Elektrochemische Senkbarkeit ausgewählter Stähle und Nickellegierungen (Diss), S. 1 – 177, RWTH, Aachen

Pahl, D. (1969)
Über die Abbildungsgenauigkeit beim elektrochemischen Senken (Diss.), TH, Aachen

Faust, CH.L. (1971)
Fundamentals of Electrochemical Machining, Electrochemical Soc. Princeton

Degner, W.; et al (1984)
Elektrochemische Metallbearbeitung, Verlag Technik, Berlin

Gorjala, G.B.; Rajurkar, K.P.; Jain, V.K (1991)
Computer Modeling and Graphical Simulation of ECM Tool Design, 19th Transactions of NAMRI/SME, 1991050522 – 19910524, Rolla, MO, USA, S. 121 – 127, Univ. of Nebraska, Lincoln, USA

McGeough, J.A. (1988)
Advanced Methods of Machining, Electron Beam Machining EBM, Jon Beam Machining, ECM, Laser Beam Machining, EDM etc., Chapman & Hall, London, New York

Wilson, J.F. (1971)
Practice and Theory of Electrochemical Machining, Wiley Interscience Inc.

Barr, A.E., de; Oliver, D.A. (1968)
Electrochemical Machining, McDonald & Co. Publishers Ltd., London

Spur, G.; Stöferle, T. (1987)
Handbuch der Fertigungstechnik, Band 4.1, Abtragen, Beschichten, Hanser-Verlag, München

Friedrich, J. (1988)
Elektrochemische Metallbearbeitung – Untersuchung der Schadstoffbildung und ihre Einflußnahme auf den EC-Abtragsprozeß, Dissertation, TH, Aachen

Neubauer, J. (1985)
Elektrochemisches Senken/Prozeß-Stabilität, Forschungshefte des Forschungskuratoriums Maschinenbau (FKM), Heft 117, Frankfurt/M. Lyoner Str. 18

Neubauer, J., König, W. (1980)
Untersuchungen zur Abbildungs- und Wiederholgenauigkeit beim elektrochemischen Senken, FKM Heft # 80-1

Hümbs, H.J. (1975)
ECM-Prozeßzusammenhänge, TH, Aachen

Neubauer, J. (1984)
Untersuchung deckschichtbestimmender Reaktions-Mechanismen und ihrer Auswirkung auf die elektrochemische Senkbarkeit, TH, Aachen

Puhr-Westerheide, J.; Stoll, W. (1975)
EC-Bearbeiten im Triebwerkbau, VDI-Bericht Nr. 240

Stoll, W.H.; Puhr-Westerheide, J.; Scharwächter, R. (1979)
EC Machining of Thin Compressor Blades, Manufacturing Engineering - Forming and Fabrication, Electrochemical Machining, Material Removal & Processes, 2nd Joint Polytechnics, IPC Science and technology press

16.4   Simon, H. (1979)
Aufbereiten der EDM-Elektrolyte, Entgiften und Abpressen der Metallhydroxid-Schlämme, Werkstatt und Betrieb 112, Heft 1

Friedrich, J. (1987)
EC-Senken/Schadstoffbildung I, FKM Forschungshefte, 131, Abschlußbericht zum Vorhaben Nr. 101

17   König (1990)
Fertigungsverfahren, Band 3, Abtragen, 4. Auflage, VDI-Verlag, Düsseldorf

Feurer, M. (1983)
Elektroerosive Metallbearbeitung, Materialabtrag durch Funkenerosion, Vogel, Würzburg

Crookall, J.R. (1983)
Electromachining Proc of the 7th Int Symp, 12.-14.4.1983, Birmingham, UK, IFS Publ, Bedford, UK

Schuhmacher, B.; Weckerle, D. (1988)
Funkenerosion richtig verstehen und anwenden, Möller, Velbert

Weckerle, D. (1989)
Funkenerosion – Technologie und Anwendung (Die Bibliothek der Technik, Band 30), S. 1 – 70, Verl. Moderne Industrie, Landsberg

CSC Ploenzke, Kiedrich (1996)
5. Internationaler EDM-Kongreß – Stand der Technik, Trends, Projekterfahrungen, Systeme, Proceedings, S. 1 – 200, 5. Int. EDM-Kongreß, 19960506 – 19960508, Düsseldorf

Vani, E. (1974)
Intern. Symposium für Elektrobearbeitungstechnik Isem 4 – Electro-Machining in the Workshop 18. – 19.9.1974, Bratislava, CSSR, Tagungsbericht, Dom Techniky SVTS, Bratislava

Semon, G. (1975)
Einführung in die Praxis der Funkenerosion, Ateliers des Charmilles SA, Genf

Berger, A. (1977)
Elektrisch abtragende Fertigungsverfahren, VDI Verl., Düsseldorf

Zeitschrift DIMA die Maschine (Oktrober 1993)
diverse Autoren, AGT-Verlag Thum GmbH

Spur, G.; Stöferle, T. (1987)
Handbuch der Fertigungstechnik, Band 4.1, Abtragen, Beschichten, Hanser Verlag, München

Jutzler, W.J. (1977)
Literaturanalyse zur Oberflächenbeeinflussung durch Funken-Erosion, AK Schwerzerspanbare Werkstoffe, WZL, Aachen

Gegner, W. (1979)
Funkenerosives Schneiden mit Draht, wt-Zeitschrift i.d. Fertigung 69, 399 – 401, Nürnberg

Schekulin, K. (1980)
Vergleichs-Abtragsversuche für Funkenerosionsanlagen, Maschinenmarkt, Würzburg 86, 30

Gough, P.J.C. (March 1980)
Some recent developments in EDM, Production Technology, Volume 41, No. 3

New module opens up the production world to EDM (1979)
(Neue Funkenerosionsverfahren), Tooling 33, 12, S. 49 – 52, E-1747

Chellini, R. (1997)
Manufacturing of compressor and gas turbine components with spark-erosion process, Compressor techn., Jan./Febr. 97, S. 60

18 König (1990)
Fertigungsverfahren, Band 3, Abtragen, 4. Auflage, VDI-Verlag, Düsseldorf

Vollertsen, F. (1997)
Laserstrahlumformen, lasergestützte Formgebung incl. Rapid-Prototyping, 245 S. Meisenbach Verlag, Bamberg

Lasermaterialbearbeitung (Juli 1996)
Normen 1. Aufl., Stand 11/1995, 208 S. , (DIN-Taschenbuch, 277), Beuth, Berlin, Wien, Zürich

Seiler, P.
Werkzeuglaser – gepulster Festkörperlaser zum Schweißen und Abtragen, BMFT-Forschungsbericht T 81-043, Carl Haas GmbH & Co.

Beck, M. (1996)
Modellierung des Lasertiefschweißens, Dissertation, IFSW D93, Teubner, B.G., Stuttgart

Glumann, C. (1996)
Verbesserte Prozeßsicherheit und Qualität durch Strahlkombination beim Laserschweißen, Dissertation, IFSW, Teubner, B.G., Stuttgart

Mordike: Laser Treatment of Materials (1992)
723 pages, DGM-Verlag, Oberursel

Herziger, G.; Loosen, P.
Werkstoffbearbeitung mit Laserstrahlung, Grundlagen, Systeme, Verfahren, Fraunhofer-Institut für Lasertechnik, Aachen, Carl-Hanser Verlag, München, Wien

Sinhoff, V. (1997)
Warmzerspanen mit Diodenlasern, Industrie-Anzeiger 6/97, S. 24 – 26

18.1   Bolin, S.R. (1984)
Drilling with Lasers, Machine and Tool Blue Book, 79, 3, S. 44 – 46, Raytheon Company Laser Center, Burlington, MA, USA

Poprawe, R. (1991)
Bohren mit Laserstrahlung, Technica, 40, 20, S. 61 – 64

Wagner, D. (1993)
Laserbohren mit Festkörperlasern, Stahl, 2, S. 58 – 63

Bostanjoglo, G.; et al (1995)
Bohren von Superlegierungen mit einem gütegeschalteten Nd:YAG-Laser, Laser und Optoelektronik, 27, 6, S. 47 – 51

Higgins, L. (1985)
Precision Laser Drilling Aids in Development and Manufacture of Aerospace Components, Design News, 41, 7, S. 181 – 183

Treusch, H.G.; Hoeltgen, B.; Knoff, M. (1985)
Bohren mit gepulsten Nd: YAG-Lasersystemen, Laser und Optoelektronik, 17, 4, S. 397 - 408

18.3   Müllenberg, R.D.; Adam, P. (1983)
Remelting of plasma-sprayed wear protective coatings on precipitationhardened superalloys and chromium-nickel steel, 3rd Int. Coll. on welding and melting by electrons and laser beams, Bd. I, S. 235 – 243, Lyon

19   Thiel, R.; Schlatter, M. (1983)
Hochdruckwasserstrahlen zum Entgraten und Schneiden metallischer Werkstoffe, wt – Zeitschrift für industrielle Fertigung 73, 487 – 490, Springer-Verlag

Hashish, M. (1995)
Waterjet Machining of advanced composites, Materials and Manufacturing Processes 10, 6, S. 1129 – 1152

22   Puhr-Westerheide, J. (1975)
Elektrochemische Bohrverfahren, TZ f. prakt. Metallbearb. 69, Heft 3, München

Adam, P. (1988)
Elektrochemisches Bohren kleiner Löcher, VDI-Tagung ADB mit WZL, Aachen, 14.10.1988, „Kleine Löcher aber wie?", S. 133 – 161, VDI-Verlag

23   Braisch, P. (1982)
Grundlegende Betrachtung zur Auswirkung der Randschichtverfestigung auf die Schwingfestigkeit von Bauteilen (Teil 1), Zeitschrift für wirtschaftliche Fertigung – ZwF77, 11, S. 420 – 423

Braisch, P. (1982)
Berichte aus der industriellen Praxis über die Anwendung von Randschichtverfestigungsverfahren zur Erhöhung der Schwingfestigkeit von Bauteilen (Teil 2), ZwF77, 11, S. 555 – 564

Adam, P. (1989)
Der Einfluß von Bearbeitung und Beschichtung auf Gasturbinenwerkstoffe für Schaufeln, Fortschritt-Berichte VDI Reihe 5, Grund- und Werkstoffe 166, S. 48 – 76, VDI-Verlag, Düsseldorf

Bauteil '86 – Die Bauteiloberfläche (1986)
DVM-Tag 12. – 14. November 1986 in Berlin, Deutscher Verband für Materialprüfung e.V.

Sigwart, A. (Juni 1993)
Bauteilrandschicht und Schwingfestigkeit, Dissertation, TU, Clausthal

Syren, B.; Wohlfahrt, H.; Macherauch, E. (1977)
Zur Entstehung von Bearbeitungseigenspannungen, Arch. Eisenhüttenwesen 48, Nr. 8 August, Karlsruhe

Adam, P.; Eckstein, M. (1996)
Zeitfestigkeit und Randschicht – Eigenschaften durch Zerspanung bei Nickellegierungen, Materialwissenschaft und Werkstofftechnik, 27, 6, S. 272 – 279, DB Aerospace, MTU München

Franz, H. (1983)
Optimierung des Kugelstrahlens am Werkstoff Ti6Al4V, MBB-Bericht BB 541/83 vom 21.03.1983

23.7 Burke, J.J.; Mehrabian, R.; Weiss, V. (1981)
Advances in Metal Processing, Sagamore Army Materials Research Conf. Proc. 25, (Rapid Solidification Powder Processing, Welding & Joining Superplasticity, Grinding, Process Modelling), Plenum Press New York

Ley, D.; Kist, R. (1981)
Automatisches Beschriften mit Laser, wt – Zeitschrift für industrielle Fertigung 71, S. 357 – 359, Springer-Verlag

Baublys, H. (1980)
Elektrochemisches Beschriften metallischer Werkstoffe, Hahn & Kolb Nachrichten 55, S. 3 – 4, E-1750

24 Gutcho, M.H. (1982)
Metal Surface Treatment, Noyes Data Corp., Park Ridge N.J.

Adam, P. (1982)
Aktuelle Probleme des Triebwerkbaus beim Kugelstrahlen, Kolloquium, Randschichtverfestigung, Juli 1981, erschienen in ZWF 77, S. 561 – 564, TH, Darmstadt

O'Hara, P. (September 1989)
The Critical Value of Controlled Shot-Peening in Aircraft Maintenance, UK Division, Metal Improvement Co. Inc., Aerospace, S. 12 – 16

Hirsch, Th.; Vöhringer, O.; Macherauch, E. (1983)
Der thermische Abbau von Strahleigenspannungen bei TiAl6V4, HTM 38, 5, Institut für Werkstoffkunde, Universität Karlsruhe (TH)

Shot peening, Verfahrensbeschreibung der Fa. Metal Improvement (1980)
6th Edition, Paramus New Jersey

Adam, P.; Borchert, B.; Huff, H.; Kugenbuch, B.; König, G. (Okt. 1987)
Verfestigungsstrahlen von Scheibenwerkstoffen – 3. Intern. Konf. über Kugelstrahlen, III. ICSP, Garmisch-Partenkirchen

International conferences on shot peening ICSP
1. Paris 1981
2. Chicago 1984
3. Garmisch-Partenkirchen 1987
4. Tokyo 1990
5. Oxford 1993
6. San Francisco 1996
7. Warschau 1999

Clausen, R.; Martin, P. (1979)
Entwicklungsstand der Technologie des Kugelstrahlens, ZwF 74, 5, Hamburg

Surface Modification Technologies IV (1990)
Proc. 4th Int. Conf. Paris, publ. by TMS

Franz, H. (1983)
Optimierung des Kugelstrahlens am Werkstoff Ti6Al4V im Hinblick auf eine Verbesserung der Schwingfestigkeit, 3. Int. Conf. on Shot Peening ICSP, Garmisch-Partenkirchen

24.1 Hanagarth, H. (1989)
Auswirkung von Oberflächenbehandlungen auf das Ermüdungsverhalten von TiAl6V4 und 42CrMo4 bei erhöhter Temperatur, Diss. TH, Karlsruhe

Hirsch, T. (1983)
Zum Einfluß des Kugelstrahlens auf die Biegeschwingfestigkeit von Titan- und Aluminium-Basislegierungen, Diss, Univ., Karlsruhe

Erhöhung der Schwingfestigkeit metallischer Werkstoffe durch Kugelstrahlen (5/1982), Beitrag Franz
MBB-WF-Information (Metallische Werkstoffe, Werkstofftechnik)

24.8 Ball, H.W. (1989), Beitrag zur Theorie und Praxis des Kugelstrahlumformens
114 Seiten, DGM-Verlag, Oberursel

Broszeit, E.; Steindorf, H., Hrsg. (1990)
Mechanische Oberflächenbehandlung - Festwalzen, Kugelstrahlen, Sonderverfahren, Symposium, TH Darmstadt und DGM, Febr. 1989, Bad Nauheim, 312 S.

5. Internat. Konferenz über Eigenspannungen
ICRS-5, Linköping, Schweden, Universität Linköping

25 Eboo, G.M.; Blake, A.G. (1986)
Laser Cladding of Gas Turbine Components, ASME Pap 86-GT-298, 31st ASME International Gas Turbine Conference and Exhibit, 19860608 – 19860612, Düsseldorf, S. 1 – 6, Quantum Laser Corp., Garden City Park, NY, USA

Metals Handbook ASM (1982)
9. Ausgabe, Vol. 5 Surface Cleaning, Finishing, Coating

Bunshah, R.; et al (1982)
Deposition technologies for films and coatings, Noyes Publishers, Park Ridge, N.J., USA

Lowenheim, F.A. (1978)
Electroplating, McGraw Hill

Lowenheim, F. (1974)
Modern Electroplating, 3rd Ed., John Wiley & Sons

Rudzki, G.J. (1983)
Surface Finishing Systems, ASM, FP Ltd.

Jehn; et al, Hrsg. (1995)
Metallurgical Coatings and thin films, I, II, Elsevier Science SA, Proc. 22nd Int. Conf. San Diego Cal.

Sudarshan; et al, Hrsg. (9/1989)
Surface Modification Technologies III, Proc. 3rd Int. Conf. Neuchatel, TMS

Safranek, W. (1986)
The properties of electrodeposited metals and alloys, AESF, Orlando, Florida

Steffens, H.D.; Wilden, J. (1996)
Moderne Beschichtungsverfahren, 320 S., DGM-Inform. Gesellschaft, Oberursel

Streiff, R.; et al, Hrsg. (1986)
High Temperature Corrosion of materials and coatings for energy systems and turboengines I, II, Proc. of Int. Symp., Elsevier, London/New York

Krutenat, R.C., Hrsg. (4/1986)
Proc. of 13th Int. Conf. on Metall. Coatings, San Diego Cal., Published for the American Vacuum Society and for the American Inst. of Physics, Libr. of Congress Card # 86-72526

Villat, M.; Felix, P. (3/1976)
Hochtemperatur-Korrosionsschutzschicht für Gasturbinen, Techn. Rundschau Sulzer

VDI-Technologie-Zentrum
Physikalische Technologien, Datenbank Plasma-Technologien, Plasma-Erzeugung, -Anwendung, -Diagnostik, Postfach 101139, 40002 Düsseldorf

Adam, P. (1989)
Der Einfluß von Bearbeitung und Beschichtung auf Gasturbinenwerkstoffe für Schaufeln, Fortschritt-Berichte VDI Reihe 5, Grund- und Werkstoffe 166, S. 48 – 76, VDI-Verlag, Düsseldorf

Sudarshan, T.S.; Bhat, D.G.; Jeandin, M., Hrsg. (1990)
Surface Modification Technologies IV, November 6 – 9, Proc. of the 4th Int. Conf. Paris, France

Simon, H.; Thoma, M. (1985)
Angewandte Oberflächentechnik für metallische Werkstoffe, MTU München, Hanser-Verlag, München, 356 S.

Steffens, H.D. (Hrsg.) (1992)
Moderne Beschichtungsverfahren, Univ. Dortmund, Fortb.Seminar, 435 S., DGM-Verlag

Mayr, P. (Hrsg.) (1993)
Surface Engineering, Conf. Proc. Bremen, 590 S., DGM-Verlag

25.1 Nicholls, J.R. (1993)
A life prediction model for the corrosion of hot section components and coatings, Cranfield Institute of Technology, paper 15, European Propulsion Forum, Bath, UK

Projekt COST 501/II WP7 D2 # 1560 (1992)
Improved Coatings for Aero Engines Corrosion Resistant Coatings for Single Crystal Alloys with improved diffusion and thermal fatigue stability (Overlay Coatings), BMFT-Bericht

Bürgel, R. (1986)
Beschichtungen gegen Hochtemperaturkorrosion in thermischen Maschinen, VDI-Bericht 624, S. 185 – 240

Bürgel, R.; Grünling, H.W.; Schneider, K. (1987)
Erfahrungen mit Hochtemperatur-Schutzschichten in stationären Gasturbinen, Werkstoffe und Korrosion 38, S. 549 – 555

Mom, A.J.A. (1981)
Hoge temperatur coatings voor gasturbines, een overzicht, NLR, MP 81003 U, Amsterdam

Wolverson, J.; Meetham, G.W. (1981)
The influence of superalloy chemistry on various aspects of hot corrosion behaviour, European concerted action (Cost 50), Materials for gas turbines, Projekt UK 26, Rolls Royce, Derby

Schaufeln und Scheiben in Gasturbinen-Werkstoff- und Bauteilverhalten (1989)
VDI-Fortschrittsberichte, Reihe 5, # 166, Bericht zum 1. Koll. des SFB 339, TU Berlin, VDI-Verlag Düsseldorf

Morbioli (1981)
COST 50 Abschlußbericht Project F6, Etude de la corrosion a chaud de revetements protecteurs sur superalliages base nickel, SNECMA

Lang, E.; Bullock, E. (1982)
The effect of coatings on the high-temperature mechanical properties of nickel base superalloys, COST 50 – Materials for gas turbines, Project CCR-1, Final report, round 2, Joint Research Centre, Petten

Strang, A.; Cooper, S.P. (Februar 1980)
The effect of corrosion resistant coatings on the creep rupture properties of gas turbine alloys, COST 50, Materials for gas turbines, Project UK24

Streiff, R.; Stringer, J.; Krutenat, R.C.; Caillet, M., Hrsg. (May 1989)
High temperature corrosion 2, advanced materials and coatings, Proc. of the 2nd Intern. Symposium on high temperature corrosion of advanced material and coatings, Les Embiez, France, Science Publishers London & N.Y., Elsevier

Huber, P.; Rosselet, A. (Oktober 1981)
Prüfung der Korrosionsbeständigkeit von Gasturbinenlegierungen und Schutzschichten, Europäische konzertierte Aktion „Werkstoffe für Gasturbinen", Projekt CH6, Abschlußbericht, Gebrüder Sulzer AG, Abt. Forschung und Entwicklung

Coatings of High-Temperature Materials (1966)
Parts 1 – 3, LCCC-Number 65-12156, Plenum Press N.Y.

Sachova, E; Hougardy, H.P. (1988)
Wirkung von Oberflächenschutzmaßnahmen auf hochwarmfeste Gasturbinenwerkstoffe Teil II: Beeinflussung des Gefüges, Materialwissenschaft und Werkstofftechnik, 19, 10, S. 329 – 335

Ebeling, W. (1988)
Langzeitige Wirkung von Oberflächenschutzmaßnahmen auf das Zeitstandverhalten hochwarmfester Nickellegierungen (Diss), S. 1 – 25, TH, Darmstadt

Johner, G. (1982)
Der Einfluß von Heißgas-Atmosphären auf das Gefüge und mechanische Kennwerte der mit Cr- und Al-haltigen Beschichtungen geschützten Nickelbasislegierung IN 100, Diss. TU, München

Saunders, S.R.J.; Hossain, M.K.; Ferguson, J.M. (August 1981)
A comparison of hot-salt corrosion test procedures, European concerted action COST 50, Materials for gas turbines (Round II), UK15, National Physical Laboratory, NPL Report DMA (A) 36, 37 NPK 50/015

Grünling; Schneider; Arnim, v. (1981)
Influence of coatings on high cycle fatigue properties of cast nickel base superalloys COST 50, 2. Runde, D2, Abschlußbericht 20.02.1981

Marijnissen, G.H.; Schaik, T.V. (Dezember 1980)
Study of gas phase coating mechanisms, Final report COST 50/II NL3, number R80-66, Elbar/Niederlande

25.2.1 Adam, P. (1983)
Aufbau und Erprobung von Pilotanlagen zum Diffusionsverbinden und Beschichten hochlegierter Triebwerkteile, Bd. II, S. 135 – 150, (Gesamtausgabe), 3. BMFT-Status-Seminar, Hamburg

Adam, P. (1980)
Pilotanlagen zum Beschichten von Heißteilen und zum Diffusionsverbinden von Triebwerkteilen, S. 575 – 599, 2. BMFT-Status-Seminar Luftfahrtforschung und Luftfahrttechnologie

25.2.5 Lehnert, G.; Schmidt, W. (Oktober 1980)
Ductility of metallic diffusion type coatings on nickel-based alloys, COST 50 Abschlußbericht 01 ZB 157 - D 20, Thyssen Edelstahlwerke AG

Rickerby, D.; et al (1995)
Comparature thermal stability, Characteristics and Isothermal Oxidation behaviour of an Aluminized and a Pt-aluminized Ni-Base superalloy, Scripta Metallurgica et Materialia, 33, # 9, S. 1431 – 1438

25.2.6 Eschnauer, H.; Huber, P.; Nicoll, A.; Sandmeier, S., Hrsg. (1988/1991)
Plasma-Technik Symposium, 1st Luzern, Vol. 1 – 3, Proc., Printed by Plasmatechnik in Wohlen, Schweiz, 2nd Luzern, Vol. 1 – 3, Proc., Printed by Häfliger Druck AG, Wettingen, Schweiz

Thermische Spritzkonferenz TS 93 (1993)
Aachen, DVS-Bericht 152, Deutscher Verlag für Schweißtechnik, Düsseldorf

Gruner, H.; Schenkel, T.; Voss, N. (1993)
Mechanische Eigenschaften VPS-gespritzter Superlegierungen, DVS-Bericht 152, S. 79 - 82, TS 93 Thermische Spritzkonferenz, 19930303 – 19930305

COST 50/III-D-13 (1981 – 1983)
Low Pressure plasma spraying (LPPS) of Hot-Gas-Corrosion Resistant coatings and determination of their physical properties, Europäische konzertierte Aktion Werkstoffe für Gasturbinen, Programm D13

25.3 Lübcke, T. (1994)
Diffusionschromieren einer Turbinenlaufschaufel aus einer stationären Gasturbine, Dipl.-Arbeit, FH, Osnabrück/MTU München

Reichel (7/92)
Untersuchungen zur Lebensdaueroptimierung eines HDV-Stators eines Strahltriebwerkes durch Schutzschichten, Dipl.-Arbeit, RWTH, Aachen

25.5 Adam, P.; Cosack, T. (1993)
Thermal barrier coatings, their functional benefits, problems and improvements, paper 13, Proc. of the European Propulsion Forum Bath, UK

Adam, P. (1986)
Wärmedämmschichten für thermische Maschinen, VDI-Bericht 624, S. 241 – 259

Adam, P.; Johner, G. (Nov. 1985)
Thermal Barrier Coatings (TBC) in Aircraft Engines, S. 265 – 287, Status and Lines of Development, Europ. Konf. MRS-Europe, Straßburg

Adam, P. (2/1989)
Wärmedämmschichten, MTU-Focus, S. 15 – 23

Adam, P.; Cosack, T., Izquierdo, P.; Söhngen, J. (6/1991)
Statistical calculations on the correlation between spraying parameters and porosity of TBC, Band 2, S. 45 – 54, 2. Plasma-Technik-Symposium, Luzern

Schulz, U. (1995)
Wachstum, Mikrostruktur und Lebensdauer von EB-PVD-WDS für Turbinenschaufeln, Diss., TU Freiberg, Verlag Shaker, Aachen

Thermal barrier coating workshop (1995)
Conf. Proc., 27. – 29.03.1995, NASA Lewis Research Center, NASA Conf. Publ. 3312

25.5.2 Silva, M., Hrsg. (1976)
4th Int. Electron beam processing seminar proceedings, Printed by Universal Technology Corp., Long Island, N.Y., USA

25.5.5 Gramlich, M.R. (1997)
Beitrag zur Simulation des Versagensverhaltens von APS-WDS mittels FEM, Berichte aus der Werkstofftechnik, 4/97, 139 S., Shaker, Aachen

25.6 Wear of Materials (1983, 1985, 1987, 1989 ff)
Int. Conferences, ASME United Engineering Center, N.Y. 345 East Street

zum Gahr, K.H. (1996)
Reibung und Verschleiß, , DGM-Inform. Gesellschaft, Oberursel

Gebert, A.; Heinze, H.; Schammer, S. (1996)
Plasma-Pulver-Auftragschweißen, Verschleißschutz mit neuartigen Legierungen, Metalloberfläche 50, 1, S. 56, 58 – 60

Lugscheider, E.; Jungklaus, H.; Wielage, B.; Henker, A. (1995)
Plasmaspritzen von Titanhartstoffen – Neue Möglichkeiten zum Verschleißschutz, Schweißen und Schneiden 47, 10, S. 822 – 831

Verschleißschutz durch Oberflächenschichten (1979)
VDI-Bericht 333, VDI-Verlag, Düsseldorf

Adam, P.; Müllenberg, R.D (1983)
Remelting of plasma-sprayed wear protective coatings on precipitationhardened superalloys and chromium-nickel steel, 3rd Int. Coll. on welding and melting by electron and laser beams, Bd. I, S. 235 – 243, Lyon

Knotek, O.; Elsing, R.; Strompen, N. (1983, 1985)
Verschleißschutzschichten I und II, FKM-Hefte 106 und 120

Fischmeister, H. (Hrsg.) (1987)
Hartstoff-Schichten zur Verschleißminderung, Seminar 1987, Bad Honnef, 395 S., DGM-Verlag

25.6.1 Adam, P.; Paripovic, M.; Thoma, M. (1982)
Schutzschichten gegen Schwingungsverschleiß im Triebwerkbau, in Tribologie Band 4, S. 157 – 178, Hrsg. BMFT Projektträger DFVLR, Köln, Druck Springer Verlag

Heinz, R.; Heinke, G. (1981)
Die Vorgänge beim Schwingungsverschleiß in Abhängigkeit von Beanspruchung und Werkstoff, in Tribologie Band 1, S. 329 – 408, Hrsg. BMFT-Projektträger DFVLR, Köln, Druck Springer-Verlag

Schäfer, R. (1986)
Reibkorrosion an Turbinenschaufeln - Schwingfestigkeit von Titan unter Reibbeanspruchung, IABG-Bericht TF 1950, BMFT-Förderkennzeichen 01ZT 0513, s. a. BMFT-Fachbuchreihe „Tribologie"

Adam, P., Broszeit, E., Kloos, K.H. (1981)
Schwingungsverschleiß im Triebwerkbau, in Tribologie Band 1, S. 409 – 442, Hrsg. BMFT Projektträger DFVLR, Köln, Druck Springer-Verlag

Julius, A. (1972)
Zum Mechanismus des Reibdauerbruchs, Dissertation, FB Maschinenbau, TH, Darmstadt

Kreitner, L. (1976)
Die Auswirkung von Reibkorrosion und von Reibdauerbeanspruchung auf die Dauerhaltbarkeit zusammengesetzter Maschinenteile, Dissertation, FB Maschinenbau, TH, Darmstadt

Bunk, W.; Hansen, J.; Geyer, M., Hrsg. (1981, 1983)
Tribologie, Ergebnis-Berichte des BMFT-Vorhabens Tribologie, DFVLR, Köln-Porz

Sims, R.I.; Burt, R.A. (1978)
Review of ion plating applications and evaluation of use in coating gas turbine blades, Lucas Engineering Review, 7, Heft 3, S. 70 – 76

25.6.2 Söhngen, J. (1987)
Wärmestromverteilung beim Anstreifen von Turbinenschaufeln und deren Einfluß auf das Verschleißverhalten hochtemperaturbeständiger Dichtungssysteme für Fluggasturbinen, Diss., D 17, TH, Darmstadt

Adam, P.; Schweitzer, K.K.; Söhngen, J.
Entwicklung von hochtemperaturbeständigen Gasdichtungen für Flugtriebwerke, DVS-Bericht 98, S. 112 – 115

25.7 Adam, P. (1979)
Merkmale thermischer Spritzverfahren und ihr Einfluß auf die Eigenschaften der Schichten - verfahrenstechnische Gesichtspunkte, VDI-Bericht 333, S. 97 – 103

Dinkov, P. (1990)
Beitrag zum Schutz von thermisch und mechanisch hoch belasteten Bauteiloberflächen durch Verbundwerkstoffe, Diss., erschienen in Fortschrittsberichte VDI Reihe 5 Grund- und Werkstoffe Nr. 216, VDI-Verlag, TH, Aachen, D82

Adam, P.; Söhngen, J., Waser, G. (1988)
Qualitätsbeurteilung von Schichten an Bauteilen für Fluggasturbinen, VDI-Bericht 702, s. 343 – 367

Broszeit, E.; Münz, W.D.; Oechsner, H.; Rie, K.-T.; Wolf, G.K.
Plasma Surface Engineering, Volume 1 and 2, DGM Informationsgesellschaft-Verlag

Adam, P. (1985)
Thermisches Spritzen - Praxis und Entwicklung, Metall-Oberfläche 39, 6, S. 217 – 220

Smolka, K. (1985)
Thermisches Spritzen, DVS-Verlag GmbH, Bd. 15 aus „Die schweißtechnische Praxis"

Journal of Thermal Spray Technology, ASM Publication, Metals Park, Ohio, USA

Heimann, R.B. (August 1996)
Plasma spray coating principles and applications, VCH, 339 S., Weinheim, New York, Basel, Cambridge, Tokyo

Eschnauer, H., Lugscheider, E. (5/1991)
Fortschritte beim thermischen Spritzen, Metall 45, Heft 5

Borbeck, K.D. (1990)
Marktübersicht über das thermische Spritzen, Schweißen und Schneiden 42, Heft 8

Heinrich, P. (10/1992)
Thermisches Spritzen – Fakten und Stand der Technik, Jahrbuch, Oberflächentechnik Band 48, Metall-Verlag GmbH Berlin/Heidelberg

Pawlowski, J. (1994)
The science and engineering of thermal spray coatings, 432 S., Wiley & Sons

25.7.2 Barbezat, G. (1988)
Metallurgische Aspekte und Eigenschaften von WC/Co-Schichten, hergestellt mit dem Jetkote-Verfahren, VDI-Berichte 670, S. 853 – 872

Diamond Jet System and Diamond Jet Gun
Metco Hattersheim

Hochgeschwindigkeitsflammspritzen (1989)
11. DVS-Kolloqium, 165

Wagener, N. (1985)
Herstellung von verschleißfesten WC-Co-Schichten durch Hypersonic-Flammspritzen, Zeitschrift für Werkstofftechnik, S. 55 – 60

Kreye, H.; Heinrich, P. (1990)
Stand der Entwicklung und Perspektiven des Hochgeschwindigkeits-Flammspritzens, Schweißen und Schneiden 42, Heft 8

25.7.3 Gill, B.J. (1990)
Reportage „Super-D-Grun erhöht die Lebensdauer von Bauelementen und verringert die Ermüdungsprobleme", Sprechsaal, Vol. 123, No. 6, Seite 557 – 560

A guide to the use of UCAR Coatings in Gas Turbine Engines Union Carbide (1985)

25.7.4 Lugschneider, E.; Jokiel, P. (1992)
Plasmaspritzen-Verfahren, Anwendungen, Entwicklungen, erschienen in „Beschichten und Verbinden in Pulvermetallurgie und Keramik, S. 7 - 32, VDI Verlag GmbH, Hagen

26 Broszeit, E., Münz, W.D.; Oechsner, H.; Rie, K.-T., Wolf, G.K.
Plasma Surface Engineering, Volume 1 and 2, DGM Informationsgesellschaft-Verlag

Daiber, T. (1995)
Renaissance von CKW und nichthalogenierten Lösungsmitteln, Tagung (In Serie: Praxis-Forum, Umwelttechnik) 18/95, Berlin: Technik + Kommunikation, S. 137, 139 - 173

27 Cantello, M.; et al (1996)
Laser welding of superalloys for the manufacturing of aeroengine components, CIRP Annals, S. 173

AGARD Conf. Proceedings Nr. 398 (1985)
Advanced Joining of Aerospace Metallic Materials, Printed by Specialised Printing Services Ltd. Loughton, Essex

Schweißen von Wiggin-Nickellegierungen (August 1969)
Henry Wiggin & Company Limited, Publikation 3431

AGARD Lecture Series Nr. 91 (1977)
Advanced Manufacturing Techniques in Joining of Aerospace Materials, Printed by Techn. Edit. and Reproduction Ltd., London

Deutscher Verband für Schweißtechnik Düsseldorf (1984)
Hochtemperaturlöten Vorträge, 3. Dortmunder Hochschulkolloquium über Hochtemperaturlöten, Dortmund, 19841129 - 19841130, Deutscher Verlag für Schweißtechnik, Düsseldorf

Spinat, R.; Honnorat, Y. (1986)
Application of Joining Processes to Aero Engine Critical Parts: Production and Repair, Conference on High Temperature Alloys for Gas Turbines and other Applications, Lüttich, B, 19861006 - 19861009, S. 151 - 173, Snecma, Evry, F

Schwartz, M.M. (1969)
Modern Metal Joining, Techniques, Welding and Brazing, John Wiley & Sons

Schwartz, M.M. (1979)
Metals Joining Manual, McGraw-Hill Inc.

Zenner, H.; Schütz, W. (1974)
Betriebsfestigkeit von Schweißverbindungen - Lebensdauerabschätzung mit Schadensakkumulationshypothesen, Schweißen und Schneiden, Heft 2/74, DVS-Verlag, Düsseldorf

Schneider, K.; Ellner, H.; Rechtenbacher, H. (1981 - 1983)
Mechanical Properties, Hot Corrosion Behaviour and Metallurgical Stability of Welded and Diffusion Bondes Superalloys, COST 50, III-D-76 Progress Reports, Brown, Boveri & Cie AG, Mannheim

Schulze, R. (1990)
Entwicklung von Transition Joints aus IN 718 und IMI 834, Interatom, Technischer Bericht, A411, Ident-Nr. 32.08002.6

DVS Düsseldorf (1989)
Hart- und Hochtemperaturlöten und Diffusionsschweißen Vorträge, 2. Int. Kolloquium über Hart- und Hochtemperaturlöten und Diffusionsschweißen, Essen, 19890919 - 19890920, DVS-Verl., S. 1 - 168

DVS Düsseldorf (1992)
Hart- und Hochtemperaturlöten und Diffusionsschweißen Vorträge, 3. Int. Kolloquium über Hart- und Hochtemperaturlöten und Diffusionsschweißen, Aachen, 19921124 - 19921126, S. 1 - 301

27.1 Kaiser, L. (1981)
Hochtemperaturlöten mit Nickelbasisloten, Schweißen und Schneiden, 33, 11

Schmeling, E.-L., Pohl, M.; Burchard, W.-G. (Juli 1978)
Vergleichende Untersuchungen zum Aufbau und zur Struktur von Nickel-Bor- und Nickel-Phosphor-Schichten, Metalloberfläche, Heft 7

Dammer, R. (1986)
Beitrag zur Bewertung mechanischer Eigenschaften hochtemperaturgelöteter Superlegierungen (Schweißtechnische Forschungsberichte Band 9), S. 1 - 214, Deutscher Verlag für Schweißtechnik, Düsseldorf

Gale, W.F.; Wallach, E.R. (1991)
Benetzungseigenschaften beim Hochtemperaturlöten von Nickelbasislegierungen, Schweißen und Schneiden 43, 7, S. 386 - 389

Ramirez, J.E.; Liu, S. (1992)
Diffusion Brazing in the Nickel-Boron System, Welding Journal 71, 10, S. 365 - 375

Lote und Flußmittel für die Verbindungstechnik
DEGUSSA Metall-Abteilung, Frankfurt am Main

Technical Bulletin
Brazing and Spraying Materials, AMI - Alloy Metals Inc., 2807 Elliot, Troy, Michigan 48084

Nicrobraz and Nicrocoat Transfer Tapes
Data Sheets, Nicrobraz Engineering Data Sheet, Stainless Processing Division, Wall Colmonoy Corporation, 19345 John R. Street, Detroit, Michigan 48203

WESGO Low Vapor Pressure Brazing Alloys, Western Gold and Platinum Company, 525 Harbor Boulevard, Belmont. California

Gooch, T.G.; Hurst, R.; Kroeckel, H.; Merz, M. (1982)
Behaviour of Joints in High Temperature Materials, Appl. Science Publishers, London, New York

Adam, P. (1981)
Diffusion in Metallen - Grundzüge der Mechanismen und Theorien, Grundlagen der technischen Wärmebehandlung von Stahl, Werkstofftechnische Verlagsgesellschaft mbH, Karlsruhe

Adam, P. (1980)
Pilotanlagen zum Beschichten von Heißteilen und zum Diffusionsverbinden von Triebwerkteilen, 2. BMFT-Status-Seminar Luftfahrtforschung und Luftfahrttechnologie, S. 575 - 599

Adam, P. (1983)
Aufbau und Erprobung von Pilotanlagen zum Diffusionsverbinden und Beschichten hochlegierter Triebwerkteile, 3. BMFT-Status-Seminar, Bd. II, S. 135 - 150, Hamburg

Adam, P.; Steinhauser, L. (Juli 1986)
Bonding of Superalloys by Diffusion Welding and Diffusion Brazing, AGARD-CP-398, R 2/9, 1 - 6

Haafkens, M.H. (1984)
Evaluation of automized TIG welding and high temperature brazing processes for the repair of IN738 and IN939, COST 50 Round III NL 4 Program, Report number R84-18, 30.03.84, Interturbine Holland

Wendel, H. (1980)
Zum Löten von Titan, VEB Petrolchemisches Kombinat Schwedt, Schweißtechnik 30

Bose, D.; Datta, A.; DeCristofaro, N. (October 1981)
Comparison of Gold-Nickel with Nickel Base Metallic Glass Brazing Foils, Welding Journal

Lison, R.. (1981)
Hochtemperaturlöten, wt - Z ind. Fertig. 71, 25 - 28, Jülich

Weiss, B.Z., Grushko, B. (October 1983)
Effect of Strain Rate and Temperature on Yielding and Fracture Toughness of Brazed Joints of Inconcel 718, Welding Research Supplement

27.1.2 Duvall, D.S.; Owczarski, W.A.; Paulonis, D.F. (April 1974)
TLP Bonding: a new method for joining heat resistant alloys, Welding journal

27.2 Steffens, H.D.; Degelmann, E. (1990)
Vereinfachtes Hochtemperaturlötverfahren für Titanwerkstoffe mit Hilfe eines amorphen Lotes, Schweißen und Schneiden 42, 5, S. 217 - 223

Howden, D.G.; Monroe, R.W. (January 1972)
Brazing Titanium, Welding Journal

27.3 Adam, P. (1982)
Die schweißtechnische Praxis im Turbinenbau, Industrie-Anzeiger 85, 104, S. 36 - 39

Adam, P. (1978)
Welding of high-strength Gas Turbine Alloys, Conf. on High Temp. Alloys for Gas Turbines - COST 50 -, Sept. 1978, Lüttich

Adam, P. (1977)
Der Einfluß von Sonderschweißungen an Bauteilen auf das Festigkeitsverhalten von Hochtemperaturwerkstoffen aus Nickelbasis, VDI-Bericht 302, S. 53 - 58

Adam, P.; Wilhelm, H. (1982)
Welding of PM-Superalloys, in High Temperature Alloys for Gasturbines, S. 909 - 930, printed by Reidel Publ. Comp. Holland

Anik, S.; Dorn, L. (1983)
Metallphysikalische Vorgänge beim Schweißen von Nickel-Werkstoffen - Einfluß der Werkstoffzusammensetzung, Schweißen und Schneiden 35, 9, S. 445 - 450

Anik, S.; Dorn L. (1983)
Metallphysikalische Vorgänge beim Schweißen von Nickelwerkstoffen - Wärmebehandlung und Schweißverfahren, Schweißen und Schneiden, 35, 11

Speer, J.
Schweißen und Wärmebehandlung von Inconel 718 u. a. Nickel-Basislegierungen (AT III 6)

Adam, P.; Wilhelm, H. (1983)
Schweißen von PM-Superlegierungen, Europäische konzentrierte Aktion „Werkstoffe für Gasturbinen", COST 50, III. Runde, Projekt D9, Abschlußbericht 01.02.1981 - 31.12.1983, Kennzeichen: 01 ZB 060

Haufler, G.; Mayer, H.G. (April 1987)
Fügen von ODS-Legierungen durch Elektronenstrahl-Schweißen und Diffusionsschweißen, Abschlußbericht COST 501/D42, BMFT Förderkennzeichen: 03 ZYK 2620

Doyle, J.R.; Vozzella, P.A.; Wallace, F.J.; Dunthorne, H.B. (Nov. 1969)
Vergleich trägheits- und elektronenstrahlgeschweißter Verbindungen in einer Superlegierung auf Nickelbasis, Welding Research Supplement, S. 514 - 520

Geipl, H. (1995)
Neue Entwicklungen beim Metall-Schutzgasschweißen von Nickelwerkstoffen, DVS-Bericht 170, DVS-Verl., Düsseldorf, S. 239 - 245

27.4 Thompson, R.G.; Dobbs, J.R.; Mayo, D.E. (1986)
The Effect of Heat on Microfissuring in Alloy 718, Welding Journal, 65, 11, S. 299 - 304

Bologna, D.J. (Nov. 1969)
Metallurgical Factors Influencing the Microfissuring of Alloy 718 Weldments, Metals Eng. Quarterly ASM

Boucher, C.; Dadian, M.; Granjon, H. (1977)
Recherche sur la fissuration a chaud des soudure par fusion d'alliages utilises dans la construction des turbines a gaz, COST 50 Rapport final 7198, Inst. d. Soudure, Paris

27.5 Born, K. (1981)
Plasmaschweißen, wt-Z. ind. Fertig. 71, Unterschleißheim

Baeslack, W.A.; Becker, D.W.; Froes, F.H. (1984)
Advances in Titanium Alloy Welding Metallurgy, Journal of Metals 36, 5, S. 46 - 58

Deutscher Verband für Schweißtechnik (1987)
Merkblatt DVS 2713, Schweißen von Titanwerkstoffen, S. 1 - 11, DVS-Verlag, Düsseldorf

Wuich, W. (1994)
Kleben, Löten und Schweißen von Titan, Metall, 48, 10, S. 801 - 806

27.8 1ère Coll. Int. sur le Sondage et la Fusion par faisceau d'electrons et laser (1970), Paris
2ème Coll. Int. (1978), Avignon
3ème Coll. Int. (1983), Lyon
DOC/CEN Saclay, ed. par le Comm. à l'energie atomique

Jüptner, W. (1975)
Untersuchungen zum Einbrandverhalten eines Elektronenstrahls unter Berücksichtigung der Strahlgeometrie, Dissertation, TU Hannover, Fak. Maschinenwesen

Meleka, A.H. (1991)
Electron Beam Welding, Principles and Practice, McGraw-Hill

Silva, M., Hrsg. (1976)
4th Int. Electron beam processing seminar proceedings, Printed by Universal Technology Corp, Long Island, N.Y., USA

Adam, P.; Reisinger, L. (März 1991)
Elektronenstrahlschweißen von hochfesten Gasturbinenteilen mit engen Maßtoleranzen, DVS-Bericht Strahltechnik 135, S. 115 - 118

Busch, W.B. (1989)
Strukturelle und Eigenschaftsänderungen hochfester Nickel-Basislegierungen durch Elektronenstrahlschweißungen, Dissertation, TU Clausthal

Stocker, G. (1974)
Erfahrungen beim Elektronenstrahlschweißen dickwandiger Bauteile aus der Titanlegierung TiAl6V4 geglüht, Welding Journal September 1973, Schweißen und Schneiden, 1974, Jg. 26, Heft 3

Matzeit, R.A. (Juni 1996)
Laserstrahl- und Elektronenstrahlschweißen, konstruktive Gestaltung und Auslegung von Bauelementen unter Berücksichtigung verfahrenstechnologischer Aspekte, Shaker, 263 S. (Berichte aus der Lasertechnik), Aachen

27.9 Beyer, E. (1995)
Schweißen mit Laser, Grundlagen, Laser in Technik und Forschung, Springer Verlag, Berlin

Holt, T. (1995)
New applications in high power laser welding, Welding and Metal Fabrication 63, 6, S. 230, 232, 234

Schultz, M. (1995)
Laserschweißgerechtes Konstruieren und Fertigen, Forschungsbericht Daimler-Benz, FAT-Schriftenreihe Nr. 118, Ffm.

Beck, M. (1996)
Modellierung des Lasertiefschweißens, Diss., IFSW D93, Stuttgart, Teubner, B.G

Glumann, C. (1996)
Verbesserte Prozeßsicherheit und Qualität durch Strahlkombination beim Laserschweißen, Dissertation, IFSW, Stuttgart, Teubner, B.G.

Laser Welding of Superalloys and Titanium-Alloys (9/1996)
Abschlußbericht zum EU-Projekt P4096-90, Kontrakt-Nr. BREU CT 910518 (RZIE)

27.10 Schmitt-Thomas, K.H.; Adam, P.; Meisel, H.; Siede, R. (1982)
Beeinflussung der mechanisch-thermischen Festigkeit von Schwungradreibschweißungen an Waspaloy durch gezielte Einstellung von Gefüge und Struktur, Z. f. Metallkunde 73, 9. S. 558 - 565

Adam, P.; Wilhelm, H. (1983)
Reibschweißen von Superlegierungen, DVS-Bericht 77, S. 52 - 55

Adam, P. (1977)
Der Einfluß von Sonderschweißungen an Bauteilen auf das Festigkeitsverhalten von Hochtemperaturwerkstoffen auf Nickelbasis, VDI-Bericht 302, S. 53 - 58

Adam, P. (1979)
Der Ablauf der Verbindungsbildung beim Schwungradreibschweißen von hochwarmfesten Legierungen - Temperaturverlauf und Wulstbildung, Schweißen und Schneiden 31, 7, S. 279 - 283

Adam, P. (1980)
Der phänomenologische Ablauf der Verbindungsbildung beim Schwungradreibschweißen von hochwarmfesten Legierungen, Schweißen und Schneiden 32, 1, S. 30 - 44

Adam, P. (1981)
Die Festigkeit von Schwungradreibschweißverbindungen hochwarmfester Legierungen, Schweißen und Schneiden 33, S. 123 - 127

Adam, P. (1982)
Werkstoffverhalten beim Schwungradreibschweißen von Nickellegierungen, Z. f. Werkstofftechnik 13, S. 258 - 262, Verlag Chemie, Darmstadt

Adam, P. (1983)
Einrichtungen zur Verfahrenskontrolle beim Schwungradreibschweißen von Turbinenteilen, Schweißen und Schneiden 35, S. 443 - 444

Adam, P.; Wilhelm, H. (9/1985)
Reibschweißen von Superlegierungen, Erfahrungen und Ausblick, DVS-Bericht 98, S. 31 - 35

Adam, P. (1991)
Schwungradreibschweißen von Verdichterrotoren aus Titanlegierungen, DVS-Bericht 139, Seiten 36 - 39

Grünauer, H. (1983)
Gütesicherung reibgeschweißter Bauteile, wt-Z. ind. Fertg. 73 367 - 368, Augsburg

Nicholas, E.D. (July 1983)
Radial Friction Welding, Welding Journal

Nessler, C.G.; Rutz, D.A.; Eng, R.D.; Vozzella, P.A. (September 1971)
Friction Welding of Titanium Alloys, Welding Journal

Siede, R.; (1982)
Simultane und sequentielle Wärmebehandlung beim Reibschweißen von Nickelbasislegierungen und Möglichkeiten zur Entkopplung von mechanischen und thermischen Parametern, Inst. für Metallurgie, Diss., TU München

27.12 Prümmer, R.
Zum gegenwärtigen Stand des Sprengschweißens in der Anwendung, DVS-Berichte Band 38

Prümmer, R. (1975)
Das Explosivschweißen in der industriellen Fertigung, wt - Z. ind. Fertg. 65, S. 377 - 382

27.13 Adam, P. (1981)
Diffusion in Metallen - Grundzüge der Mechanismen und Theorien, Grundlagen der technischen Wärmebehandlung von Stahl, Werkstofftechnische Verlagsgesellschaft mbH, Karlsruhe

Adam, P. (1983)
Aufbau und Erprobung von Pilotanlagen zum Diffusionsverbinden und Beschichten hochlegierter Triebwerkteile, 3. BMFT-Status-Seminar 1983, Bd. II, S. 135 - 150, Hamburg

Adam, P. (1980)
Pilotanlagen zum Beschichten von Heißteilen und zum Diffusionsverbinden von Triebwerkteilen, 2. BMFT-Status-Seminar Luftfahrtforschung und Luftfahrttechnologie, S. 575 - 599

Adam, P.; Steinhauser, L. (Juli 1986)
Bonding of Superalloys by Diffusion Welding and Diffusion Brazing, AGARD-CP-398, R 2/9, 1-6

Thorsrud, E.C.; Rose, F.K.; Metcalfe, A.G. (1974)
Improved Metal Recovery by the Solabond Diffusion Bonding Process, Solar Division of International Harvester Co., National Aerospace Eng. And Manufacturing Meeting, Oktober 1-3, Nr. 740835, San Diego, CA

Gerber, K. (1974)
Zum Diffusionsschweißen von Bauteilen für die Luft- und Raumfahrt, Dornier-System GmbH, Raumfahrtforschung Heft 1/1974, Friedrichshafen

Martin, D.C.; Miller, F.R.
Using Solid-State Joining in Gas Turbine Engines, ASME publication, Nr. 7, 72-GT-74, ASM, 345 East 47th Street, New York, N.A. 10017

Lehrheuer, W. (1981)
Diffusionsschweißen, wt - Z. ind. Fertg., 71, 13 - 18, Jülich

Weisert, E.D. (1984)
The realization of SPF/DB as a commercial fabrication process, ASM Metals Park, ASM Superplastic Forming Symposium, L.A., Cal. 3/84, paper 8401-003

Weisert, E.D. (1988)
Diffusion bonding of SPF/DB turbofan blades, 6th world conference on Titanium, Cannes, France

Weisert, E.D. (1984)
Advanced structural components by SPF/DB processing, Titanium Science and Technology, Proc. of the 5th int. Conference on Titanium,

Qualitätssicherung beim Diffusionsschweißen durch ZfP, Fhl-Bericht zusammen mit IKE (1985)
Projekt Nr. 81068 DFG, Bericht 8501/43-E, aus dem IzfP Saarbrücken und der Univ. Stuttgart

Mattheij, J.H.G.
Optimization of Diffusion welding processes for Inconel 738 and Udimet 700, Final report of the COST 50 Round III Project NL 1, Elbar, B.V.

Haufler, G.; Mayer, H.G. (Juli 1984)
Festkörperdiffusionsschweißen von PM- und Guß-Superlegierungen für Gasturbinen, Europäische konzertierte Aktion „Werkstoffe für Gasturbinen", COST 50 III. Runde, Final Report, BMFT-Förderungskennzeichen 01 ZB 110 III - D 18

27.14 Grünenwald, B. (1996)
Verfahrensoptimierung und Schichtcharakterisierung beim einstufigen Cermet-Beschichten mittels CO_2-Hochleistungslaser, Teubner-Verlag Stuttgart, Diss. Univ. Stuttgart

Albinus, W. (1996)
Metallisches Beschichten mittels PLD-Verfahren, Teubner-Verlag Stuttgart, Diss. Univ. Stuttgart

27.15 Adam, P.; Wilhelm, H. (1983)
Reparaturlöt- und Schweißverfahren für Turbinenkomponenten und Untersuchung des Lötverhaltens bindemittelfreier Lotfolien, Europäische konzertierte Aktion „Werkstoffe für Gasturbinen", COST 50, III. Runde, Projekt D10/11, Abschlußbericht 01.02.1983 - 31.12.1983, BMFT-Kennzeichen: 01 ZB 070

28 DVS-Richtlinie 2717
Qualitätsanforderungen an Zulieferbetriebe des Luft- und Raumfahrzeugbaus - Anforderungen an die Schweiß- und Lötbetriebe - DVS-Verlag, Düsseldorf

DIN 55350 Teil 11: Begriffe der Qualitätssicherung und Statistik (1989), Grundbegriffe der Qualitätssicherung (Ausgabe 05.87) und DIN-Taschenbuch 223, 1. Auflage, Beuth-Verlag, Berlin

Qualitätssicherung in der Schweißtechnik
DVS-Merkblätter und Richtlinien

Nowack, H. (1994)
Statistische Prozeßlenkung, Masing, Handbuch Qualitätsmanagement 3. Auflage, Carl Hanser Verlag München, Wien

29 Adam, P.; Hoeller, U. (27.09.90)
Novel Methods of NDT, 4th Conf. on high temperature engineering COST 501/COST 505, Lüttich

Brinksmeier, E.; Schneider, E.; Theiner, W.A.; Tönshoff, H.K. (1984)
Nondestructive Testing for Evaluating Surface Integrity, Annals of the CIRP Vol. 33/2

Müller, E.A. (1965)
Handbuch der zerstörungsfreien Materialprüfung, Oldenbourg-Verlag, München

AGARD Conf. Proc. Nr. 234 (1977)
Non-Destructive Inspection, Relationships to Aircraft Design and Materials, Printed by Techn. Edit. and Reproduction Ltd., London

Bryant, L.E.; McIntire, P. (1985)
Nondestructive Testing Handbook f.i. Volume 3 Radiography and Radiation Testing, S. 1 - 901, American Soc. for Nondestructive Testing, New York, NY, USA

Bussiere, J.F.; et al (1987)
Nondestructive Characterization of Materials II Proceedings, 2nd International Symposium on Nondestructive Characterization of Materials, Montreal, Canada, 19860721 - 19860723, S. 1 - 790, Plenum Press, New York, NY, USA

Steeb, S.; et al (1988)
Zerstörungsfreie Werkstück- und Werkstoffprüfung, Die gebräuchlichsten Verfahren im Überblick (Kontakt & Studium Band 243, Werkstoffe), S. 1 - 513, Expert Verlag, Ehningen

Thompson, D.O., Chimenti, D.E. (Editors)
Review of Progress in Quantitative Nondestructive Evaluation, Annual Proceedings, z. B. 1988 - 1995, Volume 7A, 7B, 10A, 10B, 11A, 11B, 12A, 12B, 14A and 14B, Plenum Press, N.Y., USA

La Cofrend (1994)
6ieme Conference Europeenne sur les Controles Non Destructifs Proceedings Vol. 1-2, 6ieme ECNDT, Nice, 19941024-19941028, S. 1- 1354

Bilgram, R. et al (1985)
Advanced NDT Methods for Diffusion-Bonded Titanium Parts, 5th International Conference on Titanium, 19840910 - 19840914, S. 955 - 962

Boogaard, J.; Dijk, G.M., van (1989)
Non-Destructive Testing Volume 1 and 2, Proceedings, 12th World Conference on Non-Destructrive Testing Volume 1 and 2, 19890423 - 19890428, Elsevier Science Publishers B.V., Amsterdam NL

Non-Destructive Inspection Methods for Propulsion Systems and Components, AGARD Lecture Series No. 103

Rummel, D. (August 1984)
Assessment of NDI reliability on engine components during overhaul, Martin Marietta Corporation, Denver Aerospace

Blumenauer, H. (1978)
Werkstoffprüfung, VEB-Verlag für Grundstoffindustrie, Leipzig

29.1   DVM-Tagung „Bauteil" (1983, 85, 86, 87, 88, 89, 90 ff bis 97)
83: Festigung und Bauteilverhaltung, 85: Das Zulieferteil, 86: Die Bauteiloberfläche, 87: Trennen, Zerteilen, Spanen, Spannungsfeld, Zulieferer – Abnehmer, 88: Gießen, Sintern, Schmieden, Schweißen, Bedeutung der Prüftechnik, 89: Gummi und Elastomerbauteile, Deutscher Verband für Materialforschung und -prüfung e.V., Unter den Eichen 87, Berlin

Blauel, J.G.; Schwalbe, K.H.; Hrsg. (1991)
Defect assessment in components, fundamentals and applications, 1150 S., Proceedings, Mech. Engineering Publications Ltd., Suffolk, UK, MEP

29.2   McMaster, R.C. (1982)
Nondestructive Testing Handbook Vol. 2: Liquid penetrant tests 2nd ed, ASNT ASM

Eurotest
New trends in NDT-proc., int. conf. Brüssel 24.-26.03.1982, Eurotest, Brüssel

Italian Soc for NDT (1984)
3rd European conf. on nondestructive testing, proc. Florenz 15.-18.10.1984, Vols I-V, Italian Soc for NDT Brescia

Selner, R. (February 1982)
Dye Penetrant and Magnetic Particle Inspection, Recent developments include the use of micro-encapsulated penetrants and magnetic rubber inspection, Welding Journal

29.3   Thomas, H.M. (1986)
Zur Anwendung des Impuls-Wirbelstrom-Verfahrens in der ZfP, For-schungsbericht # 124 der BAM (Bundesanstalt für Materialprüfung), Berlin

Steinhauser, L.; Bamberg, J.; Lindecke, L. (1984)
Wirbelstromprüfung von Lötverbindungen an HDV-Leitschaufelsegmenten, DVS-Bericht 166, DVS-Verlag

Morgner, W. (1978)
in Werkstoffprüfung, hrsg. von H. Blumenauer, VEB-Verlag, Leipzig

29.4 Selner, R. (February 1982)
Dye Penetrant and Magnetic Particle Inspection, Recent developments include the use of micro-encapsulated penetrants and magnetic rubber inspection, Welding Journal

Deutsch, V. (1979)
Die Magnetpulver-Rißprüfung als Mittel der Qualitätssicherung von Schmiedestücken, VDI-Z 121, Nr. 5 - März (I), Wuppertal

29.5 Adam, P.; Feist, W.D. (1990)
Hochauflösende Ultraschallprüfung, DVM-Tag, Bauteil 90, DVM-Verlag, Seiten 55 - 66

Adam, P. (1/1990)
Ultraschallprüfung von Triebwerkskomponenten, MTU-Focus S. 27 - 33

Krautkrämer, J. u. H. (1986)
Werkstoffprüfung mit Ultraschall, 5. Auflage, Springer-Verlag

Matay, I.M. (1977)
Improved Ultrasonic Inspection of Titanium Alloy Forging Billets, Bericht, AFML-TR-77-111

Strelkov, P.S., Belenov, M.I. (1972)
Ultrasonic inspection of Nickel-base alloy products, Soviet Journ. Nondestructive Testing, 8, 1

Granville, R.K; Taylor, J.L. (1985)
High Noise Levels during the Ultrasonic Testing of Titanium Alloys, Brit J of Non Destructive Testing, 27, 3, University College, Cardiff, UK

Feist, W.D.; Müller, W. (1989)
Ultrasonic Field Modelling for Complex Shaped Aerospace Components, S. 1206 - 1214, 12th World Conference on Non Destructive Testing Volume 2, 19890423 - 19890428, Amsterdam, NL

Feist, W.D. (1990)
Hochauflösende Ultraschallprüfung von hochbeanspruchten Bauteilen aus pulvermetallurgisch hergestellten Superlegierungen, S. 49 - 63, Seminar „Ultraschallprüfung neuer Werkstoffe", BAM, Berlin

Adam, P.; Feist, W.D. (1990)
Hochauflösende Ultraschallprüfung, S. 55 - 66, DVM-Tag, Bauteil 1990. DVM-Verlag

Mittleman, J.; Han, K.Y.; Thompson, R.B. (1995)
Ultrasonic Examination of Ti-6-4 and Nitrided Ti-6-4 Materials, Review of Progress in Quantitative Nondestructive Evaluation, Snowmass, CO, USA, 19940731 - 19940804, S. 1457 - 1464, Coastel System Station, Panama City, FL, USA

Willems, H.; Goebbels, K. (1981)
Characterization of microstructure by backscattered ultrasonic waves, Metal Science Vol 15, Nov. - Dec.

Heyman, J.S. (May 1977)
A CW Ultrasonic Bolt-strain Monitor, A new sensitive device is reported for the measurement of stress-related strain as well as stress-related change in velocity of sound, Experimental Mechanics

Willems, H. (März 1987)
Zerstörungsfreie Bestimmung der Restlebensdauer mittels Ultraschall, Abschlußbericht zum COST 501 Project D 9, Förderungsvorhaben BMFT/KFA 03 ZYK 032), FhG, Institut für zerstörungsfreie Prüfverfahren

29.6 Stegemann, D. (1995)
Zerstörungsfreie Prüfverfahren: Radiografie und Radioskopie, 168 S., Teubner, Stuttgart

29.7 Kaak, A.C; Staney, M. (1988)
Principles of computerized tomographie imaging, IEEE Press, New York

29.9 Maldague, X.P. (1993)
Nondestructive Evaluation of Materials by Infrared Thermography, S. 1 - 207, Springer, London, UK

Maldague, X.P.U. (1994)
Infrared methodology and technology, Gordon und Breach Science Publishers, 525 S.

Neues „lock-in" Thermographiesystem (1995)
entwickelt von: Fa. Agema Infrared Systems, Insight 37, 11, S. 860 - 861, Uni Stuttgart und MTU-M

Burnay, S.G.; Williams, T.L.; Jones, C.H.N. (1988)
Applications of thermal imaging, Verlag Adam-Hilger, Bristol und Philadelphia

29.10 Hauk, V.; Hougardy, H.P.; Macherauch, E.; Tietz, H.D. (1993)
Residual Stresses, 1020 Seiten, 2 Bände, Verlag DGM, Oberursel

Hauk, V.; Hougardy, H.P; Macherauch, E. (1991)
Residual stresses, measurement, calculation, evaluation. Proc. of a symposium, Darmstadt, 4, 1990, DGM Informationsges., s. auch Conf. proc. on residual stresses 1980, 1983, 1986, 1987

Adam, P.; Baron, H.U. (1991)
Eigenspannungsmessungen an Flugzeugturbinenteilen aus Nickel-Basis-Legierungen, 26./27.04.1990, AWT/DGM Tagungsbericht, Seiten 107 - 114, Darmstadt

Haberäcker, P. (1985)
Digitale Bildverarbeitung, Grundlagen und Anwendungen, Reihe Hanser Studienbücher, S. 1 - 377, Hanser, München

Goebbels, K.; Reiter, H.; Hirsekorn, S.; Arnold, W. (1983)
Non-Destructive Testing of High-Temperature and High-Strength Ceramics, Fraunhofer-Inst. für zerstörungsfreie Prüfverfahren, Universität Saarbrücken, Science of Ceramics 12, St. Vincént, Italien

Schmitt-Thomas, K.G. (1976)
Erfassung von Eigenspannungen und Rißbildungsmechanismen bei Ermüdungsbeanspruchung, VDI München, VDI-Bericht Nr. 268

Baron, H.U.; et al (1993)
A 13-axes X-ray goniometer for diffraction investigations on large samples, European Journal of NDT, Vol. 3, 1, S. 17 - 23

Hauk, V.; Macherauch, E. (1982)
Eigenspannungen und Lastspannungen, HTM-Beiheft, Carl Hanser-Verlag München-Wien

Baron, H.U. (1993)
Eigenspannungsmessungen zur Charakterisierung von Reibschweißnähten an der Nickellegierung IN 718, DVS-Bericht 154, S. 114 - 117
Eigenspannungsmessungen mit Neutronen-Beugung
Projekt PREMIS Brite-Euram II, # 5129, Contract BRE2-CT92-0156

Kollenberg, W. (1990)
Eigenspannungen in Keramik, Beiträge zu einem Seminar der Projektleitung Material- und Rohstofforschung im Forschungszentrum Jülich 21./22. September 1989

Schneider, W.; Goebbels, K. (1979)
Zerstörungsfreier Nachweis von Spannungen, inbesondere Eigenspannungen mit Ultraschall-Laufzeitmessungen, Grundlagen und Beispiele von laufwegrelativierenden Verfahren, Intern. Symposium, 17./19.09.1979, Saarbrücken, Mitteilung aus dem Fraunhofer-Inst. für zerstörungsfreie Prüfverfahren, Saarbrücken

Tietz, H.D. (1983)
Grundlagen der Eigenspannungen, VEB Deutscher Verlag für die Grundstoff-Industrie, Leipzig, 1983

Baron, H.U. (1993)
Röntgenografische Kristallgitter-Dehnungsmessungen mit einem 13-Achsen-Groß-Goniometer und mechanische Bohrloch-Verformungsmessungen mit einer automatischen Bohrlochanlage zur Eigenspannungsermittlung in Bauteilen, Diss. FU-Berlin, FB Chemie

29.11 Schumacher, M. (1996)
Testmessungen zur dreidimensionalen optischen Formerfassung, Daimler-Benz-FT Techn. Bericht, TEP-92-002

Placek, P. (1996)
Photogrammetrische Vermessung von Bauteilen aus dem Triebwerkbau, Dipl.-Arbeit FH Gelsenkirchen, Maschinenbau

Bauer, N.; Schramm, U.
Tieflochbohrungen automatisch inspizieren, Industrie-Anzeiger 6/97, S. 48

Jones, R.; Wykes, C. (1983)
Holographic and speckle interferometry, Cambridge Univ. Press

Haberäcker, P. (1989)
Digitale Bildverarbeitung: Grundlagen und Anwendungen, Hanser-Verlag, München - Wien, 3. Auflage

29.13 Eisenblätter, J. (Hrsg.) (1988)
Acoustic Emission, Proc. Symp. 3, 1987, Bad Nauheim, 321 S., DGM-Verlag

30 Benz; Birle; Günther; Ulbrich
Umweltschutzanforderungen in der Metallindustrie, VDMA-Broschüre, 3. Auflage

Schitag, E.; Young (Hrsg.) (1995)
Das Buch des Umweltmanagements, 298 S. VCH-Weinheim

Sachwortverzeichnis

A
A-Bild 199
Above-pack-Alitieren 113 ff., 117 ff.
Abplatzen 113
Abrichten 56, 59
Abtasten 202
ACC (aktive Spaltkontrolle) 22
Aceton 157
Acetylen 147
Achsversatz 182
adaptives Fräsen 52
ADH (*activated diffusion healing*) 159, 190
AF 115 42, 195
Aktivator 116, 120
Alitieren 113 ff.
Almen-Intensität 108 f.
α/β-Legierungen 34 ff., 159
α-Cases 26
Aluminium 113 ff., 125, 137
Alumiumoxid (Al_2O_3) 143 f.
AMS (*American Materials Specification*) 5, 153
Ankopplung 201
Anode 69, 88 f., 147
Anstreifen 140
Anstreifmodelle 143
APS (Atmosphäre-Plasmaspritzen) 125, 134, 146 f.
Argon-Shield-Verfahren 125
Auditierung 192
Auftragsschweißen 60, 190 f.
Ausscheidungsphasen 7

B
Badüberwachung 97
Bedampfen 148, 158
Bedeckungsgrad 109 f.
Beschichtungswerkstoffe 3, 112 ff.
Beschriften 105
Bildverarbeitung 82 f., 205 ff., 209 f.
Bildwandler 207
Blindnaht 162
Blisk 19, 52 f., 73, 175 f., 186 f.
Blitztemperaturen 143
BN (Bornitrid) 47, 59, 62 f., 103 f., 143
Bohren 51 f., 79 ff., 87 ff.
Bohrlochmethode 213 f.
Bor 153, 158
Bragg-Winkel 212
Bruchmechanik 12 ff.

Bürsten 64
Bürstendichtung 20, 144
Butterfly 65

C
CAD/CAM 46, 191, 218
Campbell-Diagramm 17 f.
C-Bild 199
CDS 148
CD-Schleifen 56 ff.
centrifugal machining 63
Cerrotru, Cerrobend 59
Chrom 76, 113 ff., 125, 137, 196, 222
Chrom 113 ff.
Chrom-Diffusionsschutzschichten 129
Chrom-VI, -III 76
CKW (Chlorkohlenwasserstoffe) 149, 196
CMC 10
CMT 51
CO_2-Laser 83, 178
CO_2-Strahlen 150
CoCrAlY 14, 128, 143
Crushieren 56, 59
CVD (*chemical vapor deposition*) 113 ff., 120 f., 132
CW-Laser 83, 178

D
DB (*diffusion bonding*) 188 ff.
Dendriten 29
Detektion 194
DFL (Druckfließläppen) 52, 63, 65 f., 91, 93, 128
D-Gun-Verfahren 145, 148
Diamond-Jet 148
Dichtungsbeläge 140
Dielektrikum 77 f.
Diffusionsbeschichten 113 ff.
Diffusionslöten 158 f.
Diffusionsschweißen 39, 188
Dispersionsschichten 129, 137
Donator 116, 120
Doping 195
Drahterodieren 54, 76 ff.
Duplex-Gefüge 39
Durchstrahlungsprüfung 205
Düsen 147 f.
Dynaflow 66

E
EB (Elektronenstrahlschweißen) 161 ff., 169 ff.
EB-(Elektronenstrahl-)Bohren 87
EB-PVD (Elektronenstrahlbedampfen) 132 f.
ECF-Bohren 89, 94 ff.
ECM 36, 52, 68 ff., 222
EDM (Erodieren) 76 ff., 98
Eieruhr-Effekt 172, 183
Eiffelturm-Effekt 73
Eigenschaftsprüfung 194
Eigenspannungen 43, 46, 101, 105, 155, 172 f., 212 ff.
Eindringrißprüfung 196 f.
Eindringtiefe 197
Eingußblock 60
Einkristalle 28, 31, 209
Einlaufbeläge 20, 22, 130, 140
EJ-Bohren 89, 96 f.
Elektrochemisches Bohren 88 ff.
Entgiftung 76
Entgraten 63, 68 f.
Entmagnetisierung 173
Entschichten 86, 150
Entspannungsglühen 44, 152, 161 ff.
Erosionsbeständigkeit 141, 144
Ersatzfehler 196
Erstarrungsbereich 29
ESD-Bohren 89, 93 f.
Explosionsschweißen 188
Extrude-Hone 66

F
Fächerstrahl 207
FCKW 149, 196
Fehlerprüfung 193 f.
Fehlfarben 212, 217 ff.
Feinguß 26, 163
Fernfeld 98, 199
Ferrofluide 198
Fertigdrehen 46
Festkörperlaser 79 ff.
Festkörperschweißen 161
Fließdrücken (Drückwalzen) 40
Flugzulassung 33
Fluoreszenz 196 f.
FOD (*foreign object damage*) 39
Fokussierung 201
Folien 154
Formbohrungen 88, 98
Frässtrategie 52, 191
Fretting 5, 15 f., 19, 112, 138
Fügezone 151
Funkenerosion 76 ff.

G
γ'-Phasen 7, 29, 39, 161
Gamma-Strahlung 209
Ganzmetallfolie 153 f.
gatorizing 42, 182
Gesenke 36
Getter-Effekt 189
Gießen 26 ff.
Glaswerkzeuge 97
Glättungsstrahlen 128
Gleitschleifen 52, 63 f.
Goniometer 214
Gradientenglühung 43
Granulat 113, 129
Gravur 105
Green-Glas 75
Grenzformänderungen 22, 35
Grobkorn 163 f.
Gußtraube 27
Güteklassen 23, 151, 158

H
Haftschicht 128, 147
Haftschicht-Oxidation 131
Haftzugfestigkeit 134
Härte 7, 141
Hartmetalle 47 ff, 54, 101
Hartspannen 60
HCF (*high cycle fatigue*) 16, 66, 99, 106, 151, 217
Heftschweißen 156
HF (Flußsäure) 113, 159
HIP (Heißisostatpressen) 41 f.
Hochaktivitätsschicht 115, 118
Hochfrequenz-Ultraschallprüfung 199
Hochgeschwindigkeitsbearbeiten 49, 60
Hochtemperaturlöten 155
Holografie 217 f.
Honen 63
Honigwaben 39
HSS-Werkzeuge 47 f., 54, 101
HVFS, HGFS (Hochgeschwindigkeits-Flammspritzen 145 f., 147 f.

I
IMI 834 159
Impuls-Echo-Verfahren 199
IN100 113, 128, 153 f.
Inchromieren 129
Inconel 718 44, 102 f., 163, 166, 172 f., 183
Inconel 954 42
Infrarot-Bilder 209 f.
Innenbeschichtung 119 f.
Innenkühlung 62

Integralrotoren 172 f., 178, 182
intermetallische Phase 6 f, 119, 123, 162
isotherme Erstarrung 158

J
Jet Cote 148

K
Kaltspalt 155
Kammerdüsen 62
Karbide 101
Kathode 69, 89, 147
Kathodenzerstäuben 16, 123 f., 140, 148
Keimbildung 27 ff.
Keramik 102
Kerne 27, 31
kohärente Phasen 7, 119, 123, 162
Korngrenzen 31
Korngrößen-Verteilung 134
Korrosion 11, 14 ff.
Korund 59, 69
Kriechen 31
Kristallorientierung 27 ff., 209
Kristall-Selektor 28
kritische Zonen 23
Kryopumpen 156 f.
KSS (Kühlschmierstoffe) 49, 54, 56, 62, 222
Kugelstrahlen 24, 105 ff., 139, 217
Kugelstrahl-Umformen 34
Kühlung 147

L
Labyrinth-Dichtungen 20, 191
Laserbearbeitung 79 ff.
Laserentlacken 150
Laserschweißen 152, 178, 190
Laue-Methode 209
LCF (*low cycle fatigue*) 12, 16, 23, 99, 106, 151,
Leitschaufelgitter 17 f., 157, 198, 216
Linearreibschweißen 186 f.
Liquidus-Temperatur 153, 158
Lösungstemperatur 39
Löten 153 ff.
Lot-Erosion 156
Lotfolie 158
LPPS (*low pressure plasma spraying*) 125 f.

M
Magnetpulverprüfung 198
Magnetron 123 f.
Maßbeizen 36
Mehrfrequenzprüfung 198
Mehrkanalprüfung 198
Merkmalsprüfung 194
Meßmaschinen 218

Meßtechnik 218 f.
metal spray forming 42
Metallfilz 10, 144, 211 f.
Metallorganisches Abscheiden 121
Mikrofokus-Röntgen 205
Mikroplasmaschweißen 168 f., 190
Mikroporosität 29, 205 f.
Mikrorisse 134, 163 f., 180
Minispritzpistolen 145
Mischgefüge 6, 34
Modulationsthermografie 212

N
Nachverdichten 43
Nahfeld 199
Nahtvorbereitung 168
Naßstrahlen 149
NDPS 113 f., 125 f.
Nd-YAG-Laser 79 ff.
near-net-shape 34
Neutronenbeugung 209, 212
Nickel-Bor-Folien 158
Nickel-Graphit 141
Nickellegierungen 7 f.
Nickel-Phosphor-Lot 158
NiCrAlY 14, 125
Niederaktivitätsschicht 115, 118
Nitrosamine 62
Nutenräumen 54

O
ODS (Oxid-Dispersionsverfestigen) 43
Optische Meßtechnik 218
Ortsauflösung 195
Osprey-Prozeß 42
Oxidation 11, 14
Oxidkomplexe 89

P
Pack-Alitieren 113 ff.
Partikelerosion 142, 144
Passungsrost 138
Perkussionsbohren 80
Phasen-Stabilisierung 131
Photogrammetrie 33
Piezokristalle 201
Pilotlichtbogen 168
Pilotvorrichtungen 179, 182
Pinch-Effekt 147
Pinch-rolling 36
Plasma 145
Platin-Aluminium 121 f.
PM (Pulvermetallurgie) 13, 34, 42
POD (*probability of detection*) 195 f., 206
Polystyrol 59 f.
Poren 29, 31, 43, 125, 134, 141, 156, 195

Preforms 190
Prepregs 10
Profilieren 58
Profilschleifen 58
Prozeßsicherheit 193
Prozeßsimulation 34, 193
Prozeßüberwachung 49 f.
Prüfspur 202
Pulversiebung 147
Pulverspritzen 145
Punktschweißen 156
PVD (*physical vapor deposition*) 132 f., 140, 148

Q
Qualitätssicherung 192 ff.

R
Radiografie 205 f.
Randkerbe 182
Randunschärfe 205
rapid prototyping 9
rapid solidification 42
Räumen 54
RCT (Röntgen-Computer-Tomografie) 206 f.
Recast-Layer 77 f.
Reflektorstrahlen 110
Reflexionseffekt 145 ff.
Reflexionsverfahren 209 f.
Reibschweißen 152, 178 f.
Reibschwingverschleiß 15
Reibung 15 f., 138 f.
Reinigen 149 ff., 196
René 95, René 142, M88 42, 80, 90, 99
Reparatur 52, 159
Reparaturschweißen 190 f.
Retortenofen 116
reverse engineering 191, 218
Rieselfähigkeit 147
Risse, Rißfortschritt 13, 23 f., 61, 99 ff., 195, 212 f.
Roboterschweißen 168
Röntgenbeugung 209
Röntgenbildwandler 206, 209
Röntgenprüfung 31, 205 f.
Roto-Finish 63
Rücksputtern 149

S
Schalldruck 201
Schallfeld 201
Schaufelkanten 36, 218
Schaufelspitzenpanzerung 143
Scheuern 63 f., 128
Schleifen 55 ff.
Schleifrisse 61 f., 104

Schleifscheiben 59
Schleifzellen 60
Schmelzbadunterstützung 173
Schmelzbereich 153
Schmelzschweißen 161 f.
Schneidwerkzeuge 47 f.
Schnellarbeitsstahl 47
Schnittgeschwindigkeit 46, 49
Schnittiefe 49
Schnittkräfte 50, 101, 104 f.
Scholte-Wellen 51 f., 204
Schrumpfung 172, 191
Schutzgasglocke 169
Schutzgasschweißen 161, 166 f.
Schweißbarkeit 161
Schweißen 151 f.
Schweißnahtprüfung 217
Schweißparameter 161 f., 186 f.
Schweißporen 166
Schweißrisse 163 f.
Schwingreibverschleiß 138 f.
Schwingungen 17 ff.
Schwungradreibschweißen 178 f.
SEA (Schallemissionsanalyse) 50, 222
Seigerungen 26, 195
Senken (ECM) 69 f.
Shearografie 221
Shutter 81 f.
Sialone 47
Silikonöle 196
Sintern von WDS 134
Solidus-Temperatur 153
Sonden 197
Sonode 86
Spaltverluste 20 f.
Spankammer 52
SPC (*statistical process control*) 83, 192
spezifische Festigkeit 5 f., 11, 16
Spritzdüsen 145 f.
Spritzpulver 146
Spritzschichtprüfung 209 f.
Sprödphasen 154, 185
Sputtern 16, 123 f., 148 f., 154
Stähle 5 f.
Stäube 147
Stauchung 178 f.
Stellite 190
STEM-Bohren 89, 91 ff.
Stereolithografie 9, 33
Stichloch 168
Stop-off 156
Strahlablenkung 173
Strahlmittel 108
Streifenprojektion 33, 218
Streuströme 74
Strippen 129

Sachwortverzeichnis

Super-Finish 63
Superlegierungen 7 f.
superplastisches (SP) Umformen 22, 34, 39 f., 189 f.
Super-Rockwell-Härte 141
Sutton-Finish 63
SWET (superalloy welding at elevated temperature) 190
SWIP (superalloy selding by induction preheating) 190

T
Tannenbaumprofil 19, 55 ff.
Tauchtechnik 200
Teilauslagerung 162
Tellerbildung 172
Testkörper 196
thermisches Bohren 88
thermisches Spritzen 125
Thermoelemente 44
Thermografie 31, 134, 137, 144, 209 f.
Ti6/4 6, 73 f., 101, 139, 160, 172 f., 175 f., 187
Ti6242 107
TiCuNi-Lot 160
Tiefgangschleifen 58
Tiefschweißeffekt 173
Titanfeuer 113, 130
Titangefüge 7, 34
Titanlegierungen 6 f.
Titan-Nitrid 47, 137 f.
Toleranz 32, 37
Tomografie 31, 206 f.
Tomograph 207
Top Gun 148
Trepannieren 82
Triangulation 217 ff.
Trichterbohrungen 98
Triebwerkteile 25
Trockenstrahlen 149
Turbinenschaufeln 19, 26, 58 f., 79 ff., 90, 113 ff.
Turbo-Abrasiv-Bearbeiten 63, 68
TZM (Titan-Zirkon-Molybdän) 40, 42

U
Udimet 42, 106
Überschweißen 172
Ultraschallbearbeiten 86
Ultraschallkontur 51
Ultraschall-Laser-Mikroskop 204
Ultraschallprüfung 31, 42, 137, 196, 198 f.
Umformen 33
Umweltschutz 222

V
VAM (Vakuum-Lichtbogen-Schmelzen) 26
Verbundwerkstoffe 8 ff.
Verdichterschaufeln 6 f., 18 f., 20 f., 36 ff., 52 f., 70 f., 157, 218 f.
Verfestigungsstrahlen (Kugelstrahlen) 101
Verrunden 68 f.
Versagen von WDS 136 f.
Verschleiß 15 f., 36
Verschleißschutzschichten 137 f.
Verzug 172, 191
Vibrationspolieren 64
VIM (Vakuum-Induktions-Schmelzen) 26
Vogelschlag 9
Vordrehen 46
VPS (Vakuum-Plasma-Spritzen) 125 f.

W
Waben (Honigwaben) 157
Wachsfüllung 81
Wachsmodelle 27
Wanddickenmessung 204, 207, 211
Wandler 199, 201
Wandler-Array 204
Wärmebehandlung 43 ff.
Wärmeeinflußzone WEZ 152, 161, 166, 168
Wärmeleitungsverfahren 209 f.
Wärmevor-, Wärmenachbehandlung 152, 161, 172 f.
Waspaloy 39, 42, 99, 162 f., 180, 183
Wasserstrahlbearbeitung 86, 150
WC/Co 47, 147
WDS (Wärmedämmschichten) 131
Wellenfortpflanzung 194
Werkstoffdaten 5, 11, 16
Werkstoffe 3 ff.
Werkstoffe, keramische 10
Werkstoffe, metallische 5 ff.
Werkstoffe, nicht metallische 8 ff.
Werkstofftechnik 11 ff.
Whisker 47
WIG (Wolfram-Inertgas-Schweißen) 164, 166 ff.
Wirbelstrom 197
Wirbelstromprüfung 197 f.
Wismut-Analyse 60
Wöhler-Linie 101
WP (Wolfram-Plasma-Schweißen) 168 f.
Wulst 178 f., 186
Wurzeldurchhang 173
Wurzelgas 169
Wurzelporosität 173

Y
YAG-Laser 79

Z

Zeitspanvolumen 46 f., 62
Zentrierlippe 173
Zerspanung 46 ff.
ZfP (zerstörungsfreie Prüfung) 194
Zonenglühen 42 f.
Zonenofen 29
Z-Profil 190
ZrO_2 131 f.
ZTU (Zeit-Temperatur-Umwandlung) 44
Zusatzwerkstoffe 5
Zustellung 60
Zwangslage 156

MIX
Papier aus verantwortungsvollen Quellen
Paper from responsible sources
FSC® C105338

If you have any concerns about our products,
you can contact us on
ProductSafety@springernature.com

In case Publisher is established outside the EU,
the EU authorized representative is:
**Springer Nature Customer Service Center GmbH
Europaplatz 3, 69115 Heidelberg, Germany**

Printed by Libri Plureos GmbH
in Hamburg, Germany